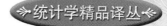
统计学精品译丛

概率与统计

面向计算机专业　　　　（原书第3版）

Probability and Statistics for Computer Scientists

(Third Edition)

［美］迈克尔·巴伦（Michael Baron）著

郭涛 译

机械工业出版社
CHINA MACHINE PRESS

图书在版编目（CIP）数据

概率与统计：面向计算机专业：原书第 3 版 /（美）迈克尔·巴伦（Michael Baron）著；郭涛译 . 一北京：机械工业出版社，2022.8
（统计学精品译丛）
书名原文：Probability and Statistics for Computer Scientists, Third Edition
ISBN 978-7-111-71635-8

Ⅰ. ①概… Ⅱ. ①迈… ②郭… Ⅲ. ①概率论 ②数理统计 Ⅳ. ① O21

中国版本图书馆 CIP 数据核字（2022）第 174312 号

北京市版权局著作权合同登记　图字：01-2020-1952 号.

本书从概率论的基础开始，带领学生学习如计算机模拟、蒙特卡罗方法、随机过程、马尔可夫链、排队系统、统计推断和回归等广泛应用于现代计算机科学、计算机工程、软件工程以及相关领域的重要内容. 第一部分介绍概率和随机变量，第二部分讲解随机过程，第三部分引入统计学的基础知识，附录部分给出了必要的微积分内容. 另外，R 和 MATLAB 的使用贯穿本书. 本书适合计算机相关专业的高年级本科生和低年级研究生使用，也可以用作概率论和统计学的方法、模拟与建模工具的参考书.

出版发行：机械工业出版社（北京市西城区百万庄大街 22 号　邮政编码：100037）
责任编辑：王春华　　　　　　　　　　　　责任校对：贾海霞　　李 婷
印　　刷：北京铭成印刷有限公司　　　　　版　　次：2023 年 2 月第 1 版第 1 次印刷
开　　本：186mm×240mm　1/16　　　　　印　　张：24.5
书　　号：ISBN 978-7-111-71635-8　　　　定　　价：129.00 元

客服电话：（010）88361066　68326294

译 者 序

图灵奖得主詹姆斯·尼古拉·格雷提出了科学研究的四类范式，人类正在或即将迎来第四范式——数据密集型科学发现(Data-Intensive Scientific Discovery)，它也被称为科学大数据．自此，国内外高校纷纷开设数据科学与大数据、人工智能和区块链等专业．中国人民大学朝乐门教授对全球数据科学以及我国数据科学与大数据专业开设情况进行了实证分析，发现世界顶级大学和研究机构都形成了关于数据科学的课程链，包括以基础理论、前沿技术和领域应用为中心的一系列课程．我国正处在新工科教育理念背景下，专业备案结果显示，目前全国有 180 所高校申报了人工智能专业，130 所高校成功申报智能科学与技术专业，249 所高校成功申报机器人工程专业，83 所高校成功申报大数据管理与应用专业，30 多所院校开设了区块链相关专业．从人才培养目标、课程设置情况来看，数据科学与大数据、智能科学与技术、机器人智能、人工智能以及区块链专业均是以概率论和数理统计为基础的．

与 Vapnik 的 *Statistical Leaning Theory*、Hastie T. 等人的 *The Elements of Statistical Learning：Data Mining，Inference，and Prediction* 以及 Christopher M. Bishop 的 *Pattern Recognition and Machine Learning* 等专著相比，本书弱化了数理统计公理的证明和推导，简明扼要地阐述了相关理论，采用 MATLAB 和 R 语言实现了相关的概率论和数理统计方法，并鼓励读者采用自己擅长的语言．在当前全球大数据、人工智能和区块链等专业如火如荼发展的背景下，本书的出版恰逢其时．巴伦教授深耕概率与统计专业 30 多年，引领了该领域的发展潮流，是该领域的推动者和贡献者．本书是专为计算机科学家设计的，希冀读者阅读后能有所启发和收获．

本书主要由三部分组成，第一部分为概率与随机变量(第 2～5 章)，第二部分为随机过程(第 6 章和第 7 章)，第三部分为统计学(第 8～11 章)．此外，前言和第 1 章综合介绍了本书主要内容、章节安排和新增内容等．附录部分对本书实验数据、微积分、矩阵与线性系统等进行了详细论述，尤其对导数、极限、极值和线性代数等基础知识进行了补充说明．

本书内容翔实，推导过程简洁，代码优雅，并把概率统计中涉及的主要算法结构、设计与思想，通过计算机语言进行了实现．在此，译者也推荐读者在阅读本书时通过自己擅长的计算机语言进行相关算法实现，并对实现过程进行优化．本书可以作为计算机科学、软件工程、统计学、应用数学、数据科学与大数据、人工智能等专业的本科生和研究生的基础教材，也可作为数据科学家、工程师和科研人员的案头工具书．

在翻译本书的过程中，得到了很多人帮助．感谢本书的审校者：吉林大学朱梦瑶博士、东华理工大学宋英旭博士、杭州电子科技大学罗春华博士、福州大学数字中国研究院(福建)郭家、华南理工大学刘晓骏，以及曹增豪、林映纯、张恬逸和胡筝等，感谢他们对本书做出的贡献．感谢机械工业出版社王春华编辑和金泳晖编辑，他们在翻译过程中给予我悉心指导．

为了让读者第一时间读到本书，我加快了翻译进度，但本书涵盖内容多、翻译难度大，加上本人翻译水平有限，译著中难免有错漏之处，欢迎各位读者在阅读过程中将本书存在的问题和完善意见发送至 guotao3s@163.com.

郭　涛

前　言

本书从概率论的基础部分开始，引导读者学习计算机模拟、蒙特卡罗方法、随机过程、马尔可夫链、排队系统、统计推断和回归. 这些概念广泛应用于现代计算机科学、计算机工程、软件工程以及相关领域.

读者对象

本书主要供计算机相关专业（如计算机科学、软件工程、信息系统、数据科学、信息技术和电信技术等）的高年级本科生和低年级研究生使用. 同时，它也可以用作电气工程、数学、统计学等自然科学以及其他专业的基于微积分的标准入门统计学课程教材. 有关概率论和统计学的主题，请分别参见第 1～4 章、第 8 章和第 9 章.

研究生可以将本书用于准备基于概率论的课程，例如排队理论（QT）、人工神经网络（ANN）、计算机性能（CP）等.

本书还可以用作学习概率论以及统计方法、模拟和建模工具的标准参考书.

课程建议

本书提供了一些开放式可选章节，建议作为一个学期的课程. 同时，在第 2 版和第 3 版添加了新内容之后，本书可以完整地用作两个学期的概率论与数理统计课程的教材.

在第 1～4 章介绍概率与分布之后，教师可以选择图 1 中的剩余部分.

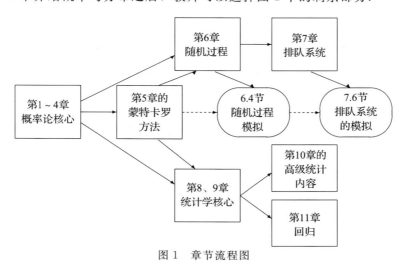

图 1　章节流程图

以概率论为导向的课程. 在学完概率论核心内容之后，继续学习第 6 章和第 7 章的随机过程、马尔可夫链和排队理论. 计算机模拟和蒙特卡罗方法等补充内容吸引了计算机科学专业的学生，他们可以学习并练习第 5 章中的通用模拟技术，然后进入 6.4 节和 7.6 节，进一步学习随机过程的模拟和相当复杂的排队系统的模拟. 学习这部分时，强烈建议学生学习第 5 章，但其余内容对第 5 章并没有要求.

以统计学为导向的课程. 在学完概率论核心内容之后，继续学习第 8 章和第 9 章，紧接着便是从第 10 章和第 11 章中选择统计学中的其他主题. 这样课程更加标准化，适合众多专业. 第 5 章仍然是可选的，但是建议学习，它讨论了基于计算机模拟的统计学方法. 10.3 节中的现代自助法将继续关于这个问题的讨论.

除去可以跳过的部分内容，第 1～11 章涵盖了两学期的课程内容. 本书展现的内容主要分为两大部分：第一学期的概率论主题（第 1～7 章），第二学期的统计学主题（第 8～11 章）.

先决条件和附录使用

从第 4 章开始，你需要熟悉微分和积分. 这些知识只要在大学上过一个学期的微积分课程就够了.

作为回顾，附录对阅读本书所需要具备的微积分技巧做了非常简短的总结（见 A.4 节）. 当然，这一部分不能"从头开始"讲微积分，仅可作为参考为学生提供帮助.

第 6 章、第 7 章、11.3 节和 11.4 节依赖于非常基本的矩阵计算. 因此，读者应该能够对矩阵进行乘法运算、求解线性方程组（第 6 章和第 7 章），以及计算逆矩阵（11.3 节）. 附录 A.5 节通过一些示例对这些技能进行了基本的复习.

风格和动机

本书写作风格生动形象，言简意赅，易读易懂. 阅读本书，学生仿佛在倾听一位经验丰富且富有热情的教师讲课.

除了计算机科学应用和多个激励性示例，本书还包含了有趣的事实、矛盾的陈述以及在其他领域的广泛应用等. 我期望学生可以喜欢这门课并从中受益，找到它的魅力所在，并希望书中知识能让你的职业生涯受益.

每章都包含多个有明确解决方案的例子，其中许多解决方案都离不开计算机科学应用. 每章都有一个简短的归纳总结，以及许多可用作家庭作业和自我训练的练习题. 本书有超过 270 个问题可供选择.

计算机、数据、演示、插图、R 以及 MATLAB

丰富而简明易懂的图表数据可以帮助读者理解本书内容，并将概念、公式甚至一些证明可视化. 此外，教师和学生可以使用书中的短程序来进行计算机演示. 随机性、不确定性、随机变量的行为以及随机过程、收敛性结果（例如中心极限定理），尤其是蒙特卡罗模拟，可以通过动画图形得到不错的可视化结果.

这些用 R 语言和 MATLAB 编写的简短的计算机代码，包含非常基本和简单的指令. 这些语言的基础知识并非必须了解的. 读者还可以选择使用其他编译软件，在其中逐行复制给定的代码，或者将它们用作流程图.

教师可以选择用 R 语言、MATLAB 或者同时使用两者来教授课程，使用其他软件甚至不使用软件也是可以的.

在理解了书中的计算机化示例后，学生可以使用相似的代码来完成书中提出的项目和小型项目.

出于教学目的，本书所使用的数据集并不大，很多书中都有这些内容. 它们也被放在我们的数据清单中（参见网址 http://fs2.american.edu/baron/www/Book/）. 学生可以将它们添加到自己的计算机程序中，也可以下载文中给出的数据文件和 CSV 文件. 所有的数据集都列在 A.1 节中，在该节我们也介绍如何在 R 语言和 MATLAB 中读入它们.

第 2 版和高级统计学主题

来自不同国家的教授在他们的课程中使用了本书，并给予了大量的反馈，这激励我继续完善第 2 版. 因此，"统计推断"一章得到了扩展并分成了第 9 章和第 10 章. 补充的内容以新节的方式出现，具体参见表 0.1.

表 0.1　第 2 版新增的内容

新增的内容	涉及的章节
概率的公理	2.2.1 节
估算标准误差	8.2.5 节
标准误差估计	9.1.3 节
关于方差的推论 估计、置信区间、总体方差的假设检验和方差比率 卡方分布和 F 分布	9.5 节
卡方检验 分布和分布族检验 拟合优度检验，列联表	10.1 节
非参数统计 符号检验，Wilcoxon 符号秩检验 Mann-Whitney-Wilcoxon 秩和检验	10.2 节
自助法 评估估计值性质 自助置信区间	10.3 节

第 2 版增添了 60 个额外的练习. 亲爱的同学们，请享受练习吧，它们会使你从额外的训练中受益！

第 3 版和 R

第 3 版的新内容主要是 R 的使用，R 是一个很流行的统计计算软件. MATLAB 作为计算机模拟、仿真、动画图形和基本统计方法的工具，其代码易读，因此在本书前两版中使用了 MATLAB. 同时，统计学章节的扩展、多所大学对本书的采用，以及来自教师的反馈，促使我添加了 R 示例.

R 是一个广受欢迎且仍在开发的统计软件，任何人都可以在各种操作系统上从网站 https：//www. r-project. org/上免费获取并安装. 这个网站包含许多 R 语言相关的链接. 作为对基础 R 语言的补充，你可以调用由不同用户为了实现各种统计学方法而编写的大量安装包. 其中的一些安装包将在本书中使用.

致谢

感谢 Taylor & Francis 出版集团一直不断地给予我专业的帮助、反馈、支持和鼓励. 特别感谢 David Grubbs、Bob Stern、Marcus Fontaine、Jill Jurgensen、Barbara Johnson、Rachael Panthier 和 Shashi Kumar. 非常感谢我在美利坚大学、得克萨斯大学达拉斯分校的同事，以及其他大学同事的激励、支持和宝贵的建议，特别是来自美利坚大学的 Stephen Casey、Betty Malloy 和 Nathalie Japkowicz，来自得克萨斯大学达拉斯分校的 Farid Khafizov 和 Pankaj Choudary，来自得克萨斯大学埃尔帕索分校的 Joan Staniswalis 和 Amy Wagler，来自维拉诺瓦大学的 Lillian Cassel，来自阿拉巴马大学的 Alan Sprague，来自佛蒙特大学的 Katherine Merrill，来自埃因霍芬理工大学的 Alessandro Di Bucchianico，来自哈塞尔特大学的 Marc Aerts，来自位于巴罗达的印度信息技术研究所的 Pratik Shah，以及来自埃斯瓦蒂尼大学的 Magagula Vusi Mpendulo 等教授. 感谢 Elena Baron 有创意的图解，Kate Pechekhonova 有趣的例子. 最后，感谢 Eric、Anthony、Masha 和 Natasha Baron 的耐心和理解.

目　　录

第 1 章　简介与概述

1.1　在不确定性下做出决策

本课程主要关于不确定性、衡量和量化不确定性，以及在不确定性下做出决策. 大体来说，我们认为不确定性是指后果、结果以及最近的和遥远的未来不能完全确定的情况；它们会如何发展取决于诸多因素，而且纯属偶然.

当你买彩票、通过转动幸运轮盘或抛硬币来做选择时，不确定性的简单例子就会出现.

实际上，不确定性出现在计算机科学和软件工程的所有领域. 安装软件需要不确定的时间和磁盘空间. 一个新发布的软件会包含数量不确定的缺陷. 当一个计算机程序被执行时，所需内存的大小可能不能确定. 当一项任务被发送到打印机时，打印所需要的时间不能确定，而且总会有不同数量的任务排在它前面. 电子元件发生故障的时间不能确定，而且其各种故障发生的先后顺序也无法准确预测. 病毒攻击系统的时间无法预测，并且它所感染的文件和目录的数量也无法预测.

在我们的日常生活中，从家庭到工作，从商业活动到休闲娱乐，不确定性无处不在. 为了简要说明，我们先来听听晚间新闻.

例 1.1　我们可能会发现，今天股票市场的几次起伏是由签订新合同、发布财务报告以及其他此类事件引起的. 但是，股价的许多变化仍然得不到解释. 显然，如果市场没有不确定性，则没有人会在股票交易中损失一分钱.

我们可能会发现，由于天气原因，航天飞机的发射被推迟了. 为什么他们不能在计划时事先知道天气变化呢？由于不确定性，准确无误地预报天气是无法做到的.

为了支持这些说法，气象学家会预测，比如说，有 60% 的可能性会下雨. 为什么他们不能让我们确切地知道是否会下雨，这样我们就知道是否要带雨伞了. 是的，正是因为不确定性，他们不可能总是确切地知道未来降水的情况.

我们可能会发现一座活火山突然喷发，但是不清楚哪些地区的人群需要疏散.

我们可能会发现，一支备受青睐的主队出人意料地输给了客队，而一名年轻的网球运动员出乎意料地赢得了比赛. 累加器(参与者用于对运动比赛结果下注)的存在和流行表明，每场比赛的结果，甚至最后的名次都存在不确定性.

我们也会听到交通事故、犯罪和定罪的报告. 显然，如果司机提前知道即将发生的事故，他就会待在家里. ◇

当然，至少这件事是可以确定的，类似的事件可以继续列举下去. 你明天开车去你的大学，无法预知一路上会遇到多少绿灯，无法预知会有多少空停车位，无法预知何时到达教室，也无法预知当你进入教室时会有多少同学在里面.

当意识到我们周围的许多重要现象都带有不确定性时，我们必须学会理解并处理它.

大多数时候，我们需要在不确定下做出决策. 例如，即使知道互联网和邮件可能无法保护我们免受各种病毒的侵害，我们也必须与它们打交道；即使即将发布的新软件可能存在没有发现的缺陷，也必须将其发布；服务器、互联网服务提供商等即使不知道这些存储限额足够多少用户使用，也必须为每个客户分配一些内存或磁盘配额；诸如此类.

本书是关于如何衡量和应对不确定性和随机性. 通过基本理论和众多的例子，它会教你：

- 如何评估概率，或者不同结果出现的可能性(结果已知，可能性未知).
- 如何为一个包含不确定性的现象选择一个合适的模型，将其用于后续的决策.
- 如何评估新设备和服务器的性能特征以及其他重要参数.
- 如何在不确定性下做出最优决策.

归纳总结

不确定性是指不能没有误差地预先确定或准确预测的情况. 不确定性存在于计算机科学、软件工程、科学、商业和我们日常生活的许多方面. 它是客观存在的，我们必须能够应对它. 我们被迫在不确定性下做出决策.

1.2 本书概览

下一章将介绍一种描述和量化不确定性的语言. 它就是概率. 当结果不确定时，人们可以区分更有可能发生和不太可能发生的事件，并分别用高概率和低概率来描述. 概率是介于 0 和 1 之间的数字，0 代表事件不可能发生，1 代表事件必然发生.

接下来，使用概率这个词，我们将讨论随机变量这一依赖于可能性的数量. 随机变量假设不同的值有不同的概率. 由于不确定性，在实际观察或测量随机变量之前，无法计算出该变量的精确值. 那么，描述随机变量行为的最好方法就是列出它的所有可能的值以及相应的概率.

这样的概率集合称为分布. 令人惊讶的是，许多看似不相关的自然现象可以用相同的分布或分布族来描述. 这就允许我们对涉及不确定性的一类事件采用一种相当通用的方法. 作为应用，我们一旦找到合适的分布族，就可以计算相关概率. 第 3 章和第 4 章将介绍在计算机科学和其他领域中最常用的分布族.

然而，在现代实践中，人们常常要应对相当复杂的随机现象，在这种现象中，对概率和其他相关数量的计算远没有那么简单. 在这种情况下，我们将使用蒙特卡罗方法(第 5 章). 我们将学习模拟或生成随机变量的方法来取代直接计算. 如果我们能够编写计算机代码来模拟某种现象，则只需计算相关现象发生了多少次，就可以立即将它放入一个循环中，并数千次或数百万次模拟我们所感兴趣的现象. 这就是我们区分发生可能性大的事件和发生可能性小的事件的方法. 然后，我们可以通过计算导致该事件发生的模拟次数占总模拟次数的比例来估计事件发生的概率.

更进一步，我们应该认识到，许多随机变量不仅依赖于可能性，还依赖于时间. 也就是说，它们随着时间变化，在每个特定的时刻都是随机的. 例如并发用户数、队列中的作业数、系统的可用容量、网络流量强度、股票价格、空气温度等都是如此. 随时间变化的随机变量称为随机过程. 在第 6 章中，我们将研究一些常用的随机过程类型，并使用这些模型来计算事件的概率和其他相关数量.

　　到目前为止,几乎所有内容的一个重要应用就是排队系统(第 7 章).排队系统是一个或多个服务器执行特定任务并为任务或客户服务的系统.这样的系统有很多不确定性.客户到达的时间无法预测,他们在队列中的等待时长也是随机的,在随机分配给一个服务器后,接受随机时长的服务然后离开(图 1.1).在简单的情况下,我们将使用我们的方法,通过计算概率和分析随机过程来计算排队系统服务器的利用率、顾客的平均等待时间、平均响应时间(从到达到离开)、任意时间系统的平均任务数或者服务器空闲的时间比例等重要特征.这对于计划来说是极其重要的.系统的性能特征可以在下一年重新计算,比如计算当客户数量预计增加 5% 时的情况.这时,我们就会知道系统仍能满足需求还是需要升级.

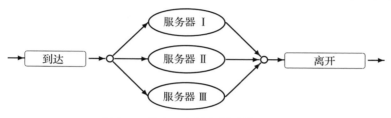

图 1.1　具有三个服务器的排队系统

　　当直接计算过于复杂、耗费资源、过于粗略或不可行时,应该采用蒙特卡罗方法.本书包含用计算机代码来模拟相当复杂的排队系统和评估它们的重要特征的标准示例.这些代码是用 R 语言和 MATLAB 编写的,并有详细的步骤说明,其中大部分可以直接转换成其他计算机开发语言.

　　接下来,我们将讨论统计推断.在概率中,我们通常或多或少会处理描述清晰的情况(模型).而在统计学中,所有的分析都是基于收集到的和观察到的数据.根据这些数据,拟合一个合适的模型(例如一个分布族),估计其参数,并得出关于遵循同一模型的所有观察和未观察的相关对象的结论.

　　一个典型的概率问题大概就像下面这样.

　　例 1.2　一个文件夹包含 50 个可执行文件.当计算机病毒或黑客攻击系统时,每个文件受影响的概率为 0.2.计算在病毒攻击期间,有超过 15 个文件受到影响的概率.　　　　◇

　　请注意,在文件的总数和每个文件受影响的可能性方面,情况描述得相当清楚.唯一不确定的是受影响文件的数量,无法准确预测.

　　一个典型的统计学问题大概就像下面这样.

　　例 1.3　一个文件夹包含 50 个可执行文件.当计算机病毒或黑客攻击系统时,每个文件受影响的概率为 p.根据观察,在一次病毒攻击中,有 15 个文件受到影响.请估计 p 值.是否有明显的迹象表明 p 大于 0.2?　　　　◇

　　这是一个符合实际的情况.用户只知道客观观察到的数据:文件夹中的文件数量和受影响的文件数量.在此基础上,他需要估计 p 值,即受影响的文件占所有文件数量的比例,这些文件包括在它的系统和任何类似系统中的文件.可能提供一个 p 的点估计值,即一个实数值,也可能选择构建 p 的"最有可能"值的置信区间.同样,一个气象学家预测的温度,例如 70 华氏度,实际上并没有排除 69 或 72 华氏度的可能性,他可能给我们一个区间

4 值，例如，在 68 到 72 华氏度之间.

　　大多数预测都是根据一个精心选择的、与数据相符的模型做出的. 一种广泛使用的方法是回归，它利用观察到的数据找到两个变量之间的数学关系(第 11 章). 一个变量作为预测变量，另一个变量则作为对前者的响应变量. 当它们之间的关系建立后，人们可以通过使用预测变量来推断其响应变量. 例如，根据可执行文件的大小，我们或多或少可以准确地估计软件的平均安装时间. 关于响应结果的更准确地推断可以基于多个预测变量，比如可执行文件的大小、随机存储器(RAM)的数量、处理器和操作系统的类型. 这种类型的数据分析需要进行多元回归.

　　每种方法都将通过大量的实例和练习加以说明. 最终目标，是本门课程结束后，学生应有能力在读一段话或者一个公司报告时，发现其中所描述的情况中的不确定性，选择一个合适的概率模型，运用真实数据来估计和检验它的参数，计算有趣的事件和其他重要特征的概率，从而得出有意义的结论和预测，并向其他人解释这些结果.

归纳总结

　　在这门课程中，不确定性是用概率的语言来衡量和描述的. 我们将使用这门语言学习随机变量和随机过程，并学习最常用的分布类型. 特别地，我们将能够为所描述的情况寻求一个合适的随机模型，并使用它来计算概率和其他相关量. 当直接计算不可行时，可以采用基于随机数生成器的蒙特卡罗方法. 然后，我们将学习如何在不确定性下基于观测数据做出决策，如何估计相关参数、检验假设、拟合回归模型，并做出预测.

练习题

1.1　列出昨天你遇到的 20 种包含不确定性的情况.

1.2　列出你昨天观察到或所处理的 10 个随机变量.

1.3　列出 5 个在你昨天的活动中发挥作用的随机过程.

1.4　有一个著名的笑话，一个相当懒惰的学生通过掷硬币来决定下一步做什么：如果是正面朝上，就玩电脑游戏；如果是反面朝上，就看视频；如果它立起来，就做作业；如果它悬在空中，就准备考试.

　　(a) 哪些事件发生的概率为 0？哪些事件发生的概率为 1？哪些事件发生的概率介于 0 和 1 之间？

5

　　(b) 你会把 0 和 1 之间的哪个概率值分配给事件"看视频"？它如何帮助你定义"均匀硬币"？

1.5　专家们正在测试一个新的软件包. 每天都会发现和修复一些缺陷. 该软件计划在 30 天内发布. 预测在发布时，专家每天将发现多少缺陷？为此，需要收集哪些数据？什么是预测变量？什么是其响应变量？

1.6　Cheap 先生计划开一家电脑商店来销售硬件. 他想储备最优数量的不同硬件产品，以使他的每月利润最大化. 可以得到在该地区经营的类似的电脑商店的数据. 为了预测每月的利润，Cheap 先生应该收集什么样的数据？在他的分析中，他应该使用什么来作为预测器及其响应结果？

6

第一部分
概率与随机变量

第 2 章　概　　率

本章介绍概率的核心概念及其基本规则和性质，并讨论计算各种事件概率的最基本方法.

2.1　事件及其概率

概率的概念与我们的直觉完全符合. 在日常生活中，某一事件发生的概率被理解为该事件发生的可能性.

例 2.1　如果抛掷一枚质地均匀的硬币，我们说出现正面和反面的概率分别是 50%. 因此，每个面出现的概率等于 1/2. 这并不意味着掷 10 次硬币总是恰好得到 5 次正面和 5 次反面. 如果你不相信，那就试试吧！然而，如果你掷一枚硬币一百万次，那么正面朝上的比例预期会非常接近 1/2.　　　　　◇

这个例子表明，从长远来看，一个事件发生的概率可以看作这个事件发生的次数比例，或者它发生的相对频率. 在预测时，通常把概率说成是一种可能性(例如，公司的利润可能在下个季度上升). 在赌博和买彩票时，概率等于赔率. 赢的赔率是 1 比 99(1:99)意味着赢的概率是 0.01，输的概率是 0.99. 这也意味着，在这种相对频率的术语中，如果你玩得时间足够长，那么你赢的概率就会是 1%.

例 2.2　如果有 5 个通信信道处于工作状态，并且在打电话时会随机选择一个信道. 那么，每个信道被选择的概率为 1/5=0.2.　　　　　◇

例 2.3　两家相互竞争的软件公司正在争夺一份重要的合同. A 公司赢得这次竞争的可能性是 B 公司的两倍. 因此，A 公司赢得合同的可能性是 2/3，B 公司是 1/3.　　　　　◇

在我们熟悉一些基本概念之后，2.2.1 节将会给出概率的数学定义.

2.1.1　结果、事件和样本空间

当一个人考虑并权衡某次实验可能的结果时，概率就出现了. 有些结果比其他结果更可能出现. 一次实验可能像抛硬币一样简单，也可能像创业一样复杂.

定义 2.1　所有基本结果或实验**结果**的集合称为**样本空间**.

定义 2.2　任何一组结果都是一个**事件**. 因此，事件是样本空间的子集.

例 2.4　掷骰子可以产生 6 种可能结果中的 1 个：1～6 点. 每种结果都是一个事件. 还有其他事件：偶数点集、奇数点集和小于 3 的点集等.　　　　　◇

1 个包含 N 个可能结果的样本空间产生 2^N 个可能事件.

证明　为了计算所有可能的事件，我们要了解一个事件可以有多少种构造方法. 第一种结果可以被包含在我们的事件中，也可以被排除在这一事件之外. 所以有两种可能性. 然后，之后的每一种结果要么被包含在内，要么被排除在外，所以每一次可能性的数量都会

翻倍. 总而言之，我们有

$$\overbrace{2 \cdot 2 \cdots \cdot 2}^{N\ 次} = 2^N \tag{2.1}$$

种可能性. 因此，总共有 2^N 个可能事件.

　　例 2.5　考虑华盛顿和达拉斯之间的一场足球赛. 样本空间包含 3 个结果，即

$$\Omega = \{华盛顿获胜，达拉斯获胜，平局\}$$

将这些结果以所有可能的方式组合起来，我们得到以下 $2^3 = 8$ 个事件：华盛顿获胜、落败、平局、至少平局、最多平局、败局、有结果和没有结果. 事件"有结果"是指整个样本空间 Ω，按照常理来说，它的概率应该是 1. 事件"没有结果"为空集，不包含任何结果，因此其概率为 0. 　　　　　　　　　　　　　　　　　　　　　　　　　　　　　　　　　　　◇

$$\begin{Vmatrix} \Omega = 样本空间 \\ \varnothing = 空集 \\ P\{E\} = 事件\ E\ 的概率 \end{Vmatrix}$$

表示法

2.1.2　集合运算

　　事件是结果的集合. 因此，为了学习如何计算事件的概率，我们将讨论一些集合运算. 也就是说，我们将定义并集（union）、交集（intersection）、差集（difference）和补集（complement）.

　　定义 2.3　事件 A，B，C，…的**并集**是由所有这些事件中的所有结果组成的事件. 如果 A，B，C，…中的任意一个发生，则该事件发生，因此它与"或"一词相对应：A 或 B 或 C 或…（图 2.1a）.

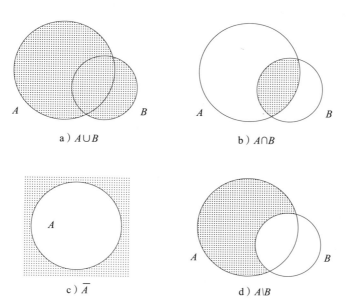

a）$A \cup B$　　　　　　　　b）$A \cap B$

c）$\overline{A}$　　　　　　　　d）$A \backslash B$

图 2.1　事件的并集、交集、补集和差集的维恩图

在图 2.1 中，事件由圆圈表示，这样的图称为**维恩图**.

定义 2.4   事件 A，B，C，…的**交集**是由所有这些事件中共有的结果所组成的事件. 如果 A，B，C，…中的每一个都发生，则该事件发生，因此它与"且"一词相对应：A 且 B 且 C 且…（图 2.1b）.

定义 2.5   事件 A 的**补集**是指每次事件 A 不发生时所发生的事件. 它由被排除在事件 A 之外的结果组成，因此对应于"非"一词：非 A（图 2.1c）.

定义 2.6   事件 A 和事件 B 的**差集**由包含在事件 A 中但不包含在事件 B 中的所有结果组成. 当事件 A 发生时事件 B 不发生. 事件 A 和事件 B 的差集对应于"是…非"：是 A 非 B（图 2.1d）.

11

$$
\begin{array}{c}
\textbf{表示法} \;\;\Big\|\;\; A \cup B = 并集 \;\Big\| \\
A \cap B = 交集 \\
\overline{A} \text{ 或 } A^c = 补集 \\
A \setminus B = 差集
\end{array}
$$

定义 2.7   如果事件 A 和 B 的交集为空，则它们是**不相交**的，即

$$A \cap B = \varnothing$$

如果事件 A_1，A_2，A_3，…中任何两个事件均不相交，那么它们就是**相互排斥**的或者说是**两两不相交**的，即

$$A_i \cap A_j = \varnothing \quad 对任意 \quad i \neq j$$

定义 2.8   如果事件 A，B，C，…的并集等于整个样本空间，那么它们就是**穷举**，即

$$A \cup B \cup C \cup \cdots = \Omega$$

12

相互排斥的事件永远不会同时发生. 其中任何一个事件的发生都消除了其他所有事件发生的可能性.

穷举事件涵盖了整个样本空间 Ω，所以也就"没有遗漏". 换句话说，在任何穷举事件集合中，至少有一种结果是肯定会发生的.

例 2.6   当从一副牌中随机抽出一张牌时，四种花色是互不相交且穷举的.   ◇

例 2.7   任何事件 A 及其补集 $\overline{A}$ 都是互不相交且穷举的典型例子.   ◇

例 2.8   某门课程获得 A、B 或 C 的成绩是相互排斥的事件，但不幸的是，它们并不是穷举的.   ◇

正如我们在接下来的小节中所看到的，计算交集的概率通常比计算并集的概率更容易. 用补集将并集转换为交集，请参见式（2.2）.

$$\boxed{\overline{E_1 \cup \cdots \cup E_n} = \overline{E_1} \cap \cdots \cap \overline{E_n}, \qquad \overline{E_1 \cap \cdots \cap E_n} = \overline{E_1} \cup \cdots \cup \overline{E_n}} \tag{2.2}$$

式（2.2）的证明   由于并集 $E_1 \cup \cdots \cup E_n$ 代表"至少会有一个事件发生"的事件，它的补集有如下形式：

$$\overline{E_1 \cup \cdots \cup E_n} = \{事件均不发生\}$$

$$= \{E_1 不发生 \cap \cdots \cap E_n 不发生\} = \overline{E_1} \cap \cdots \cap \overline{E_n}$$

式（2.2）中的另一个等式留作练习 2.35.   ■

例 2.9　以 4.0 的平均绩点毕业是每门课都得 A 的交集. 它的补集, 即以低于 4.0 的平均绩点毕业, 是至少有一门课的得分低于 A 的并集.　◇

重述式 (2.2): "无"的补集是"有", 而"非所有"的意思是"至少缺少一个".

2.2　概率的规则

现在我们准备好接受概率的严格定义了. 所有计算事件发生概率的规则和原则都遵循这个定义.

在数学上, 概率是通过几个公理引入的.

2.2.1　概率的公理

首先, 我们选择一个在样本空间 Ω 中的事件的 σ 代数 $\mathfrak{M}$. 它是我们的问题中所考虑概率下的事件的集合.

定义 2.9　事件集合 $\mathfrak{M}$ 是样本空间 Ω 的 **σ 代数**, 它满足以下条件:

(a) 它包含样本空间, 即

$$\Omega \in \mathfrak{M}$$

(b) $\mathfrak{M}$ 中的任何事件的补集也包含在 $\mathfrak{M}$ 中, 也就是说,

$$E \in \mathfrak{M} \ \Rightarrow \ \overline{E} \in \mathfrak{M}$$

(c) $\mathfrak{M}$ 中任何有限或可数事件的集合的并集也包含在 $\mathfrak{M}$ 中, 也就是说,

$$E_1, E_2, \cdots \in \mathfrak{M} \ \Rightarrow \ E_1 \bigcup E_2 \bigcup \cdots \in \mathfrak{M}$$

以下是 σ 代数的几个例子.

例 2.10（退化 σ 代数）　根据定义 2.9 中的条件 (a) 和 (b), 任何 σ 代数都必须包含样本空间 Ω 和空集 $\varnothing$. 这个最小的集合

$$\mathfrak{M} = \{\Omega, \varnothing\}$$

组成了退化 σ 代数.　◇

例 2.11（幂集）　另一种极端情况: 样本空间 Ω 中最丰富的 σ 代数是什么? 它是所有事件的集合, 即

$$\mathfrak{M} = 2^{\Omega} = \{E, E \subset \Omega\}$$

正如我们从式 (2.1) 了解到的, 由 N 种结果组成的样本空间有 2^N 个事件, 这解释了表示法 2^{Ω}. 这样的 σ 代数就叫作**幂集**.　◇

例 2.12（博雷尔 σ 代数）　现在考虑一个实验: 在一条实线上选择一个点. 那么, 每种结果都是一个点 $x \in \mathbb{R}$, 样本空间 $\Omega = \mathbb{R}$. 我们能否考虑这个点落在指定区间内的概率? 随后我们定义一个 σ 代数 $\mathfrak{B}$, 是所有有限区间和无限区间、开区间和闭区间以及所有它们的有限和可数的并集与交集区间的集合. 这个代数非常丰富, 但很明显, 它远不如幂集 2^{Ω} 丰富. 这就是用法国数学家博雷尔 (Émile、Borel, 1871—1956) 的姓命名的**博雷尔 σ 代数**. 事实上, 它是由所有具有长度的实数集组成的.　◇

概率的公理在下面的定义中.

定义 2.10　假定一个样本空间 Ω 及它的事件的 σ 代数 $\mathfrak{M}$. **概率**

$$P: \mathfrak{M} \rightarrow [0, 1]$$

是域 $\mathfrak{M}$ 中事件的函数,范围 $[0,1]$ 满足以下两个条件:

- (单位测量)样本空间有单位概率 $P(\Omega)=1$.
- (σ 加和性)对任何有限或可数的**互斥**事件 E_1,E_2,$\cdots\in\mathfrak{M}$ 的集合,有

$$P\{E_1\bigcup E_2\bigcup\cdots\}=P(E_1)+P(E_2)+\cdots$$

所有概率的规则都来自这个定义.

2.2.2 计算事件的概率

掌握了概率的基础知识,我们现在能够计算许多有趣事件的概率.

极端案例

一个样本空间 Ω 包含所有可能的结果,因此,它就必然会发生. 相反,空事件 $\varnothing$ 从不发生. 因此,

$$P\{\Omega\}=1, \quad P\{\varnothing\}=0 \tag{2.3}$$

证明 Ω 的概率由概率的定义给出. 通过同样的定义,并且因为 Ω 和 $\varnothing$ 是互斥的,可得 $P\{\Omega\}=P\{\Omega\bigcup\varnothing\}=P\{\Omega\}+P\{\varnothing\}$. 因此,$P\{\varnothing\}=0$. ■

并集

考虑一个事件,它由一些有限的或可数的相互排斥的结果的集合组成,

$$E=\{\omega_1,\omega_2,\omega_3,\cdots\}$$

对这些结果的概率进行求和,可得整个事件的概率:

$$\boxed{P\{E\}=\sum_{\omega_k\in E}P\{\omega_k\}=P\{\omega_1\}+P\{\omega_2\}+P\{\omega_3\}+\cdots}$$

例 2.13 如果发送到打印机的任务出现在队列中第一位的概率是 60%,出现在队列中第二位的概率是 30%,那么它出现在队列中第一位或第二位的概率是 90%. ◇

需要注意的是,只有互斥事件(它们之间的交集为空集)才满足 σ 加和性. 如果事件之间相互交叉,它们的概率就不能简单地相加. 请看下面的例子.

例 2.14 在某项工程的施工期间,发生断网的概率周一是 0.7,周二是 0.5. 那么,周一和周二出现断网的概率是 $0.7+0.5=1.2$ 吗? 显然不是,因为概率总是在 0 和 1 之间! 概率在这里不能相加,因为周一和周二的断网并不互斥. 换句话说,两天都断网也是有可能的. ◇

在例 2.14 中,对互斥事件并集规则的盲目应用明显高估了实际概率. 如图 2.2a 所示的维恩图就解释了这一点. 我们看到在加和 $P\{A\}+P\{B\}$ 中,所有的共同结果都被计算了两次. 这也就造成了高估现象. 每一个结果应该只被计算一次! 为了修正公式,我们应减去共同结果的概率,即 $P\{A\bigcap B\}$.

并集的概率
$$\boxed{\begin{array}{l}P\{A\bigcup B\}=P\{A\}+P\{B\}-P\{A\bigcap B\}\\ \text{对互斥事件,有}\\ P\{A\bigcup B\}=P\{A\}+P\{B\}\end{array}} \tag{2.4}$$

通用公式并不简单. 对于三个事件而言,

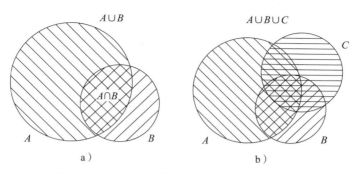

图 2.2　a) 两个事件的并集；b) 三个事件的并集

$$P\{A \bigcup B \bigcup C\} = P\{A\} + P\{B\} + P\{C\} - P\{A \bigcap B\} - P\{A \bigcap C\} - $$
$$P\{B \bigcap C\} + P\{A \bigcap B \bigcap C\}$$

如图 2.2b 所示，当我们将 A，B 和 C 的概率相加时，每两个事件的交集均被计数 2 次. 因此，我们减去 $P\{A \bigcap B\}$ 等的概率. 最后，考虑三个事件的交集 $A \bigcap B \bigcap C$. 在每个主要的事件中，它的概率被计数 3 次，然后在每两个事件的交集中又被减去了 3 次. 因此，到目前为止，$A \bigcap B \bigcap C$ 根本没有被计算在内. 所以，我们最后要加上概率 $P\{A \bigcap B \bigcap C\}$.

对任意的事件集合，请参见练习 2.34.

例 2.15　在例 2.14 中，假设周一和周二同时发生断网的概率是 0.35. 那么周一或周二断网的概率就等于

$$0.7 + 0.5 - 0.35 = 0.85 \qquad \diamond$$

补集

重申一下，事件 A 和 $\overline{A}$ 是穷举的，因此，$A \bigcup \overline{A} = \Omega$. 同样，它们互不相交，因此，

$$P\{A\} + P\{\overline{A}\} = P\{A \bigcup \overline{A}\} = P\{\Omega\} = 1$$

为了得到 $P\{\overline{A}\}$，我们有一条完美符合常识的规则，

补集规则　$\boxed{P\{\overline{A}\} = 1 - P\{A\}}$

例 2.16　如果一个系统可以防护新计算机病毒的概率是 0.7，那么它就会以 $1 - 0.7 = 0.3$ 的概率暴露在病毒中. $\qquad \diamond$

例 2.17　假设计算机代码没有错误的概率是 0.45，那么它至少有一个错误的概率是 0.55. $\qquad \diamond$

独立事件的交集

定义 2.11　如果事件 E_1，…，E_n 相互独立出现，那么它们就是**独立**的，即一个事件的发生不会影响其他事件的概率.

下列基本公式可以作为判断事件是否独立的标准.

独立事件　$\boxed{P\{E_1 \bigcap \cdots \bigcap E_n\} = P\{E_1\} \cdot \cdots \cdot P\{E_n\}}$

我们把对这个公式的解释放到 2.4 节，这一节也将给出相关事件交集的规则.

2.2.3 可靠性的应用

上一节介绍的公式广泛应用于可靠性计算中，可靠性计算是计算一个由几个部分组成的系统起作用的概率.

例 2.18(备份的可靠性) 一个硬盘崩溃的概率是 1%. 它有两个备份，每个备份崩溃的概率是 2%，并且所有三个硬盘都是相互独立的. 存储的信息只有在三个设备都崩溃的情况下才会丢失. 信息得以保存的概率是多少？

解 组织数据. 表示事件，比如，

$$H = \{硬盘崩溃\}$$
$$B_1 = \{第一个备份崩溃\}, \quad B_2 = \{第二个备份崩溃\}$$

假设 H，B_1，B_2 是相互独立的，

$$P\{H\} = 0.01, \quad P\{B_1\} = P\{B_2\} = 0.02$$

应用补集和相互独立事件的交集之间的规则，有

$$P\{保存\} = 1 - P\{丢失\} = 1 - P\{H \bigcap B_1 \bigcap B_2\} = 1 - P\{H\}P\{B_1\}P\{B_2\}$$
$$= 1 - (0.01)(0.02)(0.02) = 0.999\,996$$

(这正是需要备份的原因，不是吗？如果没有备份，那么信息得以保存的概率只有 0.99.)◇

当系统的组件并联时，至少有一个组件工作就足以使整个系统正常工作. 该系统的可靠性计算如例 2.18 所示. 备份一般都可以被看作并联的设备.

另一方面，考虑一个组件串联的系统. 一个组件的失败必然会导致整个系统的失败. 这样的系统更加"脆弱". 为了让系统可靠运行的概率更高，它需要每个组件都是可靠的，就像下面的例子一样.

例 2.19 假设航天飞机的发射依赖三个独立运行的关键设备，它们发生故障的概率分别是 0.01、0.02 和 0.02. 任何一个关键设备发生故障，发射时间就会被推迟. 根据时间表，计算航天飞机可以按时发射的概率.

解 在本例中，

$$P\{准时\} = P\{所有设备运行\} = P\{\overline{H} \bigcap \overline{B_1} \bigcap \overline{B_2}\} = P\{\overline{H}\}P\{\overline{B_1}\}P\{\overline{B_2}\} \quad （独立）$$
$$= (1 - 0.01)(1 - 0.02)(1 - 0.02) \quad （补集规则）$$
$$= 0.9508$$

请注意，在与例 2.18 中单个组件发生故障的概率相同的情况下，系统的可靠性降低了，因为组件是串联的. ◇

许多现代系统都是由大量的设备串联和并联而成的.

例 2.20(解决可靠性问题的方法) 假定每个组件都独立于其他组件，并且其可靠运行的概率是 0.92，计算图 2.3 所示系统的可靠性.

解 这个问题可以"逐步"地进行简化

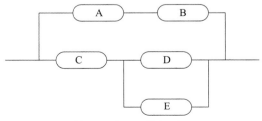

图 2.3 计算此系统的可靠性(例 2.20)

和解决.

1. 上面的连接 A - B 只有当 A 和 B 都能工作时才能工作，其概率为

$$P\{A \cap B\} = (0.92)^2 = 0.8464$$

我们可以把这个连接表示成一个可靠运行概率为 0.8464 的 F 组件.

2. 同理，如图 2.4a 所示，并联的组件 D、E 可以用组件 G 来代替，其可靠运行的概率为

$$P\{D \cup E\} = 1 - (1 - 0.92)^2 = 0.9936$$

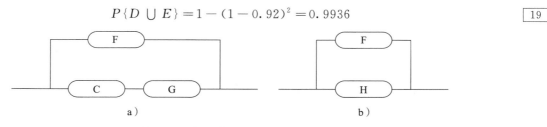

图 2.4　系统可靠性问题的逐步求解

3. 如图 2.4b 所示，组件 C 和 G 是串联的，可以用组件 H 代替，其可靠运行的概率 $P\{C \cap G\} = 0.92 \times 0.9936 = 0.9141$.

4. 最后一步. 系统可靠运行的概率为

$$P\{F \cup H\} = 1 - (1 - 0.8464)(1 - 0.9141) = \underline{0.9868}$$

这就是最终答案.

实际上，"系统可靠运行"可以被表示为 $(A \cap B) \cup \{C \cap (D \cup E)\}$，然后我们可以逐步找到它的概率. 　　　　　　　　　　　　　　　　　　　　　　　　　　　　　　$\diamond$

2.3　组合学

2.3.1　等可能的结果

计算概率的一种简单情况是等可能结果的情况. 即样本空间 Ω 由 n 个可能的结果 ω_1，…，ω_n 组成，每个结果有相同的概率. 由于

$$\sum_1^n P\{\omega_k\} = P\{\Omega\} = 1$$

在这种情况下，对于所有 k，我们都有 $P\{\omega_k\} = 1/n$. 此外，由 t 种结果组成的任何事件 E 的概率等于

$$P\{E\} = \sum_{\omega_k \in E} \left(\frac{1}{n}\right) = t\left(\frac{1}{n}\right) = \frac{E \text{ 中结果个数}}{\Omega \text{ 中结果个数}}$$

形成事件 E 的结果通常被称为"有利的". 因此，我们有公式

$$\boxed{\textbf{等可能结果} \quad P\{E\} = \frac{\text{有利结果个数}}{\text{总结果个数}} = \frac{\mathcal{N}_F}{\mathcal{N}_T}} \tag{2.5}$$

下标"F"代表"有利的"，下标"T"代表"总的".

例 2.21   掷一个骰子会产生六种等可能的结果，分别是点数 1 到 6. 应用式(2.5)，我们得到

$$P\{1\}=1/6, \quad P\{点数为奇数\}=3/6, \quad P\{点数小于5\}=4/6 \qquad \diamond$$

这些问题甚至答案可能取决于我们对结果和样本空间的选择. 结果的定义应该使它们看起来是等可能的，否则式(2.5)就不适用.

例 2.22   从 52 张牌中随机抽取一张. 计算所选牌为黑桃的概率.

解法 1   样本空间由 52 种等可能的结果——牌组成. 在它们之间，有 13 种有利结果——黑桃. 因此，$P\{黑桃\}=13/52=1/4$.

解法 2   样本空间由 4 种等可能的结果——花色梅花、方块、红心和黑桃组成. 在它们之间，有一种结果是有利的，即黑桃. 因此，$P\{黑桃\}=1/4$. $\qquad \diamond$

这两种解法采用了不同的样本空间. 然而，两者定义的结果都是等可能的，因此式(2.5)是可以应用的，我们得到了相同的结果.

然而，情况可能会不同.

例 2.23   一个年轻家庭打算要两个孩子. 两个都是女孩的概率是多少？

解法 1（错误）   有两个孩子的家庭有 3 种可能：两个女孩，两个男孩，男孩女孩各一个. 因此，有两个女孩的概率是 1/3.

解法 2（正确）   每个孩子（据推测）都有可能是男孩或女孩. 两个孩子的性别（据推测）是独立的. 因此，

$$P\{两个女孩\}=\left(\frac{1}{2}\right)\left(\frac{1}{2}\right)=1/4$$

$\qquad \diamond$

第二个解法意味着，样本空间由四个（而不是三个）等可能的结果组成：两个男孩，两个女孩，一个男孩和一个女孩，一个女孩和一个男孩. 这个样本中每个结果出现的概率是 1/4. 注意最后两个结果是分开计算的，意思是"第一个孩子是男孩，第二个孩子是女孩"和"第一个孩子是女孩，第二个孩子是男孩".

在解法 1 中定义的样本空间其实是没有错的. 但是，在这种情况下，你必须知道你所定义的结果不是等可能的. 实际上，从解法 2 中我们可以看到，男孩女孩各一个的结果，最有可能的概率是 1/4＋1/4＝1/2. 在解法 1 这样的样本空间中应用式(2.5)是错误的.

例 2.24（悖论）   有一个关于有两个孩子的家庭的简单但有争议的"情况"，甚至一些研究生常常也无法解决这个问题.

一个家庭有两个孩子. 你见过其中一个男孩 Lev. 那么另一个孩子也是男孩的概率是多少？

一方面，为什么另一个孩子的性别会受到 Lev 的影响？Lev 有一个兄弟的概率是 1/2，有一个姐妹的概率也是 1/2.

另一方面，参见例 2.23. 样本空间由 4 个等可能的结果组成：{GG，BB，BG，GB}. 你已经遇到了一个男孩，因此第一种结果被自动排除，得到：{BB，BG，GB}. 在剩下的三种结果中，其中一种 Lev 有一个兄弟，其中两种 Lev 有一个姐妹. 因此，有一个兄弟的

概率不应该等于 1/3 吗？

问题出在哪里？显然，样本空间 Ω 在本例中没有明确定义. 这个实验比例 2.23 要复杂得多，因为我们现在不仅关心孩子的性别，还关心见到他们中的一个. 原理是什么？你遇到其中一个或另一个孩子的概率是多少？一旦你遇到了 Lev，那么，结果{BB，BG，GB}仍然是等可能的吗？

这个悖论的完整解在练习 2.31 中被分解为几个部分. ◇

在现实中，与商业相关的事件、与体育相关的事件和政治事件发生的可能性通常不是等可能的. 一种结果通常比另一种结果更有可能出现. 例如，一个队总是比另一个队强. 等可能的结果通常与"公平游戏"和"随机选择"的条件相关. 在公平赌博中，所有的牌、骰子上的所有点、轮盘上的所有数字都是等可能的. 此外，当进行调查或"随机"选择样本时，结果"尽可能接近"等可能性. 这意味着所有的受试者都有相同的机会被选为样本（否则，它就不是一个公平的样本，会产生"有偏见"的结果）.

2.3.2　排列组合

式(2.5)很简单，只要分子分母都能被求出即可. 但这种情况很少发生. 通常，样本空间由许多结果组成. 组合学为计算 N_T 和 N_F 提供了特别的方法，N_T 和 N_F 分别是总结果和有利结果的个数.

我们将考虑从容量为 n 的集合中随机选择对象的一般情况. 这种一般模型有许多有用的应用.

对象可能是有放回抽样或无放回抽样. 它们也可能是可区分的或者无法区分的.

定义 2.12　**有放回抽样**是指每一个被抽样的对象都被放回到初始集合中，这样任何一个对象都可以在任何时间以 $1/n$ 的概率被选中. 特别是同一个对象可以被抽样多次.

定义 2.13　**无放回抽样**意味着每一个被抽样的对象都从后面的抽样中被删除，所以每一次被选择后，可能性的集合会减少 1.

定义 2.14　如果以**不同的顺序**对完全相同的对象进行抽样，会产生**不同**的结果，那么对象是**可区分**的. 即对象是样本空间中的不同元素. 对于**无法区分**的对象，顺序并不重要，重要的是对哪些对象抽样，对哪些对象不抽样. 以不同顺序排列的无法区分的对象不会产生新的结果.

例 2.25（计算机生成的密码）　当生成随机密码时，字符的顺序很重要，因为不同的顺序会产生不同的密码. 在这种情况下，字符是可区分的. 此外，如果密码必须由不同的字符组成，则要从字母表中无放回地对这些字符进行抽样. ◇

例 2.26（民意调查）　当选择一个样本群进行民意调查时，相同的参与者无论顺序如何，都会给出相同的回答. 他们可以被认为是无法区分的. ◇

有放回排列

从容量为 n 的集合中选出的 k 个可区分的对象被称为排列. 当我们用有放回抽样时，每次都有 n 个可能的选择，因此总的排列数是

有放回抽样
$$P_r(n, k) = \overbrace{n \cdot n \cdot \cdots \cdot n}^{k\text{项}} = n^k$$

例 2.27（破解密码）　从一个由 10 位数字、26 个小写字母和 26 个大写字母组成的字母表中，一个人可以创建出 $P_r(62, 8) = 218\ 340\ 105\ 584\ 896$（超过 218 万亿）个不同的 8 字符密码. 以 100 万个密码每秒的速度，间谍程序将花费近 7 年的时间来尝试所有密码. 因此，平均而言，它会在大约 3.5 年后猜测出你的密码.

按照这个速度，间谍程序可以在一周内测试 6048 亿个密码. 它在一周内猜出你的密码的概率是

$$\frac{\mathcal{N}_\mathrm{F}}{\mathcal{N}_\mathrm{T}} = \frac{\text{有利结果个数}}{\text{总结果个数}} = \frac{604\ 800\ 000\ 000}{218\ 340\ 105\ 584\ 896} = 0.002\ 77$$

但是，如果不使用大写字母，可能的密码数量就会减少到 $P_r(36, 8) = 2\ 821\ 109\ 907\ 456$. 平均而言，间谍只需要 16 天就能猜出这样的密码！而在一周内猜出密码的概率是 0.214. 现在我们就能完全清楚了，并且还有一个明智的建议是，在我们的密码中包含所有这三种类型的字符，并每年更改一次密码.　　　　　　　　　　　　　　　　　　　　　　　　◇

无放回排列

在无放回抽样期间，每次抽样一个对象后，可能的选择数减少 1. 因此，排列数为

$$\text{无放回抽样}\quad \boxed{P(n, k) = \overbrace{n(n-1)(n-2)\cdots(n-k+1)}^{k\,\text{项}} = \frac{n!}{(n-k)!}}$$

其中 $n! = 1 \cdot 2 \cdots \cdot n$（$n$ 的阶乘）表示从 1 到 n 的所有整数的乘积.

无放回排列数也等于 k 个可区分对象在 n 个空位中的可能分配数.

例 2.28　教室中有 15 把椅子，10 个学生共有多少种坐法？

解　学生是可区分的，每个学生都需要一个座位. 因此，可能的分配数就是无放回排列数 $P(15, 10) = 15 \cdot 14 \cdots \cdot 6 = 1.09 \times 10^{10}$. 请注意，如果学生逐个进入教室，第一个学生有 15 个座位可以选择，然后坐上一个座位，第二个学生只有 14 个选择，依此类推，最后一个学生只能选择 6 个座位中的一个.　　　　　　　　　　　　　　　　　◇

无放回组合

从容量为 n 的集合中选出的 k 个无法区分的对象被称为组合. 无放回组合数也称为 "n 选 k"，用 $C(n, k)$ 或者 $\binom{n}{k}$ 表示.

它与 $P(n, k)$ 的唯一区别是不考虑抽样顺序. 现在，以不同顺序抽取相同的对象会产生相同的结果. 因此，$P(k, k) = k!$ 个相同对象的不同排列（重排）只产生一个组合. 那么总的组合数是

$$\text{无放回组合}\quad \boxed{C(n, k) = \binom{n}{k} = \frac{P(n, k)}{P(k, k)} = \frac{n!}{k!\,(n-k)!}} \qquad (2.6)$$

例 2.29　一个杀毒软件报告说 10 个文件夹中有 3 个文件被感染. 那么共有多少种被感染的可能性？

解　文件夹 A，B，C 和文件夹 C，B，A 代表相同的结果，因此，顺序不重要. 软件

清楚地检测到 3 个不同的文件夹，因此它是无放回抽样. 可能性的个数为

$$\binom{10}{3} = \frac{10!}{3! \ 7!} = \frac{10 \cdot 9 \cdots 1}{(3 \cdot 2 \cdot 1)(7 \cdots 1)} = \frac{10 \cdot 9 \cdot 8}{3 \cdot 2 \cdot 1} = 120 \qquad \diamond$$

计算捷径

我们可以化简这个分数，而不是直接用公式计算 $C(n, k)$. 至少，分子、分母都能被 $k!$ 或者 $(n-k)!$ 整除（选择其中较大的一个来尽可能地化简公式）. 最终，

$$C(n, k) = \binom{n}{k} = \frac{n \cdot (n-1) \cdot \cdots \cdot (n-k+1)}{k \cdot (k-1) \cdot \cdots \cdot 1}$$

这个分数的分子和分母都是 k 项的乘积. 注意到下面这一点也会十分有用：

$$C(n, k) = C(n, n-k) \qquad 对任意 \quad k \ 和 \ n$$
$$C(n, 0) = 1$$
$$C(n, 1) = n$$

例 2.30　商店里有 20 台计算机. 其中 15 台是全新的，5 台是翻新的. 学生实验室购买了其中的 6 台计算机. 一眼看去，它们没有什么区别，所以这 6 台计算机是随机挑选的. 计算所购计算机中有 2 台是翻新的概率.

解　计算总个数和有利结果的个数. 从 20 台计算机中选择 6 台计算机的方法总数为

$$\mathcal{N}_{\mathrm{T}} = \binom{20}{6} = \frac{20 \cdot 19 \cdot 18 \cdot 17 \cdot 16 \cdot 15}{6 \cdot 5 \cdot 4 \cdot 3 \cdot 2 \cdot 1}$$

25

我们应用了上面提到的计算捷径. 接下来，为了获得有利结果的个数，从 5 台翻新计算机中选择 2 台，从 15 台全新计算机中选择 4 台. 有

$$\mathcal{N}_{\mathrm{F}} = \binom{5}{2}\binom{15}{4} = \left(\frac{5 \cdot 4}{2 \cdot 1}\right)\left(\frac{15 \cdot 14 \cdot 13 \cdot 12}{4 \cdot 3 \cdot 2 \cdot 1}\right)$$

种有利结果. 进一步化简公式，概率等于

$$P\{2 \ 台翻新计算机\} = \frac{\mathcal{N}_{\mathrm{F}}}{\mathcal{N}_{\mathrm{T}}} = \frac{7 \cdot 13 \cdot 5}{19 \cdot 17 \cdot 4} = 0.3522 \qquad \diamond$$

有放回组合

对于有放回组合，顺序并不重要，每个对象可以被抽样多次. 然后每个结果由计数组成（n 个对象在样本中出现的次数）. 在图 2.5 中，对象#1 每被抽样一次，我们画一个圆和一条竖线，然后对象#2 每被抽样一次，我们画一个圆，依此类推. 相邻的两条竖线表示相应的对象从未被抽样.

图 2.5　计算有放回组合. 竖线将不同类别的项目分开

结果图片中必须有 k 个圆（因为样本大小为 k）和分隔 n 个对象的 $n-1$ 条竖线. 每一张符合这些条件的图片都代表一个结果. 那么会有多少种结果？它是 $k+n-1$ 个空位中 k 个

圆和 $n-1$ 条竖线的分配数. 因此

$$\text{有放回组合} \quad \boxed{C_r(n, k) = \binom{k+n-1}{k} = \frac{(k+n-1)!}{k!\,(n-1)!}}$$

$$\text{表示法} \quad \left\| \begin{array}{l} P_r(n, k) = \text{有放回排列数} \\ P(n, k) = \text{无放回排列数} \\ C_r(n, k) = \text{有放回组合数} \\ \left.\begin{array}{l} C(n, k) \\ \binom{n}{k} \end{array}\right\} = \text{无放回组合数} \end{array} \right\|$$

2.4　条件概率和独立性

条件概率

假设你要去机场接人. 航班可能会准时到达, 这个概率是 0.8. 突然广播说飞机延误一小时起飞. 现在它准时到达的概率只有 0.05. 新消息影响了准时接机的可能性. 新的概率被称为条件概率, 即飞机晚点起飞的新消息是一个条件.

定义 2.15　在事件 B 前提下事件 A 发生的**条件概率**是已知 B 发生时 A 发生的概率.

表示法 $\quad \| P\{A|B\} = $ 在 B 前提下 A 发生的条件概率 $\|$

如何计算条件概率? 首先, 考虑等可能结果的情况. 根据新信息, 条件 B 的发生, 只有包含在 B 中的结果仍然有非零的概率发生. 只计算这些结果, 那么 A 的无条件概率

$$P\{A\} = \frac{A \text{ 中结果数}}{\Omega \text{ 中结果数}}$$

现在就被 A 在 B 前提下的条件概率所代替, 即

$$P\{A|B\} = \frac{A \bigcap B \text{ 中结果数}}{B \text{ 中结果数}} = \frac{P\{A \bigcap B\}}{P\{B\}}$$

这里出现了通式:

$$\text{条件概率} \quad \boxed{P\{A|B\} = \frac{P\{A \bigcap B\}}{P\{B\}}} \tag{2.7}$$

用另一种方式重写式(2.7), 我们得到了交集概率的通式.

$$\text{交集通式} \quad \boxed{P\{A \bigcap B\} = P\{B\}P\{A|B\}} \tag{2.8}$$

独立性

现在我们可以直观地给出一个非常清晰的独立性的定义.

定义 2.16　如果 B 的发生不影响 A 的概率, 则事件 A 和事件 B 是**相互独立**的, 即

$$P\{A|B\} = P\{A\}$$

根据这个定义, 条件概率等于相互独立事件的无条件概率. 将其代入式(2.8)中, 得

$$P\{A \bigcap B\} = P\{A\}P\{B\}$$

这就是相互独立事件的初始公式.

例 2.31　90％的航班准时起飞. 80％的航班准时到达. 75％的航班准时起飞，准时到达.

（a）Eric 正在接 Alyssa 的航班，这一航班准时起飞. Alyssa 准时到达的概率是多少？

（b）Eric 已经见过 Alyssa，并且她是准时到达的. 她的航班准时起飞的概率是多少？

（c）准时起飞和准时到达的事件是否独立？

解　表示事件如下：

$$A = \{准时到达\}$$
$$D = \{准时起飞\}$$

我们有

$$P\{A\} = 0.8, \quad P\{D\} = 0.9, \quad P\{A \bigcap D\} = 0.75$$

（a）$P\{A \mid D\} = \dfrac{P\{A \bigcap D\}}{P\{D\}} = \dfrac{0.75}{0.9} = \underline{0.8333}$

（b）$P\{D \mid A\} = \dfrac{P\{A \bigcap D\}}{P\{A\}} = \dfrac{0.75}{0.8} = \underline{0.9375}$

（c）事件并不相互独立，因为

$$P\{A \mid D\} \neq P\{A\}, \quad P\{D \mid A\} \neq P\{D\}, \quad P\{A \bigcap D\} \neq P\{A\}P\{D\}$$

实际上，任何一个不等式都能充分证明 A 和 D 是不相互独立的. 此外，我们还看到 $P\{A \mid D\} >$ $P\{A\}$ 和 $P\{D \mid A\} > P\{D\}$. 换句话说，准时起飞增加了准时到达的可能性，反之亦然. 这就完全符合我们的直觉. ◇

28

贝叶斯法则

最后一个例子表明，在通常情况下，条件概率 $P\{A \mid B\}$ 和 $P\{B \mid A\}$ 是不相同的. 现在考虑另一个例子.

例 2.32（测试的可靠性）　现在存在一种针对某种病毒感染的测试（包括对计算机网络的病毒攻击）. 它对受感染的病人有 95％的可靠性，对健康的病人有 99％的可靠性. 也就是说，如果病人携带病毒（事件 V），测试结果显示（事件 S）$P\{S \mid V\} = 0.95$，如果患者没有病毒，测试结果显示 $P\{\overline{S} \mid \overline{V}\} = 0.99$.

假设一个病人的测试结果是阳性的（即化验结果显示病人感染了病毒）. 知道了测试有时是错误的，病人自然渴望知道他或她确实感染病毒的概率. 然而，这个条件概率 $P\{V \mid S\}$，并没有在这个测试的给定特性中得到说明. ◇

这个例子适用于任何测试程序，包括软件和硬件测试、妊娠测试、亲子鉴定测试、酒精测试、学术考试等. 问题是要将给定的 $P\{S \mid V\}$ 和存疑的概率 $P\{V \mid S\}$ 联系起来. 这是 18 世纪由英国大臣托马斯·贝叶斯（1702—1761）通过以下方式完成的. 请注意，$A \bigcap B = B \bigcap A$. 因此，使用式（2.8），有 $P\{B\}P\{A \mid B\} = P\{A\}P\{B \mid A\}$.

求解 $P\{B \mid A\}$ 得到

贝叶斯法则 $\boxed{P\{B \mid A\} = \dfrac{P\{A \mid B\}P\{B\}}{P\{A\}}}$ （2.9）

例 2.33（期中考试的情况） 在期中考试中，X、Y、Z 三个同学忘了在试卷上写名字. 教授知道他们可以考出好成绩的概率分别是 0.8，0.7，0.5. 评分结束后，他注意到两份未写名字的试卷成绩是好的，一份未写名字的试卷成绩是不好的. 有了这些信息，假设学生均独立完成考试，那么成绩不好的试卷属于学生 Z 的概率是多少？

解 用 G 和 B 表示考试成绩的好与不好，用 GGB 表示两张试卷成绩好、一张试卷成绩不好，用 XG 表示"学生 X 考出了好成绩"，等等. 在 $P\{G\,|\,X\}=0.8$，$P\{G\,|\,Y\}=0.7$，$P\{G\,|\,Z\}=0.5$ 的情况下，我们需要找到 $P\{ZB\,|\,GGB\}$.

根据贝叶斯法则，有

$$P\{ZB\,|\,GGB\}=\frac{P\{GGB\,|\,ZB\}P\{ZB\}}{P\{GGB\}}$$

给定 ZB，事件 GGB 只发生在 X 和 Y 都考出好成绩的时候. 因此，$P\{GGB\,|\,ZB\}=0.8\times0.7$.

事件 GGB 由三种结果组成，取决于考出不好成绩的学生.

加和它们的概率，我们得到

$$P\{GGB\}=P\{XG\cap YG\cap ZB\}+P\{XG\cap YB\cap ZG\}+P\{XB\cap YG\cap ZG\}$$
$$=0.8\times0.7\times0.5+0.8\times0.3\times0.5+0.2\times0.7\times0.5=0.47$$

则

$$P\{ZB\,|\,GGB\}=\frac{0.8\times0.7\times0.5}{0.47}=\underline{0.5957}\qquad\diamond$$

在贝叶斯法则(2.9)中，分母通常用全概率公式进行计算.

全概率公式

这个公式把事件 A 的无条件概率与它的条件概率联系起来. 当计算给定附加信息的条件概率更容易时，就会用到它.

考虑样本空间 Ω 的一些划分为互斥且穷举的事件 B_1，$\cdots$，B_k. 它的意思是

对任意 $i\neq j$ 和 $B_1\bigcup\cdots\bigcup B_k$
$=\Omega$，$B_i\bigcap B_j=\varnothing$

这些事件同样划分事件 A，

$$A=(A\bigcap B_1)\bigcup\cdots\bigcup(A\bigcap B_k)$$

它也是互斥事件的并集(图 2.6). 因此，

$$P\{A\}=\sum_{j=1}^{k}P\{A\bigcap B_j\}$$

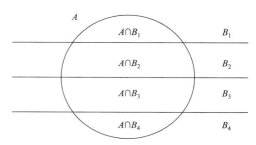

图 2.6 样本空间 Ω 和事件 A 的划分

我们得到了下面的公式：

| 全概率公式 | $P\{A\}=\sum\limits_{j=1}^{k}P\{A\,|\,B_j\}P\{B_j\}$
 两个事件的情况$(k=2)$
 $P\{A\}=P\{A\,|\,B\}P\{B\}+P\{A\,|\,\overline{B}\}P\{\overline{B}\}$ | (2.10) |

与贝叶斯法则一起，产生了以下常见的公式：

$$\boxed{P\{B\,|\,A\} = \frac{P\{A\,|\,B\}P\{B\}}{P\{A\,|\,B\}P\{B\} + P\{A\,|\,\overline{B}\}P\{\overline{B}\}}}$$

两个事件的贝叶斯法则

例 2.34（测试的可靠性，续）　接着例 2.32. 假设所有患者中有 4% 感染了病毒，即 $P\{V\} = 0.04$. 重申 $P\{S\,|\,V\} = 0.95$ 和 $P\{\overline{S}\,|\,\overline{V}\} = 0.99$. 如果测试结果呈阳性，那么病人感染病毒的（条件）概率就等于

$$P\{V\,|\,S\} = \frac{P\{S\,|\,V\}P\{V\}}{P\{S\,|\,V\}P\{V\} + P\{S\,|\,\overline{V}\}P\{\overline{V}\}}$$
$$= \frac{0.95 \times 0.04}{0.95 \times 0.04 + (1-0.99) \times (1-0.04)} = \underline{0.7983} \qquad \diamond$$

例 2.35（计算机代码诊断）　一个新的计算机程序由两个模块组成. 第一个模块包含错误的概率为 0.2. 第二个模块更加复杂，它与第一个模块无关，包含错误的概率为 0.4. 仅第一个模块有错误就会导致程序崩溃的概率为 0.5. 如果仅第二个模块有错误就会导致程序崩溃的概率是 0.8. 如果两个模块都有错误，程序崩溃的概率是 0.9. 假设程序崩溃了. 两个模块都有错误的概率是多少？

解　事件表示如下：

$$A = \{\text{模块 Ⅰ 有错误}\}, \quad B = \{\text{模块 Ⅱ 有错误}\}, \quad C = \{\text{程序崩溃}\}$$

进一步有

$$\{\text{仅模块 Ⅰ 有错误}\} = A \setminus B = A \setminus (A \cap B)$$
$$\{\text{仅模块 Ⅱ 有错误}\} = B \setminus A = B \setminus (A \cap B)$$

给定 $P\{A\} = 0.2$，$P\{B\} = 0.4$，$P\{A \cap B\} = 0.2 \times 0.4 = 0.08$，根据独立性，$P\{C\,|\,A \setminus B\} = 0.5$，$P\{C\,|\,B \setminus A\} = 0.8$，$P\{C\,|\,A \cap B\} = 0.9$.

我们需要计算 $P\{A \cap B\,|\,C\}$. 由于 A 是不相交事件 $A \setminus B$ 和 $A \cap B$ 的并集，我们计算

$$P\{A \setminus B\} = P\{A\} - P\{A \cap B\} = 0.2 - 0.08 = 0.12$$

类似地，

$$P\{B \setminus A\} = 0.4 - 0.08 = 0.32$$

事件 $(A \setminus B)$，$(B \setminus A)$，$A \cap B$ 和 $\overline{(A \cup B)}$ 组成了 Ω 的一个划分，因为它们是互斥且穷举的. 最后一个是整个程序中没有错误的事件. 给定这个事件，程序崩溃的概率是 0. 请注意，A，B 和 $(A \cap B)$ 既不是互斥的，也不是穷举的，所以它们不能用于贝叶斯法则. 现在将数据组织起来：

错误出现的位置	程序崩溃的概率
$P\{A \setminus B\} = 0.12$	$P\{C\,|\,A \setminus B\} = 0.5$
$P\{B \setminus A\} = 0.32$	$P\{C\,|\,B \setminus A\} = 0.8$
$P\{A \cap B\} = 0.08$	$P\{C\,|\,A \cap B\} = 0.9$
$P\{\overline{A \cup B}\} = 0.48$	$P\{C\,|\,\overline{A \cup B}\} = 0$

31

结合贝叶斯法则和全概率公式，

$$P\{A \cap B \,|\, C\} = \frac{P\{C \,|\, A \cap B\} P\{A \cap B\}}{P\{C\}}$$

其中

$$P\{C\} = P\{C \,|\, A \setminus B\} P\{A \setminus B\} + P\{C \,|\, B \setminus A\} P\{B \setminus A\} +$$
$$P\{C \,|\, A \cap B\} P\{A \cap B\} + P\{C \,|\, \overline{A \cup B}\} P\{\overline{A \cup B}\}$$

则

$$P\{A \cap B \,|\, C\} = \frac{0.9 \times 0.08}{0.5 \times 0.12 + 0.8 \times 0.32 + 0.9 \times 0.08 + 0} = \underline{0.1856} \qquad \diamond$$

归纳总结

任何事件的概率都是 0 到 1 之间的数字. 空事件的概率为 0, 整个样本空间的概率为 1. 计算并集、交集和补集的概率是有规则的. 对于不相交事件的并集, 概率相加. 对于相互独立事件的交集, 概率相乘. 结合这些规则, 我们有了给定的系统组件可靠性, 就可以给出评估系统的可靠性.

在等可能结果的情况下, 概率是有利结果的个数与总结果个数的比值. 组合学提供了工具, 不管有没有放回, 都可以在涉及排列和组合的众多情况下计算这些数字.

假定事件 B 发生, 我们可以计算事件 A 的条件概率. 根据全概率公式, 可以根据事件 A 的条件概率计算出它的无条件概率. 在测试和诊断中经常使用的贝叶斯法则将 B 前提下 A 的条件概率和 A 前提下 B 的条件概率联系起来.

练习题

2.1 在六块计算机芯片中, 两块有缺陷. 如果随机选择两个芯片进行测试(不放回), 计算它们都有缺陷的概率. 列出样本空间中的所有结果.

2.2 假设在服务十年后, 40% 的计算机的主板(MB)有问题, 30% 的计算机的硬盘(HD)有问题, 15% 的计算机的 MB 和 HD 都有问题. 一台十年的旧计算机仍然有完全可以运行的 MB 和 HD 的概率是多少?

2.3 一种新的计算机病毒可以通过电子邮件或因特网进入系统. 系统有 30% 的概率通过电子邮件收到这种病毒, 有 40% 的概率通过互联网收到它. 此外, 病毒通过电子邮件和互联网同时进入系统的概率为 0.15. 病毒完全不进入系统的概率是多少?

2.4 在某公司的员工中, 70% 掌握 Java, 60% 掌握 Python, 50% 两种语言都掌握. 程序员中有多少比例:

(a) 没有掌握 Python?

(b) 既没有掌握 Python 也没有掌握 Java?

(c) 掌握 Java 但没有掌握 Python?

(d) 掌握 Python 但没有掌握 Java?

(e) 如果有人掌握 Python, 那么他也掌握 Java 的概率是多少?

（f）如果有人掌握 Java，那么他也掌握 Python 的概率是多少？

2.5 一个计算机程序需要经过三个独立的测试. 当程序出现错误时，这些测试将分别以 0.2、0.3 和 0.5 的概率发现它. 假设程序包含一个错误. 它被至少一个测试找到的概率是多少？

2.6 在良好的天气条件下，80% 的航班准时到达. 在恶劣的天气条件下，只有 30% 的航班准时到达. 明天，天气良好的概率是 60%. 航班准时到达的概率是多少？

2.7 一个系统可能通过互联网或电子邮件被一些间谍软件感染. 70% 的间谍软件通过互联网进入，30% 通过电子邮件进入. 如果它通过互联网进入，系统立即检测到它的概率为 0.6；如果通过电子邮件，系统检测到的概率为 0.8. 这个间谍软件被检测到的概率是多少？

2.8 航天飞机的发射取决于三个关键设备，这三个设备出现故障的概率分别为 0.01、0.02 和 0.02. 如果任何一个关键设备出现故障，则发射将会被推迟. 根据时间表，计算航天飞机按时发射的概率.

2.9 一个新系统的成功实施基于三个独立的模块. 模块 1 正常工作的概率为 0.96. 模块 2 和模块 3 正常工作的概率分别为 0.95 和 0.90. 计算这三个模块中至少有一个不能正常工作的概率.

2.10 三种计算机病毒以电子邮件附件的形式出现. 病毒 A 破坏系统的概率为 0.4. 独立于 A，病毒 B 破坏系统的概率为 0.5. 独立于 A 和 B，病毒 C 破坏系统的概率为 0.2. 系统被破坏的概率是多少？

2.11 一个计算机程序需要经过 5 个相互独立的测试. 如果程序有错误，这些测试发现它的概率分别为 0.1、0.2、0.3、0.4 和 0.5. 假设程序包含一个错误. 它

（a）被至少 1 个测试发现

（b）被至少 2 个测试发现

（c）被所有 5 个测试发现

的概率是多少？

2.12 警察带着四条训练有素的嗅探爆炸物气味的警犬，对一座建筑物进行检查. 如果某幢建筑物内有爆炸品，每条警犬独立于其他警犬探测到爆炸物的概率为 0.6，那么至少有一条警犬探测到爆炸物的概率是多少？

2.13 一个重要的模块由三个相互独立的检测小组进行测试. 每个小组在一个有缺陷的模块中发现问题的概率是 0.8. 至少有一组检测人员在一个有缺陷的模块中发现问题的概率是多少？

2.14 间谍软件试图通过猜测密码来入侵系统. 直到尝试了 100 万个不同的密码，它才会放弃. 它猜出密码并成功入侵的概率是多少？ 其中密码的组成分别为

（a）6 个不同的小写字母.

（b）6 个不同的字母，有些可能是大写的，并且区分大小写.

（c）任意 6 个字母，大写或小写，并且区分大小写.

（d）任意 6 个字符，包括字母和数字.

2.15　一个计算机程序由两个不同的程序员独立编写的两个程序块组成. 第一个程序块有错误的概率为 0.2. 第二个程序块有错误的概率为 0.3. 如果程序返回出现错误, 那么两个程序块都有错误的概率是多少?

2.16　一个电脑制造商从三个供应商 S1, S2 和 S3 处获得零件. 零件中的 50% 来自 S1, 20% 来自 S2, 30% 来自 S3. 在 S1 提供的所有零件中, 有 5% 是次品. 对于 S2 和 S3, 这个比例分别是 3% 和 6%.

　　(a) 所有零件是次品的比例是多少?

　　(b) 一个顾客抱怨说她最近买的计算机有一个部件是次品. 这个次品来自 S1 的概率是多少?

2.17　一家计算机组装公司从供应商 X 处获得 24% 的零件, 从供应商 Y 处获得 36% 的零件, 其余 40% 的零件来自供应商 Z. X 提供的零件的次品率是 5%, Y 提供的零件的次品率是 10%, Z 提供的零件的次品率是 6%. 如果一台组装好的计算机有一个零件是次品, 那么这个零件来自供应商 Z 的概率是多少?

2.18　在一道 4 选 1 的测验题中, 如果学生准备好了, 那么答对问题的概率为 0.9. 未准备的学生会在 4 个可能的答案中猜选, 所以选择正确答案的概率是 1/4. 75% 的学生准备了这道测验题. 如果学生 X 对这个问题回答正确, 那么他没有准备这道测验题的概率是多少?

2.19　在工厂里, 20% 的生产部件都要经过特殊的电子检测. 我们知道, 任何用电子方式检测的部件都没有缺陷的概率为 0.95. 对于没有进行电子检测的部件, 这个概率只有 0.7. 客户收到一个部件, 并发现了其中的缺陷. 这个部件经过了电子检测的概率是多少?

2.20　所有参加奥运会的运动员都要接受兴奋剂检测. 这项不完善的测试对 90% 的类固醇使用者给出了阳性结果(表明使用了药物), 但也对 2% 不使用类固醇的人给出了阳性结果(是错误的). 假设 5% 的注册运动员使用类固醇. 如果运动员检测结果为阴性, 那么他/她使用类固醇的概率是多少?

2.21　在图 2.7 的系统中, 每个组件独立于其他组件失效的概率为 0.3. 计算系统的可靠性.

图 2.7　计算系统的可靠性(练习 2.21)

2.22　三条高速公路连接 A 市和 B 市. 两条高速公路连接 B 市和 C 市. 在交通高峰期, 每条高速公路独立于其他高速公路发生交通事故的概率为 0.2.

　　(a) 计算从 A 到 C 至少有一条道路开放的概率.

　　(b) 一条新的高速公路独立于其他高速公路有 0.2 的概率被封锁, 如果它

　　　　(α) 建在 A、B 之间

　　　　(β) 建在 B、C 之间

　　　　(γ) 建在 A、C 之间

　　那么它将如何改变(a)中的概率?

2.23　计算如图 2.8 所示的各系统的可靠性, 其中各部件 A、B、C、D、E 功能正常的概率分别为 0.9、0.8、0.7、0.6 和 0.5.

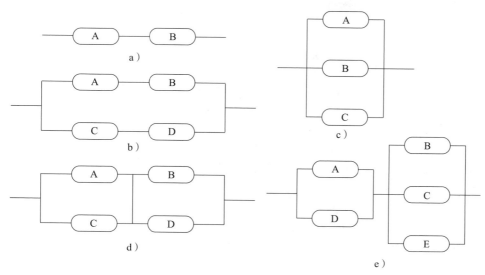

图 2.8　计算每个系统的可靠性(练习 2.23)

2.24 在 10 台笔记本电脑中，有 5 台是好的，5 台是有缺陷的. 在不了解这些信息的情况下，一位顾客买了 6 台笔记本电脑.

(a) 其中恰好有两台有缺陷的概率是多少？

(b) 假设至少有 2 台购买的笔记本电脑有缺陷，那么恰好有 2 台笔记本电脑有缺陷的概率是多少？

2.25 实验室里每 6 台计算机中就有 2 台存在硬盘问题. 如果随机选择 3 台计算机进行检测，那么没有一台计算机存在硬盘问题的概率是多少？

2.26 Danielle 和 Anthony 为大学奶酪俱乐部买了 4 种奶酪、3 种饼干和 2 种葡萄. 每个俱乐部成员必须品尝 2 种不同的奶酪、2 种饼干和 1 串葡萄. 如果有 40 位俱乐部成员参与，那么他们可以品尝互不相同的食物吗？

2.27 生日问题.

(a) 考虑一个有 30 名学生的班级. 计算其中至少有 2 名学生生日在同一天的概率.（为了简单起见，忽略闰年.）

(b) 为了使这个概率大于 0.5，班上应该有多少名学生？

2.28 在某商店的 18 台计算机中，有 6 台有缺陷. 为大学实验室随机挑选 5 台计算机. 计算所 5 台计算机都没有缺陷的概率.

2.29 一次测验由 6 道单选题组成. 每道题有 4 个可能的答案. 学生毫无准备，但别无选择，只能完全随机猜测答案. 如果他答对至少 3 道题就能通过测验. 那么他通过的概率是多少？

2.30 一个互联网搜索引擎在 9 个数据库中以随机顺序搜索一个关键字. 只有 5 个数据库包含给定的关键字. 找出在前 4 个被搜索的数据库中至少有 2 个找到关键字的概率.

2.31 考虑在例 2.24 中描述的情况，但是这次让我们明确定义样本空间. 假设一个孩子年龄比较大，另一个比较小，他们的性别与年龄无关，你遇到每个孩子的概率都是 1/2.

(a) 列出这个样本空间中的所有结果. 每个结果应该表明孩子的性别，哪个孩子更大，你见过哪个孩子.

(b) 证明结果 BB、BG、GB 的无条件概率相等.

(c) 证明在你遇到 Lev 后，BB，BG，GB 的条件概率是不相等的.

(d) 证明 Lev 有一个兄弟的条件概率是 1/2.

2.32   证明事件 A，B，C，$\cdots$ 是不相交的当且仅当 $\overline{A}$，$\overline{B}$，$\overline{C}$，$\cdots$ 是穷举的.

2.33   事件 A 和事件 B 是相互独立的. 用直观和数学的方法证明：

(a) 它们的补集也是相互独立的.

(b) 如果它们是不相交的，那么 $P\{A\}=0$ 或 $P\{B\}=0$.

(c) 如果它们是穷举的，那么 $P\{A\}=1$ 或 $P\{B\}=1$.

2.34   推导出 N 个任意事件并集的概率的计算公式. 假设给出了所有个体事件及其交集的概率.

2.35   证明对任意事件 E_1，$\cdots$，E_n，有 $\overline{E_1 \bigcap \cdots \bigcap E_n}=\overline{E_1} \bigcup \cdots \bigcup \overline{E_n}$.

2.36   由概率的"加法"法则推导出"减法"法则：

$$\text{若 } B \subset A, \quad \text{则 } P\{A \setminus B\}=P(A)-P(B)$$

2.37   证明"次可加性"：$P\{E_1 \bigcup E_2 \bigcup \cdots\} \leqslant \sum P\{E_i\}$，对任意事件 E_1，E_2，$\cdots \in \mathfrak{M}$.

第 3 章　离散随机变量及其分布

本章会介绍随机变量的概念，并详细研究离散分布. 第 4 章将讨论连续分布.

3.1　随机变量的分布

3.1.1　主要概念

定义 3.1　**随机变量**是一个函数的结果

$$X = f(\omega)$$

换句话说，这是一个取决于概率的量.

随机变量的域是样本空间 Ω. 它的范围可以是所有实数 $\mathbb{R}$ 的集合，或者只是正数 $(0, +\infty)$，或者是整数 $\mathbb{Z}$，或者是区间 $(0, 1)$ 等，这取决于随机变量可能采用的值.

一旦实验完成，并得到 ω 的结果，就可以确定随机变量 $X(\omega)$ 的值.

例 3.1　设想一个投掷 3 枚均匀硬币并计数正面朝上次数的实验. 当然，同样的模型也适用于一个有 3 个孩子的家庭中女孩的数量，3 个字符的随机二进制字符串中 1 的数量，等等.

设 X 为正面朝上的次数（或者女孩的数量，1 的数量）. 在实验之前，它的值是未知的. 我们只能说 X 必须是介于 0 和 3 之间的整数. 因为假设每个值都是一个事件，我们可以计算概率

$$P\{X=0\} = P\{三个反面\} = P\{TTT\} = \frac{1}{2} \times \frac{1}{2} \times \frac{1}{2} = \frac{1}{8}$$

$$P\{X=1\} = P\{HTT\} + P\{THT\} + P\{TTH\} = \frac{3}{8}$$

$$P\{X=2\} = P\{HHT\} + P\{HTH\} + P\{THH\} = \frac{3}{8}$$

$$P\{X=3\} = P\{HHH\} = \frac{1}{8}$$

总结如下：

x	$P\{X=x\}$
0	1/8
1	3/8
2	3/8
3	1/8
总数	1

$\Diamond$

此表包含实验前已知的关于随机变量 X 的所有信息. 在知道结果 ω 之前，我们无法知道 X 等于什么. 但是，我们可以列出 X 的所有可能值，并确定相应的概率.

定义 3.2   所有与 X 有关的概率的集合就是 X 的**分布**. 函数

$$P(x) = P\{X = x\}$$

是**概率质量函数**(pmf).**累积分布函数**(cdf)定义为

$$F(x) = P\{X \leqslant x\} = \sum_{y \leqslant x} P(y) \tag{3.1}$$

X 的一组可能值被称为分布 F 的**证据**.

对于每个结果 ω,变量 X 只取一个值 x. 这使得事件$\{X=x\}$不相交且穷举,因此,

$$\sum_x P(x) = \sum_x P\{X = x\} = 1$$

根据式(3.1),我们可以得出结论:累积分布函数 $F(x)$ 是关于 x 的一个非减函数,值总是在 0 和 1 之间,且

$$\lim_{x \downarrow -\infty} F(x) = 0, \qquad \lim_{x \uparrow +\infty} F(x) = 1$$

在 X 的任意两个相邻值之间,$F(x)$ 是常数. 它在 X 的每个可能值 x 处有 $P(x)$(见图 3.1 的右图).

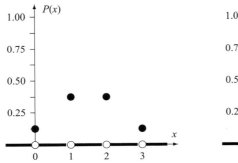
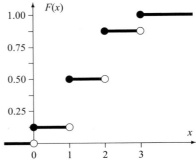

图 3.1   例 3.1 中的概率质量函数 $P(x)$ 和累积分布函数 $F(x)$. 白色圆圈表示排除的点

回想一下,计算事件概率的一种方法是将事件中所有结果的概率相加. 因此,对于任何一组 A,有

$$P\{X \in A\} = \sum_{x \in A} P(x)$$

当 A 是区间时,其概率可直接用累积分布函数 $F(x)$ 计算:

$$P\{a < X \leqslant b\} = F(b) - F(a)$$

例 3.2   例 3.1 中 X 的概率质量函数和累积分布函数如图 3.1 所示.   ◇

计算机演示   为了举例说明例 3.1 和例 3.2,下面的计算机代码模拟 3 枚硬币抛掷 10 000 次,并产生一个图 3.2 所得到的 X 值的直方图.

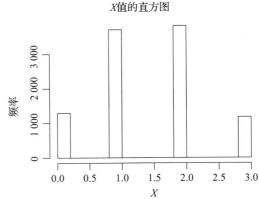

图 3.2   例 3.1、例 3.2 中 X 值的直方图(从 $N = 10\,000$ 个随机生成中获得)

```
—— R ——————
N <- 10000                    # Number of simulations
U <- matrix(runif(3*N),3,N)   # A 3-by-N matrix of random numbers from [0,1]
Y <- (U < 0.5)                # Y=1 (heads) if U < 0.5, otherwise Y=0 (tails)
X <- colSums(Y)               # Sums across columns. X = number of heads
hist(X)                       # Histogram of X
```

41

```
—— MATLAB ——————
N = 10000;          % Number of simulations
U = rand(3,N);      % A 3-by-N matrix of random numbers from [0,1]
Y = (U < 0.5);      % Y=1 (heads) if U < 0.5, otherwise Y=0 (tails)
X = sum(Y);         % Sums across columns. X = number of heads
hist(X);            % Histogram of X
```

从得到的直方图上可见，相比于 $X=0$ 和 $X=3$，两个中间列（即 $X=1$ 和 $X=2$）大约是每一侧列高的 3 倍. 也就是说，在 10 000 个模拟的运行中，值等于 1 和 2 的频率是值等于 0 和 3 的 3 倍. 这与 $P(0)=P(3)=1/8$，$P(1)=P(2)=3/8$ 的结果一致.

你注意到中间两列不完全相等了吗？那是因为我们使用了随机数生成器. 每次运行这些计算机程序时，我们都会得到稍微不同的直方图. 你得到的图是否也有点不相等？当我们使用生成的随机变量得出结论时，总是会发生这种情况——每次结果可能略有不同. 但是，当模拟的数量较大时（比如在我们的例子中 $N=10\,000$），差异就较小了.

最后，我们注意到 R 和 MATLAB 都有特殊的命令，可以一步生成 X. 在这里，我们由生成的在 0 和 1 之间均匀分布的随机变量得出 X，这是大多数软件语言都提供的工具.

字符#和%标记注释，为我们自己学习使用，R 和 MATLAB 会忽略它们后面的文本.

我们将在第 5 章详细讨论蒙特卡罗模拟，并在 8.3.1 节讨论直方图.

42

例 3.3（独立模块中的错误） 程序由两个模块组成. 第一个模块中的错误数量 X_1 具有概率质量函数 $P_1(x)$，第二个模块中的错误数量 X_2 具有独立于 X_1 的概率质量函数 $P_2(x)$，其中

x	$P_1(x)$	$P_2(x)$
0	0.5	0.7
1	0.3	0.2
2	0.1	0.1
3	0.1	0

求出 $Y=X_1+X_2$ 的概率质量函数和累积分布函数，即错误总数.

解 我们把问题分解成几个步骤. 首先，确定 Y 的所有可能值，然后计算每个值的概率. 显然，错误的数目 Y 是一个整数，可以低至 $0+0=0$，高达 $3+2=5$. 由于 $P_2(3)=0$，那么，第二个模块最多有两个错误. 接下来，

$$P_Y(0)=P\{Y=0\}=P\{X_1=X_2=0\}=P_1(0)P_2(0)=0.5\times0.7=0.35$$

$$P_Y(1)=P\{Y=1\}=P_1(0)P_2(1)+P_1(1)P_2(0)=0.5\times0.2+0.3\times0.7=0.31$$

$$P_Y(2)=P\{Y=2\}=P_1(0)P_2(2)+P_1(1)P_2(1)+P_1(2)P_2(0)$$

$$=0.5\times0.1+0.3\times0.2+0.1\times0.7=0.18$$

$$P_Y(3) = P\{Y = 3\} = P_1(1)P_2(2) + P_1(2)P_2(1) + P_1(3)P_2(0)$$
$$= 0.3 \times 0.1 + 0.1 \times 0.2 + 0.1 \times 0.7 = 0.12$$
$$P_Y(4) = P\{Y = 4\} = P_1(2)P_2(2) + P_1(3)P_2(1) = 0.1 \times 0.1 + 0.1 \times 0.2 = 0.03$$
$$P_Y(5) = P\{Y = 5\} = P_1(3)P_2(2) = 0.1 \times 0.1 = 0.01$$

检验：

$$\sum_{y=0}^{5} P_Y(y) = 0.35 + 0.31 + 0.18 + 0.12 + 0.03 + 0.01 = 1$$

因此，我们计算了所有可能性，没有任何遗漏.（我们只是想强调，简单地得到 $\sum P(x) = 1$ 并不能保证我们的解不会出错. 但是，如果这种等式不被满足，我们肯定会犯错误.）

累积函数为

$$F_Y(0) = P_Y(0) = 0.35$$
$$F_Y(1) = F_Y(0) + P_Y(1) = 0.35 + 0.31 = 0.66$$
$$F_Y(2) = F_Y(1) + P_Y(2) = 0.66 + 0.18 = 0.84$$
$$F_Y(3) = F_Y(2) + P_Y(3) = 0.84 + 0.12 = 0.96$$
$$F_Y(4) = F_Y(3) + P_Y(4) = 0.96 + 0.03 = 0.99$$
$$F_Y(5) = F_Y(4) + P_Y(5) = 0.99 + 0.01 = 1.00$$

43 在 Y 的不同值之间，$F(x)$ 是常数. ◇

3.1.2 随机变量类型

到目前为止，我们处理的是离散随机变量. 这些变量的范围是有限的或是可数的. 这意味着我们可以列出它们的值，或者将它们的值排成一个序列. 例如，提交给打印机的作业数、错误数、无错误模块数、失败组件数等. 离散变量不必是整数. 例如，一批 100 件中有缺陷部件的比例可以是 0，$1/100$，$2/100$，…，$99/100$，1. 这个变量有 101 个不同的值，虽然不是整数，但是它也是离散的.

相反，连续随机变量是假设整个区间的值. 它可以是一个有界区间 (a, b)，也可以是一个无界区间，例如 $(a, +\infty)$、$(-\infty, b)$ 或 $(-\infty, +\infty)$. 有时，它可能是几个这样的区间的并集. 区间是不可数的，因此，在这种情况下，不能列出随机变量的所有值. 连续变量的例子包括各种时间（如软件安装时间、代码执行时间、连接时间、等待时间、寿命等），以及物理变量（如重量、高度、电压、温度、距离等）. 我们将在第 4 章详细讨论连续随机变量.

例 3.4 为了进行比较，可以观察到跳远在形式上是一个连续的随机变量，因为运动员可以在一定范围内跳任意距离. 但是，跳高的结果是离散的，因为杆只能放在有限的高度. ◇

请注意，将一个连续的随机变量舍入到最近的整数会使它离散化.

有时我们可以看到混合随机变量在某个值范围内是离散的，在其他地方是连续的. 例如，见 7.4.1 节"等待时间"部分的"注".

例 3.5 作业被发送到打印机. 设 X 为作业开始打印之前的等待时间. 在某种可能性

下，此作业排在队列的首位，然后立即被打印，$X=0$. 也有可能作业排在首位，但打印机预热需要 20 秒，在这种情况下，$X=20$. 到目前为止，变量具有离散行为，在 $x=0$ 和 $x=20$ 时，累积分布函数 $P(x)$ 为正. 但是，如果队列中有其他作业，那么 X 取决于打印它们所需的时间，这是一个连续随机变量. 使用一个流行的术语，除了 $X=0$ 和 $X=20$ 的"点质量"，变量是连续的，取$(0, +\infty)$中的任意值. 因此，X 既不是离散的，也不是连续的. 它是混合的. ◇

3.2 随机向量的分布

通常，我们会同时处理几个随机变量. 我们可以关注 RAM 的大小和 CPU 的速度、计算机的价格和容量、温度和湿度、技术和艺术性能等.

3.2.1 联合分布和边缘分布

定义 3.3 如果 X 和 Y 是随机变量，那么(X, Y)是**随机向量**. 它的分布称为 X 和 Y 的**联合分布**. X 和 Y 的单独分布称为**边缘分布**.

虽然我们在这一节中将讨论两个随机变量，但是所有的概念都扩展到向量$(X_1, X_2, \cdots, X_n)$及其联合分布.

与单个变量类似，向量的联合分布是向量(X, Y)和获取值(x, y)的概率集合. 回想一下两个向量是相等的，如果 $X=x$ 并且 $Y=y$，那么

$$(X, Y)=(x, y)$$

因此，X 和 Y 的联合概率质量函数是

$$P(x, y)=P\{(X, Y)=(x, y)\}=P\{X=x \bigcap Y=y\}$$

同样，$\{(X, Y)=(x, y)\}$是不同对(x, y)的穷举且互斥的事件，因此

$$\sum_x \sum_y P(x, y)=1$$

(X, Y)的联合分布携带了关于这个随机向量的完整信息. 特别地，X 和 Y 的边缘概率质量函数可以通过加法法则从联合概率质量函数中得到：

$$
\boxed{
\begin{aligned}
P_X(x)&=P\{X=x\}=\sum_y P_{(X, Y)}(x, y) \\
P_Y(y)&=P\{Y=y\}=\sum_x P_{(X, Y)}(x, y)
\end{aligned}
} \tag{3.2}
$$

加法法则

也就是说，为了得到一个变量的边缘概率质量函数，我们将另一个变量的所有值上的联合概率相加.

加法法则如图 3.3 所示. 事件$\{Y=y\}$用 y 的不同值划分样本空间 Ω. 因此，它们与$\{X=x\}$的交集将事件$\{X=x\}$划分为互斥部分. 根据关于互斥事件并集的公式(2.4)，它们的概率应该相加. 这些概率正是 $P_{(x, y)}(x, y)$.

一般来说，联合分布不能通过边缘分布来计算，因为它们没有关于随机变量之间相互关系的信息. 例如，边缘分布不能判断变量 X 和 Y 是独立的还是相关的.

3.2.2 随机变量的独立性

定义 3.4 随机变量 X 和 Y 是**独立的**，如果

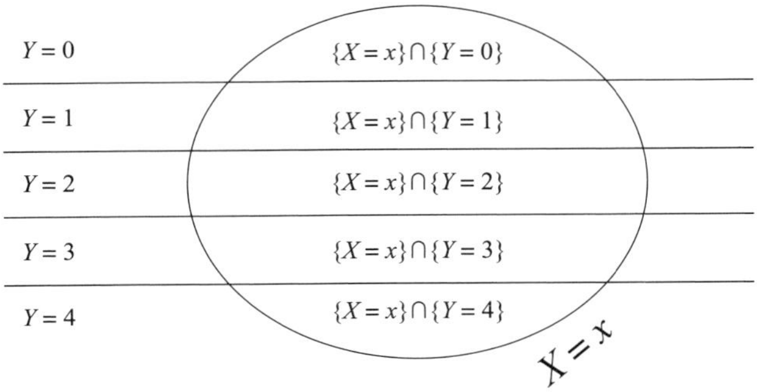

图 3.3　加法法则：从联合分布计算边缘概率

$$P_{(X,Y)}(x,y)=P_X(x)P_Y(y)$$

对 x 和 y 的**所有**值成立. 这意味着事件 $\{X=x\}$ 和 $\{Y=y\}$ 对所有的 x 和 y 都是独立的. 换句话说，变量 X 和 Y 的值彼此独立.

在这些问题中，为了证明 X 和 Y 的独立性，我们必须检查是否对所有的 x 和 y，联合概率质量函数可以分解为边缘概率质量函数的乘积. 为了证明相关性，我们只需要提出一个反例，对一个 (x,y) 有 $P(x,y) \neq P_X(x)P_Y(y)$.

例 3.6　一个程序包含两个模块. 第一个模块中的错误数 X 和第二个模块中的错误数 Y 有联合分布，$P(0,0)=P(1,0)=0.2$，$P(1,1)=P(1,2)=P(1,3)=0.1$，$P(0,2)=P(0,3)=0.05$. 求 (a) X 和 Y 的边缘分布；(b) 第一个模块中没有错误的概率；(c) 程序中错误总数的分布. 此外，(d) 查明两个模块中的错误是否独立发生.

解　将 X 和 Y 的概率质量函数关系组织在一张表格中，以便于理解. 加上行和列，我们得到边缘概率质量函数，

$P_{(X,Y)}(x,y)$		y				$P_X(x)$
		0	1	2	3	
x	0	0.20	0.20	0.05	0.05	0.50
	1	0.20	0.10	0.10	0.10	0.50
	$P_Y(y)$	0.40	0.30	0.15	0.15	1.00

这解决了 (a).

(b) $P_X(0)=0.50$.

(c) 设 $Z=X+Y$ 为错误总数. 为了找到 Z 的分布，我们首先确定它的可能值，然后找到每个值的概率. 我们看到 Z 可以小到 0 大到 4. 那么，

$$P_Z(0)=P\{X+Y=0\}=P\{X=0 \bigcap Y=0\}=P(0,0)=0.20$$

$$P_Z(1)=P\{X=0 \bigcap Y=1\}+P\{X=1 \bigcap Y=0\}$$
$$=P(0,1)+P(1,0)=0.20+0.20=0.40$$

$$P_Z(2)=P(0,2)+P(1,1)=0.05+0.10=0.15$$

$$P_Z(3)=P(0,3)+P(1,2)=0.05+0.10=0.15$$

$$P_z(4) = P(1, 3) = 0.10$$

验证 $\sum_z P_z(z) = 1$ 是一个很好的检查.

（d）为了判断 X 和 Y 的独立性，检查它们的联合概率质量函数因子是否为边缘概率质量函数的乘积. 我们看到 $P_{(X,Y)}(0, 0) = 0.2$ 确实等于 $P_X(0)P_Y(0) = 0.5 \times 0.4$. 继续检查，$P_{(X,Y)}(0, 1) = 0.2$，$P_X(0)P_Y(1) = 0.5 \times 0.3 = 0.15$. 我们发现有一对 x 和 y 违反了独立随机变量的公式. 因此，两个模块中的错误是不独立的. ◇

3.3 期望和方差

随机变量或随机向量的分布，即相关概率的全部集合，包含有关其行为的全部信息. 这些详细信息可以概括为几个重要特征：描述随机变量的平均值、最有可能的随机变量值、其分布、可变性等. 最常用的是本节介绍的期望、方差、标准差、协方差和相关性. 我们在 8.1 节和 9.1.1 节中讨论的模式、矩量、分位数和四分位数范围也是非常流行且有用的.

3.3.1 期望

定义 3.5 随机变量 X 的**期望**或**期望值**是其平均值.

我们知道 X 可以用不同的概率来接受不同的值. 因此，它的平均值不仅仅是所有值的平均，更确切地说，它是一个加权平均数.

例 3.7 有一个取值为 0 或 1 的变量，概率 $P(0) = P(1) = 0.5$，即

$$X = \begin{cases} 0 & \text{概率为 } 1/2 \\ 1 & \text{概率为 } 1/2 \end{cases}$$

多次观察这个变量，我们会看到 $X = 0$ 的次数约为 50%，$X = 1$ 的次数约为 50%. 然后 X 的平均值将接近 0.5，因此 $E(X) = 0.5$. ◇

现在让我们看看 $X = 0$ 和 $X = 1$ 的不相等概率对期望 $E(X)$ 的影响.

例 3.8 假设 $P(0) = 0.75$，$P(1) = 0.25$，从长久来看，X 是 1 的次数是总次数的 1/4. 假设我们每次看到 $X = 1$ 就赚 1 美元. 平均来说，我们每四次赚 1 美元，或者每次观察赚 0.25 美元. 因此，在这个例子里 $E(X) = 0.25$. ◇

这两个例子的物理模型如图 3.4 所示. 在图 3.4a 中，我们在点 0 和点 1 处放置两个相等的质量，每个质量为 0.5 个单位，并用一根坚固但无重量的杆将它们连接起来. 质量代表概率 $P(0)$ 和 $P(1)$. 现在我们寻找一个平衡系统的点. 它是对称的，因此它的平衡点、重心都在中间，值为 0.5.

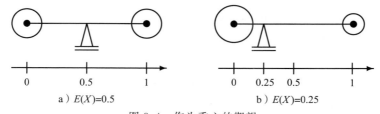

a）$E(X) = 0.5$ b）$E(X) = 0.25$

图 3.4 作为重心的期望

图 3.4b 表示例 3.8 的模型. 这里, 根据 $P(0)$ 和 $P(1)$, 0 和 1 处的质量分别等于 0.75 个和 0.25 个单位. 这个系统平衡点在 0.25, 这也是它的重心.

类似的参数可以用来推导期望的一般公式.

$$\text{期望, 离散情形} \quad \boxed{\mu = E(X) = \sum_x x P(x)} \tag{3.3}$$

此公式返回在点 x 处分配质量 $P(x)$ 的系统的重心, 期望值通常用希腊字母 μ 表示.

在某种意义上, 期望是 X 的最佳预测. 变量本身是随机的, 它采用不同的值, 不同的概率 $P(x)$. 但同时, 它只有一个非随机的期望 $E(X)$.

3.3.2 期望函数

我们经常对关于 X 的函数, 即另外一个变量 Y 感兴趣. 例如, 下载时间取决于连接速度, 计算机商店的利润取决于销售的计算机数量, 经理的奖金取决于利润. $Y = g(X)$ 的期望是由类似的公式

$$E\{g(X)\} = \sum_x g(x) P(x) \tag{3.4}$$

进行计算的.

注: 实际上, 如果 g 是一对一函数, 那么 Y 取每个值 $y = g(x)$, 其概率为 $P(x)$, $E(Y)$ 的公式可以直接应用; 如果 g 不是一对一函数, 那么 $g(x)$ 的一些值将在式(3.4)中重复. 然而, 它们仍然乘以相应的概率. 当我们在式(3.4)中做加法时, 这些概率也被加入, 因此 $g(x)$ 的每个值仍然乘以概率 $P_Y(g(x))$.

3.3.3 性质

以下期望的线性性质直接来自式(3.3)和式(3.4). 对于任意随机变量 X 和 Y 以及任意非随机数 a, b 和 c, 我们有

$$\boxed{\begin{aligned} &E(aX + bY + c) = aE(X) + bE(Y) + c \\ &\text{特别地,} \\ &\qquad E(X + Y) = E(X) + E(Y) \\ &\qquad E(aX) = aE(X) \\ &\qquad E(c) = c \\ &\text{对于} \textbf{独立的} \ X \ \text{和} \ Y, \ \text{有} \\ &\qquad E(XY) = E(X) E(Y) \end{aligned}} \tag{3.5}$$

（左侧标注：**期望的性质**）

证明   第一个性质遵循加法法则(3.2). 对于任意的 X 和 Y,

$$E(aX + bY + c) = \sum_x \sum_y (ax + by + c) P_{(X, Y)}(x, y)$$

$$= \sum_x ax \sum_y P_{(X, Y)}(x, y) + \sum_y by \sum_x P_{(X, Y)}(x, y) + c \sum_x \sum_y P_{(X, Y)}(x, y)$$

$$= a \sum_x x P_X(x) + b \sum_y y P_Y(y) + c$$

接下来的三个等式是特殊情况. 为了证明最后一个性质, 我们知道对于独立的 X 和 Y,

$P_{(X,Y)}(x, y) = P_X(x)P_Y(y)$，因此

$$E(XY) = \sum_x \sum_y (xy)P_X(x)P_Y(y) = \sum_x xP_X(x) \sum_y yP_Y(y) = E(X)E(Y) \qquad \blacksquare$$

注：式(3.5)中的最后一个性质也适用于某些非独立变量，因此，它不能用于验证 X 和 Y 的独立性.

例 3.9　在例 3.6 中，
$$E(X) = 0 \times 0.5 + 1 \times 0.5 = 0.5$$
$$E(Y) = 0 \times 0.4 + 1 \times 0.3 + 2 \times 0.15 + 3 \times 0.15 = 1.05$$

因此，预期的错误总数是
$$E(X + Y) = 0.5 + 1.05 = 1.65 \qquad \diamond$$

注：显然，程序永远不会有 1.65 个错误，因为错误的数目总是整数. 那么，我们是不是应该把 1.65 改为 2？显然不行，那是错误的. 尽管 X 和 Y 都是整数，但它们的期望值或平均值无须是整数.

3.3.4　方差和标准差

期望值表示随机变量的平均值在哪里，或者变量应该在哪里，加上或减去一些误差. 这个"误差"能有多大，一个变量在它的期望值周围变化有多大？让我们来介绍一些可变性的度量.

例 3.10　这个场景是我们设计的，但很能说明问题. 这里有两个用户，一个人每天收到 48 封或 52 封电子邮件，概率相等. 另一个收到 0 或 100 封电子邮件，也有相等的概率. 这两种分布的共同特点是什么？它们之间有什么不同？

我们发现两个用户收到的电子邮件的平均数量相同：
$$E(X) = E(Y) = 50$$

然而，在第一种情况下，电子邮件的实际数量总是接近 50 封，而在第二种情况下，电子邮件的实际数量与 50 封总是有差距的. 第一个随机变量 X 更稳定，它的可变性很低. 第二个变量 Y 具有很高的可变性. $\qquad \diamond$

这个例子表明，一个随机变量的可变性是通过它与平均值 $\mu = E(x)$ 的距离来度量的. 反过来，这个距离也是随机的，因此，它不能作为分布的特征. 现在需要做的就是平方它，并取结果的期望.

定义 3.6　随机变量的方差被定义为随机变量与均值的**偏差**平方的期望. 对于离散随机变量，方差为
$$\sigma^2 = \text{Var}(X) = E(X - EX)^2 = \sum_x (x - \mu)^2 P(x)$$

注：注意，如果到均值的距离不平方，则结果始终是 $\mu - \mu = 0$，不包含关于 X 分布的信息.

根据这个定义，方差总是非负的. 此外，仅当对 x 的所有值，有 $x = \mu$ 时，即当 x 始终等于 μ 时，它才等于 0. 当然，常数（非随机）变量的可变性为 0.

方差也可以记为
$$\text{Var}(X) = E(X^2) - \mu^2 \tag{3.6}$$

证明留作练习 3.39a.

定义 3.7   **标准差**是方差的平方根

$$\sigma = \mathrm{Std}(X) = \sqrt{\mathrm{Var}(X)}$$

延续希腊字母的传统，方差通常用 σ^2 表示. 那么，标准差就是 σ.

如果 X 是以某些单位度量的，那么它的均值 μ 与 X 的度量单位相同. 方差 σ^2 是以平方单位度量的，因此，它不能与 X 或 μ 相比较. 无论这听起来多么有趣，用平方美元来度量利润的方差，用平方学生来度量班级注册人数的方差，以及用平方吉字节来度量可用磁盘空间的方差都是相当正常的. 当取一个平方根时，得到的标准差 σ 再次用与 X 相同的单位来度量. 这是引入另一种可变性度量 σ 的主要原因.

3.3.5   协方差和相关性

期望、方差和标准差是单个随机变量分布的特征. 现在我们引入两个随机变量的关联度量.

定义 3.8   **协方差** $\sigma_{XY} = \mathrm{Cov}(X, Y)$ 定义为

$$\mathrm{Cov}(X, Y) = E\{(X - EX)(Y - EY)\}$$
$$= E(XY) - E(X)E(Y)$$

51 这总结了两个随机变量之间的相互关系.

协方差是 X 和 Y 偏离各自期望值的期望乘积. 如果 $\mathrm{Cov}(X, Y) > 0$，则正偏差 $X - EX$ 更有可能被乘以正数 $Y - EY$，而负数 $X - EX$ 更有可能被乘以负数 $Y - EY$. 简而言之，大 X 意味着大 Y，小 X 意味着小 Y. 这些变量是正相关的，如图 3.5a 所示.

相反，$\mathrm{Cov}(X, Y) < 0$ 表示大 X 通常对应小 Y，以及小 X 与大 Y 相对应. 这些变量是负相关的，如图 3.5b 所示.

如果 $\mathrm{Cov}(X, Y) = 0$，我们称 X 和 Y 是不相关的，如图 3.5c 所示.

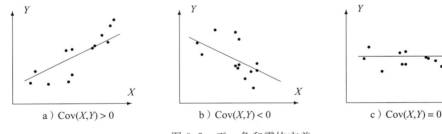

图 3.5   正、负和零协方差

定义 3.9   变量 X 和 Y 之间的**相关系数**定义为

$$\rho = \frac{\mathrm{Cov}(X, Y)}{(\mathrm{Std}\ X)(\mathrm{Std}\ Y)}$$

相关系数是一个重新标准化的协方差. 注意协方差 $\mathrm{Cov}(X, Y)$ 有一个度量单位. 它是用 X 乘以 Y 的单位来度量的. 因此，从其值中不能清楚地看出 X 和 Y 是强相关还是弱相关. 实际上，我们必须比较 $\mathrm{Cov}(X, Y)$ 和 X，Y 的大小. 相关系数进行这样的比较，作为结果，它是无量纲的.

我们如何解释 ρ 的值？它可以取哪些可能值？

作为著名的柯西-施瓦茨不等式的一个特例：

$$-1 \leqslant \rho \leqslant 1$$

式中$|\rho|=1$仅当X和Y的所有值都位于直线上时才可能成立，如图3.6所示. 接近1表示强正相关，接近-1表示强负相关，接近0表示弱相关或无相关.

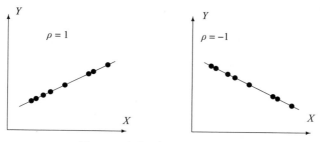

图 3.6　完美的相关性：$\rho=\pm 1$

3.3.6　性质

方差、协方差和相关系数的以下性质适用于任意随机变量X、Y、Z和W，以及任意非随机数a、b、c和d.

方差和协方差性质如下：

$$
\begin{gathered}
\mathrm{Var}(aX+bY+c)=a^2\mathrm{Var}(X)+b^2\mathrm{Var}(Y)+2ab\mathrm{Cov}(X,Y) \\
\mathrm{Cov}(aX+bY,cZ+dW) \\
=ac\mathrm{Cov}(X,Z)+ad\mathrm{Cov}(X,W)+bc\mathrm{Cov}(Y,Z)+bd\mathrm{Cov}(Y,W) \\
\mathrm{Cov}(X,Y)=\mathrm{Cov}(Y,X) \\
\rho(X,Y)=\rho(Y,X)
\end{gathered}
$$

特别地，

$$
\begin{gathered}
\mathrm{Var}(aX+b)=a^2\mathrm{Var}(X) \\
\mathrm{Cov}(aX+b,cY+d)=ac\mathrm{Cov}(X,Y) \\
\rho(aX+b,cY+d)=\rho(X,Y)
\end{gathered}
$$

对独立的X和Y，

$$
\begin{gathered}
\mathrm{Cov}(X,Y)=0 \\
\mathrm{Var}(X+Y)=\mathrm{Var}(X)+\mathrm{Var}(Y)
\end{gathered}
$$

(3.7)

证明　为了证明前两个公式，我们只需要在方差和协方差的定义中增加括号，并应用到式(3.5)：

$$
\begin{aligned}
\mathrm{Var}(aX+bY+c) &= E\{aX+bY+c-E(aX+bY+c)\}^2 \\
&= E\{(aX-aEX)+(bY-bEY)+(c-c)\}^2 \\
&= E\{a(X-EX)\}^2+E\{b(Y-EY)\}^2+E\{a(X-EX)b(Y-EY)\}+ \\
&\quad E\{b(Y-EY)a(X-EX)\} \\
&= a^2\mathrm{Var}(X)+b^2\mathrm{Var}(Y)+2ab\mathrm{Cov}(X,Y)
\end{aligned}
$$

$\mathrm{Cov}(aX+bY, cZ+dW)$ 的一个公式的证明与此类似, 留作练习.

对于独立的 X 和 Y, 我们从式 (3.5) 得到 $E(XY)=E(X)E(Y)$. 然后, 根据协方差的定义, 有 $\mathrm{Cov}(X, Y)=0$.

其他公式直接来自一般情况, 证明省略. ■

我们看到独立变量总是不相关的, 其逆命题不总是正确的, 存在一些不相关但不独立的变量.

请注意, 添加常量不会影响变量的方差或协方差, 移动了 X 的整个分布, 而不改变它的可变性或对另一个变量的依赖程度. 由于定义 3.9 的分母中的 $\mathrm{Std}(X)$ 和 $\mathrm{Std}(Y)$, 相关系数即使乘以常数也不会改变, 因为它被重新计算为单位大小.

例 3.11 继续例 3.6, 我们计算

x	$P_X(x)$	$xP_X(x)$	$x-EX$	$(x-EX)^2P_X(x)$
0	0.5	0	-0.5	0.125
1	0.5	0.5	0.5	0.125
	$\mu_X=0.5$			$\sigma_X^2=0.25$

和(使用第二种计算方差的方法)

y	$P_Y(y)$	$yP_Y(y)$	y^2	$y^2PY(y)$
0	0.4	0	0	0
1	0.3	0.3	1	0.3
2	0.15	0.3	4	0.6
3	0.15	0.45	9	1.35
	$\mu_Y=1.05$			$E(Y^2)=2.25$

结果　$\mathrm{Var}(X)=0.25$, $\mathrm{Var}(Y)=2.25-1.05^2=1.1475$, $\mathrm{Std}(X)=\sqrt{0.25}=0.5$, $\mathrm{Std}(Y)=\sqrt{1.1475}=1.0712$.

此外

$$E(XY)=\sum_x\sum_y xyP(x, y)=1\times1\times0.1+1\times2\times0.1+1\times3\times0.1=0.6$$

(此和中的其他五项为 0). 故有

$$\mathrm{Cov}(X, Y)=E(XY)-E(X)E(Y)=0.6-0.5\times1.05=0.075$$

$$\rho=\frac{\mathrm{Cov}(X, Y)}{(\mathrm{Std}X)(\mathrm{Std}Y)}=\frac{0.075}{0.5\times1.0712}=0.1400$$

因此, 两个模块中的错误数是正相关的, 而不是非常强的相关. ◇

表示法
$$\mu \text{ 或 } E(X)=\text{期望}$$
$$\sigma_X^2 \text{ 或 } \mathrm{Var}(X)=\text{方差}$$
$$\sigma_X \text{ 或 } \mathrm{Std}(X)=\text{标准差}$$
$$\sigma_{XY} \text{ 或 } \mathrm{Cov}(X, Y)=\text{协方差}$$
$$\rho_{XY}=\text{相关系数}$$

3.3.7　切比雪夫不等式

只要知道期望值和方差，就可以找到这个变量最可能采用的值的范围. 俄国数学家帕夫努季·利沃维奇·切比雪夫(1821—1894)表明，具有期望值 $\mu=E(X)$ 和方差 $\sigma^2=\mathrm{Var}(X)$ 的任何随机变量 X 属于 2 个区间 $\mu\pm\varepsilon=[\mu-\varepsilon,\ \mu+\varepsilon]$ 的概率至少为 $1-(\sigma/\varepsilon)$. 也就是说

切比雪夫不等式
$$
\boxed{\begin{array}{l}
\text{对期望为 }\mu\text{，方差为 }\sigma^2\text{ 的任意分布，及任意正数 }\varepsilon\text{，}\\[2mm]
P\{|X-\mu|>\varepsilon\}\leqslant\left(\dfrac{\sigma}{\varepsilon}\right)^2
\end{array}}
$$
(3.8)

54

证明　这里我们考虑离散随机变量. 对于其他类型，证明是相似的. 根据定义 3.6，
$$
\sigma^2=\sum_x(x-\mu)^2P(x)\geqslant\sum_{x:|x-\mu|>\varepsilon}(x-\mu)^2P(x)
$$
$$
\geqslant\sum_{x:|x-\mu|>\varepsilon}\varepsilon^2P(x)=\varepsilon^2\sum_{x:|x-\mu|>\varepsilon}P(x)=\varepsilon^2P\{|x-\mu|>\varepsilon\}
$$
因此，$P\{|x-\mu|>\varepsilon\}\leqslant\sigma^2/\varepsilon^2$. ∎

切比雪夫不等式表明，只有大的方差才允许变量 X 与其期望值 μ 有显著的差异. 在这种情况下，看到极大或极小的 X 值的风险增加. 因此，风险通常以方差或标准差来度量.

例 3.12　假设一个新软件中错误数目的期望值为 $\mu=20$，标准差为 2. 根据式(3.8)，有 30 个以上错误的概率为
$$
P\{X>30\}\leqslant P\{|X-20|>10\}\leqslant\left(\frac{2}{10}\right)^2=0.04
$$

但是，如果标准差是 5 而不是 2，那么，概率只能由 $\left(\dfrac{5}{10}\right)^2=0.25$ 限定. ◇

切比雪夫不等式是普遍的，因为它适用于任何分布. 通常它会给出 $|X-\mu|>\varepsilon$ 概率的一个相当松散的界. 有了更多关于分布的信息，这个界可能会得到改进.

3.3.8　金融应用

切比雪夫不等式表明，一般来说，较大的方差意味着出现较大偏差的概率较高，这就增加了随机变量的取值偏离其期望值的风险.

我们会立刻找到许多应用实例. 在这里，我们着重于评估金融交易的风险、分配资金和构建最优投资组合. 这个应用程序从直观来看是很简单的. 同样的方法也可以用于计算机内存、CPU 时间、客户支持或其他资源的优化分配.

例 3.13(构建最优投资组合)　我们想投资 10 000 美元购买 XX 和 YY 公司的股票. XX 的股票的价格为每股 20 美元. 市场分析显示，其预期收益为每股 1 美元，标准差为每股 0.5 美元. YY 的股票价格为每股 50 美元，预期收益为 2.50 美元，标准差为每股 1 美元，两家公司的收益是独立的. 为了最大化预期收益和最小化风险(标准差或方差)，投资 A 是把 10 000 美元给 XX，投资 B 是把 10 000 美元给 YY，投资 C 是对每个公司投资 5000 美元，哪个投资更好呢？

解　设 X 为 XX 股票每股的实际(随机)收益，Y 为 YY 股票每股的实际收益. 计算每个拟议投资组合(A、B 和 C)收益的期望和方差.

55

(a) 以每股 20 美元的价格，我们可以用 10 000 美元购买 500 股 XX 股票，获利 $A = 500X$. 使用式(3.5)及式(3.7)，有

$$E(A) = 500E(X) = 500 \times 1 = 500$$
$$\text{Var}(A) = 500^2 \text{Var}(X) = 500^2 \times 0.5^2 = 62\ 500$$

(b) 将 10 000 美元全部投资给 YY，我们购买 10 000/50 = 200 股，获利 $B = 200Y$，有

$$E(B) = 200E(Y) = (200)(2.50) = 500;$$
$$\text{Var}(B) = 200^2 \text{Var}(Y) = 200^2(1)^2 = 40\ 000$$

(c) 向每家公司投资 5000 美元，构成 250 股 XX 和 100 股 YY 的投资组合；在这种情况下，利润将为 $C = 250X + 100Y$. 式(3.7)表示独立的 X 和 Y，有

$$E(C) = 250E(X) + 100E(Y) = 250 + 250 = 500$$
$$\text{Var}(C) = 250^2 \text{Var}(X) + 100^2 \text{Var}(Y) = 250^2(0.5)^2 + 100^2(1)^2 = 25\ 625$$

结果　三个投资组合的预期收益相同，因为每个公司的每股预期收益为 1/20 或 2.50/50，即 5%. 就预期收益而言，这三种投资组合是等价的. 投资组合 C，即对两家公司都进行投资，方差最小，因此，风险最小. 这符合金融的一个基本原则：**为了最小化风险，使投资组合多样化**.　　　　　　　　　　　　　　　　　　　　　　　　　　　　　　◇

例 3.14（最优投资组合，相关收益）　假设现在单个股票收益 X 和 Y 不再是独立的. 如果相关系数为 $\rho = 0.4$，它将如何改变前面例子的结果？如果它们以 -0.2 负相关，怎么办？

解　只有多样化投资组合 C 的波动率因相关系数的变化而变化. 现在 $\text{Cov}(X, Y) = \rho\ \text{Std}(X)\ \text{Std}(Y) = 0.4 \times 0.5 \times 1 = 0.2$，因此 C 的方差增加 $2 \times 250 \times 100 \times 0.2 = 10\ 000$，即有

$$\text{Var}(C) = \text{Var}(250X + 100Y) = 250^2 \text{Var}(X) + 100^2 \text{Var}(Y) + 2 \times 250 \times 100 \times \text{Cov}(X, Y)$$
$$= 25\ 625 + 10\ 000 = 35\ 625$$

然而，多样化投资组合 C 仍然是最优的.

为什么投资组合 C 的风险会因为两只股票的正相关而增加？当 X 和 Y 正相关时，低 X 值可能伴随低 Y 值. 因此，整体低收益的概率较高，增加了投资组合的风险.

相反，负相关意味着 X 的低值可能被 Y 的高值补偿，反之亦然. 这样，风险就降低了. 假设给定 $\rho = -0.2$，我们计算 $\text{Cov}(X, Y) = \rho\ \text{Std}(X)\ \text{Std}(Y) = -0.2 \times 0.5 \times 1 = -0.1$，且

$$\text{Var}(C) = 25\ 625 + 2 \times 250 \times 100 \times \text{Cov}(X, Y) = 25\ 625 - 5\ 000 = 20\ 625$$

由负相关成分组成的多样化投资组合风险最小.　　　　　　　　　　　　　　　　◇

例 3.15（进一步优化）　因此，毕竟有了 10 000 美元投资，在相关系数为 $\rho = -0.2$ 的情况下，由 XX 和 YY 组成的最优投资组合是否为最优？

这是一个优化问题. 假设 t 美元投资给 XX，而 $(10\ 000 - t)$ 美元投资给 YY，所得利润为 C_t. 这一数额为 $t/20$ 股 XX 和 $(10\ 000 - t)/50 = 200 - t/50$ 股 YY. 方案 A 和方案 B 对应于 $t = 10\ 000$ 和 $t = 0$.

预期收益保持在 500 美元不变. 如果 $\text{Cov}(X, Y) = -0.1$，如例 3.14 所述，有

$$\mathrm{Var}(C_t) = \mathrm{Var}\{(t/20)X + (200 - t/50)Y\}$$
$$= (t/20)^2 \mathrm{Var}(X) + (200 - t/50)^2 \mathrm{Var}(Y) + 2(t/20)(200 - t/50)\mathrm{Cov}(X, Y)$$
$$= (t/20)^2(0.5)^2 + (200 - t/50)^2(1)^2 + 2(t/20)(200 - t/50)(-0.1)$$
$$= \frac{49t^2}{40\,000} - 10t + 40\,000$$

参见图 3.7 中的函数图. 方差的最小值出现在 $t^* = 10/\left(\dfrac{49t^2}{40\,000}\right) = 4081.63$. 因此，对于最优投资组合，我们应该投资 4081.63 美元给 XX，剩下的 5919.37 美元给 YY. 然后，我们就可以把风险降到最低(方差)为 19 592(平方美元). ◇

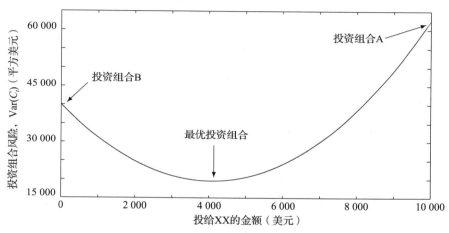

图 3.7　多样化投资组合的方差

3.4　离散分布族

接下来，我们介绍最常用的离散分布族. 令人惊讶的是，完全不同的现象可以用同样的数学方法或分布族来充分描述模型. 正如我们将在下面看到的，病毒攻击、收到的电子邮件、错误消息、网络断电、电话呼叫、交通事故、地震等的数量都可以由同一泊松分布族建模.

3.4.1　伯努利分布

最简单的随机变量(不包括非随机变量!)只有两个可能的值 0 和 1.
定义 3.10　具有两个可能值 0 和 1 的随机变量称为**伯努利变量**，其分布为**伯努利分布**，任何具有二元结果的实验统称为**伯努利试验**.

这个分布是以瑞士数学家雅各布·伯努利(1654—1705)的名字命名的，他不仅发现了伯努利分布，还发现了二项分布.

良好或有缺陷的部件、通过或未通过测试的部件、传输或丢失的信号、工作或故障的硬件、良好或恶意附件、包含或不包含关键字的站点、女孩和男孩、正面和反面等，都是伯努利试验的例子. 所有这些实验都符合相同的伯努利模型，在这个模型中，我们将对两个结果使用通用的名称："成功"和"失败". 事实上，成功不一定是好的，失败也不一定是坏的.

如果 $P(1)=p$ 是成功的概率，那么 $P(0)=q=1-p$ 是失败的概率. 然后我们可以计算期望值和方差：

$$E(X)=\sum_x P(x)=(0)(1-p)+(1)(p)=p$$

$$\mathrm{Var}(X)=\sum_x (x-p)^2 P(x)=(0-p)^2(1-p)+(1-p)^2 p$$

$$=p(1-p)(p+1-p)=p(1-p)$$

$$
\boxed{
\begin{array}{l}
\text{伯努利分布} \qquad
\begin{aligned}
& p=\text{成功的概率} \\
& p(x)=\begin{cases} q=1-p & \text{若} \quad x=0 \\ p & \text{若} \quad x=1 \end{cases} \\
& E(X)=p \\
& \mathrm{Var}(X)=pq
\end{aligned}
\end{array}
}
$$

事实上，我们看到有一个完整的伯努利分布族，用一个参数 p 标记，每一个 0 和 1 之间的 p 定义一个伯努利分布. $p=0.5$ 的分布具有最高的不确定性，因为 $\mathrm{Var}(x)=pq$ 被 $p=q=0.5$ 最大化了. 具有较小或较大 p 的分布具有较低的方差. 极值参数 $p=0$ 和 $p=1$ 分别定义非随机变量 0 和 1，它们的方差为 0.

3.4.2 二项分布

现在考虑一系列独立的伯努利试验，并记录其中的成功次数. 这可能是一批货中有缺陷的计算机数量、文件夹中更新的文件数量、家庭中女孩的数量、带有附件的电子邮件数量等.

定义 3.11 一个被描述为一系列独立伯努利试验成功次数的变量具有**二项分布**. 它的参数是 n，也就是试验次数，p 是成功的概率.

注："Binomial" 可以译成两个数字，bi 的意思是"二"，nom 的意思是"一个数字"从而反映了二元结果的概念.

二项概率质量函数是

$$P(x)=P\{X=x\}=\binom{n}{x}p^x q^{n-x}, \quad x=0, 1, \cdots, n \qquad (3.9)$$

这是 n 次试验中恰有 x 次成功的概率. 在这个公式中，p^x 是 x 成功的概率，也即由于试验的独立性而被乘以的概率. 此外，q^{n-x} 是剩余 $n-x$ 次试验失败的概率. 最后，$\binom{n}{x}=\dfrac{n!}{x!\,(n-x)!}$ 是构成事件 $\{X=x\}$ 的样本空间 Ω 的元素数. 这是 n 次试验中有 x 次成功和 $n-x$ 次失败的可能顺序数，在式(2.6)中被计算为 $C(n, x)$.

由于式(3.9)的形式有些复杂，读者可以使用二项分布表，即表 A2. 其元素是二项累积分布函数 $F(x)$ 的值. 如果我们需要一个概率质量函数而不是累积分布函数，我们可以从表中计算出

$$P(x)=F(x)-F(x-1)$$

例 3.16 作为商业策略的一部分，随机选择 20% 的新互联网服务用户从提供商那里得到特别的促销. 一个由 10 个邻居组成的小组对这项服务签名. 他们中至少有 4 人得到特别促销的可能性有多大？

解 我们需要找到 $P\{X \geqslant 4\}$ 的概率，其中 X 是 10 个人中获得特别促销的人数. 这是 10 次伯努利试验的成功次数，因此，X 的二项分布参数为 $n = 10$ 和 $p = 0.2$. 由表 A2，有

$$P\{X \geqslant 4\} = 1 - F(3) = 1 - 0.8791 = \underline{0.1209} \qquad \diamond$$

二项分布表 A2 不超过 $n = 20$. 对于大 n，我们将学习使用一些好的近似值.

让我们转到二项分布期望和方差. 用式 (3.3) 直接计算期望值，得到一个复杂的公式：

$$E(X) = \sum_{x=0}^{n} x \binom{n}{x} p^x q^{n-x} = \cdots$$

可从以下重要特性中获得捷径.

每个伯努利试验都与一个伯努利变量相关联，如果试验成功，该变量等于 1；如果试验失败，该变量等于 0. 那么，这些变量的总和就是成功的总数. 因此，任何二项变量 X 都可以表示为独立的伯努利变量之和，即

$$X = X_1 + \cdots + X_n$$

我们可以用这个来计算 [指式 (3.5) 和式 (3.7)]

$$E(X) = E(X_1 + \cdots + X_n) = E(X_1) + \cdots + E(X_n) = p + \cdots + p = np$$
$$\mathrm{Var}(X) = \mathrm{Var}(X_1 + \cdots + X_n) = \mathrm{Var}(X_1) + \cdots + \mathrm{Var}(X_n) = npq$$

伯努利分布	$n =$ 试验次数 $p =$ 成功的概率 $P(x) = \binom{n}{x} p^x q^{n-x}$ $E(X) = np$ $\mathrm{Var}(X) = npq$

例 3.17 一个令人兴奋的计算机游戏发布了. 60% 的玩家完成所有关卡. 30% 的玩家会购买游戏的一个高级版本. 在 15 个用户中，购买高级版本的预期人数是多少？至少有两个人会购买的可能性有多大？

解 设 X 是玩家的数量（成功），购买了高级版本的游戏所提到的 15 个用户（试验），具有 $n = 15$ 次试验的二项分布，成功概率为

$$p = P\{购买高级版本\} = P\{购买高级版本 | 完成所有关卡\} P\{完成所有关卡\}$$
$$= 0.30 \times 0.60 = 0.18$$

那么，我们有

$$E(X) = np = 15 \times 0.18 = \underline{2.7}$$
$$P\{X \geqslant 2\} = 1 - P(0) - P(1) = 1 - (1-p)^{15} - 15p(1-p)^{15-1} = \underline{0.7813}$$

最后一个概率直接由式 (3.9) 计算，因为成功概率 0.18 不在表 A2 中. $\qquad \diamond$

计算机笔记

本书中讨论的所有分布族都包含在 R 和 MATLAB 统计工具箱中.

59

60

在 R 中，二项分布的累积分布函数可以通过命令 pbinom(x,n,p)进行计算，其中 n 和 p 是参数. 同时，dbinom(x,n,p)计算概率质量函数，rbinom(k,n,p)用给定的参数生成 k 个二项随机变量.

在 MATLAB 中，binocdf(x,n,p)用于二项分布的累积分布函数，binopdf(x,n,p)用于概率分布函数，binornd(n,p)用于生成随机变量. 或者，我们可以为累积分布函数编写 cdf('binomial',x,n,p)，为概率分布函数编写 pdf('binomial',x,n,p).

其他分布的 R 和 MATLAB 命令的构造方法相同，见 A.2 节.

3.4.3 几何分布

再次考虑一系列独立的伯努利试验. 每次试验都会取得"成功"或"失败"的结果.

定义 3.12 获得第一次成功所需的伯努利试验次数具有**几何分布**.

例 3.18 一个搜索引擎会浏览一个网站列表，寻找给定的一个关键词. 假设一旦找到关键词，搜索就终止. 站点访问数量呈几何分布. ◇

例 3.19 招聘经理逐个面试空缺职位候选人. 在一名候选人面试成功之前，面试的候选人数量呈几何分布. ◇

几何随机变量可以取从 1 到 ∞ 的任意整数值，因为一个人需要至少一次试验才能取得第一次成功，而且所需的试验次数不受任何特定次数的限制.（例如，不能保证前 10 次抛硬币中至少有一次是正面.）唯一的参数是 p，即"成功"的概率.

几何概率质量函数的形式为

$$P(x) = P\{第\ x\ 次试验首次成功\} = (1-p)^{x-1}p, \quad x = 1, 2, \cdots$$

即第 $x-1$ 次失败后成功的概率. 与式(3.9)相比，这个公式中没有多种组合，因为这是在 x 次试验首次成功.

这是我们第一次看到无界随机变量，也就是说，没有上界. 变量 X 可以取任意正整数值，从 1 到 ∞. 这时需很有见地地检查是否有 $\sum_x P(x) = 1$，因为它应该适用于所有概率质量函数，的确，

$$\sum_x P(x) = \sum_{x=1}^{\infty}(1-p)^{x-1}p = \frac{(1-p)^0}{1-(1-p)}p = 1$$

我们注意到左边的和是一个几何级数，所以它的名字是几何分布.

最后，几何分布有期望 $\mu = 1/p$ 和方差 $\sigma^2 = (1-p)/p^2$.

证明 几何级数 $s(q) = \sum_0^{\infty} q^x$ 等于 $(1-q)^{-1}$. 关于 q 求导数：

$$\frac{1}{(1-q)^2} = \left(\frac{1}{1-q}\right)' = s'(q) = \left(\sum_0^{\infty} q^x\right)' = \sum_0^{\infty} xq^{x-1} = \sum_1^{\infty} xq^{x-1}$$

因此，对参数为 $p = 1-q$ 的几何变量 X，有

$$E(X) = \sum_{x=1}^{\infty} xq^{x-1}p = \frac{1}{(1-q)^2}p = \frac{1}{p}$$

方差的推导是相似的. 必须取 $s(q)$ 的二阶导数，经过一些运算，得到 $\sum x^2 q^{x-1}$ 的表达式. ∎

$$
\boxed{\begin{array}{c} \text{几何分布} \quad \begin{array}{l} p = \text{成功的概率} \\ P(x) = (1-p)^{x-1} p, \quad x = 1, 2, \cdots \\ E(X) = \dfrac{1}{p} \\ \mathrm{Var}(X) = \dfrac{1-p}{p^2} \end{array} \end{array}} \tag{3.10}
$$

例 3.20（圣彼得堡悖论）　瑞士数学家丹尼尔·伯努利（1700—1782），雅各布的侄子，注意到了这个悖论. 它描述了一种赌博策略，使一个人有可能赢得任何期望的金额.

这难道不是一个很吸引人的策略吗？它是真的，没有骗你！

考虑一个可以玩任意次的游戏. 每次是独立的，每次获胜的概率是 p. 这个博弈不一定对你有利，甚至不一定是公平的，这个 p 可以是任何正概率. 对每一轮，你都要下赌注 x. 如果成功了，你就赢得 x；如果输了，你就输掉 x.

策略很简单. 你最初的赌注是你最终想要赢得的金额. 那么，如果你赢了一局，就停下来. 如果你输了一轮，赌注加倍，游戏继续.

设期望的利润为 100 美元. 游戏将按以下步骤进行：

局次	赌注	平衡	
		输了	赢了
1	100	−100	+100 并停止
2	200	−300	+100 并停止
3	400	−700	+100 并停止
…	…	…	…

游戏迟早会停止，此时，你的余额将为 100 美元. 这是可以保证的！然而，这并不是伯努利博士所说的悖论.

应该玩多少局？因为每一局都是伯努利试验，所以直到首次胜利，次数 X 是一个参数为 p 的几何随机变量.

游戏是无穷无尽的吗？不，平均来说，它将持续 $E(X) = 1/p$ 局. 在一场 $p = 1/2$ 的公平游戏中，一个人平均需要两局就能赢得想要的金额. 在"不公平"的游戏中，$p < 1/2$，将需要更多局次，但仍然有限，例如 $p = 0.2$，即 5 局 1 胜，则平均而言，5 局后结束游戏. 这还不是悖论.

最后，一个人需要多少钱才能遵循这个策略？设 Y 为最后一次下注的金额. 根据该策略，$Y = 100 \cdot 2^{X-1}$. 以下是一个离散随机变量的期望值：

$$
E(Y) = \sum_x (100 \cdot 2^{x-1}) P_X(x) = 100 \sum_{x=1}^{\infty} 2^{x-1} (1-p)^{x-1} p
$$

$$
= 100 p \sum_{x=1}^{\infty} (2(1-p))^{x-1} = \begin{cases} \dfrac{100p}{2(1-p)} & \text{若} \quad p > 1/2 \\ +\infty & \text{若} \quad p \le 1/2 \end{cases}
$$

这就是圣彼得堡悖论！总是有限的随机变量有无限的期望！即使这场比赛公平地提供了 50 - 50 的获胜机会，也必须是(平均而言!)财富自由的人才能遵循这一策略.

就我们所知，每个赌场都有限制的最大赌注，以确保圣彼得堡赌徒不能完全执行这个策略.当执行这样的限制时，就可以从理论上证明不存在赢利策略.   ◇

3.4.4 负二项分布

当我们在 3.4.3 节研究几何分布和圣彼得堡悖论时，我们一直玩，直到首次获胜.现在我们继续玩，直到我们胜利 k 次.玩的游戏数是负二项的.

定义 3.13 在一系列独立的伯努利试验中，获得 k 次成功所需的试验次数具有**负二项分布**.

在某种意义上，负二项分布与二项分布相反.二项变量计数的是在固定数量的试验中成功的次数，而负二项变量计数的是要获得固定数量的成功次数所需的试验次数.除此之外，这个分布没有任何"负面".

负二项概率质量函数是

$$P(x) = P\{\text{第 } x \text{ 次试验中第 } k \text{ 次成功的结果}\}$$
$$= P\{\text{在前 } x-1 \text{ 次试验中有 } k-1 \text{ 次成功且最后一次成功}\}$$
$$= \binom{x-1}{k-1}(1-p)^{x-k}p^k$$

这个公式解释了 k 次成功，剩下的 $x-k$ 次失败的概率，以及在第 x 次试验中第 k 次成功的结果序列的数量.

负二项分布有两个参数 k 和 p.若 $k=1$，它就变成了几何分布.而且，每个负二项变量可以表示为独立的几何变量之和：

$$X = X_1 + \cdots + X_k \tag{3.11}$$

其中，成功的概率均为 p.实际上，直到第 k 次成功的试验次数包括直到第一次成功的几何数 X_1，直到第二次成功的几何数 X_2，等等.

由式(3.11)，我们有

$$E(X) = E(X_1 + \cdots + X_k) = \frac{k}{p}$$

$$\mathrm{Var}(X) = \mathrm{Var}(X_1 + \cdots + X_k) = \frac{k(1-p)}{p^2}$$

负二项分布

$$k = \text{成功的次数}$$
$$p = \text{成功的概率}$$
$$P(x) = \binom{x-1}{k-1}(1-p)^{x-k}p^k, \quad x = k, k+1, \cdots$$
$$E(X) = \frac{k}{p}$$
$$\mathrm{Var}(X) = \frac{k(1-p)}{p^2}$$

$$\tag{3.12}$$

例 3.21（顺序测试）　在最近的一次生产中，5% 的电子部件有缺陷. 我们需要为 12 台新笔记本找到 12 个无缺陷的部件. 我们对部件进行测试，直到发现 12 个无缺陷部件. 超过 15 个部件需要测试的概率是多少？

解　设 X 是直到发现 12 个无缺陷部件时测试的部件数. 这是一系列的试验，需要 12 次成功，因此 X 具有 $k=12$，$p=0.05$ 的负二项分布.

我们需要 $P\{X>15\}=\sum\limits_{16}^{\infty}P(x)$ 或是 $1-F(15)$. 然而，附录中没有负二项分布表，直接应用 $P(x)$ 的公式是十分麻烦的. 那么快速解决方案是什么？

实际上，任何负二项问题都可以用二项分布来解决. 虽然 X 不是完全二项的，但是概率 $P\{X>15\}$ 可能与某个二项变量有关. 在我们的例子中，

$$P\{X>15\}=P\{获得\ 12\ 次成功需要多于\ 15\ 次试验\}$$
$$=P\{15\ 次试验不够\}$$
$$=P\{15\ 次试验中成功二次数少于\ 12\}=P\{Y<12\}$$

其中，Y 表示 15 次试验中的成功次数（无缺陷部件），这是一个参数为 $n=15$ 和 $p=0.95$ 的二项变量. 由表 A2，有

$$P\{X>15\}=P\{Y<12\}=P\{Y\leqslant 11\}=F(11)=\underline{0.0055}$$

这种用另一个随机变量表示关于该随机变量的概率的技术是相当有用的. 很快它将帮助我们将伽马分布和泊松分布联系起来，并且大大简化计算.　　　　　　　　　　　　　　　　◇

3.4.5　泊松分布

下一个分布与罕见事件，或者说泊松事件的概念有关. 从本质上说，这意味着两个这样的事件极不可能同时发生或在很短的时间内发生. 任务到达、电话呼叫、电子邮件、交通事故、网络断电、病毒攻击、软件错误、洪水和地震都是罕见事件的例子. 6.3.2 节将给出罕见事件的严格定义.

定义 3.14　在一定时间内发生的罕见事件数具有**泊松分布**.

这个分布是以法国著名数学家西莫恩·德尼·泊松（1781—1840）的名字命名的.

$$\boxed{\begin{array}{c}\lambda=频率，事件的平均次数\\[4pt]P(x)=\mathrm{e}^{-\lambda}\dfrac{\lambda^{x}}{x!},\quad x=0,1,2,\cdots\\[6pt]E(X)=\lambda\\[4pt]\mathrm{Var}(X)=\lambda\end{array}}$$

泊松分布

证明　该概率质量函数满足 $\sum\limits_{0}^{\infty}P(x)=1$，因为在 $\lambda=0$ 时，$f(\lambda)=\mathrm{e}^{\lambda}$ 的泰勒级数是

$$\mathrm{e}^{\lambda}=\sum_{x=0}^{\infty}\frac{\lambda^{x}}{x!} \tag{3.13}$$

这个级数收敛对所有的 λ.

期望值 $E(X)$ 可以从式(3.13)导出：

64

65

$$E(X) = \sum_{x=0}^{\infty} x e^{-\lambda} \frac{\lambda^x}{x!} = 0 + e^{-\lambda} \sum_{x=1}^{\infty} \frac{\lambda^{x-1} \cdot \lambda}{(x-1)!} = e^{-\lambda} \cdot e^{\lambda} \cdot \lambda = \lambda$$

同样地,

$$E(X^2) - E(X) = \sum_{x=0}^{\infty} (x^2 - x) P(x) = \sum_{x=2}^{\infty} x(x-1) e^{-\lambda} \frac{\lambda^x}{x!} = e^{-\lambda} \sum_{x=2}^{\infty} \frac{\lambda^{x-2} \cdot \lambda^2}{(x-2)!} = \lambda^2$$

因此,

$$\mathrm{Var}(X) = E(X^2) - E^2(X) = (\lambda^2 + E(X)) - E^2(X) = \lambda^2 + \lambda - \lambda^2 = \lambda \qquad \blacksquare$$

泊松变量可以取任何非负整数值,因为在选择的周期内,一端可能没有罕见的事件,另一端可能的事件数不受限制. 泊松分布有一个参数 $\lambda > 0$,它被认为是罕见的事件的平均数量,其累积分布函数值见表 A3.

例 3.22(新账户) 互联网服务提供商的客户平均以每天 10 个账户的速度开新账户.

(a) 一天开 8 个以上新账户的可能性有多大?

(b) 两天内开超过 16 个账户的可能性有多大?

解 (a) 开新账户被认定为罕见事件,因为没有两个客户同时开户. 那么,今天新账户数 X 就是参数 $\lambda = 10$ 的泊松分布. 由表 A3,有

$$P\{X > 8\} = 1 - F_X(8) = 1 - 0.333 = \underline{0.667}$$

(b) 两天内开的账户数 Y 不等于 $2X$. 相反,Y 是另一个泊松随机变量,其参数等于 20. 事实上,参数是罕见事件的平均数量,在两天的时间里,这是一天平均数量的两倍. 使用表 A3 和 $\lambda = 20$,有

$$P\{Y > 16\} = 1 - F_Y(16) = 1 - 0.221 = \underline{0.779} \qquad \diamond$$

3.4.6 二项分布的泊松近似

当试验的次数 n 很大,成功的概率 p 很小时,泊松分布可以用来有效地近似二项概率. 对于 $n \geq 30$ 和 $p \leq 0.05$,这样的近似是适当的,对于较大的 n,这样的近似更精确.

例 3.23(新账户,续例 3.22) 实际上,例 3.22 中的情况可以看作是伯努利试验的一个序列. 假设该地区有 $n = 400\,000$ 个潜在互联网用户,在任何特定的一天,他们每个人开设一个新账户的概率为 $p = 0.000\,025$. 我们看到新账户的数量是成功的数量,因此一个期望 $E(X) = np = 10$ 的二项模型是可能的. 然而,在任何一个表中都不可能找到具有这种极端 n 和 p 的分布,手工计算其概率质量函数是很烦琐的. 人们可以用相同的期望值 $\lambda = 10$ 来使用泊松分布. $\qquad \diamond$

$$\begin{array}{l} \text{用泊松分布} \\ \text{近似二项分布} \end{array} \quad \boxed{\begin{array}{l} \mathrm{Binomial}(n,\ p) \approx \mathrm{Poisson}(\lambda) \\ \text{其中 } n \geq 30,\ p \leq 0.05,\ np = \lambda \end{array}} \qquad (3.14)$$

注:在数学上,它意味着二项分布和泊松分布概率质量函数的贴近度:

$$\lim_{\substack{n \to \infty \\ p \to 0 \\ np \to \lambda}} \binom{n}{x} p^x (1-p)^{n-x} = e^{-\lambda} \frac{\lambda^x}{x!}$$

这是西莫恩·德尼·泊松已经证明了的.

当 p 较大($p \geq 0.95$)时,泊松近似也是适用的. 故障概率 $q = 1 - p$ 在这种情况下很小.

然后, 我们可以通过泊松分布来近似故障的数目, 也就是二项分布.

例 3.24　97% 的电子信息传输没有错误. 在 200 条信息中, 至少有 195 条将被正确传输的概率是多少?

解　设 X 是被正确传输的消息数量. 这是 200 个伯努利试验中的成功次数, 因此 X 是 $n=200$, $p=0.97$ 的二项分布. 泊松近似不能应用于 X, 因为 p 太大了. 然而, 失败数 Y 也是参数为 $n=200$, $q=0.03$ 的二项分布, 近似为泊松函数, 其参数为 $\lambda=nq=6$. 由表 A3, 有

$$P\{X \geqslant 195\} = P\{Y \leqslant 5\} = F_Y(5) \approx 0.446 \qquad \diamond$$

有各种各样涉及大量成功概率很小的试验的应用. 如果试验不是独立的, 那么一般来说成功的次数不是二项的. 然而, 如果依赖性较弱, 在这样的问题中使用泊松近似仍然可以产生非常精确的结果.

例 3.25(生日问题)　继续练习 2.27. 考虑一个 $N \geqslant 10$ 名学生的班级, 计算他们中至少有两个人生日在同一天的概率. 为了使这个概率高于 0.5, 应该有多少学生在同一个班?

解　泊松近似将用于班上所有的每两个学生之间的生日在同一天的数目:

$$n = \binom{N}{2} = \frac{N(N-1)}{2}$$

在每对中, 两个学生都在同一天出生的概率 $p=1/365$. 每对都是伯努利试验, 因为两个生日要么匹配, 要么不匹配. 此外, 两对不同的匹配 "几乎" 是独立的. 因此, 生日在同一天的对数 X 几乎就是二项的. 对于 $N \geqslant 10$, n 大于等于 45 是大, p 就是小, 因此, 我们将使用泊松近似, 其参数为 $\lambda = np = N(N-1)/730$:

$$P\{两个学生同一天出生\} = 1 - P\{没有匹配\} = 1 - P\{X=0\}$$

$$\approx 1 - e^{-\lambda} \approx 1 - e^{-N^2/730}$$

求解不等式 $1 - e^{-N^2/730} > 0.5$, 我们得出 $N > \sqrt{730 \ln 2} \approx 22.5$. 也就是说, 在一个有 23 名学生的班级, 至少有两名学生出生在一年的同一天! $\qquad \diamond$

本书介绍的方法只适用于 p 的极小值和极大值. 对于中间的 $p(0.05 \leqslant p \leqslant 0.95)$, 泊松近似可能不精确. 这是中心极限定理的情形.

归纳总结

离散随机变量可以以不同的概率取有限或可数的孤立值. 所有这些概率的集合是一个分布, 它描述了一个随机变量的行为. 随机向量是随机变量的集合, 它们的行为是由联合分布描述的. 边缘概率可以通过加法法则从联合分布中计算出来.

随机变量的平均值是它的期望值. 期望值的可变性由方差和标准差来度量. 两个随机变量的协方差和相关度量关联. 对于任何分布, 大偏差的概率都可以用切比雪夫不等式并且只使用期望和方差来进行限定.

不同的现象通常可以用相同的概率模型或分布族来描述. 最常用的离散族是二项族, 包括伯努利族、负二项族(包括几何族)和泊松族. 每个分布族用于特定的一般情况, 它们有自己的参数和计算概率的明确公式或表格. A.2.1 节概述了这些分布族.

练习题

3.1 计算机病毒正试图破坏两个文件. 第一个文件将以 0.4 的概率被损坏. 与此相独立的是，第二个文件将以 0.3 的概率被损坏.

(a) 计算概率质量函数 X，以及损坏文件的数量.

(b) 绘制其累积分布函数图.

3.2 每天，网络断电的次数有一个分布（概率质量函数）：

x	0	1	2
$P(x)$	0.7	0.2	0.1

一家小型互联网交易公司估计，每次网络断电都会造成 500 美元的损失. 计算本公司因断电造成的日损失的期望值和方差.

3.3 程序的 5 个块中有 1 个错误. 为了找出错误，我们测试了 3 个随机选择的块. 设 X 为这 3 个块中的错误数. 计算 $E(X)$ 和 $\mathrm{Var}(X)$.

3.4 掷骰子是一个实验，可以以相等的概率得到 1 到 6 之间的任意整数. 设 X 为骰子顶面上的点数. 计算 $E(X)$ 和 $\mathrm{Var}(X)$.

3.5 一个软件包由 12 个程序组成，其中 5 个必须升级. 如果随机选择 4 个程序进行测试，

(a) 其中至少有 2 个必须升级的可能性有多大？

(b) 在选定的 4 个程序中，需要升级的程序数量是多少？

3.6 计算机程序包含一个错误. 为了找出错误，我们将程序分成 6 个块，随机选取其中 2 个块进行测试. 设 X 为这些块中的错误数. 计算 $E(X)$.

3.7 某队在一场棒球比赛中的本垒打次数是一个随机变量，其分布是

x	0	1	2
$P(x)$	0.4	0.4	0.2

这个队打两场比赛. 一场比赛中得分的本垒打次数与另一场比赛的本垒打次数无关. 设 Y 为本垒打总数. 求出 $E(Y)$ 和 $\mathrm{Var}(Y)$.

3.8 一个计算机用户试图回忆她的密码. 她知道密码是四个可能的密码中的一个. 她试着输入密码，直到找到正确的. 设 X 为她在找到正确密码之前使用的错误密码数. 求出 $E(X)$ 和 $\mathrm{Var}(X)$.

3.9 下载某个文件平均需要 40 秒，标准差为 5 秒. 下载时间的实际分布未知. 利用切比雪夫不等式计算要花费超过 1 分钟来下载该文件的概率是多少？

3.10 每天交通事故的数量具有概率质量函数

x	0	1	2	多于 2
$P(x)$	0.6	0.2	0.2	0

独立于其他日子. 星期五比星期四发生事故的可能性有多大？

69

3.11　掷两个骰子. 设 X 为较小的点数，Y 为较大的点数. 如果两个骰子显示相同的数字，比如，z 点，那么 $X=Y=z$.

(a) 求 $(X，Y)$ 的联合概率质量函数.

(b) X 和 Y 是独立的吗？进行解释.

(c) 求 X 的概率质量函数.

(d) 如果 $X=2$，那么 $Y=5$ 的概率是多少？

3.12　两个随机变量 X 和 Y 具有联合分布 $P(x，y)$：

$P(x，y)$		x	
		0	1
y	0	0.5	0.2
	1	0.2	0.1

(a) X 和 Y 是独立的吗？进行解释.

(b) $X+Y$ 和 $X-Y$ 是独立的吗？进行解释.

3.13　两个随机变量 X 和 Y 具有联合分布，$P(0，0)=0.2$，$P(0，2)=0.3$，$P(1，1)=0.1$，$P(2，0)=0.3$，$P(2，2)=0.1$，对所有其他 $(x，y)$，$P(x，y)=0$.

(a) 求 $Z=X+Y$ 的概率质量函数.

(b) 求 $U=X-Y$ 的概率质量函数.

(c) 求 $V=XY$ 的概率质量函数.

3.14　互联网服务提供商向其客户收取互联网使用时间的费用，四舍五入到最近的一小时. 使用时间（X，小时）和每小时收费（Y，美分）的联合分布在下表中给出.

$P(x，y)$		x			
		1	2	3	4
y	1	0	0.06	0.06	0.10
	2	0.10	0.10	0.04	0.04
	3	0.40	0.10	0	0

向每个客户收取 $Z=X\cdot Y$ 美分，即小时数乘以每小时的价格. 求 Z 的分布.

3.15　设 X 和 Y 为给定月份内两个计算机实验室的硬件故障数. X 和 Y 的联合分布见下表.

$P(x，y)$		x		
		0	1	2
y	0	0.52	0.20	0.04
	1	0.14	0.02	0.01
	2	0.06	0.01	0

70

(a) 计算至少一个硬件故障的概率.

(b) 从给定的分布来看，X 和 Y 是独立的吗？为什么？

3.16   在小型计算机实验室中，任何一天的硬件故障次数 X 和软件故障次数 Y 具有联合分布 $P(x, y)$，其中 $P(0, 0) = 0.6$，$P(0, 1) = 0.1$，$P(1, 0) = 0.1$，$P(1, 1) = 0.2$. 根据这些信息：

(a) X 和 Y（硬件和软件故障）是否独立？

(b) 计算 $E(X + Y)$，即 1 天内的预期故障总数.

3.17   A 公司的股票以每股 10 美元的价格出售. B 公司的股票以每股 50 美元的价格出售. 据一位市场分析人士称，每家公司的 1 股股票有 0.5 的概率获得 1 美元，也有 0.5 的概率损失 1 美元，独立于另一家公司. 下列哪种投资组合的风险最低：

(a) A 公司 100 股.

(b) A 公司 50 股 + B 公司 10 股.

(c) A 公司 40 股 + B 公司 12 股.

3.18   A 公司的股票价格为每股 10 美元，利润为 $X\%$. 独立于 A 公司，B 公司的股票价格为每股 50 美元，利润为 $Y\%$. 在决定如何投资 1000 美元时，X 先生选择了三种投资组合：

(a) A 公司 100 股，

(b) A 公司 50 股，B 公司 10 股，

(c) B 公司 20 股.

X 的分布由以下概率给出：

$$P\{X = -3\} = 0.3, \quad P\{X = 0\} = 0.2, \quad P\{X = 3\} = 0.5$$

Y 的分布由以下概率给出：

$$P\{Y = -3\} = 0.4, \quad P\{Y = 3\} = 0.6$$

计算投资组合 (a)、(b) 和 (c) 产生的总美元利润的期望值和方差. 哪个是风险最小的投资组合？哪个是风险最大的投资组合？

3.19   A 和 B 是两家相互竞争的公司. 投资者决定是否购买

(a) A 公司 100 股，或

(b) B 公司 100 股，或

71

(c) A 公司 50 股，B 公司 50 股.

A 公司 1 股的利润是一个随机变量 X，具有分布 $P(X = 2) = P(X = -2) = 0.5$.

B 公司 1 股的利润是一个随机变量 Y，具有分布 $P(Y = 4) = 0.2$，$P(Y = -1) = 0.8$.

如果 X 和 Y 是独立的，计算策略 (a)、(b) 和 (c) 的总利润的期望值和方差.

3.20   质量控制工程师检验生产的计算机的质量. 假设 5% 的计算机有缺陷，并且出现缺陷是彼此独立的.

(a) 找出在 20 台计算机中 3 台恰有缺陷的概率.

(b) 找出工程师至少要测试 5 台计算机，才能找到 2 台有缺陷的计算机的概率.

3.21   一个由 20 台计算机组成的实验室网络受到计算机病毒的攻击. 这种病毒独立于其他计算机进入每台计算机的概率为 0.4. 找出它进入至少 10 台计算机的概率.

3.22   某个供应商生产的计算机零件中的 5% 有缺陷. 一个有 16 个零件的样品含有 3 个以

上缺陷零件的概率是多少?

3.23　每天, 讲座都会有 0.05 的概率因为恶劣的天气而被取消. 不同日期的课程的取消是独立的.

(a) 这学期还剩 15 节课. 计算其中至少 4 节被取消的概率.

(b) 计算本学期第 10 节课是第 3 次被取消的课的概率.

3.24　互联网搜索引擎在一系列独立的网站中查找特定的关键字. 据说 20% 的网站都包含这个关键词.

(a) 计算前 10 个站点中至少有 5 个站点包含给定关键字的概率.

(b) 计算搜索引擎必须访问至少 5 个站点才能找到第一个关键字的概率.

3.25　大约 10% 的用户没有正确关闭 Windows. 假设 Windows 安装在一个公共库中, 该库按随机顺序供随机用户使用.

(a) 平均来说, 有多少用户在有人正确关闭 Windows 之前没有正确关闭这台计算机?

(b) 接下来的 10 个用户中有 8 个正确关闭 Windows 的概率是多少?

3.26　计算机病毒进入系统后, 计算机管理员会检查所有重要文件的状态. 他知道每个独立的文件都有 0.2 的概率被病毒破坏.

(a) 计算前 20 个文件中至少有 5 个被损坏的概率.

(b) 计算管理员必须检查至少 6 个文件才能找到 3 个未损坏文件的概率.

3.27　Natasha 正在为新年演出学习一首诗. 她背诵这首诗, 直到能毫无差错地读完整首诗. 然而, 每次不出差错的可能性只有 20%, 这似乎与之前的背诵无关.

(a) 计算 Natasha 背诵超过 10 遍的概率.

(b) Natasha 背诵这首诗的预期次数是多少?

(c) Masha 建议 Natasha 继续努力, 直到把整首诗没有一个错误地读三遍. 假设 Natasha 同意该建议, 再一次回答(a)和(b).

3.28　信息以平均每小时 9 条的速度随机到达电子信息中心.

(a) 在接下来的一个小时内至少收到 5 条信息的概率是多少?

(b) 在接下来的一个小时内恰好收到 5 条信息的概率是多少?

3.29　接收到的电子信息的数量具有泊松分布, 参数为 λ. 使用切比雪夫不等式, 证明接收超过 4λ 条消息的概率不超过 $1/(9\lambda)$.

3.30　一家保险公司把客户分成两类. 20% 的顾客是高风险人群, 80% 是低风险人群. 高风险客户平均每年发生 1 起事故, 低风险客户平均每年发生 0.1 起事故. Eric 去年没有发生事故. 他是高风险司机的概率是多少?

3.31　练习 3.30 的 Eric 继续开车. 三年后, 他仍然没有发生交通事故. 现在, 他是高风险司机的条件概率是多少?

3.32　在组装计算机之前, 它的重要部件(主板)要经过一次特殊的检查. 只有 80% 的部件通过了这次检查.

(a) 接下来的 20 个部件中至少有 18 个通过检查的概率是多少?

(b) 在找到一个通过检查的部件之前, 平均应该检查多少个部件?

3.33 平均每 800 台计算机中就有一台在雷雨中被损坏. 一家公司有 4000 台工作计算机，当时该地区正遭受雷雨袭击.

(a) 计算不到 10 台计算机被损坏的概率.

(b) 计算恰好 10 台计算机被损坏的概率.

你可能希望使用合适的近似值.

3.34 任何一个月内计算机关机的次数都是泊松分布，平均每月关机 0.25 次.

(a) 在接下来的一年中，至少有 3 台计算机关机的概率是多少？

(b) 在接下来的一年中，每台计算机中至少有 3 个月（12 个月）关闭 1 次的概率是多少？

3.35 一个危险的计算机病毒攻击一个由 250 个文件组成的文件夹. 受病毒影响的文件是相互独立的. 每个文件被影响的概率为 0.032. 此病毒影响 7 个以上文件的概率是多少？

3.36 在某些城市，任何一天有雷雨的概率是 0.6. 在暴风骤雨期间，交通事故的数量具有参数为 10 的泊松分布. 此外，交通事故的数量具有参数为 4 的泊松分布. 如果昨天发生了 7 起事故，那么发生雷雨的概率是多少？

3.37 一个交互系统由连接到中央计算机的 10 个终端组成. 每个终端随时都准备独立于其他终端以 0.7 的概率发送消息. 求出 8 点时恰好有 6 个终端可以发送信息的概率.

3.38 网络故障是平均每 3 周发生一次的罕见意外事件. 计算 21 周内发生 4 次以上故障的概率.

3.39 简化表达式，由方差和协方差的定义中推导出

(a) $\mathrm{Var}(X) = E(X^2) - E^2(X)$；

(b) $\mathrm{Cov}(X，Y) = E(XY) - E(X)E(Y)$.

3.40 对任意随机变量 $X，Y，Z，W$ 和任意非随机数 $a，b，c，d，e，f$，证明
$$\mathrm{Cov}(aX + bY + c，dZ + eW + f)$$
$$= ad\,\mathrm{Cov}(X，Z) + ae\,\mathrm{Cov}(X，W) + bd\,\mathrm{Cov}(Y，Z) + be\,\mathrm{Cov}(Y，W)$$

74

第4章 连续分布

回想一下，任何离散分布都集中在有限个或可数个孤立值上. 相反，连续变量可以取区间 (a, b), $(a, +\infty)$, $(-\infty, +\infty)$ 等内的任意值. 各种时间(如服务时间、安装时间、下载时间、故障时间)以及物理测量(如重量、高度、距离、速度、温度和连接速度等)都是连续随机变量的例子.

4.1 概率密度

对于所有连续变量，概率质量函数总是等于 $0^{\ominus}$，即
$$\text{对于所有 } x, \quad P(x) = 0$$
因此，它不携带任何关于随机变量的信息. 我们可以使用累积分布函数 $F(x)$. 在连续的条件下，它等价于
$$F(x) = P\{X \leqslant x\} = P\{X < x\}$$
对于函数 $F(x)$，这两个表达式只相差 $P\{X = x\} = P(x) = 0$.

在连续和离散条件下，累积分布函数 $F(x)$ 是一个从 0 到 1 的非递减函数. 回顾第 3 章，在离散条件下，函数 $F(x)$ 图像的跳跃幅度为 $P(x)$. 对于连续分布，$P(x) = 0$，它意味着没有幅度变化. 在这种情况下，累积分布函数是一个连续函数.

另外，假设 $F(x)$ 有一个导数. 这是所有常用连续分布的情况，但一般情况下，它的连续性和单调性没有保证(著名的 Cantor 函数是一个反例).

定义 4.1 **概率密度函数**是累积分布函数的导数，即 $f(x) = F'(x)$. 分布如果有密度，则被称为**连续分布**.

这样，$F(x)$ 是密度的原函数. 根据微积分基本定理，密度从 a 到 b 的积分等于原函数的差值，即
$$\int_a^b f(x)\mathrm{d}x = F(b) - F(a) = P\{a < X < b\}$$
我们再次注意到右边的概率也等同于 $P\{a \leqslant X < b\}$, $P\{a < X \leqslant b\}$, $P\{a \leqslant X \leqslant b\}$.

概率密度函数
$$\boxed{\begin{array}{c} f(x) = F'(x) \\ P\{a < X < b\} = \int_a^b f(x)\mathrm{d}x \end{array}}$$

$\ominus$ 事实上，任何概率质量函数 $P(x)$ 只能给有限或可数集合的正概率. 关键是我们必须有 $\sum_x P(x) = 1$. 因此，当 $P(x) \geqslant 1/2$ 时，x 最多有 2 个值，当 $P(x) \geqslant 1/4$ 时，最多有 4 个值，等等. 继续这种方式，我们可以列出所有满足当 $P(x) \geqslant 0$ 的 x 值. 由于所有这些正概率的值都可以列出，所以它们的集合最多是可数的. 它不可能是区间，因为任何区间都是不可数的. 这与连续随机变量 $P(x) = 0$ 的取值区间一致.

因此，概率可以通过对给定集合上的密度积分来计算. 此外，积分 $\int_a^b f(x)\mathrm{d}x$ 等于点 a 和点 b 之间密度曲线下面的面积，因此，在几何上，概率用面积表示(图 4.1). 把 $a=-\infty$ 和 $b=+\infty$ 代入，我们可以得到

$$\int_{-\infty}^b f(x)\mathrm{d}x = P\{-\infty < X < b\} = F(b), \qquad \int_{-\infty}^{+\infty} f(x)\mathrm{d}x = P\{-\infty < X < +\infty\} = 1$$

也就是说，密度曲线下的总面积等于 1.

看看图 4.1，我们可以看到为什么所有连续随机变量的 $P(x)=0$. 那是因为

$$P(x) = P\{x \leqslant X \leqslant x\} = \int_x^x f = 0$$

从几何上讲，它是密度曲线以下的区域，在这里，区域的两侧缩为一个整体.

面积等于
$P\{a<X<b\}$

图 4.1　概率是密度曲线下的面积

例 4.1　某些电子元件的寿命(以年为单位)是连续随机的，其密度为

$$f(x) = \begin{cases} \dfrac{k}{x^3} & x \geqslant 1 \\ 0 & x < 1 \end{cases}$$

求 k，绘制累积分布函数 $F(x)$ 的图，并计算寿命超过 5 年的概率.

解　依据条件 $\int f(x)\mathrm{d}x = 1$，求 k 值：

$$\int_{-\infty}^{+\infty} f(x)\mathrm{d}x = \int_1^{+\infty} \frac{k}{x^3}\mathrm{d}x = -\frac{k}{2x^2}\Big|_{x=1}^{+\infty} = \frac{k}{2} = 1$$

因此，$k=2$. 对密度函数积分，我们得到累积分布函数：

$$F(x) = \int_{-\infty}^x f(y)\mathrm{d}y = \int_1^x \frac{2}{y^3}\mathrm{d}y = -\frac{1}{y^2}\Big|_{y=1}^x = 1 - \frac{1}{x^2}$$

其中 $x>1$，它的图像如图 4.2 所示.

接下来，计算寿命超过 5 年的概率：

$$P\{X > 5\} = 1 - F(5) = 1 - \left(1 - \frac{1}{5^2}\right) = 0.04$$

我们也可以通过对密度积分得到这个概率：

$$P\{X > 5\} = \int_5^{+\infty} f(x)\mathrm{d}x = \int_5^{+\infty} \frac{2}{x^3}\mathrm{d}x = -\frac{1}{x^2}\Big|_{x=5}^{+\infty}$$
$$= \frac{1}{25} = 0.04 \qquad \diamond$$

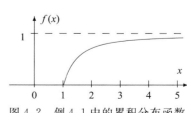

图 4.2　例 4.1 中的累积分布函数

类比：概率质量函数与概率密度函数

密度对连续分布的作用与概率质量函数对离散分布的作用非常相似. 如表 4.1 所示, 通过用概率密度函数 $f(x)$ 替换概率质量函数 $P(x)$, 并进行积分而不是求和, 可以将大多数重要概念从离散情况转换为连续情况.

表 4.1 概率质量函数 $P(x)$ 与概率密度函数 $f(x)$

分布	离散	连续
定义	$P(x) = P\{X = x\}$ (概率质量函数)	$f(x) = F'(x)$ (概率密度函数)
计算概率	$P\{X \in A\} = \sum_{x \in A} P(x)$	$P\{X \in A\} = \int_A f(x)\mathrm{d}x$
累积分布函数	$F(x) = P\{X \leqslant x\} = \sum_{y \leqslant x} P(y)$	$F(x) = P\{X \leqslant x\} = \int_{-\infty}^{x} f(y)\mathrm{d}y$
总概率	$\sum_x P(x) = 1$	$\int_{-\infty}^{\infty} f(x)\mathrm{d}x = 1$

联合密度和边缘密度

定义 4.2 对于随机变量向量, **联合累积分布函数** 定义为

$$F_{(X, Y)}(x, y) = P\{X \leqslant x \cap Y \leqslant y\}$$

联合密度 是联合累积分布函数的 **混合导数**:

$$f_{(X, Y)}(x, y) = \frac{\partial^2}{\partial x \partial y} F_{(X, Y)}(x, y)$$

与离散情况类似, 通过对另一个变量进行积分, 可以得到 X 或 Y 的边缘密度. 如果变量 X 和 Y 的联合密度是边缘密度的乘积, 那么它们是独立的. 关于 X 和 Y 的概率可以通过将联合密度在相应的向量值集 $(x, y) \in \mathbb{R}^2$ 上积分来计算. 这也类似于离散情况. 见表 4.2.

表 4.2 离散和连续情况下的联合和边缘分布

分布	离散	连续
边缘分布	$P(x) = \sum_y P(x, y)$ $P(y) = \sum_x P(x, y)$	$f(x) = \int f(x, y)\mathrm{d}y$ $f(y) = \int f(x, y)\mathrm{d}x$
独立	$P(x, y) = P(x)P(y)$	$f(x, y) = f(x)f(y)$
计算概率	$P\{(X, Y) \in A\} = \sum_{(x, y) \in A} \sum P(x, y)$	$P\{(X, Y) \in A\} = \iint_{(x, y) \in A} f(x, y)\mathrm{d}x\mathrm{d}y$

这些概念直接扩展到 3 个甚至更多变量.

期望与方差

我们继续对离散情况进行类比, 连续变量的期望也被视为重心的中心

$$\mu = E(X) = \int x f(x)\mathrm{d}x$$

(与图 3.4 所示的离散情况比较). 这一次, 如果密度曲线下的整个区域是从一块木头上切下的, 那么它将在坐标为 $E(X)$ 的点上平衡, 如图 4.3 所示.

78

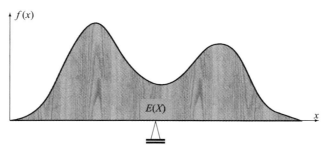

图 4.3   一个连续变量的期望作为重心

连续变量的方差、标准差、协方差和相关性的定义与离散情况类似，见表 4.3. 式(3.5)、式(3.7) 和式(3.8) 中的所有性质都扩展到连续分布. 在计算中，不要忘记用概率密度函数替换概率质量函数，用积分替换求和.

表 4.3   离散和连续分布的矩

离散	连续
$E(X) = \sum_x x P(x)$	$E(X) = \int x f(x) \mathrm{d}x$
$\mathrm{Var}(X) = E(X - \mu)^2 = \sum_x (x - \mu)^2 P(x)$	$\mathrm{Var}(X) = E(X - \mu)^2 = \int (x - \mu)^2 f(x) \mathrm{d}x$
$= \sum_x x^2 P(x) - \mu^2$	$= \int x^2 f(x) \mathrm{d}x - \mu^2$
$\mathrm{Cov}(X, Y) = E(X - \mu_X)(Y - \mu_Y)$	$\mathrm{Cov}(X, Y) = E(X - \mu_X)(Y - \mu_Y)$
$= \sum_x \sum_y (x - \mu_X)(y - \mu_Y) P(x, y)$	$= \iint (x - \mu_X)(y - \mu_Y) f(x, y) \mathrm{d}x \mathrm{d}y$
$= \sum_x \sum_y (xy) P(x, y) - \mu_x \mu_y$	$= \iint (xy) f(x, y) \mathrm{d}x \mathrm{d}y - \mu_x \mu_y$

例 4.2   例 4.1 中的随机变量 X 具有密度

$$f(x) = 2x^{-3}, \quad x \geqslant 1$$

它的期望值等于

$$\mu = E(X) = \int x f(x) \mathrm{d}x = \int_1^\infty 2x^{-2} \mathrm{d}x = -2x^{-1} \Big|_1^\infty = 2$$

计算它的方差，我们会遇到一个"惊喜"：

$$\sigma^2 = \mathrm{Var}(X) = \int x^2 f(x) \mathrm{d}x - \mu^2 = \int_1^\infty 2x^{-1} \mathrm{d}x - 4 = 2\ln x \Big|_1^\infty - 4 = +\infty$$

此变量没有有限方差！它的值总是有限的，但它的方差是无限的. 在这方面，另见例 3.20 和圣彼得堡悖论.   ◇

4.2   连续分布族

与离散情况一样，各种现象可以用相对较少的连续分布族来描述. 在这里，我们将讨论均匀分布、指数分布、伽马分布和正态分布，后面的章节会介绍学生 t 分布、χ^2 分布和 F 分布.

4.2.1 均匀分布

均匀分布在随机建模中具有独特的作用. 我们将在第 5 章学到，一个具有任何可想象分布的随机变量可以由一个均匀随机变量生成. 许多计算机语言和软件都配备了产生均匀随机变量的随机数生成器. 用户可以将它们转换成具有所需分布的变量，并用于各种事件和过程的计算机模拟.

此外，从给定区间"随机"选择一个值时，在任何情况下均满足均匀分布. 也就是说，不偏好较小、较大或中间的值. 例如，程序中的错误位置、一年中的生日以及模 1、模 0.1、模 0.01 等许多连续随机变量在其相应的区间上均匀分布.

为了对所有值给予同等的优先权，均匀分布具有恒定的密度（图 4.4）. 在区间 (a,b) 上，它的密度等于

$$f(x)=\frac{1}{b-a}, \quad a<x<b$$

因为密度图下面的矩形区域必须等于 1.

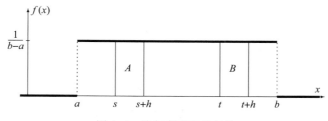

图 4.4 均匀密度和均匀性

出于同样的原因，$|b-a|$ 必须是有限数. 在整个实线上不存在均匀分布. 换言之，如果要求你从 $(-\infty, +\infty)$ 中选择一个随机数，则你不能均匀地执行此操作.

均匀性

对于任何 $h>0$ 和 $t\in[a, b-h]$，概率

$$P\{t<X<t+h\}=\int_t^{t+h}\frac{1}{b-a}\mathrm{d}x=\frac{h}{b-a}$$

关于 t 是独立的. 这是均匀性质：概率只取决于区间的长度，而不是它的位置.

例 4.3   在图 4.4 中，矩形 A 和矩形 B 具有相同的区域，证明 $P\{s<X<s+h\}=P\{t<X<t+h\}$.   ◇

例 4.4   如果某航班计划在下午 5 点到达，但实际到达时间是 4:50 到 5:10 之间的均匀分布，那么它在下午 5 点之前或 5 点之后到达的可能性相等，在 4:55 之前和 5:05 之后到达的可能性也相等，等等.   ◇

标准均匀分布

$a=0$ 和 $b=1$ 的均匀分布称为标准均匀分布. 标准均匀密度为 $f(x)=1(0<x<1)$. 大多数随机数生成器返回一个标准的均匀随机变量.

所有的均匀分布与以下方式有关. 如果 X 满足 Uniform(a,b) 随机变量，那么

80

$$Y = \frac{X-a}{b-a}$$

是标准均匀的. 同样, 如果 Y 是标准均匀的, 那么

$$X = a + (b-a)Y$$

是 Uniform(a, b). 检验 $X \in (a, b)$ 当且仅当 $Y \in (0, 1)$.

其他一些分布族有一个 "标准" 成员. 通常, 简单的转换会将标准随机变量转换为非标准随机变量, 反之亦然.

期望与方差

对于标准均匀变量 Y, 有

$$E(Y) = \int y f(y)\mathrm{d}y = \int_0^1 y\,\mathrm{d}y = \frac{1}{2}$$

$$\mathrm{Var}(Y) = E(Y^2) - E^2(Y) = \int_0^1 y^2\,\mathrm{d}y - \left(\frac{1}{2}\right)^2 = \frac{1}{3} - \frac{1}{4} = \frac{1}{12}$$

现在, 考虑一般情况. 设 $X = a + (b-a)Y$, 具有 Uniform(a, b) 分布. 根据式(3.5)和式(3.7)中期望和方差的性质, 有

$$E(X) = E\{a + (b-a)Y\} = a + (b-a)E(Y) = a + \frac{b-a}{2} = \frac{a+b}{2}$$

$$\mathrm{Var}(X) = \mathrm{Var}\{a + (b-a)Y\} = (b-a)^2 \mathrm{Var}(Y) = \frac{(b-a)^2}{12}$$

期望正好是区间 $[a, b]$ 的中间. 不偏向左边或右边, 这符合均匀性质, 也符合 $E(X)$ 作为重心的物理意义.

$(a, b) =$ 值的范围

$$f(x) = \frac{1}{b-a}, \quad a < x < b$$

均匀分布

$$E(X) = \frac{a+b}{2}$$

$$\mathrm{Var}(X) = \frac{(b-a)^2}{12}$$

4.2.2 指数分布

指数分布通常用于建立时间模型: 等待时间、间隔时间、硬件寿命、故障时间、电话呼叫间隔时间等. 如下所述, 在一系列罕见事件中, 当事件数满足泊松分布时, 事件之间的时间是符合指数分布的.

指数分布有密度

$$f(x) = \lambda \mathrm{e}^{-\lambda x}, \quad x > 0 \tag{4.1}$$

利用这个密度, 我们计算指数累积分布函数、均值和方差为

$$F(x) = \int_0^x f(t)\mathrm{d}t = \int_0^x \lambda \mathrm{e}^{-\lambda t}\mathrm{d}t = 1 - \mathrm{e}^{-\lambda x} \quad (x > 0) \tag{4.2}$$

$$E(X) = \int t f(t) dt = \int_0^\infty t \lambda e^{-\lambda t} dt = \frac{1}{\lambda} \quad \text{(分部积分法)} \qquad (4.3)$$

$$\text{Var}(X) = \int t^2 f(t) dt - E^2(X) = \int_0^\infty t^2 \lambda e^{-\lambda t} dt - \left(\frac{1}{\lambda}\right)^2 \quad \text{(分部积分两次)}$$

$$= \frac{2}{\lambda^2} - \frac{1}{\lambda^2} = \frac{1}{\lambda^2} \qquad (4.4)$$

λ 是指数分布的一个参数，从 $E(X)=1/\lambda$ 中可以清楚地看出它的含义. 如果 X 是时间，以分钟为单位，那么 λ 就是一个频率，以分钟$^{-1}$ 为单位. 例如，如果到达平均每半分钟发生一次，则 $E(X)=0.5$，$\lambda=2$，表示它们以每分钟 2 次到达的频率(到达率)出现. 这个 λ 与 3.4.5 节中泊松分布参数的含义相同.

罕见事件之间的时间间隔呈指数关系

什么使得指数分布成为一个很好的到达时间间隔模型？显然，这不仅是实验性的，也是一个数学事实.

3.4.5 节中考虑的罕见事件序列，在时间 t 中出现的次数为泊松分布，其参数与 t 成正比. 这个过程在 6.3.2 节中被严格定义，我们称之为泊松过程.

事件"直到下一个事件的时间 T 大于 t"可以重新表述为"时间 t 发生零事件"进一步，当"$X=0$"时，其中 X 是时间区间 $[0, t]$ 内的事件数. 这个 X 具有参数 λt 的泊松分布. 其等于 0 的概率为

$$P_X(0) = e^{-\lambda t} \frac{(\lambda t)^0}{0!} = e^{-\lambda t}$$

然后，我们可以计算 T 的累积分布函数为

$$F_T(t) = 1 - P\{T > t\} = 1 - P\{X = 0\} = 1 - e^{-\lambda t} \qquad (4.5)$$

这里我们认识到指数累积分布函数. 因此，罕见事件到达的时间间隔是指数分布的.

例 4.5 作业以每小时 3 个的平均速率被发送到打印机.

(a) 两次作业之间的预期时间是几个小时？

(b) 下一个作业在 5 分钟内发送的概率是多少？

解 作业到达表示罕见事件，因此，它们之间的时间 T 是指数形式的，给定参数为 $\lambda = 3/$ 小时.

(a) $E(T) = 1/\lambda = 1/3$ 小时或者 20 分钟的空闲时间；

(b) 转换为相同的单位：5 分钟 $=(1/12)$ 小时. 那么，

$$P\{T < 1/12 \text{ 小时}\} = F(1/12) = 1 - e^{-\lambda(1/12)} = 1 - e^{-1/4} = \underline{0.2212} \qquad \diamond$$

无记忆特性

据说"指数变量会失去记忆". 这是什么意思？

假设指数变量 T 表示等待时间. 无记忆特性意味着等待 t 分钟的事实会被"遗忘"，并且它不会影响未来的等待时间. 无论事件 $T > t$ 如何，当总等待时间超过 t 时，剩余的等待时间仍然具有相同参数的指数分布. 从数学上讲，

$$P\{T > t + x \mid T > t\} = P\{T > x\}, \text{ 其中 } t, x > 0 \qquad (4.6)$$

在这个公式中，t 是等待时间已经过去的部分，x 是额外的剩余时间.

证明 由式(4.2)，$P\{T>x\}=\mathrm{e}^{-\lambda x}$. 另外，根据条件概率的式(2.7)，

$$P\{T>t+x \mid T>t\}=\frac{P\{T>t+x \bigcap T>t\}}{P\{T>t\}}=\frac{P\{T>t+x\}}{P\{T>t\}}=\frac{\mathrm{e}^{-\lambda(t+x)}}{\mathrm{e}^{-\lambda t}}=\mathrm{e}^{-\lambda x} \quad\blacksquare$$

此特性对于指数分布是唯一的. 没有其他连续变量 $X \in (0, \infty)$ 是无记忆的. 在离散变量中，这种特性属于几何分布(练习 4.36).

在某种意义上，几何分布是指数的离散模拟. 这两个分布族之间的联系将在 5.2.3 节中清晰阐述.

$$\boxed{\begin{array}{l} \lambda=\text{频率参数，每时间单位的事件数} \\[1mm] f(x)=\lambda \mathrm{e}^{-\lambda x}, \quad x>0 \\[2mm] E(X)=\dfrac{1}{\lambda} \\[3mm] \mathrm{Var}(X)=\dfrac{1}{\lambda^{2}} \end{array}}$$

指数分布

4.2.3 伽马分布

当一个特定过程由 α 个独立的步骤组成，且每一步骤所用时间服从 Exponential(λ)，则总时间服从参数为 α 和 λ 的伽马分布.

因此，伽马分布可以广泛用于多阶段方案的总时间，例如，下载或安装大量文件相关的时间. 在一个罕见事件过程中，任意两个相继事件之间的时间间隔服从指数分布，第 α 个事件的时间服从伽马分布，因为它由 α 个独立的指数分布组成.

例 4.6(互联网促销) 用户平均以每分钟 12 次的点击率访问某个网站. 每六个访客就会收到以闪动横幅形式出现的促销活动. 连续促销活动的间隔时间有参数为 $\alpha=6$ 和 $\lambda=12$ 的伽马分布. $\diamond$

伽马分布族有两个参数，为正随机变量提供了多种模型. 除此之外，当伽马变量表示独立指数变量的和时，伽马分布通常用于支付的金额、使用的商品(天然气、电力等)数量，一些事故造成的损失等.

伽马分布有密度

$$f(x)=\frac{\lambda^{\alpha}}{\Gamma(\alpha)} x^{\alpha-1} \mathrm{e}^{-\lambda x}, \quad x>0 \tag{4.7}$$

分母包含伽马函数，见 A.4.5 节. 使用特定的技术，可以从数学上推导出该密度，方法是对整数 α 将伽马变量 X 表示为每个具有密度(4.1)的指数变量的总和.

事实上，α 可以取任何正数值，不一定是整数. 对于不同的 α，伽马密度呈现不同的形状(图 4.5). 由于这个原因，α 被称为形状参数.

注意伽马分布的两个重要特殊情况. 当 $\alpha=1$ 时，伽马分布变成指数分布. 这可以通过比较式(4.7)和式(4.1)看出. 另一个 $\lambda=1/2$ 和任意 $\alpha>0$ 的特殊情况会产生一个所谓的 (2α) 自由度的卡方分布，我们将在 9.5.1 节讨论这个问题，在第 10 章中你会看到很多例子.

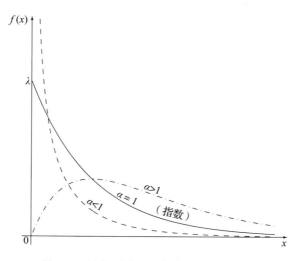

图 4.5   具有不同形状参数 α 的伽马密度

$$
\begin{array}{l}
\text{Gamma}(1,\ \lambda) = \text{Exponential}(\lambda) \\
\text{Gamma}(\alpha,\ 1/2) = \chi^2(2\alpha)
\end{array}
$$

期望、方差和一些有用的积分注释

伽马分布的累积分布函数有形式

$$F(t) = \int_0^t f(x)\,\mathrm{d}x = \frac{\lambda^\alpha}{\Gamma(\alpha)} \int_0^t x^{\alpha-1} \mathrm{e}^{-\lambda x}\,\mathrm{d}x \tag{4.8}$$

这个表达式与所谓的不完全伽马函数有关，尚未简化，因此，计算概率并不总是微不足道的. 让我们讨论几个计算上的捷径.

首先，我们注意到 $\int_0^\infty f(x)\,\mathrm{d}x = 1$ 对于伽马和所有其他密度的意义，然后从 0 到 ∞ 积分式(4.7)，我们得到

$$\int_0^\infty x^{\alpha-1} \mathrm{e}^{-\lambda x}\,\mathrm{d}x = \frac{\Gamma(\alpha)}{\lambda^\alpha}, \quad \text{对任意 } \alpha > 0,\ \lambda > 0 \tag{4.9}$$

用 $\alpha+1$ 和 $\alpha+2$ 代替 α，我们得到一个伽马变量 X：

$$
\begin{aligned}
E(X) &= \int x f(x)\,\mathrm{d}x = \frac{\lambda^\alpha}{\Gamma(\alpha)} \int_0^\infty x^\alpha \mathrm{e}^{-\lambda x}\,\mathrm{d}x \\
&= \frac{\lambda^\alpha}{\Gamma(\alpha)} \cdot \frac{\Gamma(\alpha+1)}{\lambda^{\alpha+1}} = \frac{\alpha}{\lambda}
\end{aligned}
\tag{4.10}
$$

（使用等式 $\Gamma(t+1) = t\Gamma(t)\,(t>0)$）

$$E(X^2) = \int x^2 f(x)\,\mathrm{d}x = \frac{\lambda^\alpha}{\Gamma(\alpha)} \int_0^\infty x^{\alpha+1} \mathrm{e}^{-\lambda x}\,\mathrm{d}x = \frac{\lambda^\alpha}{\Gamma(\alpha)} \cdot \frac{\Gamma(\alpha+2)}{\lambda^{\alpha+2}} = \frac{(\alpha+1)\alpha}{\lambda^2}$$

85

因此

$$\operatorname{Var}(X) = E(X^2) - E^2(X) = \frac{(\alpha + 1)\alpha - \alpha^2}{\lambda^2} = \frac{\alpha}{\lambda^2} \tag{4.11}$$

对于 $\alpha = 1$，式(4.3)与式(4.4)可以验证. 此外，对于任何整数 α，式(4.10)和式(4.11)可直接从式(4.3)和式(4.4)中获得，方法是将伽马变量 X 表示为独立 Exponential(λ)变量 $X_1, \cdots, X_\alpha$:

$$E(X) = E(X_1 + \cdots + X_\alpha) = E(X_1) + \cdots + E(X_\alpha) = \alpha\left(\frac{1}{\lambda}\right)$$

$$\operatorname{Var}(X) = \operatorname{Var}(X_1 + \cdots + X_\alpha) = \operatorname{Var}(X_1) + \cdots + \operatorname{Var}(X_\alpha) = \alpha\left(\frac{1}{\lambda^2}\right)$$

$$
\boxed{
\begin{array}{c}
\alpha = \text{形状参数} \\
\lambda = \text{频率参数} \\
f(x) = \dfrac{\lambda^\alpha}{\Gamma(\alpha)} x^{\alpha-1} e^{-\lambda x}, \quad x > 0 \\
E(X) = \dfrac{\alpha}{\lambda} \\
\operatorname{Var}(X) = \dfrac{\alpha}{\lambda^2}
\end{array}
}
$$

伽马分布 $\qquad\qquad\qquad\qquad$ (4.12)

例 4.7（总编译时间） 一个计算机程序的编译由三个块组成，并依次进行处理. 每个块的平均指数时间为 5 分钟，且独立于其他块.

（a）计算总编译时间的期望值和方差.

（b）计算整个程序在 12 分钟内被编译的概率.

解 总时间 T 是 3 个独立指数时间的和，因此，它符合 $\alpha = 3$ 的伽马分布. 频率参数 λ 等于 $(1/5)$/分钟，因为每个块的指数编译时间的期望值为 $1/\lambda = 5$ 分钟.

（a）对于 $\alpha = 3$ 且 $\lambda = 1/5$ 的伽马随机变量 T，有

$$E(T) = \frac{3}{1/5} = 15(\text{分钟}), \quad \operatorname{Var}(T) = \frac{3}{(1/5)^2} = 75(\text{分钟}^2)$$

（b）一个直接的解决方案是使用两次分部积分法:

$$
\begin{aligned}
P\{T < 12\} &= \int_0^{12} f(t)\,dt = \frac{(1/5)^3}{\Gamma(3)} \int_0^{12} t^2 e^{-t/5}\,dt = \frac{(1/5)^3}{2!}\left(-5t^2 e^{-t/5}\Big|_{t=0}^{t=12} + \int_0^{12} 10t\, e^{-t/5}\,dt\right) \\
&= \frac{1/125}{2}\left(-5t^2 e^{-t/5} - 50t\, e^{-t/5}\Big|_{t=0}^{t=12} + \int_0^{12} 50 e^{-t/5}\,dt\right) \\
&= \frac{1}{250}(-5t^2 e^{-t/5} - 50t\, e^{-t/5} - 250 e^{-t/5})\Big|_{t=0}^{t=12} \\
&= 1 - e^{-2.4} - 2.4 e^{-2.4} - 2.88 e^{-2.4} = \underline{0.4303}
\end{aligned}
\tag{4.13}
$$

一个更简短的方法是应用下面的伽马-泊松公式（例 4.8）. $\qquad\qquad\qquad\qquad\qquad\qquad\diamondsuit$

伽马-泊松公式

把伽马变量看作一些罕见事件之间的时间间隔，可以大大简化伽马概率的计算. 如在

例 4.7 中使用伽马变量可以避免部分积分，并用泊松分布进行代替.

　　实际上，设 T 是一个带有整数参数 α 和一些正数 λ 的伽马变量. 这是第 α 次罕见事件发生的时间分布. 那么，事件 $\{T>t\}$ 意味着第 α 次罕见事件发生在 t 之后，因此，小于 α 次的罕见事件发生在时刻 t 之前. 我们有

$$\{T>t\}=\{X<\alpha\}$$

其中，X 是 t 之前发生的事件的数量. 这个数目的罕见事件 X 具有参数为 λt 的泊松分布，因此，概率

$$P\{T>t\}=P\{X<\alpha\}$$

和补集概率

$$P\{T\leqslant t\}=P\{X\geqslant\alpha\}$$

都可使用 X 的泊松分布计算.

87

伽马-泊松公式

$$\boxed{\begin{array}{c}\text{对一个 Gamma}(\alpha，\lambda)\text{变量 }T\text{ 和一个 Poisson}(\lambda t)\text{变量 }X，\text{有}\\ P\{T>t\}=P\{X<\alpha\}\\ P\{T\leqslant t\}=P\{X\geqslant\alpha\}\end{array}} \qquad (4.14)$$

　　注：对于伽马变量 T，回想一下 $P\{T>t\}=P\{T\geqslant t\}$ 和 $P\{T<t\}=P\{T\leqslant t\}$，因为它是连续的. 因此，式 (4.14) 也可用于计算 $P\{T\geqslant t\}$ 和 $P\{T<t\}$. 反之，$\{X=\alpha\}$ 的概率对于泊松 (离散!) 不能忽略，因此式 (4.14) 右边的符号不能改变.

　　例 4.8（总编译时间，续）　下面是例 4.7(b) 的替代解. 根据具有 $\alpha=3$，$\lambda=1/5$ 和 $t=12$ 的伽马-泊松公式，有

$$P\{T<12\}=P\{X\geqslant 3\}=1-F(2)=1-0.5697=\underline{0.430}$$

见表 A3，X 为参数为 $\lambda t=2.4$ 的泊松分布.

　　此外，我们注意到，我们在式 (4.13) 中通过部分积分得到的四项数学表达式可以精确地表示为

$$P\{X\geqslant 3\}=1-P(0)-P(1)-P(2) \qquad\qquad\qquad\qquad \diamond$$

　　例 4.9　计算机存储芯片满足寿命为 $\mu=12$ 年的伽马分布，标准差为 $\sigma=4$ 年. 这种芯片的寿命在 8 到 10 年之间的概率是多少？

　　解　第一步：参数. 根据给定的数据，计算伽马分布的参数. 利用式 (4.12)，得到一个由两个方程组成的方程组，并求解 α 和 λ：

$$\begin{cases}\mu=\alpha/\lambda\\ \sigma^2=\alpha/\lambda^2\end{cases}\Rightarrow\begin{cases}\alpha=\mu^2/\sigma^2=(12/4)^2=9\\ \lambda=\mu/\sigma^2=12/4^2=0.75\end{cases}$$

　　第二步：概率. 我们现在可以计算概率了：

$$P\{8<T<10\}=F_T(10)-F_T(8) \qquad (4.15)$$

对 (4.15) 式中的每个项，我们使用 $\alpha=9$，$\lambda=0.75$，$t=8,10$ 的伽马-泊松公式，

$$F_T(10)=P\{T\leqslant 10\}=P\{X\geqslant 9\}=1-F_X(8)=1-0.662=0.338$$

表 A3 给出了参数为 $\lambda t=0.75\times 10=7.5$ 的泊松变量 X.

$$F_T(8)=P\{T\leqslant 8\}=P\{X\geqslant 9\}=1-F_X(8)=1-0.847=0.153$$

来自同一个表, 参数为 $\lambda t = 0.75 \times 8 = 6$. 那么,

$$P\{8 < T < 10\} = 0.338 - 0.153 = \underline{0.185}$$

◇

4.2.4 正态分布

主要由于中心极限定理, 正态分布在概率和统计中起着至关重要的作用, 根据这些定理, 总和和平均值通常具有近似正态分布. 由于这一事实, 各种波动和测量误差呈现正态分布.

注: 正如法国数学家儒勒·昂利·庞加莱(Jules Henri Poincaré)所说, "每个人都相信误差的一般规律, 实验者认为这是一个数学定理, 数学家认为这是一个实验事实".

除了总和、平均值和误差, 正态分布通常被认为是一个很好的物理变量模型, 例如在体重、身高、温度、电压、污染水平, 以及家庭收入或学生成绩等问题上.

正态分布有一个密度

$$f(x) = \frac{1}{\sigma\sqrt{2\pi}}\exp\left\{\frac{-(x-\mu)^2}{2\sigma^2}\right\}, \quad -\infty < x < +\infty$$

其中, 参数 μ 和 σ 具有期望 $E(X)$ 和标准差 $\mathrm{Std}(X)$ 的简单含义. 这种密度被称为钟形曲线, 对称且以 μ 为中心, 其分布受 σ 控制. 如图 4.6 所示, 改变 μ 可使曲线向左或向右移动, 而不影响其形状, 改变 σ 则使曲线更集中或更平坦. 通常 μ 和 σ 被称为位置和尺度参数.

正态分布

$$\mu = 期望, 位置参数$$
$$\sigma = 标准差, 尺度参数$$
$$f(x) = \frac{1}{\sigma\sqrt{2\pi}}\exp\left\{\frac{-(x-\mu)^2}{2\sigma^2}\right\}, \quad -\infty < x < \infty$$
$$E(X) = \mu$$
$$\mathrm{Var}(X) = \sigma^2$$

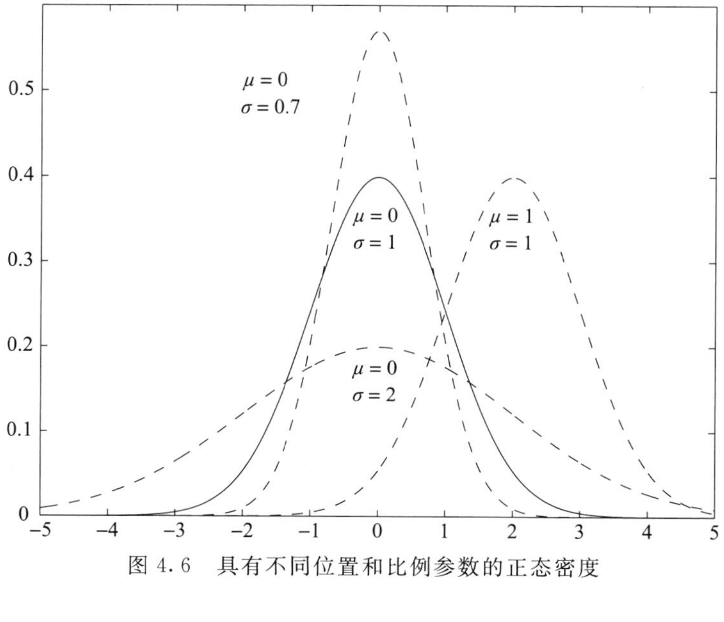

图 4.6 具有不同位置和比例参数的正态密度

标准正态分布

定义 4.3   具有"标准参数"$\mu=0$，$\sigma=1$ 的正态分布称为**标准正态分布**.

表示法 $\Big\|$ $Z=$标准正态随机变量

$$\phi(x)=\frac{1}{\sqrt{2\pi}}\mathrm{e}^{-x^2/2}，标准正态概率密度函数$$

$$\Phi(x)=\int_{-\infty}^{x}\frac{1}{\sqrt{2\pi}}\mathrm{e}^{-z^2/2}\mathrm{d}z，标准正态累积分布函数$$

标准正态变量（通常用 Z 表示）可以通过标准化从非标准 Normal$(\mu，\sigma)$ 随机变量 X 中获得，即减去均值，并除以标准差：

$$Z=\frac{X-\mu}{\sigma} \tag{4.16}$$

通过非标准化 Z，我们可以重建初始变量 X，

$$X=\mu+\sigma Z \tag{4.17}$$

利用这些变换，可以从标准正态变量 Z 得到任意正态随机变量. 因此，我们只需要一个标准正态分布表（表 A4）.

为了从表 A4 中找到 $\Phi(z)$，我们定位了 z 的前两位为行和 z 的第三位为列，并在它们的交点处读取了概率 $\Phi(z)$，注意对于所有 $z<-3.9$，$\Phi(z)\approx0$（实际上是 0）. 对于所有 $z>3.9$，$\Phi(z)\approx1$（实际上是 1）.

例 4.10（计算标准正态概率） 对于标准的正态随机变量 Z，有

$$P\{Z<1.35\}=\Phi(1.35)=0.9115$$

$$P\{Z>1.35\}=1-\Phi(1.35)=0.0885$$

$$P\{-0.77<Z<1.35\}=\Phi(1.35)-\Phi(-0.77)=0.9115-0.2206=0.6909$$

根据表 A4，请注意 $P\{Z<-1.35\}=0.0885=P\{Z>1.35\}$，它是由图 4.6 中标准正态密度的对称性得出的. 由于这种对称性，"左尾"或 -1.35 左边的面积等于"右尾"或 1.35 右边的面积.

$\diamond$

事实上，通过在这个例子中提到的正态密度的对称性，我们可以直接从第 2 部分的

$$\Phi(-z)=1-\Phi(z)，\quad -\infty<z<+\infty$$

得到表 A4 第 1 部分的内容.

要计算任意正态随机变量 X 的概率，我们必须先对其标准化，如式（4.16）所示，然后使用表 A4.

例 4.11（计算非标准正态概率） 假设某个国家的家庭平均收入是 900 美元，标准差是 200 美元. 假设收入符合正态分布，计算"中产阶级"的比例，其收入在 600 美元到 1200 美元之间.

解   标准化并使用表 A4. 对于 Normal$(\mu=900，\sigma=200)$ 变量 X，有

$$P\{600<X<1200\}=P\left\{\frac{600-\mu}{\sigma}<\frac{X-\mu}{\sigma}<\frac{1200-\mu}{\sigma}\right\}$$

$$=P\left\{\frac{600-900}{200}<Z<\frac{1200-900}{200}\right\}=P\{-1.5<Z<1.5\}$$

$$=\Phi(1.5)-\Phi(-1.5)=0.9332-0.0668=\underline{0.8664} \qquad \diamond$$

到目前为止，我们正在计算清楚定义的事件的概率. 这些都是直接的问题. 许多应用都需要求逆问题的解，即在给定相应概率的情况下求出 x 的值.

例 4.12（逆问题） 在例 4.11 中，该国政府决定向最贫穷的 3% 家庭发放食品券. 低于多少收入的家庭将收到食品券?

解 我们需要找到这样的收入 x，使得 $P\{X<x\}=3\%=0.03$. 这是一个可以用 x 来求解的方程. 同样，我们首先标准化，然后使用表:

$$P\{X<x\}=P\left\{Z<\frac{x-\mu}{\sigma}\right\}=\Phi\left(\frac{x-\mu}{\sigma}\right)=0.03$$

其中

$$x=\mu+\sigma\Phi^{-1}(0.03)$$

在表 A4 中，我们必须找到概率，即 0.03 的表条目. 我们看到 $\Phi(-1.88)\approx0.03$. 因此，$\Phi^{-1}(0.03)=-1.88$，且

$$x=\mu+\sigma(-1.88)=900+(200)(-1.88)=\underline{524}(\text{美元})$$

即为答案. 在文献中，值 $\Phi^{-1}(\alpha)$ 通常用 $z_{1-\alpha}$ 表示. $\qquad \diamond$

如本例所示，为了解决一个逆问题，我们先使用表，然后按式（4.17）中的方法进行非标准化，并找到所需的 x 值.

4.3 中心极限定理

现在我们把注意力转移到随机变量的和上:

$$S_n=X_1+\cdots+X_n$$

它出现在许多应用中. 对于所有 $i=1,\cdots,n$，令 $\mu=E(X_i)$ 和 $\sigma=\mathrm{Std}(X_i)$. 对较大的 n，S_n 的表现如何?

计算机演示 下面的 R 和 MATLAB 代码给出了部分和 S_n 行为的动画说明:

```
── R ──────────
N <- 1000                          # Number of steps of Sn
S <- rep(0, N)                     # Initialize Sn = 0 for all n
Z <- rnorm(N)                      # Standard Normal increments Zn
for (n in 2:N){S[n] <- S[n-1]+Z[n]} # Random walk Sn defined in a for-loop
     # Three line plots with ranges xlim and ylim on x-axes and y-axes
for (n in 1:N){plot(S[1:n], type='l', xlim=c(0,N), ylim=max(abs(S))*c(-1,1))}
for (n in 1:N){plot(S[1:n]/(1:n), type='l', xlim=c(0,N), ylim=c(-2,2)) }
for (n in 1:N){plot(S[1:n]/sqrt(1:n), type='l', xlim=c(0,N), ylim=c(-2,2)) }
```

```
── MATLAB ──────────
N = 1000;                          % Number of steps of Sn
S = zeros(N,1);                    % Initialize Sn = 0 for all n
Z = randn(N,1);                    % Standard Normal increments Zn
for n=2:N; S(n)=S(n-1)+Z(n); end;  % Random walk Sn defined in a for-loop
n=1:N; comet(n,S); pause(3);       % Behavior of S(n)
comet(n,S./n); pause(3);           % Behavior of S(n)/n
comet(n,S./sqrt(n)); pause(3);     % Behavior of S(n)/√n
```

显然(R 和 MATLAB 用户可以运行这些代码，看到它的"实时")：

- S_n 在图 4.7a 中发散. 事实上，这应该是在预料之中的，因为

$$\text{Var}(S_n) = n\sigma^2 \to \infty$$

所以 S_n 的可变性随着 n 趋于无穷大而无限增长.

- 平均值 S_n/n 收敛于图 4.7b. 事实上，在这个例子中，我们有

$$\text{Var}(S_n/n) = \text{Var}(S_n)/n^2 = n\sigma^2/n^2 = \sigma^2/n \to 0$$

所以 S_n/n 的可变性随着 $n \to \infty$ 变化.

- 一个有趣的归一化因子是 $1/\sqrt{n}$. 我们可以从计算机模拟中看到 $S_n/\sqrt{n}$ 既不发散也不收敛于图 4.7c. 它不倾向于离开 0，但也不收敛到 0. 它的行为就像一些随机变量. 下面的定理说明这个变量接近大 n 的标准正态分布.

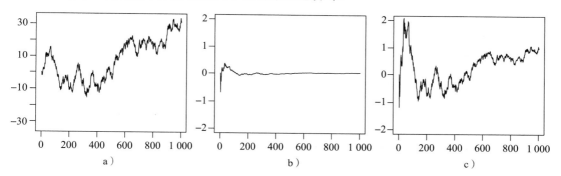

图 4.7 a) 随机游走 S_n；b) S_n/n；c) $S_n/\sqrt{n}$ 随 n 值增加的行为

定理 1(中心极限定理) 设 X_1，X_2，…是具有相同期望 $\mu = E(X_i)$ 和相同标准差 $\sigma = \text{Std}(X_i)$ 的独立随机变量，并使得

$$S_n = \sum_{i=1}^n X_i = X_1 + \cdots + X_n$$

当 $n \to \infty$ 时，标准化和为

$$Z_n = \frac{S_n - E(S_n)}{\text{Std}(S_n)} = \frac{S_n - n\mu}{\sigma\sqrt{n}}$$

在分布上收敛到标准正态随机变量，即对所有的 z，有

$$F_{Z_n}(z) = P\left\{ \frac{S_n - n\mu}{\sigma\sqrt{n}} \leqslant z \right\} \to \Phi(z) \tag{4.18}$$

这个定理非常强大，因为它可以应用于随机变量 X_1，X_2，…，实际上，它可以应用于任何具有有限的期望和方差的可想象分布中. 只要 n 足够大(经验法则是 $n > 30$)，就可以用正态分布来计算 S_n 的概率.

定理 1 只是一个中心极限定理的基本版本. 在过去的两个世纪里，它已经扩展到了因变量和向量、随机过程等.

例 4.13(磁盘空间分配) 磁盘的可用空间为 330MB. 如果每个图像的预期大小为

1MB，标准差为 0.5MB，那么对于 300 个独立的图像来说，这是否是足够的呢？

解 我们令 $n=300$，$\mu=1$，$\sigma=0.5$. 图像数目 n 很大，因此，中心极限定理适用于它们的总大小 S_n. 那么，

$$P\{\text{空间不足}\}=P\{S_n\leqslant 330\}=P\left\{\frac{S_n-n\mu}{\sigma\sqrt{n}}\leqslant\frac{330-(300)(1)}{0.5\sqrt{300}}\right\}$$

$$\approx\Phi(3.46)=0.9997$$

这种可能性非常高，因此，可用磁盘空间很可能不足. ◇

在正态变量 X_1，X_2，$\cdots$ 的特殊情况下，S_n 的分布总是正态的，对于任意小的 n，式(4.18)完全相等.

例 4.14（电梯） 你在等待一部电梯，它的重量是 2000 磅（1 磅 = 0.453 592 37 千克）. 电梯里有 10 位成年乘客. 假设你自己的体重是 150 磅，你听说人的体重是正态分布的，平均 165 磅，标准差 20 磅. 你会上这部电梯还是等下一部？

解 换句话说，超载可能吗？过载的概率等于

$$P\{S_{10}+150>2000\}=P\left\{\frac{S_{10}-(10)(165)}{20\sqrt{10}}>\frac{2000-150-(10)(165)}{20\sqrt{10}}\right\}$$

$$=1-\Phi(3.16)=0.0008$$

所以，以概率 0.9992 上这部电梯是安全的. 现在由你来决定. ◇

在第 3 章和第 4 章讨论的随机变量中，至少有三个具有 S_n 的形式：

$$\text{二项变量}=\text{独立伯努利变量之和}$$
$$\text{负二项变量}=\text{独立几何变量之和}$$
$$\text{伽马变量}=\text{指数变量之和}$$

因此，对 n 很大的二项分布、k 很大的负二项分布和 α 很大的伽马分布，中心极限定理适用于所有这些分布.

事实上，亚伯拉罕·德·莫弗尔（1667—1754）得到了中心极限定理的第一个版本作为二项分布的近似.

二项分布的正态逼近

二项变量代表 $S_n=X_1+\cdots+X_n$ 的一种特殊情况，其中所有 X_i 都有参数为 p 的伯努利分布. 从 3.4.5 节可知，小 p 允许用泊松分布近似二项分布，大 p 允许对失败次数近似. 对于 p 的中等值（例如，$0.05\leqslant p\leqslant 0.95$）和大 n，我们可以使用定理 1：

$$\text{Binomial}(n，p)\approx\text{Normal}(\mu=np，\sigma=\sqrt{np(1-p)}) \tag{4.19}$$

计算机演示 为了可视化二项分布在 $n\to\infty$ 时如何逐渐形成正态分布，增加的 n 值和 $p=0.4$，你可以执行以下计算机代码来绘制 Binomial$(n，p)$ 概率质量函数 R 中的命令 Sys.sleep 和 MATLAB 中的 pause 进行 0.5 秒的暂停，让我们可以欣赏计算机动画.

```
—— R ————————
N <- 50; p <- 0.4; x <- 0:n; for (n in 1:N){
plot(dbinom(x,n,p),type='b',main='Binomial PMF for increasing values of n');
Sys.sleep(0.5);   }
```

—— MATLAB ——

```
N=50; p=0.4; for n=1:N; x=0:n;
plot(x,binopdf(x,n,p)); title('Binomial PMF for increasing values of n');
pause(0.5); end;
```

如果使用的软件没有内置的二项 pmf，比如 R 中的 dbinom 或 MATLAB 中的 binopfd，这不是问题. 只需输入公式，例如，pmf = gamma(n+1)./gamma(x+1)./gamma(n-x+1).*p.^ x.*(1-p).^(n-x);

连续性校正

当我们用连续分布（正态分布）近似一个离散分布（本例中为二项分布）时，需要进行此校正. 回想一下，如果 X 是离散的，概率 $P\{X=x\}$ 可能是 0，而如果 X 是连续的，概率 $P\{X=x\}$ 可能是零，因此，直接使用式(4.19)，概率 $P\{X=x\}$ 总是近似于 0. 这显然是一个糟糕的近似值.

这个问题可以通过引入连续性校正来解决. 在每个方向上将间隔扩大 0.5 个单位，然后使用正态近似. 请注意

$$P_X(x) = P\{X=x\} = P\{x-0.5 < X < x+0.5\}$$

对于二项变量 X，它是正确的；因此，连续性校正不会改变事件，并保持其概率. 它对正态分布有影响，所以每次当我们用连续分布近似某些离散分布时，我们应该使用连续性校正. 连续性校正是一个区间概率而非数值概率，它不是 0.

例 4.15   一种新的计算机病毒攻击一个包含 200 个文件的文件夹. 每个文件被损坏的概率为 0.2，与其他文件无关. 少于 50 个文件被损坏的概率是多少？

解   损坏文件数量 X 呈二项分布，其中参数为 $n=200$，$p=0.2$，$\mu=np=40$，$\sigma=\sqrt{np(1-p)}=5.657$. 应用中心极限定理和连续性校正：

$$P\{X<50\} = P\{X<49.5\} = P\left\{\frac{X-40}{5.657} < \frac{49.5-40}{5.657}\right\}$$
$$= \Phi(1.68) = \underline{0.9535}$$

请注意，正确应用的连续性校正将 50 替换为 49.5，而不是 50.5. 实际上，我们感兴趣的事件是 X 是严格小于 50. 这包括所有小于等于 49 的值，对应于我们扩展到 [0，49.5] 的区间 [0，49]. 换句话说，事件 $\{X<50\}$ 和 $\{X<49.5\}$ 是相同的；它们包括相同的可能值. X 事件 $\{X<50\}$ 和 $\{X<50.5\}$ 是不同的，因为前者不包括 $X=50$，而后者包括. 将 $\{X<50.5\}$ 替换为 $\{X<50\}$ 会改变其概率，而且可能会给出错误的答案.   ◇

当连续分布（例如，伽马）用另一连续分布（正态）近似时，不需要连续性校正. 事实上，在这种情况下不能使用连续分布近似，因为此时它不再保持概率不变.

归纳总结

连续分布用于模拟各种时间、大小、测量值以及假设整个可能值区间的所有其他随机变量.

连续分布是由其密度描述的，其作用类似于离散变量的概率质量函数. 计算概率本质上在给定的集合对密度函数进行积分. 期望和方差的定义类似于离散情况，用密度代替概

率质量函数,用积分代替求和.

在不同的情况下,我们使用均匀分布、指数分布、伽马分布或正态分布. 其他一些类型的分布将在后面的章节中进行研究.

中心极限定理表明,大量独立的随机变量的标准和是近似正态的,因此表 A4 可以用来计算相关概率. 当用连续分布近似离散分布时,应使用连续性校正.

A.2.2 节总结了连续族的特征.

练习题

4.1   某些电子元件的寿命(以年为单位)是一个连续的随机变量,密度为

$$f(x)=\begin{cases} \dfrac{k}{x^4} & x \geqslant 1 \\ 0 & x < 1 \end{cases}$$

求 k、累积分布函数,以及寿命超过 2 年的概率.

4.2   重新启动某个系统所需的时间(以分钟为单位)是一个连续的变量,密度为

$$f(x)=\begin{cases} C(10-x)^2 & \text{若 } 0 < x < 10 \\ 0 & \text{其他} \end{cases}$$

(a) 计算 C.

(b) 计算重新启动需要 1 到 2 分钟的概率.

4.3   某个软件模块的安装时间(以小时为单位)具有概率密度函数 $f(x)=k(1-x^3)$,$0<x<1$,计算 k 和安装此模块所需时间少于 $1/2$ 小时的概率.

4.4   某一硬件的寿命是一个连续的随机变量,密度为

$$f(x)=\begin{cases} K - x/50 & 0 < x < 10 \\ 0 & \text{其他} \end{cases}$$

(a) 求 K.

(b) 前 5 年内发生故障的概率是多少?

(c) 寿命的期望是什么?

4.5   两个连续的随机变量 X 和 Y 具有联合密度

$$f(x, y)=C(x^2 + y), \quad -1 \leqslant x \leqslant 1, \quad 0 \leqslant y \leqslant 1$$

(a) 计算常数 C.

(b) 求 X 和 Y 的边缘密度,这两个变量是独立的吗?

(c) 计算概率 $P\{Y<0.6\}$ 和 $P\{Y<0.6 \mid X<0.5\}$.

4.6   一个程序被分成三块,在三台并行计算机上进行编译. 每一个块所需时间服从指数分布,平均 5 分钟,独立于其他块. 编译完所有块后,程序就完成了. 计算程序编译所需的预期时间.

4.7   打印机打印作业所需的时间是一个指数随机变量,期望为 12 秒. 你在上午 10:00 将作业发送到打印机,它将排在第三位. 则你的作业在 10:01 前准备好的可能性有多大?

4.8   对于某些电子元件来说,故障发生的时间为参数是 $\alpha=2$ 和 $\lambda=2$(以年为单位)的伽马

分布. 计算部件在前 6 个月内发生故障的概率.

4.9　平均来说, 每 5 个月一台计算机就会出现故障. 第一次故障前的时间和任何两次连续故障之间的时间是独立的指数随机变量. 在第三次故障之后, 计算机需要特殊的维护.

　　(a) 计算未来 9 个月内需要进行特殊维护的概率.

　　(b) 若在前 12 个月内不需要进行特殊维护, 则在未来 4 个月内不需要进行特殊维护的可能性有多大?

4.10　两位计算机专家正在完成工作指令. 第一位专家收到 60% 的指令. 处理每一个指令的时间服从指数分布, 每个订单都需要花费她参数为 $\lambda_1 = 3$ 小时$^{-1}$ 的指数时间. 第二个专家接收剩下 40% 的指令. 每个指令需要花费他参数为 $\lambda_2 = 2$ 小时$^{-1}$ 的指数时间. 30 分钟前收到一批指令, 但还没有准备好. 第一位专家正在研究的可能性是多少?

97

4.11　考虑一颗卫星, 它的工作是基于某一模块 A. 这个模块有一个独立的备份 B. 卫星执行任务直到 A 和 B 都失败. A 和 B 的寿命呈指数分布, 平均寿命为 10 年.

　　(a) 卫星工作超过 10 年的概率是多少?

　　(b) 计算卫星的预期寿命.

4.12　计算机按接收的顺序处理任务. 每项任务都要花费一定的时间, 平均 2 分钟. 计算一个包含 5 个任务的包在 8 分钟内被处理的概率.

4.13　从网络上下载文件平均需要 25 秒. 如果下载一个文件需要指数时间, 那么下载 3 个独立文件需要 70 秒以上的概率是多少?

4.14　重新启动某个系统所需的时间 X 具有 $E(X) = 20$ 分钟, $\text{Std}(X) = 10$ 分钟的伽马分布.

　　(a) 计算这个分布的参数.

　　(b) 重新启动系统所需时间不到 15 分钟的概率是多少?

4.15　一个系统基于两个独立的模块 A 和 B. 任何模块的故障都会导致整个系统的故障. 每个模块的寿命具有伽马分布, 其参数 α 和 λ 取值见下表:

模块	α	λ(年$^{-1}$)
A	3	1
B	2	2

　　(a) 系统至少工作 2 年而没有故障的概率是多少?

　　(b) 若系统在前 2 年内出现故障, 则由于模块 B(而不是模块 A)的故障而导致系统故障的概率是多少?

4.16　设 Z 为标准正态随机变量. 计算

　　(a) $P(Z < 1.25)$　　　　(b) $P(Z \leqslant 1.25)$　　　　(c) $P(Z > 1.25)$

　　(d) $P(|Z| \leqslant 1.25)$　　　(e) $P(Z < 6.0)$　　　　(f) $P(Z > 6.0)$

　　(g) 若概率为 0.8, 则变量 Z 不超过多少?

98

4.17　对于标准正态随机变量 Z, 计算

(a) $P(Z \geqslant 0.99)$　　　　(b) $P(Z \leqslant -0.99)$　　　　(c) $P(Z < 0.99)$

(d) $P(|Z| > 0.99)$　　　　(e) $P(Z < 10.0)$　　　　(f) $P(Z > 10.0)$

(g) 若概率为 0.9，则变量 Z 不小于多少？

4.18 对于 $E(X) = -3$，$\mathrm{Var}(X) = 4$ 的正态随机变量 X，计算

(a) $P(X \leqslant 2.39)$　　　　(b) $P(Z \geqslant -2.39)$　　　　(c) $P(|X| \geqslant 2.39)$

(d) $P(|X+3| \geqslant 2.39)$　　　(e) $P(X < 5)$　　　　(f) $P(|X| < 5)$

(g) 若概率为 0.33，则变量 X 需超过多少？

4.19 根据西方电气质量控制规则之一，如果产品的测量值在目标值的三个标准差范围内，则认为该产品合格. 假设过程处于控制状态，以便每次测量的预期值等于目标值. 如果测量值的分布是

(a) Normal(μ, σ^2).

(b) Uniform(a, b).

则产品被认为合格的百分比是多少？

4.20 参见练习 4.19. 如果测量值的分布是

(a) Normal(μ, σ^2).

(b) Uniform(a, b).

则产品在均值的 1.5 个标准差范围外的概率是多少？

4.21 职业篮球运动员的平均身高在 6 英尺 7 英寸[⊖]左右，标准差为 3.89 英寸. 假设这个群体的高度是正态分布的，

(a) 百分之多少的职业篮球运动员身高超过 7 英尺？

(b) 如果你喜欢的球员在所有球员中最高的 20% 中，他的身高会是多少？

4.22 参考例 4.11，家庭收入按正态分布，有 $\mu = 900$ 美元和 $\sigma = 200$ 美元.

(a) 最近的一项经济改革使收入低于 640 美元的家庭有资格在每次早餐时免费喝一瓶牛奶. 有多少人有资格免费喝一瓶牛奶？

(b) 此外，收入最低的 5% 的家庭有权享受免费三明治. 什么样的收入使一个家庭有资格获得免费的三明治？

4.23 某一电子元器件的寿命是一个随机变量，其期望为 5000 小时，标准差为 100 小时. 400 个部件的平均寿命小于 5012 小时的概率是多少？

4.24 安装某些软件包需要下载 82 个文件. 平均下载一个文件需要 15 秒，方差为 16 平方秒. 软件在 20 分钟内安装完毕的概率是多少？

4.25 某厂生产的计算机芯片中有 6% 是有缺陷的. 选取 400 个芯片样本进行检验.

(a) 此样本含有 20~25 个有缺陷芯片(包括 20 和 25)的概率是多少？

(b) 假设 40 个检查员中的每一个都收集了 400 个芯片的样本. 至少 8 名检查员在其样本中发现 20 至 25 个有缺陷芯片的概率是多少？

4.26 平均扫描的图像占用 0.6MB 的内存，而标准差的大小为 0.4MB. 如果你打算在网站

―――――――――――
⊖　1 英尺 = 0.3048 米，1 英寸 = 0.0254m. ——编辑注

上发布 80 张图片，那么它们的总大小在 47MB 到 50MB 之间的概率是多少？

4.27 一个特定的计算机病毒可以破坏任何文件的概率为 35%，独立于其他文件. 假设此病毒进入包含 2400 个文件的文件夹. 计算 800 到 850 个文件被损坏（包括 800 和 850）的概率.

4.28 在大学奶酪俱乐部的开幕式上，Danielle 和 Anthony 计划为每位参加俱乐部的成员准备至少 1/4 磅的奶酪. 他们在会上至少邀请了 100 名俱乐部成员，但具体人数未知. 建议会员们带些奶酪来参加会议. 据估计，每位参加俱乐部的会员（独立于其他会员）将带来 1 磅奶酪的概率为 0.1，1/2 磅奶酪的概率为 0.2，1/4 磅奶酪的概率为 0.4，不带奶酪的概率为 0.3.

(a) 俱乐部领导能得出结论：在概率为 0.95 或更高的情况下，每位参加俱乐部会议的会员携带的奶酪量至少为 1/4 磅吗？

(b) 需要多少俱乐部成员必须出席会议，以确保每个出席的俱乐部成员至少有 1/4 磅奶酪的概率为 0.95 或更高？

4.29 Natasha 最近学会了写作. 现在，她可以用概率为 0.8 的可读方式写每一封信. 计算如下的概率：

(a) Natasha 写的时候，你可以读你的名字.

(b) 你至少可以读到 Natasha 20 个字母短语的 90%.

(c) 你至少可以读到 Natasha 100 个字母诗的 90%.

(d) 你至少可以读到 Natasha 500 封信故事的 90%.

4.30 电子传输中心发送 70 条独立信息. 消息是按顺序处理的，一个接一个. 每条消息的传输时间为 $\lambda = 5$ 分钟$^{-1}$ 的指数分布. 确定在不到 12 分钟的时间内传输所有 70 条消息的概率. 使用中心极限定理.

4.31 计算机实验室有两台打印机. 打印机 I 处理 40% 的工作. 它的打印时间是指数型的，平均为 2 分钟. 打印机 II 处理其余 60% 的作业. 打印时间在 0 分钟到 5 分钟之间是均匀的. 不到一分钟就打印了一份作业. 它被打印机 I 打印的概率是多少？

4.32 互联网服务提供商为其客户提供两条连接线. 80% 的用户是通过线路 I 连接的，20% 是通过线路 II 连接的. 线路 I 的连接时间为伽马分布，参数为 $\alpha = 3$，$\lambda = 2$ 分钟$^{-1}$. 线路 II 有一个 Uniform(a, b) 连接时间，参数为 $a = 20$ 秒，$b = 50$ 秒. 计算随机选择的客户连接到互联网的时间超过 30 秒的概率.

4.33 升级某个软件包需要安装 68 个新文件. 文件是连续安装的. 安装时间是随机的，但平均来说，安装一个文件需要 15 秒，方差为 11 秒.

(a) 整个软件包在 12 分钟内升级的概率是多少？

(b) 新版本的软件包已经发布. 它只需要安装 N 个新文件，而且保证 95% 的升级时间不超过 10 分钟. 给出这个信息，计算 N.

4.34 两个独立的顾客预定下午到达. 他们的到达时间是在下午 2 点到 8 点之间的均匀分布. 计算

(a) 第一次（较早）到达的预期时间；

（b）最后一次（稍后）到达的预期时间.

4.35 设 X 和 Y 是独立的标准均匀随机变量.

（a）求出事件 $\{0.5<(X+Y)<1.5\}$ 的概率.

（b）求条件概率 $P\{0.3<X<0.7|Y>0.5\}$.

这个问题既可以用几何方法解决，也可以用解析方法解决.

4.36 证明几何分布的无记忆特性. 也就是说，如果 X 具有参数 p 的几何分布，证明

$$P\{X>x+y|X>y\}=P\{X>x\}$$

适用于任意整数 x，$y\geqslant0$.

第5章 计算机模拟和蒙特卡罗方法

5.1 简介

计算机模拟是指通过编写恰当的代码并观察其运行结果来重塑一个过程. 蒙特卡罗法是通过计算机模拟某种随机事件出现的概率.

模拟的主要目的是对直接求解过程复杂、风险大、耗时长、费用高或者可能性低的数据进行估计. 假设我们要制造并推出一台复杂的设备或者机器, 那么在此之前, 我们需要模拟其性能, 以便专家细致周全地评估设备的实用性和相关风险. 再比如, 如果要评估太空站新部件的可靠性和安全性, 人们肯定更倾向于计算机模拟而非真枪实弹的测验.

蒙特卡罗方法大多数主要用于概率计算、期望值和其他分布特征计算. 概率可以被视作一个多次重复试验得出的比值(long-run proportion). 在随机数生成器的帮助下, 计算机完全可以对"多次重复试验"进行模拟. 因此, 只要计算出这些相关的观测频率, 就可估计概率. 模拟的次数越多, 结果越准确. 类似地, 也可使用同样的方法来估计期望、方差或其他分布特征.

蒙特卡罗方法和蒙特卡罗研究的名字均源自闻名欧洲的蒙特卡罗赌场(见图 5.1). 它建成于 19 世纪 50 年代, 至今仍矗立于摩纳哥公国的地中海沿岸. 赌博中涉及的概率分布通常十分复杂, 但我们可以通过模拟对其进行评估. 早些年间, 数学家们会通过预估重要概率, 设计最佳策略再卖给专业赌徒来赚取外快.

图 5.1 摩纳哥公国的蒙特卡罗赌场

应用与实例

我们先看几个例子: 如果分布很复杂, 那么蒙特卡罗模拟看起来会比直接计算简单许多. 注意, 在这些例子中, 我们只模拟了相关随机数, 没有生成实体设备、计算机系统、网络、病毒等. 这对于学习概率和分布来说绰绰有余.

例 5.1(预测) 如果只有一个基础分布模型, 那么我们很难做出合理的长期预测. 通常, 一天的预测是基于之前每天的预测结果. 因此, 只看明天或许简单, 但要预测未来一个月, 那就很麻烦了(更别提遥远的未来).

换句话说, 这种以天(或分钟)为单位进行的模拟是很简单的. 只需要在已知结果的基础上对第二天的结果进行模拟. 在"预测成功"后, 又可以对第三天进行模拟. 每 n 天里, 我们在 X_1, X_2, $\cdots$, X_n 的基础上模拟 X_{n+1}. 通过控制 do 循环的次数, 我们便可得到未来几天、几周或者几个月的天气预报. 气象学家在电视新闻中呈现的美丽动态天气图就用到了这样的模拟结果, 他们用这种方法预测风暴、龙卷风以及潜在洪流的运行轨迹.

模拟预测失败说明相关设备和系统的可靠性有待斟酌. 模拟未来股票走向与商品价格让期权定价和其他金融交易成为可能, 对金融业意义重大.　　　　　　　　　　　　◇

例 5.2(渗透)　假设一个由点组成的网络, 其中一些点由传输线连接, 另一些没有(数学家称这样的网络为图). 信号从某一特定点发出. 当一个点 k 接收到信号, 它沿每个向外延伸的线输送信号的概率为 p_k. 在一定时间段后, 我们再去估算接收到信号的点的占比、单个点接收到信号的概率等.

这一渗透模型描述了许多现象可能的传播方式. 上述的信号可代指计算机间传播的病毒、从人群中散布的谣言、森林里扩散的大火或聚居地间传播的疾病等.

从技术上来说, 这类模拟会简化成参数为 p_i 的伯努利随机变量的生成. 当对应的生成变量 $X_i = 1$ 时, 线 i 进行信号传输. 最后, 我们只需计算接收信号的总点数, 或判断某点是否接收到了信号.　　　　　　　　　　　　　　　　　　　　　　　　　　　　◇

例 5.3(排队)　一个排队系统可由若干随机变量描述. 其中涉及工作的自发就位、随机等待时段、服务分派以及最终的随机服务时段和分离. 另外需注意, 一些工作有提前结束的可能, 一个显示满员的系统无法再进入, 一天内涌入的工作流量和在线服务器的数目也可能随时改变.

在设计一个排队系统或服务设备时, 评估其核心性能特征是很重要的. 其中包括工作的平均等待时长、队列的平均长度、等待中客户的占比、不满意客户的占比(提前退出或无法进入)、系统中耗时超过特定点(如一小时)的工作的占比、每个服务器的预期使用情况、空闲服务器的平均数等. 我们将在第 7 章详细地讨论排队系统; 相关模拟方法见7.6 节.　　　　　　　　　　　　　　　　　　　　　　　　　　　　　　◇

例 5.4(马尔可夫链蒙特卡罗理论)　只要条件分布相对简单, 我们就可以运用生成随机变量的现代方法解决这些复杂、难解的分布. 比如, 在半导体工业中, 晶圆加工生成的良好芯片和次等芯片的联合分布结构复杂且相互联系. 因此, 只有简化的人造模型才能表达它的分布情况. 此外, 每一张芯片的质量可根据邻近芯片的质量来预测. 给出邻近芯片, 就能计算出该芯片是次等的条件概率, 通过生成一个对应的用参数 $X_i = 1$ 表示次等的伯努利随机变量, 我们就可模拟它的质量情况.

根据马尔可夫链蒙特卡罗(MCMC)方法论, 条件分布可生成一长串随机变量. 那么一个设计巧妙的 MCMC 就可生成服从期望无条件分布(不论它有多复杂)的随机变量.　　◇

通过上述例子, 我们可以知道计算机如何模拟不同的情形. 然而, 一次模拟还不足以估算概率和期望. 理解如何针对给定现象进行编程后, 我们可以在其中嵌入 do 循环, 再大量循环类似的模拟, 生成一个长周期. 因为模拟中的变量是随机的, 我们通常会获得若干不同的观察结果, 在此基础上我们可计算概率和期望(取长周期结果的频率和均值).

5.2　随机变量的模拟

可以看到的是, 通过给定的分布生成随机变量可以简化蒙特卡罗法的操作. 因此, 它仍可用于设计算法，来生成服从期望分布的随机变量和向量.

105

在像 R、SAS、Splus、SPSS 和 Minitab 这类的统计软件包中内置的随机变量生成程序可通过最常见的离散、连续分布函数生成随机数. 最近几个版本的 MATLAB、Microsoft Excel 和一些库中也有类似的工具.

绝大多数计算机语言都含有一个随机数生成器，它返回均匀分布的独立随机变量. 这一节讨论如何把均匀分布的随机变量(从标准随机数生成器中获得)转化成服从期望分布的变量.

5.2.1　随机数生成器

选取一个好的随机变量绝非易事. 如何才能确保它"真正随机"，且没有任何期望之外的模式呢? 举例来说，优质随机数生成结果对加密和密码设计非常重要，人们甚至会设计特定测试来检验生成数的"随机性".

在对优质随机数敏感的领域，生成过程与某些物理变量(如计算机时间或噪声)的精确测量有明显联系. 这些变量的特定转化通常都能给出理想的结果.

很多时候我们也使用伪随机数生成器，即一串非常长的数字. 使用者指定一个随机数种子，它指向该列表的首读取点. 需注意的是，同一段计算机代码使用同一个种子后得到的随机数是相同的，最终结果也一致. 通常，每个种子都是在这个体系内生成的，这无疑提高了随机数的质量.

小规模的研究通常使用**随机数表**(而非计算机程序)来生成随机数. 附录中的表 A1 就可供我们使用.

随机数表能有效替代计算机中的随机数生成器吗? 我们应注意以下两点:

1. 生成随机数种子. 拇指法则推荐使用者在闭上眼睛后"随意地"把拇指放在表上一点，然后从这里开始横向或纵向(甚至对角向)地读取随机数. 但无论如何，这样的方法依然有规律可言，无法生成"完美"的随机数.

2. 重复使用同一表格. 通常，我们无法为每次蒙特卡罗研究都配置新的随机数表. 一旦重复使用了某表，我们或将很难独立看待对应的结果. 这值得我们担忧吗? 答案是视情况而定. 如果项目间毫无关联，这就不是问题.

殊途同归地，随机数生成器(或随机数表)产生均匀分布的随机变量 U_1，U_2，$\cdots \in (0, 1)$. 以下三个小节将展示如何把它们转化成服从给定目标分布函数 $F(x)$ 的随机变量(向量) X.

表示法　$\| U; U_1, U_2, \cdots = $ 生成的 Uniform(0，1) 随机变量$\|$

106

5.2.2　离散方法

现在，我们可使用随机数生成器或随机数表来获得一个或多个均匀分布在(0，1)区间内的独立随机变量. 某些服从简单随机分布的变量可通过该方法直接生成.

例 5.5(伯努利分布)　首先，我们模拟一个成功概率为 p 伯努利试验，对一个标准均匀分布的变量 U，定义

$$X = \begin{cases} 1 & \text{若} \quad U < p \\ 0 & \text{若} \quad U \geqslant p \end{cases}$$

当 $X = 1$ 时，我们视其为"成功"；当 $X = 0$ 时，视其为"失败". 根据 U 的均匀分布特性，

我们发现

$$P\{\text{成功}\} = P\{U < p\} = p$$

至此，我们成功地生成了一次伯努利试验，X 服从期望概率为 p 的伯努利分布（详见图 5.2a）.

这个方法的 R 和 MATLAB 代码如下：

```
—— R ——              —— MATLAB ——
U <- runif(1);        U = rand;       % Standard Uniform variable U
X <- 1*(U < p);       X = (U < p);    % converted into Bernoulli X
```

此程序中的 p 值应提前定义.   ◇

例 5.6（二项分布） 学会如何生成伯努利变量后，我们就可以获得 n 次独立重复伯努利试验的总和，它也是一个伯努利变量. 为达到这个目的，我们从 n 个均匀分布的随机数开始，例如

```
—— R ——              —— MATLAB ——
n <- 20; p <- 0.68;   n = 20; p = 0.68;
U <- runif(n);        U = rand(n,1);
X <- sum(U < p);      X = sum(U < p)
```
◇

例 5.7（几何） 根据定义 3.12，在伯努利试验中使用一个 while 循环，可生成几何随机变量. 我们在实验中运行该循环，直到首次出现成功. 由变量 X 记录失败的次数：

```
—— R ——                —— MATLAB ——
X <- 1; U <- runif(1);  X = 1; U = rand;      % Need at least one trial
while ( U > p ){        while U > p;          % Continue while there
  X <- X+1; U <- runif(1);   X = X+1; U = rand; %     are failures
} X                     end; X                % Stop at the 1st success
```
◇

例 5.8（负二项分布） 同例 5.6 一样，在学会如何生成几何变量后，我们可以通过多次重复试验来获得一个负 Binomial(k，p) 变量，它可视为 k 个独立 Geometric(p) 变量的和.   ◇

任意离散型分布

例 5.5～例 5.8 向我们展示了如何使用随机数生成器（能直接生成标准均匀分布的变量）来生成伯努利变量、二项分布变量、几何分布变量和负二项分布变量. 但是，这四项分布仍相对标准和简单，许多软件语言（包括 R 和 MATLAB）已经内置了相关功能（见附录 A.2.1 节）. 其他分布我们又该如何处理呢？

接下来我们会探讨通用方法.

例 5.5 的内容可以拓展成任何的任意离散型分布. 在此例中，已知随机数生成器返回 0 到 1 之间的值，我们将区间 $[0，1]$ 分为两个部分，其长度分别为 p 和 $1-p$. 然后，如图 5.2 所示，我们根据 U 的生成值所在的范围来确定 X 的值.

假设一个任意离散型分布变量 X，它的值取为 x_0，x_1，$\cdots$，对应的概率则为 p_0，p_1，$\cdots$，

$$P_i = P\{X = x_i\}, \qquad \sum_i p_i = 1$$

与例 5.5 类似的模型可通过以下步骤实现.

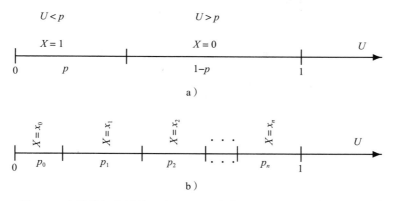

图 5.2　离散随机变量的生成. U 的生成值所处的范围决定了 X 的值

算法 5.1　离散型变量的生成

1. 像图 5.2b 展示的那样,将区间[0,1]分为几个子区间.
$$A_0 = [0, p_0)$$
$$A_1 = [p_0, p_0 + p_1)$$
$$A_2 = [p_0 + p_1, p_0 + p_1 + p_2)$$
$$\vdots$$
子区间 A_i 长度为 p_i;根据 X 可能的取值,区间个数可能是有限或无限的.

2. 通过随机数生成器或随机数表获得一个标准均匀分布随机变量.

3. 如果 U 属于 A_i,则令 $X = x_i$.

同样根据均匀分布,有
$$P\{X = x_i\} = P\{U \in A_i\} = p_i$$
因此,生成的变量 X 满足期望的分布.

值得注意的是,与例 5.6 和例 5.8 相比,这个算法更便利,因为生成每个变量只需要一个均匀分布的随机数.

值 x_i 可以是无序的,但它们必须对应概率 p_i.

例 5.9(泊松分布)　让我们用算法 5.1 来生成一个参数 $\lambda = 5$ 的泊松分布.

3.4.5 节提到了一个服从泊松分布的变量在值 $x_0 = 0$, $x_1 = 1$, $x_2 = 2$, … 时有对应概率:
$$P_i = P\{X = x_i\} = \mathrm{e}^{-\lambda} \frac{\lambda^i}{i!}, \quad i = 0, 1, 2, \cdots$$
通过该算法,我们生成一个服从均匀分布的随机数 U,并找到包含 U 的子区间 A_i,所以有
$$p_0 + \cdots + p_{i-1} \leqslant U < p_0 + \cdots + p_{i-1} + p_i$$
或者,其积累分布函数的形式为
$$F(i-1) \leqslant U < F(i)$$

108

在 R 或 MATLAB 中，一个简单的 while 循环就可实现该式：

```R
— R —————
lambda <- 5;                    # Parameter: choose any positive lambda
U <- runif(1);                  # Generated Uniform variable
i <- 0; F <- exp(-lambda);      # Initial value, F(0)
while (U >= F){                 # The loop ends when U < F(i)
  F <- F + exp(-lambda) * lambda^i / factorial(i);
  i <- i + 1;
};  X <- i; X                   # Result: we generated a Poisson variable X
```

```
— MATLAB —————
lambda = 5;                     % Parameter: choose any positive lambda
U = rand;                       % Generated Uniform variable
i = 0; F = exp(-lambda);        % Initial value, F(0)
while (U >= F);                 % The loop ends when U < F(i)
  F = F + exp(-lambda) * lambda^i / factorial(i);
  i = i + 1;
end; X = i                      % Result: we generated a Poisson variable X
```

◇

注：在 MATLAB 的统计学工具箱中有内置的随机变量生成器，能生成服从特定分布的变量. 服从二项式分布、几何分布、泊松分布以及部分其他分布的变量可以通过 random (name, parameters) 生成(name 指定分布类型)，也可通过 binornd、poissrnd 等命令来生成(相关分布清单详见附录 A.2 节). R 也具备类似的内置函数，如 rbino，rpois 等. 本章将讨论如何通过任意分布——包括软件语言和市面上现有的表格都不具备的分布类型——来生成随机变量. 这里给出的代码也具备普适性：它们可当作流程图来使用，也能被直接译作其他语言.

5.2.3 逆变换法

已知算法 5.1 适用于所有离散分布，那么现在的重点就在连续型随机变量的生成上. 我们将基于以下简单但意料之外的事实给出方法.

定理 2 设 X 是具有累积分布函数 $F_X(x)$ 的连续型随机变量. 令随机变量 $U = F_X(X)$，其中 U 在(0，1)上均匀分布.

证明 首先，因为在 x 的取值范围中，有 $0 \leqslant F(x) \leqslant 1$，所以 U 的值在[0，1]范围内. 其次，对任意 $u \in [0, 1]$，有 U 的累积分布函数如下：

$$\begin{aligned}
F_U(u) &= P\{U \leqslant u\} \\
&= P\{F_X(X) \leqslant u\} \\
&= P\{X \leqslant F_X^{-1}(u)\} \quad (\text{求关于 } X \text{ 的不等式}) \\
&= F_X(F_X^{-1}(u)) \quad (\text{由 cdf 的定义}) \\
&= u \quad (F_X \text{ 和 } F_X^{-1} \text{ 抵消})
\end{aligned}$$

若 F_X 不可逆，用 $F_X^{-1}(u)$ 代表 x 的最小值，使得 $F_X(x) = u$.

可以看到 U 有累积分布函数 $F_U(u) = u$，当 $0 \leqslant u \leqslant 1$ 时，其概率密度函数 $f_U(u) = F_U'(u) = 1$. 这是(0，1)上的均匀分布的概率密度函数，因此，U 服从(0，1)上的均匀分布. ∎

不论 X 的初始分布是什么，一旦代入它自身的累积分布函数后，都会变成(0，1)上的均匀分布.

任意连续型分布

为了生成服从给定连续累积分布函数 F 的变量 X，我们回到 $U = F(X)$ 上. 先生成服从标准均匀分布的变量 U，再根据 $X = F^{-1}(U)$ 得到 X.

算法 5.2　任意连续型变量的生成

---

1. 使用随机数生成器获得服从标准均匀分布的随机变量.
2. 计算 $X = F^{-1}(U)$. 换言之，对 X 解出 $F(X) = U$.

最终结果是否满足定理 2 的推论，即 X 是否会服从期望的分布？详见练习 5.13.

110

例 5.10（指数分布）　我们该如何生成一个服从参数为 λ 的指数分布的变量？根据定理 5.2，我们要先生成一个均匀分布的随机变量 U，又已知指数分布的累积分布函数为 $F(X) = 1 - e^{-\lambda x}$，解以下等式：

$$1 - e^{-\lambda X} = U$$

结果为

$$X = -\frac{1}{\lambda}\ln(1 - U) \tag{5.1}$$

这个式子可以简化吗？不可以，因为不符合代数计算的规则. 但是，$1 - U$ 同 U 一样，也服从均匀分布，因此，我们用 $U - 1$ 来替代 U，得变量 X_1：

$$X_1 = -\frac{1}{\lambda}\ln(U) \tag{5.2}$$

尽管不等同于 X，但它依然服从期望的参数为 λ 的指数分布.

让我们检查一下生成的变量 X 和 X_1，看它们的值是否在适当范围内. 我们知道 $0 < U < 1$ 的概率是 1，因此 $\ln U$ 和 $\ln(1-U)$ 都是负数，所以 X 和 X_1 均为正数，这符合指数变量的要求.

例 5.11（伽马）　伽马累积分布函数本身的积分图就很复杂见（式 4.8），更不用提算法 5.2 需要用到的 F^{-1}. 我们可以用数值计算法来计算公式 $F(X) = U$，但通过生成 α 个（α 为任意整数）独立的指数变量再求和来获得伽马变量，不失为一个更简单的选项.

```
—— R ——
X <- sum( -1/lambda * log(runif(alpha)) )
```

```
—— MATLAB ——
X = sum( -1/lambda * log(rand(alpha,1)) )
```

离散型分布的回顾

算法 5.2 并不能直接用于离散型分布，因为离散型分布不存在反函数 F^{-1}，换言之，关键公式 $F(X) = U$ 可能有无穷多的解，也可能无解（见图 3.1）.

而且，服从离散分布的变量 X 的可能值是有限的，或在一定范围内可数的，这个特性

同样适用于 $F(X)$. U 的值恰巧等于其中某个值的概率为 0，也就可以算得等式 $F(X)=U$ 无解的概率为 1.

让我们修改一下模型适应离散型变量的特点. 与其思考如何解出 $F(x)=U$（这根本不可能），不如用近似法求解找到 X 的最小可能值 x，即有 $F(x)>U$.

[111]   最终得到的算法如下：

算法 5.3   离散型随机变量的生成回顾

1. 用随机数生成器或随机数表获得一个服从标准均匀分布的随机变量.
2. 计算 $X=\min\{x\in S，使得 F(x)>U\}$，其中 S 是 X 可能值的集合.

当算法 5.1 中的 x_i 按照升序顺序排列时，算法 5.1 和算法 5.3 等价. 详见练习 5.14.

例 5.12（几何分布回顾）   将算法 5.3 应用到几何累积分布函数上，有
$$F(x)=1-(1-p)^x$$
我们需要找到满足等式的最小整数 x（求解 x）：
$$1-(1-p)^x>U，\quad (1-p)^x<1-U，\quad x\ln(1-p)<\ln(1-U)，$$
$$x>\frac{\ln(1-U)}{\ln(1-p)}\quad（当 \ln(1-p)<0，需要变号）$$
这样的最小整数是 $\ln(1-U)/\ln(1-p)$ 的向上取整[⊖]，所以
$$X=\left\lceil\frac{\ln(1-U)}{\ln(1-p)}\right\rceil \tag{5.3}$$

$\diamond$

指数–几何关联

式(5.3)和式(5.1)相似. 当 $\lambda=-\ln(1-p)$ 时，我们生成的几何变量就是一个指数变量的向上取整！换言之，指数变量的向上取整服从几何分布.

这并非巧合. 某种意义上，指数分布类似于连续型的几何分布. 指数分布描述的是直到下一个"罕见事件"发生前的一段连续时间，而几何变量描述的是下次成功发生前失败的次数（伯努利试验的数量）. 并且，两类分布都具有无记忆特性，这是它们区别于其他分布的一个特点（见式(4.6)和练习 4.36）.

5.2.4   舍选法

除了一台性能优良的计算机，我们还需要一个合理简单的、能满足 $X=F^{-1}(U)$ 计算的累积分布函数 $F(x)$，才能运用 5.2.3 节中的逆变换法来生成连续型变量.

当 $F(x)$ 的形式复杂，但可求得对应的 $f(x)$ 密度函数时，可用舍选法求得服从概率密度函数的随机变量.

假设从 $f(x)$ 的图像下随机取一点 $(X，Y)$（如图 5.3 所示），那么该点的横坐标，即 X
[112]   的分布是什么？

⊖   不小于 x 的最小整数，即向上取整函数 $\lceil x\rceil$.

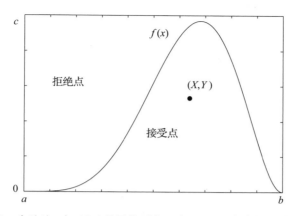

图 5.3 舍选法. 在 $f(x)$ 的图像下方, 点 (X, Y) 应该服从均匀分布

定理 3 设 (X, Y) 在一定范围内服从均匀分布, 则有
$$A = \{(x, y) \mid 0 \leqslant y \leqslant f(x)\}$$
其中 f 是 X 的概率密度函数.

证明 均匀分布拥有连续的概率密度函数. 设一点 (X, Y), 则其概率密度为 1, 因为

$$\iint_A 1 \mathrm{d}y \mathrm{d}x = \int_x \left(\int_{y=0}^{f(x)} 1 \mathrm{d}y \right) \mathrm{d}x$$
$$= \int_x f(x) \mathrm{d}x = 1$$

因为 $f(x)$ 是一个联合概率密度.

通过对联合密度积分可以算得 X 的边缘概率密度:

$$f_X(x) = \int f_{(X, Y)}(x, y) \mathrm{d}y = \int_{y=0}^{f(x)} 1 \mathrm{d}y = f(x) \qquad \blacksquare$$

在区域 A 内, 它依然生成均匀分布的点. 为达到这一目的, 我们从 $f(x)$ 的图像上选择一个区域 (见图 5.3), 并在此矩形区域上生成随机点, 再舍去不属于 A 的点, 余下的便是区域 A 内服从均匀分布的点.

算法 5.4 舍选法

1. 找到数字 a, b, c. 当 $a \leqslant x \leqslant b$ 时, 有 $0 \leqslant f(x) \leqslant c$. 选区在 x 轴上从 a 到 b, 在 y 轴上从 0 到 c.

2. 通过随机数生成器或随机数表获得服从标准均匀分布随机变量 U 和 V.

3. 设 $X = a + (b-a)U$, $Y = cV$. 因此, X 在 (a, b) 范围内服从均匀分布, Y 在 $(0, c)$ 范围内服从均匀分布, 而点 (X, Y) 在选区内服从均匀分布.

4. 如果 $Y > f(X)$, 舍去该点并回到步骤 2; 如果 $Y \leqslant f(X)$, X 就是我们需要的随机数, 它的概率密度函数为 $f(x)$.

例 5.13 (在 β 分布中使用舍选法) β 分布有概率密度函数

$$f(x) = \frac{\Gamma(\alpha+\beta)}{\Gamma(\alpha)\Gamma(\beta)} x^{a-1}(1-x)^{\beta-1}, \quad 0 \leqslant x \leqslant 1$$

设 $\alpha=5.5$，$\beta=3.1$，该密度函数的图如图 5.3 所示. 它不会超过 2.5，因此我们选择 $a=0$，$b=1$，$c=2.5$ 的矩形区域. 用舍选法来生成一个 Beta(α, β) 随机变量的 MATLAB 命令如下：

```R
—— R ——
alpha<-5.5; beta<-3.1; a<-0; b<-1; c<-2.5; X<-0; Y<-c;    # Initialization
while (Y > gamma(alpha+beta)/gamma(alpha)/gamma(beta)     # To be continued
        * X^(alpha-1) * (1-X)^(beta-1)) {                 # Reject Y > f(X)
    U<-runif(1); V<-runif(1); X<-a+(b-a)*U; Y<-c*V;        # New pair (X,Y)
};  X                                                      # Result
```

```matlab
—— MATLAB ——
alpha=5.5; beta=3.1; a=0; b=1; c=2.5; X=0; Y=c;            % Initialization
while Y > gamma(alpha+beta)/gamma(alpha)/gamma(beta)...    % To be continued
        * X^(alpha-1) * (1-X)^(beta-1);                    % Reject Y > f(X)
    U=rand; V=rand; X=a+(b-a)*U; Y=c*V;                    % New pair (X,Y)
end; X                                                     % Result
```

在这些代码中，贝塔概率密度函数的公式占了两行. 点 "…" 让 MATLAB 知道下一行需承接此行代码. R 默认了换行连续性，因为 "(" 的数量多于 ")" 的数量，所以 while 还没结束. 当 R 知道代码需要继续运行下去时，它在下一行额外返回一个 "+"，而非通常的 ">".

图 5.4 显示了通过该算法（循环）生成的 10 000 个随机变量的直方图. 让我们来比较一下它和图 5.3 中的概率密度函数 $f(x)$ 的图像. 因为具备随机性，且样本数量有限，它不如 $f(x)$ 平缓，但如果模拟算法设计得当，它们的图形应该是吻合的.

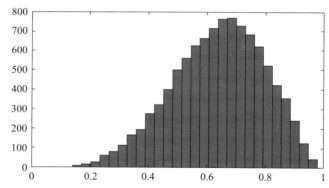

图 5.4   与图 5.3 作对比，通过舍选法生成的 β 随机变量的直方图

5.2.5   生成随机向量

同样，我们可以用舍选法来生成想要的联合密度的随机向量. 现在选区不再是平面矩形而成为多维立方体，我们生成服从均匀分布的随机点 $(X_1, X_2, \cdots, X_n, Y)$，且必须满足 $Y \leqslant f(X_1, \cdots, X_n)$. 如此一来，生成的向量 $(X_1, \cdots, X_n)$ 才拥有期望的联合密度：

$$f_{X_1, \cdots, X_n}(x_1, \cdots, x_n) = \int f_{X_1, \cdots, X_n, Y}(x_1, \cdots, x_n, y)\mathrm{d}y$$

$$= \int_0^{f(x_1, \cdots, x_n)} 1\mathrm{d}y = f(x_1, \cdots, x_n)$$

逆变换法也可用来生成随机向量. 让我们生成一个边缘累积分布函数为 F_{X_1} 的变量 X_1. 观察它的值 x_1, 再通过以下条件累积分布函数生成 X_2:

$$F_{X_2|X_1}(x_2|x_1) = \begin{cases} \dfrac{\sum\limits_{x \leqslant x_2} P_{X_1, X_2}(x_1, x)}{P_{X_1}(x_1)} & \text{离散情形} \\[4mm] \dfrac{\displaystyle\int_{-\infty}^{x_2} f_{X_1, X_2}(x_1, x)\mathrm{d}x}{f_{X_1}(x_1)} & \text{连续情形} \end{cases}$$

以此类推, 再通过累积分布函数 $F_{X_3|X_1, X_2}(x_3|x_1, x_2)$ 生成 X_3, 等等.

逆变换法的使用要求累积分布函数 F 和条件累积分布函数要相对简单. 舍选法则只需要联合密度, 但是因为要进行舍选, 所以它需要生成更多的随机数. 对于相对小型的蒙特卡罗研究或紧凑的包络线, 这点不足的影响不大.

5.2.6　特殊方法

如果某些随机变量的累积分布函数形式过于复杂, 就需要用到与逆变换不同的方法.

泊松分布

另一种生成泊松变量的方法, 是对一单位时间内 "罕见事件" 的发生次数进行计数.

3.4.5 节和 4.2.2 节中曾提到, 这类 "罕见事件" 的发生次数服从泊松分布, 然而任意两个事件的时间间隔服从指数分布. 所以, 按照式 (5.2) 生成指数型时间间隔, 且保证其总和不超过 1. 生成的时间间隔数等于事件数, 也就是我们的泊松分布变量. 简而言之:

1. 通过随机数生成器得到均匀分布的变量 U_1, U_2, $\cdots$

2. 计算指数变量 $T_i = -\dfrac{1}{\lambda}\ln(U_i)$.

3. 令 $X = \max\{k: T_1 + \cdots + T_k \leqslant 1\}$.

如果我们注意到如下形式:

$$T_1 + \cdots + T_k = -\frac{1}{\lambda}(\ln(U_1) + \cdots + \ln(U_k)) = -\frac{1}{\lambda}\ln(U_1 \cdot \cdots \cdot U_k)$$

这个算法可以简化. 那么, X 可以通过下式计算:

$$\begin{aligned} X &= \max\{k: -\frac{1}{\lambda}\ln(U_1 \cdot \cdots \cdot U_k) \leqslant 1\} \\ &= \max\{k: U_1 \cdot \cdots \cdot U_k \geqslant \mathrm{e}^{-\lambda}\} \end{aligned} \tag{5.4}$$

这是一种很受欢迎的生成泊松变量的方法.

正态分布

Box-Muller 变换法:

$$\begin{cases} Z_1 = \sqrt{-2\ln(U_1)}\cos(2\pi U_2) \\ Z_2 = \sqrt{-2\ln(U_2)}\sin(2\pi U_2) \end{cases}$$

把一组服从标准均匀分布的变量 (U_1, U_2) 转化为一组独立的、服从标准正态分布的变量 (Z_1, Z_2). 这是一种很经济的算法. 完成练习 5.15, 找出运算原理.

5.3 用蒙特卡罗方法解决问题

我们已经学会如何通过给出的分布来生成随机变量. 一旦知道如何生成一个变量，我们就可用循环算法得到多个变量，即一个"长周期". 接下来，我们将通过分析长周期比例来估算概率，或分析其均值来估算期望等.

5.3.1 概率估算

本小节将讨论蒙特卡罗方法最基础也最典型的应用. 谨记：概率即长周期比例，我们生成一系列的实验，再计算目标事件发生次数在总事件中的比例.

对于随机变量 X，概率 $p = P\{X \in A\}$ 可通过下式估算：

$$\hat{p} = \hat{P}\{X \in A\} = \frac{X_1, \cdots, X_N \in A \text{ 的数量}}{N}$$

其中，N 指代蒙特卡罗实验的规模，$X_1, \cdots, X_N$ 是生成的随机变量，其分布和 X 相同. p 上的 "ˆ" 表明这是一个估算值. 以下是一个通用的标准表示法：

表示法 ‖$\hat{\theta} = $ 未知值 θ 的估计值‖

该方法有多准确？为了回答这个问题，计算 $E(\hat{p})$ 和 $\text{Std}(\hat{p})$. 因为位于集合 A 内的 $X_1, \cdots, X_N$ 的数量服从 Bernoulli(N, p)，且其期望为 Np，方差为 $Np(1-p)$，易得

$$E(\hat{p}) = \frac{1}{N}(Np) = p$$

$$\text{Std}(\hat{p}) = \frac{1}{N}\sqrt{Np(1-p)} = \sqrt{\frac{p(1-p)}{N}}$$

第一个结果 $E(\hat{p}) = p$，说明我们的蒙特卡罗估计值 p 具有无偏性，所以平均而言，它能在长周期中返回期望的 p 值.

第二个结果 $\text{Std}(\hat{p}) = \sqrt{p(1-p)/N}$，表明 $\hat{p}$ 的标准差随 N 按照 $1/\sqrt{N}$ 的比率递减. 较大的蒙特卡罗实验结果更准确. 生成的随机变量的数目每增加 100 倍，标准差变为原来的 $1/10$，因此准确度得以提高.

蒙特卡罗研究准确度

在实践中，为什么要知晓 $\hat{p}$ 的标准差呢？

首先，我们可以估算结果的准确性. 参见式(4.19)，对于较大的 N，我们可用 $N\hat{p}$ 的伯努利分布的正态逼近，有

$$\frac{N\hat{p} - Np}{\sqrt{Np(1-p)}} = \frac{\hat{p} - p}{\sqrt{\frac{p(1-p)}{N}}} \approx \text{Normal}(0, 1)$$

因此，

$$P\{|\hat{p} - p| > \varepsilon\} = P\left\{\frac{|\hat{p} - p|}{\sqrt{\frac{p(1-p)}{N}}} > \frac{\varepsilon}{\sqrt{\frac{p(1-p)}{N}}}\right\} \approx 2\Phi\left(-\frac{\varepsilon\sqrt{N}}{\sqrt{p(1-p)}}\right) \quad (5.5)$$

在 4.2.4 节中，我们已经算出了这类概率.

其次，我们可以设计一个具备期望准确度的蒙特卡罗研究. 即我们可以选择较小的数 ε 和 α，再算出一个规模为 N 的蒙特卡罗研究，保证有概率为 $1-\alpha$ 的错误发生次数不超过 ε. 换言之，我们可找到某个 N 值，使得

$$P\{|\hat{p}-p|>\varepsilon\}\leqslant\alpha \tag{5.6}$$

如果 p 的值已知，我们可令式(5.5)的右边等于 α，并解出 N 值. 这样可以计算出为达到目标概率的期望准确度需要多少次蒙特卡罗模拟. 然而，p 值是未知的(如果 p 值知道，我们为何还要用蒙特卡罗法来估算它?). 所以，我们有以下两个选项：

1. 如果可行的话，对 p 进行巧妙的初步估计.
2. 以 $p(1-p)$ 的最大值为界(见图5.5).

$$p(1-p)\leqslant0.25,\quad 0\leqslant p\leqslant1$$

在第一种情况下，如果 p^* 是 p 的一个"巧妙的估计"，可通过如下不等式解出 N.

$$2\Phi\left(-\frac{\varepsilon\sqrt{N}}{\sqrt{p^*(1-p^*)}}\right)\leqslant\alpha$$

在第二种情况下，我们解

$$2\Phi(-2\varepsilon\sqrt{N})\leqslant\alpha$$

来找出蒙特卡罗研究的规模满足条件的保守值.

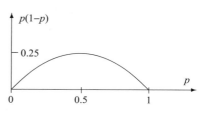

图 5.5　函数 $p(1-p)$ 在 $p=0.5$ 时有最大值

上述不等式的解给出了以下规则：

蒙特卡罗方法的规模	为保证 $P\{\lvert\hat{p}-p\rvert>\varepsilon\}\leqslant\alpha$，需模拟 $$N\geqslant p^*(1-p^*)\left(\frac{z_{\alpha/2}}{\varepsilon}\right)^2$$ 个随机变量，其中 p^* 是 p 的初步估计，或 $$N\geqslant0.25\left(\frac{z_{\alpha/2}}{\varepsilon}\right)^2$$ 个随机变量，如果没有可行的估计值.

由例4.12可知，$z_\alpha=\Phi^{-1}(1-\alpha)$ 是标准正态分布变量 Z 的一个值，Z 大于它的概率为 α. 这可从表A4中获得. z_α 右侧正态函数曲线下的区域面积等同于 α (见图5.6).

如果该式返回的 N 值对于正态逼近来说太小，那么我们可运用切比雪夫不等式 [式(3.8)]. 可得

$$N\geqslant\frac{p^*(1-p^*)}{\alpha\varepsilon^2} \tag{5.7}$$

如果"巧妙的估计" p^* 可行，则有

$$N\geqslant\frac{1}{4\alpha\varepsilon^2} \tag{5.8}$$

否则，满足式(5.6)的条件(练习5.16).

例 5.14(共享型计算机)　以下问题无法通过(手

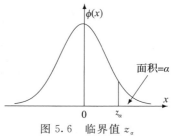

图 5.6　临界值 z_α

动)分析找出解决方法，因此使用蒙特卡罗方法.

现有一个由 $N=250$ 个独立用户共享的超级计算机，每位用户每天使用该设备的概率 $p=0.3$，每位在线用户发送的任务数量服从参数为 $q=0.15$ 的几何分布，每项任务的完成时长(以分钟为单位)服从 $\alpha=10$，$\lambda=3$ 的伽马分布. 任务是连续进行的. 所有任务都能执行完毕，即任务的总完成时长低于 24 小时的概率是多少? 估算此概率，要求在 99% 的情况下，误差范围在 ±0.01 内.

解   每天，X(X 服从 Bernoulli(C，p))个在线用户发送 $Y=Y_1+\cdots+Y_X$ 个任务，其中 Y_i 服从几何分布 Geometric(q)，给定 X，每天的任务量就是负 Binomial(X，q). 完成它们的总时长 T 由 Y 个服从 Gamma(α，λ)的时间段组成. 因此，给定 X 和 Y，T 服从参数为 αY 和 λ 的伽马分布. 总结:

$$X \sim \text{Binomial}(C，p)$$
$$Y \sim \text{Negative Binomial}(X，q)，\qquad 给定 X$$
$$T \sim \text{Gamma}(\alpha Y，\lambda)，\qquad\qquad 给定 Y$$

T 的总体分布太复杂了，那我们来试一下蒙特卡罗方法.

我们很难针对目标概率 $P\{T<24 \text{ 小时}\}$ 给出一个"巧妙的估计". 为了达到要求的准确度($\alpha=0.01$，$\varepsilon=0.01$)，我们进行

$$N \geqslant 0.25\left(\frac{z_{0.01/2}}{\varepsilon}\right)^2 = 0.25\left(\frac{2.575}{0.01}\right)^2 = 16\,577$$

次模拟，其中 $z_{0.01/2}=z_{0.005}=2.575$ 可在表 A4 中找到. 得到的数字 N 足以矫正正态逼近.

接下来，生成在线用户 X 的值和任务数量 Y 的值. Y 已知后，可生成完成所有任务需要的总时间 T. 重复该算法 N 次，记下得到的时间 T_1，$\cdots$，T_N. 可通过计算总时间小于 24 小时(或 1440 分钟)的天数在总天数中的占比获得目标概率. 相关代码如下:

```R
—— R ——————
N <- 16577;
C <- 250; p <- 0.3; q <- 0.15;
alpha <- 10; lambda <- 3;
T <- rep(0,N);
for (k in 1:N){
  X <- rbinom(1,C,p);
  Y <- rnbinom(1,X,q) + X;
  T[k] <- rgamma(1,alpha*Y, lambda);
}
P.est <- mean(T < 1440);
```

```Matlab
—— MATLAB ——————
N = 16577;
C = 250; p = 0.3; q = 0.15;
alpha = 10; lambda = 3;
T = zeros(N,1);
for k = 1:N;
  X = binornd(C,p);
  Y = nbinrnd(X,q) + X;
  T(k) = gamrnd(alpha*Y, 1/lambda);
end;
P_est = mean(T < 1440);
```

得到的估计概率应当接近 0.17. 从蒙特卡罗研究中得出结论：计算机不可能处理完所有工作.

注：为产生随机变量，需要注意不同形式的分布. 注意在最后一个例子中，我们在每一个生成的负二项变量 Y 中加上 X. 这是因为 R 和 MATLAB 都使用零基版本的负二项分布，其中 $x \geqslant 0$ 而不是 $x \geqslant k$. 通过将参数加回生成变量中，以此进行解决. 同时，使用了伽马分布的尺度参数 $\beta=1/\lambda$，而不是频率参数 λ. 将 λ 替换成 $1/\lambda$，以此解决这一问题. R 将伽马参数作为频率，不需要以上这种替换，就像我们在本书中采取的做法一样.

5.3.2　均值和标准差估算

均值、标准差和其他分布特征的估算基于同样的原则. 我们生成一个随机变量 X_1，…，X_N 的蒙特卡罗序列，再计算必要的长周期结果的均值. 均值 $E(X)$ 由

$$\overline{X} = \frac{1}{N}(X_1 + \cdots + X_N)$$

(其中均值 $\overline{X}$，读作 X-bar) 估算.

如果 X_1，…，X_N 的分布有均值 μ 和标准差 σ，则

$$E(\overline{X}) = \frac{1}{N}(EX_1 + \cdots + EX_N) = \frac{1}{N}(N\mu) = \mu \tag{5.9}$$

$$\mathrm{Var}(\overline{X}) = \frac{1}{N^2}(\mathrm{Var}X_1 + \cdots + \mathrm{Var}X_N) = \frac{1}{N^2}(N\sigma^2) = \frac{\sigma^2}{N} \tag{5.10}$$

由式(5.9)可知，$\overline{X}$ 对 μ 的估计值具有无偏性. 由式(5.10)可知，它的标准差是 $\mathrm{Std}(\overline{X}) = \sigma/\sqrt{N}$，且以 $1/\sqrt{N}$ 的速率递减. 对于较大的 N，我们可以再次用中心极限定理来获得结果的准确度，或设计一个拥有期望准确度的蒙特卡罗研究(如果我们猜得一个 σ 的值，后者就是可行的).

一个随机变量 X 的方差等于 $(X-\mu)^2$ 的期望. 同样地，我们可通过长周期求均值来估算它. 用蒙特卡罗估计值来替换值未知的 μ. 估算的结果通常写作 s^2，即

$$s^2 = \frac{1}{N-1}\sum_{i=1}^{N}(X_i - \overline{X})^2$$

注：系数 $\dfrac{1}{N-1}$ 是不是让你很意外? 均分本应该将 N 的总和除以 N，但是，只有当 $N-1$ 作分母时才能保证 $E(s^2) = \sigma^2$，换言之，此时对于 σ^2 来说，s^2 才是无偏的. 我们将在 8.2.4 节证明这一点. 有时，系数 $\dfrac{1}{N}$ 乃至 $\dfrac{1}{N-1}$ 也会用于估算 σ^2 的无偏性. 这样的估计结果不是无偏的，但具备其他吸引人的特性. 对于较大的 N，可以忽略三类估计值间的差异.

例 5.15(共享型计算机，续)　在例 5.14 中，我们生成了 N 天里每天需求的总计算机时间 T，并计算出了该时间小于 24 小时的天数的占比. 我们可以更进一步估算需求时间的期望和标准差：

— R —	— Matlab —
`ExpectedTime = mean(T);`	`ExpectedTime = mean(T);`
`StandardDeviation = sd(T);`	`StandardDeviation = std(T);`

可知平均需求时间为 1667 分钟，比 24 小时多出 227 分钟. 标准差大约为 243 分钟. 现在你知道为什么例 5.14 中这些任务的完成概率这么低了吧. 　　　　　　　　　◇

5.3.3　预测

预知未来听起来激动人心，做起来却很难. 为了预测未来 t 天内的走向，我们通常需要研究从今天起至未来 t 天前的每一天中发生的事件. 通常，明天的事件建立在今天、昨天等过去事件的基础上. 在这类情形下，精确的概率计算可能耗时过长且操作困难(我们会在第

6 章和第 7 章中学习一些方法). 然而，我们可以运用蒙特卡罗法进行预测.

现在已知的信息可用来为明天生成随机变量. 这样，明天的信息就可视为"已知"，也就能用以生成后天的随机变量，以此类推，直到第 t 天.

最终结果和之前的结果相似. 我们为未来 t 天生成 N 次蒙特卡罗实验，继而通过长期结果求均值来估计第 t 天的变量的概率、均值和标准差.

为预测特定的第 t 天，我们可以预测某一特定过程会持续多久，或某一特殊事件的发生时间、发生数量等.

例 5.16（新软件的发布） 以下是某一新发布软件内侦查错误量的随机模型. 每天，软件开发者找到数量随机的错误并纠正它们. 第 t 天找到的错误的数量 X_t 服从 Poisson(λ_t)，其参数为过去 3 天中找到的错误量的最小值：

$$\lambda_t = \min\{X_{t-1}, \ X_{t-2}, \ X_{t-3}\}$$

假设在最开始的 3 天中，软件开发者分别找到了 28，22 和 18 个错误.

（a）预计花多长时间才能找全所有错误？

（b）估算在 21 天后仍有部分错误残留的概率.

（c）预计该发布软件中错误的总量.

解 我们首先生成一个 $N=1000$ 的蒙特卡罗模拟. 在每个单独的模拟中，我们生成一天中找到的错误量，直到这个量达到 0. 根据我们的模拟，之后的错误量都会为 0，这意味着错误已找全.

以下计算机代码能解决上述所有问题. 它们用到了生成泊松随机变量的方法(5.4). 当然，R 和 MATLAB 的使用者也可调用更便利的内置函数：rpois 和 poissrnd.

```
— R —
N <- 1000;                       # number of Monte Carlo runs
Time <- rep(0,N);                # the day the last error is found
Nerrors <- rep(0,N);             # total number of errors
for (k in 1:N) {                 # do-loop of N Monte Carlo runs
    Last3 <- c(28,22,18);        # errors found during last 3 days
    DE <- sum(Last3);            # detected errors so far
    T <- 3; X <- Last3[3];       # T = # days, X = # errors on day T
    while (X > 0) {              # while-loop until no errors are found
        lambda <- min(Last3);    # parameter λ for day T
        U <- runif(1); X <- 0;   # initial values
        while (U >= exp(-lambda)) {
          X <- X+1; U <- U*runif(1);   # according to (5.4), X is Poisson(λ)
        }
        T <- T+1; DE <- DE+X;    # update after day T
        Last3 <- cbind(Last3[2:3],X);
    }                            # the loop ends when X=0 on day T
    Nerrors[k] <- DE;            # Save the total number of errors
    Time[k] <- T-1;              # Save the number of days it took
}
```

```
— MATLAB —
N = 1000;                        % number of Monte Carlo runs
Time = zeros(N,1);               % the day the last error is found
Nerrors = zeros(N,1);            % total number of errors
```

```
for k = 1:N;                           % do-loop of N Monte Carlo runs
    Last3 = [28,22,18];                % errors found during last 3 days
    DE = sum(Last3);                   % detected errors so far
    T = 3; X = Last3(3);               % T = # days, X = # errors on day T
    while X > 0;                       % while-loop until no errors are found
        lambda = min(Last3);           % parameter λ for day T
        U = rand; X = 0;               % initial values
        while U >= exp(-lambda);
          X = X+1; U = U*rand;         % according to (5.4), X is Poisson(λ)
        end;
        T = T+1; DE = DE+X;            % update after day T
        Last3 = [Last3(2:3), X];
    end;                               % the loop ends when X = 0 on day T
  Nerrors(k) = DE;                     % Save the total number of errors
  Time(k) = T-1;                       % Save the number of days it took
end;
```

122

综上，我们可以用 mean(Time) 来估算找出所有错误预计要花多长时间，用 mean(Time>21) 来估算 21 天后还有错误残留的概率，用 mean(Nerrors) 估算错误的总量. 此蒙特卡罗研究的预测结果应显示，找出所有错误预计需要约 19.7 天，21 天后仍有错误残留的概率是 0.34，总计大约有 222 个错误.　　　　　　　　　　　　　　　　　　　　　◇

5.3.4　长度、面积、体积估算

长度

当 $0 \leqslant u \leqslant 1$ 时，一个服从标准均匀分布的变量 U 有概率密度函数 $f_U(u) = 1$. 因此 U 在集合 $A \subset [0, 1]$ 的概率是

$$P\{U \in A\} = \int_A 1 \mathrm{d}u = A \text{ 的长度} \tag{5.11}$$

蒙特卡罗法可用来估算左侧的概率，等同于估算出了式(5.11)右侧的结果，即 A 的长度. 生成一系列服从标准均匀分布的随机变量 $U_1, U_2, \cdots, U_n$，并通过计算位于集合 A 内的 U_i 的占比来估算 A 的长度.

如果集合 A 的长度超过一个单位区间，我们该怎么办呢？我们可以选择一个起点和刻度比例都恰当的坐标系，使得它的 $[0, 1]$ 区间能够覆盖给出的集合区域. 另外，我们也可以先用区间 $[a, b]$ 覆盖集合 A，再在此区间上生成非标准的均匀分布的变量，在这种情况下估算出的概率 $P\{U \in A\}$ 应该乘以 $b-a$.

面积和体积

长度的计算通常来说都很简单，所以一般不会用到蒙特卡罗方法. 但面积和体积的计算就不一样了.

长度的计算方法可以直接转化为更高维度的形式. 当 $0 \leqslant u, v \leqslant 1$ 时，两个独立的标准均匀分布的变量 U 和 V 有联合密度 $f_{U,V}(u, v) = 1$，所以，对于单位区域 $[0, 1] \times [0, 1]$ 内的任意二维集合 B，有

$$P\{(U, V) \in B\} = \iint_B 1 \mathrm{d}u \mathrm{d}v = B \text{ 的面积}$$

因此，可以通过计算向量 (U_i, V_i) 落在 B 区内的频率来估算该区域的面积.

边界未知的不规则区域

注意，用蒙特卡罗方法来估算长度、面积和体积时，知道确切的边界不是必要的. 为了应用算法 5.5，只要知晓哪些点属于给定集合就可以了.

算法 5.5   面积的估算

1. 通过随机数生成器获得偶数数量的独立标准均匀分布的变量，命名为 $U_1, \cdots, U_n$；$V_1, \cdots, V_n$.
2. (U_i, V_i) 为一对，数出坐标为 (U_i, V_i) 的点属于集合 B 的对数，记为数 N_B.
3. 通过计算 N_B/n 来估算区域 B 的面积.

123

同样地，通过一系列服从标准均匀分布的三元组 (U_i, V_i, W_i)，可以估得任意三维集的体积.

采样的区域也不一定是规则的正方形. 如果轴的长度不一致，那么随机点可能在长方形或其他更复杂的图形上生成. 我们可以在初始范围周围另画一个正方形或长方形来包围它，再生成均匀分布的坐标，直到对应点位于该区域内，这是一种在不规则图形区域内生成随机点的方法. 事实上，通过估算随机点落入某一特定区域的概率，我们可以估得该区域在总体采样区域中的占比.

例 5.17（暴露区域的面积） 假设如下情形；一个核动力工厂出现突发事件，要求必须求得暴露在辐射中的土地面积. 此时边界是未知的，但可以测得任意地点的辐射强度.

算法 5.5 的应用如下. 预计辐射范围在 10×8 平方英里⊖的长方形区域内. 先生成多对均匀分布的数 (U_i, V_i)，再测得所有随机位点上的辐射强度. 计算辐射强度高于正常值的位点在总点数中的占比，再乘以样本矩形区域的面积，即可估得高危辐射区域的面积.

图 5.7 测量了 50 个随机位点的辐射强度，其中 18 个位点高于正常值，因而暴露区的面积约为

$$\frac{18}{50}(80 \text{ 平方米}) = \underline{28.8 \text{ 平方米}} \quad \diamond$$

注意：图 5.7 中轴的长度并不相同，这使得单位区域变为长方形. 此外，我们还可以生成在 x 轴上的 $[0, 10]$ 范围内和 y 轴的 $[0, 8]$ 范围内均匀分布的点.

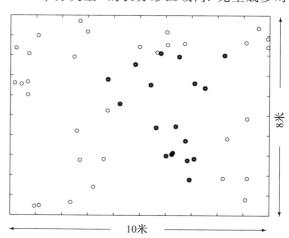

图 5.7   蒙特卡罗的面积估算法，例 5.17 中的随机抽取 50 个位点；标记的点处于暴露区域内

⊖ 1 英里＝1609 米. ——编辑注.

5.3.5 蒙特卡罗积分法

我们已经见识了如何使用蒙特卡罗方法来估算长度、面积和体积. 我们可将该方法拓展到定积分上，来估算对应函数曲线下方或上方的面积. 估算积分

$$\mathcal{I} = \int_0^1 g(x)\,\mathrm{d}x$$

的代码为

```
— R —
N <- 1000
U <- runif(N)
V <- runif(N)
I <- mean( V < g(U) )
```

```
— MATLAB —
N = 1000;          % Number of simulations
U = rand(N,1);     % (U,V) is a random point
V = rand(N,1);     % in the bounding box
I = mean( V < g(U) )  % Estimator of integral I
```

逻辑表达式 V<g(U) 返回 $N \times 1$ 的向量. 如果对给定的$(U_i，V_i)$该不等式成立，则每个分量为"真"或等于1，从而该点位于 $g(x)$ 的图像下方；反之，每个分量为"假"或0，则对应点位于图像上方. 求这些 0 和 1 的平均数，即求 1 的占比. 此为积分的蒙特卡罗估计值 $\mathcal{I}$.

注：此处我们假定了 $0 \leqslant x \leqslant 1$ 和 $0 \leqslant g(x) \leqslant 1$. 如果情况有变，可以像舍选法那样将 U 和 V 转化成不标准的均匀分布变量 $X = a + (b-a)U$ 和 $Y = cV$，此时获得的 $\mathcal{I}$ 值应乘以 $c(b-a)$.

引入 R 和 MATLAB 的内置函数

上述蒙特卡罗积分运算的计算机代码假定函数 g 已被使用者定义. 使用 R 时，可用 g=function(x){return(sin(sqrt(x)))}来定义函数 $g(x) = \sin\sqrt{x}$. 这样的函数可用于计算 g(3)，或画出曲线(g,0,100)的图像.

在 MATLAB 中，可创建一个"g.m"文件，包含以下内容：

```
— MATLAB —
function y = g(x)
y = sin(sqrt(x));
end
```

124 ↓ 125

如果没有用这个方法定义函数，就要在 g(U) 后写下完整的表达式.

结果的准确度

到目前为止，我们已经用在 5.3.1 节中描述的长周期比例法估算了长度、面积、体积和积分值. 须知，我们的估算具有无偏性，其标准差为

$$\mathrm{Std}(\hat{\mathcal{I}}) = \sqrt{\frac{\mathcal{I}(1-\mathcal{I})}{N}} \tag{5.12}$$

其中，$\mathcal{I}$ 是目标的实际量.

其实还有更准确的蒙特卡罗法. 接下来，我们来获取一个标准差更小的面积估计值，它也具有无偏性，同时不被限制在$[0，1]$，或$[a，b]$范围内.

进阶蒙特卡罗积分算法

首先，我们注意到对于一个 Uniform$(a，b)$变量 X，定积分

$$\mathcal{I} = \int_a^b g(x)\,\mathrm{d}x = \frac{1}{b-a}\int_a^b (b-a)g(x)\,\mathrm{d}x = E\{(b-a)g(X)\}$$

等于 $(b-a)g(X)$ 的期望 $X \sim U(a, b)$. 因此，我们可以不算比例，而是用大量满 Uniform (a, b) 变量 $X_1, \cdots, X_N$ 来求 $(b-a)g(X_i)$ 的均值，继而估算 $\mathcal{I}$.

稍做调整，我们可以用任意连续分布替代 Uniform(a, b) 分布. 为了做到这一点，我们选择一些概率密度 $f(x)$，再求 $\mathcal{I}$：

$$\mathcal{I} = \int_a^b g(x)\,\mathrm{d}x = \int_a^b \frac{g(x)}{f(x)} f(x)\,\mathrm{d}x = E\left(\frac{g(X)}{f(X)}\right)$$

其中 X 的概率密度函数为 $f(x)$. 它的原理仍是生成一系列对应的 $X_1, \cdots, X_N$ 变量，再求 $g(X_i)/f(X_i)$ 的均值.

特别要注意的是，我们不再局限于有限的 $[a, b]$ 区间. 例如，通过选择 $f(x)$ 作为标准正态概率密度，我们可以在 $a = -\infty$ 到 $b = +\infty$ 范围上使用蒙特卡罗方法：

— R ———————	— Matlab ———————	
`N <- 1000;`	`N = 1000;`	`% Number of simulations`
`Z <- rnorm(N)`	`Z = randn(N,1);`	`% Normal variables`
`f <- dnorm(Z)`	`f = normpdf(Z);`	`% Normal density`
`Iest<-mean(g(Z)/f(Z))`	`Iest=mean(g(Z)./f(Z))`	`% Estimator of $\int_{-\infty}^{\infty} g(x)\,dx$`

注：R 会逐点运行如 A*B 的表达式，即 A 的每个元素乘以 B 的对应元素. 相反，MATLAB 对此类表达式进行矩阵运算. 在 MATLAB 中，逐点运算用 "dot" 标识，如 g(Z)./f(Z)（矩阵相关的运算见附录 A.5 节）.

[126]

进阶算法的准确度

从式 (5.9) 可知，用长周期求均值的方法返回一个无偏的估计值 $\hat{\mathcal{I}}$，因此 $E(\hat{\mathcal{I}}) = \mathcal{I}$.

又由式 (5.10) 可知

$$\mathrm{Std}(\hat{\mathcal{I}}) = \frac{\sigma}{\sqrt{N}}$$

其中 σ 是随机变量 $R = g(X)/f(X)$ 的标准差. 因此，如果 σ 越小而 N 越大，估计值 $\hat{\mathcal{I}}$ 就更可靠. 通过选择与 $g(x)$ 近似成比例的 $f(x)$ 来获得较小的 σ，它使得 $\mathrm{Std}(R) \approx 0$，此时 R 近似为常量. 然而，通过这类概率密度函数来生成变量，通常和计算 $\mathcal{I}$ 的积分一样难.

事实上，用 X 的一个简单标准均匀分布就可以获得比式 (5.12) 更小的标准差. 假设在 $0 \leqslant x \leqslant 1$ 上有 $0 \leqslant g(x) \leqslant 1$. 对于一个 Uniform$(0, 1)$ 变量 X，有 $f(X) = 1$，所以

$$\sigma^2 = \mathrm{Var}R = \mathrm{Var}g(X) = Eg^2(X) - E^2 g(X) = \int_0^1 g^2(x)\,\mathrm{d}x - \mathcal{I}^2 \leqslant \mathcal{I} - \mathcal{I}^2$$

因为当 $0 \leqslant g \leqslant 1$ 时，有 $g^2 \leqslant g$，则对算法有

$$\mathrm{Std}(\hat{\mathcal{I}}) \leqslant \sqrt{\frac{\mathcal{I} - \mathcal{I}^2}{N}} = \sqrt{\frac{\mathcal{I}(1-\mathcal{I})}{N}}$$

与式 (5.12) 比较得，虽然 N 的大小一致，但该方法的结果更准确. 也可以说，该方法用更少的模拟次数达到了期望的准确度.

这可以扩展到任意区间 $[a, b]$ 和任意函数 $g \in [0, c]$（练习 5.18）.

归纳总结

可以使用蒙特卡罗方法对困难重重复杂条件下的概率、期望和其他分布特征进行高效的估算. 根据蒙特卡罗方法论, 我们通过目标分布生成一系列随机变量 $X_1, \cdots, X_N$, 再通过长期比例和均值来估算概率和期望等. 我们还拓展了上述方法, 以便估算长度、面积、体积和积分. 同样的方法也可用于天气预报.

所有讨论到的方法都产生具有无偏性的结果. 给出的估计值的标准差都按照 $1/\sqrt{N}$ 的速率递减. 知道了标准差可以帮助我们得到准确的估量结果, 也就能设计一个蒙特卡罗方法来计算具有期望概率的目标准确度.

在这一章中, 我们学习了生成随机变量、舍选法、离散法和特殊方法的逆变换法. 我们将在第6、第7章学习高级模型中的蒙特卡罗模拟, 其中包括随机过程模拟、马尔可夫链和排队系统.

127

练习题

5.1 如果你的随机数生成器生成的是标准均匀分布的随机变量 U, 推导一个公式, 并解释如何用概率密度函数

$$f(x) = (1.5)\sqrt{x}, \quad 0 < x < 1$$

生成随机变量.

记得使用逆变换法. 算出当 $U = 0.001$ 时该变量的值.

5.2 设 U 为一个服从标准均匀分布的随机变量. 写出生成以下内容所需的步骤:

(a) 一个服从参数 $\lambda = 2.5$ 的指数分布的随机变量.

(b) 一个服从成功发生概率为 0.77 的伯努利分布的随机变量.

(c) 一个服从参数 $n = 15$, $p = 0.4$ 的二项分布的随机变量.

(d) 一个服从分布函数为 $P(x)$ 的离散型随机变量. 其中 $P(0) = 0.2$, $P(2) = 0.4$, $P(7) = 0.3$, $P(11) = 0.1$.

(e) 一个概率密度函数为 $f(x) = 3x^2$, $0 < x < 1$ 的连续随机变量.

(f) 一个概率密度函数为 $f(x) = 1.5x^2$, $-1 < x < 1$ 的连续随机变量.

(g) 一个概率密度函数为 $f(x) = \dfrac{1}{12}\sqrt[3]{x}$, $0 \leqslant x \leqslant 8$ 的连续随机变量.

如果计算机生成了 U, 且结果为 $U = 0.3972$, 计算 (a) ~ (g) 中生成的变量值.

5.3 给出一个计算机生成的服从标准均匀分布的变量 U, 解释如何才能生成一个累积分布函数为

$$f(x) = \begin{cases} \dfrac{1}{2}(1+x) & \text{若} -1 \leqslant x \leqslant 1 \\ 0 & \text{其他} \end{cases}$$

的随机变量. 用表 A1 生成 X.

5.4 为了检测系统参数, 某人运用蒙特卡罗方法论模拟了它的一个重要特征数 X, 即一

个概率密度函数为

$$f(x) = \begin{cases} \dfrac{2}{9}(1+x) & \text{若} -1 \leqslant x \leqslant 2 \\ 0 & \text{其他} \end{cases}$$

的连续随机变量. 解释如何在给定一个计算机生成的标准均匀分布的变量 U 时生成 X. 如果 $U = 0.2396$，X 等于多少？

5.5 给出一个表达式，把标准均匀分布的变量 U 转化成具有如下概率密度函数的变量 X：

$$f(x) = \frac{1}{3}x^2, \quad -1 < x < 2$$

算出当 $U = 0.8$ 时 X 的值.

5.6 两位机械修理工在为顾客更换滤油器. 第一位的服务时长服从 $\lambda = 5$ 小时$^{-1}$ 的指数分布，第二位的服从 $\lambda = 20$ 小时$^{-1}$ 的指数分布. 显然第二位的工作速度更快，所以他的顾客数量比他的同伴多出 4 倍. 那么，当你前去更换滤油器时，接受第二位机械修理工服务的概率是 4/5. 设 X 为你接受服务的时长. 解释该如何生成该随机变量 X.

5.7 解释如何估算以下概率：

(a) $P\{X > Y\}$，其中 X 和 Y 是相互独立的随机变量，分别服从参数为 3 和 5 的泊松分布.

(b) 从 52 张的扑克牌中随意抽取 5 张牌，出现同花大顺(同花色的一张 10，一张 J，一张 Q，一张 K 和一张 A)的概率.

(c) 例 5.6 中滤油器更换时间大于 35 分钟的概率.

(d) 如果在 95% 的情况下，我们估算(a)～(c)中所有概率的误差幅度不超过 0.005，此时的蒙特卡罗模拟次数应该为多少？

(e) (计算机迷你项目)用一个蒙特卡罗方法来估算(a)～(c)中的概率，保证误差不超过 0.005 的概率为 0.95.

5.8 (计算机迷你项目)一个单位圆的面积为 π. 用 2×2 的正方形区域覆盖此圆，再在 100、1000、10 000 个随机数的基础上根据算法 5.5 来估算 π 的值. 将结果与精确值 $\pi = 3.141\,592\,653\,58\cdots$ 进行比较，并评价其精确性.

5.9 (计算机迷你项目)用蒙特卡罗积分法估算如下积分的值：

(a) $\displaystyle\int_0^1 \left| \sin\left(\frac{1}{x}\right) \right| \mathrm{d}x$ 　　(b) $\displaystyle\int_0^5 \left| \sin\left(\frac{1}{x}\right) \right| \mathrm{d}x$ 　　(c) $\displaystyle\int_0^1 \sin\left(\frac{1}{x}\right) \mathrm{d}x$

(d) $\displaystyle\int_{-2}^2 \mathrm{e}^{-x^2} \mathrm{d}x$ 　　　(e) $\displaystyle\int_{-\infty}^{\infty} \mathrm{e}^{-x^2} \mathrm{d}x$ 　　　(f) $\displaystyle\int_0^{\infty} \mathrm{e}^{-\sqrt{x}} \mathrm{d}x$

5.10 (计算机项目)一个网络中连接着 20 台计算机. 其中一台感染了病毒. 每天，这个病毒以 0.1 的概率从一台受感染计算机传播到任意未感染计算机上. 同时，一位技术人员每天随机选择 5 台已感染病毒的计算机进行清理(当受感染台数小于 5 时，该技术人员将一次性全部处理). 估算：

(a) 预计多久能将病毒从整个网络彻底清除？

(b) 每台计算机都至少被感染一次的概率.

129

(c) 预计总共会有多少计算机被感染？

5.11　(计算机项目)如图 5.8 所示，一片拥有 1000 棵树木的森林恰好形成了 50×20 的矩形区域．其西北角(左上角)的树木着火了．风从西面来，因此，着火的树有 0.8 的概率会点燃右侧正常的树木．它点燃左侧、上侧和下侧树木的概率均为 0.3.

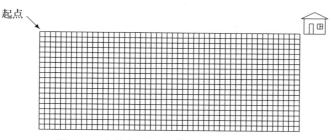

图 5.8　森林的西北角着火了(练习 5.11)

(a) 用一个蒙特卡罗研究来估算最终有超过 30% 的树木被点燃的概率．要求在 95% 的情况下，结果的误差幅度在 0.005 范围内．

(b) 在上述基础上，预测受影响的树木总量 X.

(c) 估算 $\text{Std}(X)$，并评价你的估计值 X 的准确度．

(d) 树木的实际受灾量和你的估算值之间的差异超出 25 的概率．

(e) 森林的东南角有一间木屋．该房子处于危险当中吗？

5.12　(计算机迷你项目)Michael 有 4 个孩子，其中两个的生日只间隔 2 天，这是否有点不同寻常？

设 X 为 4 个孩子间最小的出生日间隔．假定孩子随机出生在一年中的某天，且兄弟姐妹间的出生日期是独立的．忽略闰年，只考虑上述内容，并使用蒙特卡罗模拟法来估算 X 的分布．即估算 $x=0, 1, \cdots, 91$ 的概率 $P(x)$．核实 $\sum P(x)=1$ 后回答上面的问题：$X=2$ 有多罕见？这个分布的形式是怎样的？其中哪一个是 X 最有可能的值？

注意，12 月 31 日和 1 月 1 日只差了一天．

5.13　设 F 为一连续累积分布函数，设 U 为一个服从标准均匀分布的随机变量．证明通过公式 $X=F^{-1}(U)$ 获得的随机变量 X 的累积分布函数为 F.

5.14　试证明如果算法 5.1 和算法 5.3 使用的均匀分布变量 U 等值，且算法 5.1 中 x_i 的值为升序序列 $x_0 < x_1 < x_2 \cdots$，二者会生成相同的离散型分布变量 X.

130

5.15*　试通过解释对于所有的 a 和 b，都有等式 $P\{Z_1 \leqslant a \bigcap Z_2 \leqslant b\} = \Phi(a)\Phi(b)$ 成立，来证明如下 Box-Muller 变换法返回一组服从标准均匀分布的独立随机变量：
$$Z_1 = \sqrt{-2\ln(U_1)}\cos(2\pi U_2)$$
$$Z_2 = \sqrt{-2\ln(U_1)}\sin(2\pi U_2)$$
(在二重积分中需要做变量替换．)

5.16　设有一个用长周期比例 $\hat{p}$ 来估算概率 p 的蒙特卡罗研究．已知一个较小的 N 可以满足式(5.6)中的情况：它使得用正态逼近估算 $\hat{p}$ 的分布成为可能. 让我们再运用一下切比雪夫不等式，证明用式(5.7)和式(5.8)计算得到的 N 也满足式(5.6)中的要求.

5.17 通过舍选法从 $f(x)$ 中生成了一个随机变量. 为达到这个目的，需选出一个 $a \leqslant x \leqslant b$，$0 \leqslant y \leqslant c$ 的区域. 试证明此方法需要 Geometric(p) 个服从标准均匀分布的变量组，并找出 p 的值.

5.18 用本章介绍的两种蒙特卡罗积分法估算如下积分：

$$\mathcal{I} = \int_a^b g(x)\,\mathrm{d}x$$

其中 a 和 b 为任意值，函数 $g(x)$ 满足 $0 \leqslant g(x) \leqslant c$. 第一，我们生成 N 对均匀分布的变量组 (U_i, V_i)，其中 $a \leqslant U_i \leqslant b$，$0 \leqslant V_i \leqslant c$，再通过计算满足 $V_i \leqslant g(U_i)$ 的变量组的占比来估算 $\mathcal{I}$ 的值. 第二，我们只生成 U_i，再通过求 $(b-a)g(U_i)$ 的均值来估算 $\mathcal{I}$. 试证明第二种方法得出的结果更准确.

第二部分
随 机 过 程

第6章 随机过程

让我们来总结一下已学的知识. 我们的最终目标是学会在不确定的情况下做决定. 我们在第 2 章中引入了概率这个名词, 并学习了如何测量不确定性. 然后, 通过第 3～5 章, 我们学习了随机变量、随机向量及其分布. 我们现在是否具备足够的能力来描述包含不确定性的情形, 并做出正确的判断?

我们环顾下四周. 如果你说 "冻结!", 一切都静止了片刻, 这种特定的时刻, 我们所学的随机变量可以很好地描述这种现象. 然而, 现实世界是动态的. 许多变量是实时变化和发展的, 比如气温、股票价格、利率、足球比分、政治家的受欢迎程度, 还有 CPU 使用情况、网络连接速度、并发用户数量、正在运行的进程数量、可用内存等.

我们现在开始讨论随机过程. 随机过程是随时间变化和发展的随机变量.

6.1 定义和分类

定义 6.1 **随机过程**是随时间变化的随机变量. 因此它是两个参数的函数 $X(t, \omega)$, 其中
- $t \in T$ 是时间, T 是可能的时间集合, 通常是 $[0, \infty)$, $(-\infty, \infty)$, $\{0, 1, 2, \cdots\}$ 或 $\{\cdots, -2, -1, 0, 1, 2, \cdots\}$;
- $\omega \in \Omega$, 和之前一样, 是一次实验的结果, Ω 是整个样本空间.

$X(t, \omega)$ 的值被称为状态.

在任何固定时间 t, 我们得到一个随机变量 $X_t(\omega)$, 这是一个随机结果的函数. 另一方面, 如果固定 ω 的值, 我们得到一个时间的函数 $X_\omega(t)$. 这个函数被称为实现、样本路径或过程 $X(t, \omega)$ 的轨迹.

例 6.1(CPU 使用情况) 观察中央处理器(CPU)过去的使用情况, 我们可以从图 6.1a 中看到从过去到现在使用情况的变化. 然而, 这个过程的未来走势还不清楚. 这个过程的变化取决于 ω 的变化. 例如, 见图 6.1b 中两个不同的轨迹 $\omega = \omega_1$ 和 $\omega = \omega_2$(样本空间 Ω 中的两个元素).

注: 你可以在你的个人计算机上观察到一个类似的随机过程. 在最新版本的 Windows 中, 同时按下 Ctrl-Alt-Del 键, 再单击 "Windows 任务管理器", 将在 "性能" 选项卡下显示 CPU 使用的实时样本路径. ◇

根据 T 和 X 的可能值, 随机过程可分为以下几类.

定义 6.2 对于每个时间 t, 如果变量 $X_t(\omega)$ 是离散的, 则随机过程 $X(t, \omega)$ 就是**离散状态**; 如果 $X_t(\omega)$ 是连续的, 则随机过程就是**连续状态**.

定义 6.3 如果时间集合 T 是离散的, 也就是说, 它由单独、孤立的点组成, 则随机过程 $X(t, \omega)$ 就是一个**离散时间过程**. 如果 T 是一个连通的、趋近无界的区间, 则随机过程

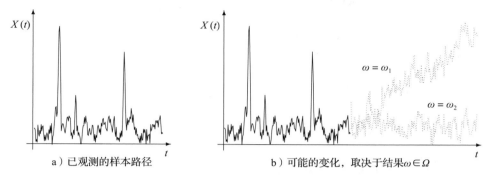

图 6.1　CPU 使用情况随机过程的样本路径

就是一个**连续时间过程**.

　　例 6.2　CPU 使用情况过程(按百分比)是连续状态和连续时间的, 如图 6.1a 所示.　◇

　　例 6.3　时刻 t 的实际空气温度 $X(t, \omega)$ 是一个连续时间、连续状态的随机过程. 实际上, 它的变化是平稳的, 从来不会从一个值跳到另一个值. 然而, 电台每 10 分钟报道的温度 $Y(t, \omega)$ 是一个离散时间过程. 此外, 由于报道的温度通常四舍五入到最接近的度数, 它也是一个离散状态过程.　◇

　　例 6.4　在打印机店, 设 $X(n, \omega)$ 为打印第 n 个任务所需的时间. 这是一个离散时间、连续状态的随机过程, 因为 $n = 1, 2, 3, \cdots$, 且 $X \in (0, \infty)$.

　　设 $Y(n, \omega)$ 为第 n 个打印任务的页数. 现在, $Y = 1, 2, 3, \cdots$ 是离散的, 因此, 该过程是离散时间和离散状态的.　◇

　　从现在开始, 我们不应将 ω 看作 $X(t, \omega)$ 的一个自变量. 记住, 随机过程的行为就像随机变量和随机向量一样, 都取决于概率.

　　下一节将定义另一类重要的随机过程.

6.2　马尔可夫过程和马尔可夫链

　　定义 6.4　随机过程 $X(t)$ 是**马尔可夫过程**, 如果对于任意 $t_1 < \cdots < t_n < t$ 和任意集合 $A; A_1, \cdots, A_n$, 有

$$P\{X(t) \in A \mid X(t_1) \in A_1, \cdots, X(t_n) \in A_n\} = P\{X(t) \in A \mid X(t_n) \in A_n\} \quad (6.1)$$

137

让我们看一下式(6.1). 它意味着 $X(t)$ 的条件分布在两种不同的情况下是相同的:

　　(1) 给出在过去的几个时刻过程 X 的观测值;

　　(2) 只给出 X 的最新观测值.

　　如果一个过程是马尔可夫过程, 那么在条件(1)和(2)下, 它未来的行为是相同的. 换句话说, 我们了解现在, 却无法从过去获得可以用来预测未来的信息:

$$P\{未来 \mid 过去, 现在\} = P\{未来 \mid 现在\}$$

那么, 对于一个马尔可夫过程的未来变化来说, 只有它的现在状态才是重要的, 它是如何达到这种状态的并不重要.

　　有些过程满足马尔可夫特性, 有些不满足.

例 6.5(网络连接) 设 $X(t)$ 为某互联网服务供应商到时刻 t 为止注册的互联网连接总数. 一般情况下, 不管已经连接了多少次, 人们可以在任意时刻连接互联网. 因此, 未来一分钟内的连接数只取决于当前的连接数. 例如, 如果在 10 点之前注册了 999 个连接, 那么在接下来的一分钟内它们的总数将会超过 1000, 而不管这 999 个连接是在过去何时以及如何建立的. 这个过程就是马尔可夫过程.   ◇

例 6.6(股票价格) 设 $Y(t)$ 在时刻 t 为某股票或某市价指数的值. 如果我们知道 $Y(t)$, 我们是否也想通过知道 $Y(t-1)$ 来预测 $Y(t+1)$ 呢? 有人可能会争辩说, 如果 $Y(t-1)<Y(t)$, 那么市价上升, 因此, $Y(t+1)$ 可能(但不是一定)超过 $Y(t)$. 如果 $Y(t-1)>Y(t)$, 我们可以得出这样的结论: 市价下降, 可能会预测 $Y(t+1)<Y(t)$. 这样看起来, 除了了解现在, 了解过去确实帮助我们预测未来. 那么, 这个过程就不是马尔可夫过程.   ◇

由于一个成熟的理论和一些简单的技巧可用于马尔可夫过程, 知道过程是否是马尔可夫过程很重要. 马尔可夫相关性的概念是由安德雷·马尔可失(Andrei Markov)(1856—1922)提出并发展起来的, 他是帕夫努季·利沃维奇·切比雪夫的学生.

6.2.1 马尔可夫链

定义 6.5 马尔可夫链是一个离散时间、离散状态的马尔可夫随机过程.

介绍一些简例. 时间是离散的, 因此我们将时间集定义为 $T=\{0, 1, 2, \cdots\}$. 我们可以将马尔可夫链看作一个随机序列 $\{X(0), X(1), X(2), \cdots\}$.

状态集也是离散的, 所以我们枚举状态为 1, 2, $\cdots$, n. 我们有时会从状态 0 开始枚举, 有时会处理无穷多(离散)状态的马尔可夫链, 然后得到 $n=\infty$.

马尔可夫性意味着只有 $X(t)$ 的值才能预测 $X(t+1)$, 所以条件概率

$$p_{ij}(t)=P\{X(t+1)=j\,|\,X(t)=i\}$$
$$=P\{X(t+1)=j\,|\,X(t)=i,\quad X(t-1)=h,\quad X(t-2)=g, \cdots\} \quad (6.2)$$

只依赖于 i, j, t, 它等于马尔可夫链 X 在 t 时刻从状态 i 到状态 j 的转移概率.

定义 6.6 式(6.2)中的概率 $p_{ij}(t)$ 称为**转移概率**. 概率

$$p_{ij}^{(h)}(t)=P\{X(t+h)=j\,|\,X(t)=i\}$$

通过 h 步转移从状态 i 移动到状态 j 的概率是 h **步转移概率**.

定义 6.7 如果一个马尔可夫链的所有转移概率都与 t 无关, 那么这个马尔可夫链就是**齐次的**. 齐次意味着从 i 到 j 的转移在任何时候都有相同的概率. 那么

$$p_{ij}(t)=p_{ij},\quad p_{ij}^{(h)}(t)=p_{ij}^{(h)}$$

马尔可夫链的特征

我们需要知道怎样描述马尔可夫链?

根据马尔可夫特性, 下一个状态只能从上一状态进行预测. 因此, 只要知道它的初始状态 $X(0)$ 的分布以及从一种状态到另一种状态的转移机制就足够了.

马尔可夫链的分布完全由初始分布 P_0 和 1 步转移概率 p_{ij} 决定. 这里 P_0 是 X_0 的概率质量函数:

$$P_0(x)=P\{X(0)=x\},\quad x \in \{1, 2, \cdots, n\}$$

根据这些数据, 我们想计算:

- h 步转移概率 $p_{ij}^{(h)}$;
- P_h, h 时刻状态的分布, 这是我们对 $X(h)$ 的预测;
- $p_{ij}^{(h)}$ 的极限和 $P_h (h \to \infty)$, 这是我们的长期预测.

实际上, 当对前面的许多转移进行预测时, 计算将变得相当冗长, 因此, 取极限将更有效.

139

$$\begin{Vmatrix} p_{ij} = P\{X(t+1) = j \mid X(t) = i\}, \text{转移概率} \\ p_{ij}^{(h)} = P\{X(t+h) = j \mid X(t) = i\}, h \text{ 步转移概率} \\ P_t(x) = P\{X(t) = x\}, X(t) \text{ 的分布}, t \text{ 时刻状态的分布} \\ P_0(x) = P\{X(0) = x\}, \text{初始分布} \end{Vmatrix}$$

表示法

例 6.7(天气预报) 在某个城市, 每天不是晴天就是雨天. 晴天之后是另一个晴天的概率为 0.7, 而雨天之后是晴天的概率为 0.4. 如果星期一下雨. 预测星期二、星期三和星期四的天气.

解 该问题中的天气条件表示一个具有两种状态的齐次马尔可夫链: 状态 1 = "晴天", 状态 2 = "雨天". 转移概率为

$$p_{11} = 0.7, \quad p_{12} = 0.3, \quad p_{21} = 0.4, \quad p_{22} = 0.6$$

其中 p_{12} 和 p_{22} 是用补集规则计算出来的.

如果星期一下雨, 那么星期二是晴天的概率为 $p_{21} = 0.4$(从雨天转移到晴天), 星期二是雨天的概率为 $p_{22} = 0.6$. 我们可以预测有 60% 的可能性下雨.

星期三的预测需要 2 步转移概率: 从星期一到星期二, 状态从 $X(0)$ 转移到 $X(1)$. 从星期二到星期三, 状态从 $X(1)$ 转移到 $X(2)$. 我们要根据星期二的天气情况使用全概率公式:

$$p_{21}^{(2)} = P\{\text{星期三是晴天} \mid \text{星期一是雨天}\}$$
$$= \sum_{i=1}^{2} P\{X(1) = i \mid X(0) = 2\} P\{X(2) = 1 \mid X(1) = i\}$$
$$= P\{X(1) = 1 \mid X(0) = 2\} P\{X(2) = 1 \mid X(1) = 1\} +$$
$$P\{X(1) = 2 \mid X(0) = 2\} P\{X(2) = 1 \mid X(1) = 2\}$$
$$= p_{21} p_{11} + p_{22} p_{21} = (0.4)(0.7) + (0.6)(0.4) = 0.52$$

根据补集规则, $p_{22}^{(2)} = 0.48$, 因此, 我们预测星期三是晴天的概率为 52%, 是雨天的概率是 48%.

对于星期四的预报, 我们需要计算 3 步转移概率 $p_{ij}^{(3)}$, 因为从星期一到星期四需要 3 步转移. 我们必须使用以星期二和星期三为条件的全概率公式. 例如, 从雨天的星期一到晴天的星期四意味着从雨天的星期一到雨天或晴天的星期二, 然后到雨天或晴天的星期三, 最后到晴天的星期四:

$$p_{21}^{(3)} = \sum_{i=1}^{2} \sum_{j=1}^{2} p_{2i} p_{ij} p_{j1}$$

140

这符合状态序列 $2 \to i \to j \to 1$. 然而, 我们已经计算了 2 步转移概率 $p_{21}^{(2)}$ 和 $p_{22}^{(2)}$, 它们描述从星期一到星期三的转移. 到星期四还有一次转移, 因此

$$p_{21}^{(3)} = p_{21}^{(2)} p_{11} + p_{22}^{(2)} p_{21} = (0.52)(0.7) + (0.48)(0.4) = 0.556$$

所以，我们预测星期四有 55.6% 的可能是晴天，44.4% 的可能是雨天.   ◇

下面的转移图（图6.2）反映了这个马尔可夫链的行为. 箭头表示所有可能的 1 步转移，以及相应的概率. 将此图与例 6.7 中所述的转移概率进行核对. 要获得比如一个 3 步转移概率 $p_{21}^{(3)}$，找到从状态 2

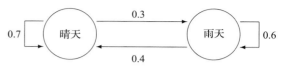

图 6.2   例 6.7 中马尔可夫链的转移图

"雨天"到状态 1"晴天"的所有 3 个箭头的路径. 将每条路径上的概率相乘，并将所有 3 步路径的概率相加.

例 6.8（天气预报，续）   假设现在还没有下雨，但气象学家预测星期一有 80% 的可能性下雨. 这如何影响我们的预测？

在例 6.7 中，我们计算了星期一下雨情况下的预报. 现在，一个晴天的星期一（状态 1）也是可能的. 因此，除了概率 $p_{2j}^{(h)}$，我们还需要计算 $p_{1j}^{(h)}$（例如，使用转移图，见图 6.2）：

$$p_{11}^{(2)} = 0.7 \times 0.7 + 0.3 \times 0.4 = 0.61$$

$$p_{11}^{(3)} = 0.7^3 + 0.7 \times 0.3 \times 0.4 + 0.3 \times 0.4 \times 0.7 + 0.3 \times 0.6 \times 0.4 = 0.583$$

初始分布 $P_0(x)$ 表示为

$$P_0(1) = P\{星期一是晴天\} = 0.2, \quad P_0(2) = P\{星期一是雨天\} = 0.8$$

然后，对于每一个天气预报，我们使用全概率公式，基于星期一的天气条件：

$$P_1(1) = P\{X(1) = 1\} = P_0(1)p_{11} + P_0(2)p_{21} = 0.46 \qquad 星期二$$

$$P_2(1) = P\{X(2) = 1\} = P_0(1)p_{11}^{(2)} + P_0(2)p_{21}^{(2)} = 0.538 \qquad 星期三$$

$$P_3(1) = P\{X(3) = 1\} = P_0(1)p_{11}^{(3)} + P_0(2)p_{21}^{(3)} = 0.5614 \qquad 星期四$$

这些分别是星期二、星期三和星期四为晴天的概率（状态 1）. 那么，这些天下雨（状态 2）的概率为 $P_1(2) = 0.54$，$P_2(2) = 0.462$ 和 $P_3(2) = 0.4386$.   ◇

值得注意的是，越长远的预测需要越长的时间进行计算. 对于提前 t 天的预报，我们必须在图 6.2 中考虑所有的 t 步路径. 或者，我们使用以所有中间状态 $X(1)$，$X(2)$，$\cdots$，$X(t-1)$ 为条件的全概率公式.

为了简化任务，我们将使用矩阵. 如果你对基本的矩阵运算不是很熟悉，请参阅附录 A.5 节.

141

6.2.2   矩阵方法

所有的 1 步转移概率 p_{ij} 都可以方便地写成一个 $n \times n$ 转移概率矩阵：

$$\boldsymbol{P} = \begin{pmatrix} p_{11} & p_{12} & \cdots & p_{1n} \\ p_{21} & p_{22} & \cdots & p_{2n} \\ \vdots & \vdots & \vdots & \vdots \\ p_{n1} & p_{n2} & \cdots & p_{nn} \end{pmatrix} \quad \begin{matrix} 状态开始： \\ 1 \\ 2 \\ \vdots \\ n \end{matrix}$$

到达状态：   1   2 $\cdots$ n

第 i 行和第 j 列的交点是 p_{ij}，为从状态 i 到状态 j 的转移概率.

从每个状态，马尔可夫链转移到一个唯一的状态. 状态-目的地是不相关且可以穷举的事件，因此，每一行的总和为1，即

$$p_{i1} + p_{i2} + \cdots + p_{in} = 1 \tag{6.3}$$

我们也可以说概率 p_{i1}，p_{i2}，$\cdots$，p_{in} 是在给定 $X(0)$ 的情况下 $X(1)$ 的条件分布，所以它们必须加起来为1.

通常，这不适用于列总和. 有些状态可能比其他状态"更有利"，相较于其他状态，这些状态能受到更多的访问，因此，它们的列总和会更大. 具有性质(6.3)的矩阵称为随机矩阵.

类似地，h 步转移概率可以写成 h 步转移概率矩阵

$$\boldsymbol{P}^{(h)} = \begin{pmatrix} p_{11}^{(h)} & p_{12}^{(h)} & \cdots & p_{1n}^{(h)} \\ p_{21}^{(h)} & p_{22}^{(h)} & \cdots & p_{2n}^{(h)} \\ \vdots & \vdots & \vdots & \vdots \\ p_{n1}^{(h)} & p_{n2}^{(h)} & \cdots & p_{nn}^{(h)} \end{pmatrix}$$

这个矩阵也是随机的，因为每一行表示在给定 $X(0)$（如果我们手工计算 $\boldsymbol{P}^{(h)}$，这是检查结果的好方法）的情况下 $X(h)$ 的条件分布.

计算 h 步转移概率

一个简单的矩阵公式将 $\boldsymbol{P}^{(h)}$ 和 $\boldsymbol{P}$ 联系起来. 让我们从 2 步转移概率开始.

根据全概率公式，调节并加和 $k = X(1)$ 的所有值：

$$p_{ij}^{(2)} = P\{X(2) = j \mid X(0) = i\}$$

$$= \sum_{k=1}^{n} P\{X(1) = k \mid X(0) = i\} P\{X(2) = j \mid X(1) = k\}$$

$$= \sum_{k=1}^{n} p_{ik} p_{kj} = (p_{i1}, \cdots, p_{in}) \begin{pmatrix} p_{1j} \\ \vdots \\ p_{nj} \end{pmatrix}$$

每个概率 $p_{ij}^{(2)}$ 为在所有由状态 i 到状态 j 的 2 步路径上（同样，参见例 6.7）$P\{i \to k \to j\}$ 的和. 作为结果，每个 $p_{ij}^{(2)}$ 是矩阵 $\boldsymbol{P}$ 的第 i 行和第 j 列的乘积. 因此，整个 2 步转移概率矩阵是

2 步转移概率矩阵 $\boxed{\boldsymbol{P}^{(2)} = \boldsymbol{P} \cdot \boldsymbol{P} = \boldsymbol{P}^2}$

进一步，以 $X(h-1) = k$ 为条件，h 步转移概率可由 $h-1$ 步转移概率得到：

$$p_{ij}^{(h)} = P\{X(h) = j \mid X(0) = i\}$$

$$= \sum_{k=1}^{n} P\{X(h-1) = k \mid X(0) = i\} P\{X(h) = j \mid X(h-1) = k\}$$

$$= \sum_{k=1}^{n} p_{ik}^{(h-1)} p_{kj} = (p_{i1}^{(h-1)}, \cdots, p_{in}^{(h-1)}) \begin{pmatrix} p_{1j} \\ \vdots \\ p_{nj} \end{pmatrix}$$

这次，我们考虑所有从 i 到 j 的 h 步路径. 它们包括所有从 i 到某个状态 k 的 $h-1$ 步路径，

142

以及其后从 k 到 j 的路径. 现在, 结果是矩阵 $\boldsymbol{P}^{(h-1)}$ 的第 i 行乘以 $\boldsymbol{P}$ 的第 j 列. 因此, $\boldsymbol{P}^{(h)} = \boldsymbol{P}^{(h-1)} \cdot \boldsymbol{P}$, 我们有一个通式

h 步转移概率矩阵
$$\boldsymbol{P}^{(h)} = \underbrace{\boldsymbol{P} \cdot \boldsymbol{P} \cdot \cdots \cdot \boldsymbol{P}}_{h \text{次}} = \boldsymbol{P}^h$$

例 6.9(共享设备) 一台计算机由两个用户共享, 他们将任务远程发送给这台计算机, 并独立工作. 任何时刻、任何已连接的用户都可能以 0.5 的概率断开连接, 而任何未连接的用户都可能以 0.2 的概率连接新任务. 设 $X(t)$ 为时刻 t(分钟)的并发用户数. 这是一个有三种状态的马尔可夫链: 0, 1, 2.

计算转移概率. 假设 $X(0) = 0$, 即 $t = 0$ 时没有用户. 那么 $X(1)$ 是下一分钟内的新连接数. 它有 Binomial(2, 0.2), 因此

143

$$p_{00} = 0.8^2 = 0.64, \qquad p_{01} = 2 \times 0.2 \times 0.8 = 0.32, \qquad p_{02} = 0.2^2 = 0.04$$

接下来, 假设 $X(0) = 1$, 即一个用户是连接的, 另一个则没有. 新连接的数量是 Binomial(1, 0.2), 断开连接的数量是 Binomial(1, 0.5). 考虑到所有的可能性, 我们得到(验证)

$$p_{10} = 0.8 \times 0.5 = 0.40$$
$$p_{11} = 0.2 \times 0.5 + 0.8 \times 0.5 = 0.50$$
$$p_{12} = 0.2 \times 0.5 = 0.10$$

最后, 当 $X(0) = 2$ 时, 没有新用户可以连接, 并且断开连接的数量是 Binomial(2, 0.5), 因此

$$p_{20} = 0.25$$
$$p_{21} = 0.50$$
$$p_{22} = 0.25$$

我们得到如下的转移概率矩阵:

$$\boldsymbol{P} = \begin{pmatrix} 0.64 & 0.32 & 0.04 \\ 0.40 & 0.50 & 0.10 \\ 0.25 & 0.50 & 0.25 \end{pmatrix}$$

与此矩阵对应的转换关系图如图 6.3 所示.

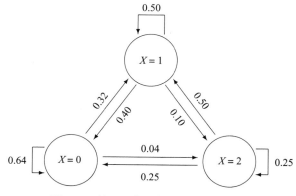

图 6.3 例 6.9 中马尔可夫链的转移图

计算 2 步转移概率矩阵为

$$\boldsymbol{P}^2 = \begin{pmatrix} 0.64 & 0.32 & 0.04 \\ 0.40 & 0.50 & 0.10 \\ 0.25 & 0.50 & 0.25 \end{pmatrix} \begin{pmatrix} 0.64 & 0.32 & 0.04 \\ 0.40 & 0.50 & 0.10 \\ 0.25 & 0.50 & 0.25 \end{pmatrix} = \begin{pmatrix} 0.5476 & 0.3848 & 0.0676 \\ 0.4810 & 0.4280 & 0.0910 \\ 0.4225 & 0.4550 & 0.1225 \end{pmatrix}$$

例如，如果两个用户都在 10:00 连接，那么在 10:02 将不会有用户连接的概率为 $p_{20}^{(2)} = 0.4225$，有一个用户连接的概率为 $p_{21}^{(2)} = 0.4550$，两个用户连接的概率为 $p_{22}^{(2)} = 0.1225$.

检查矩阵 $\boldsymbol{P}$ 和 $\boldsymbol{P}^2$ 是否都是随机的.　　　　　　　　　　　　　　　　◇

计算 $X(h)$ 的分布

h 转移后的状态分布，即 $X(h)$ 的概率质量函数可以写成 $1 \times n$ 的矩阵

$$\boldsymbol{P}_h = [P_h(1), \cdots, P_h(n)]$$

根据全概率公式，这次以 $X(0) = k$ 为条件，我们计算

$$P_h(j) = P\{X(h) = j\} = \sum_k P\{X(0) = k\} P\{X(h) = j \mid X(0) = k\}$$

$$= \sum_k P_0(k) p_{kj}^{(h)} = (p_0(n)) \begin{pmatrix} p_{1j}^{(h)} \\ \vdots \\ p_{1n}^{(h)} \end{pmatrix}$$

当整行 $\boldsymbol{P}_0$（X 的初始分布）乘以矩阵 $\boldsymbol{P}$ 的整个第 j 列时得到每个概率 $P_h(j)$，因此

$X(h)$ 的分布　　$\boxed{\boldsymbol{P}_h = \boldsymbol{P}_0 \boldsymbol{P}^h}$　　　　　　　　　　　(6.4)

例 6.10（共享设备，续）　如果知道在 10:00 有 2 个用户连接，我们可以把初始分布写成

$$\boldsymbol{P}_0 = [0, 0, 1]$$

然后计算 $h = 2$ 转移后，10:02 时的用户数量分布为

$$\boldsymbol{P}_2 = \boldsymbol{P}_0 \boldsymbol{P}^2 = [0, 0, 1] \begin{pmatrix} 0.5476 & 0.3848 & 0.0676 \\ 0.4810 & 0.4280 & 0.0910 \\ 0.4225 & 0.4550 & 0.1225 \end{pmatrix} = [0.4225, 0.4550, 0.1225]$$

就像我们在例 6.9 的结尾总结的那样.

假设所有状态在 10:00 的概率相等. 如何计算在 10:02 连接用户数为 1 的概率？这里，初始分布是

$$\boldsymbol{P}_0 = [1/3, 1/3, 1/3]$$

$X(2)$ 的分布是

$$\boldsymbol{P}_2 = \boldsymbol{P}_0 \boldsymbol{P}^2 = [1/3, 1/3, 1/3] \begin{pmatrix} 0.5476 & 0.3848 & 0.0676 \\ 0.4810 & 0.4280 & 0.0910 \\ 0.4225 & 0.4550 & 0.1225 \end{pmatrix} = [\cdots, 0.4226, \cdots]$$

因此，$P\{X(2) = 1\} = 0.4226$. 我们只计算了 $P_2(1)$. 这个问题没有要求计算 P_2 的整个分布.　　　　　　　　　　　　　　　　　　　　　　　　　　　　　　◇

在实践中，知道了 10:00 时的用户数量分布，很少有人会对 10:02 时的分布感兴趣. 如

何计算 11:00、第二天、下个月的分布呢?

换句话说, 如何计算大 h 下 $X(h)$ 的分布? 一个直接的解法是 $\boldsymbol{P}_h = \boldsymbol{P}_0 \cdot \boldsymbol{P}^h$, 这可以计算出中等的 n 和 h. 例如, 10:00 后的 $h = 60$ 转移、11:00 时的用户数分布可以在 R 和 MATLAB 中计算为

```
—— R ————————
P = matrix( c(.64,.40,.25,.32,.50,
       .50,.04,.10,.25), 3, 3 )
P0 = c(1/3, 1/3, 1/3)
h = 60
# Power of a matrix is in R package "expm"
install.packages("expm"); library(expm);
P0 %*% (P %^% h)
```

```
—— MATLAB ————————
P   = [ .64 .32 .04
        .40 .50 .10
        .25 .50 .25 ];
P0  = [ 1/3 1/3 1/3 ];
h   = 60;
P0 * P^h
```

回想一下, 在 R 中使用百分号 "%" 表示矩阵运算, 而不是 elementwise 运算, 请参阅附录 A.5 节.

求一个大矩阵的幂次对于大 h 来说代价昂贵. 我们很想取 $h \to \infty$ 时 P_h 的极限, 而不是单调地计算 $\boldsymbol{P}_0 \cdot \boldsymbol{P}^h$. 我们将在下一节中学习如何做到这一点.

6.2.3 稳态分布

本节讨论大量转移后的马尔可夫链的状态分布.

定义 6.8 *极限概率*

$$\pi_x = \lim_{h \to \infty} P_h(x)$$

的集合称为马尔可夫链 $X(t)$ 的**稳态分布**.

若这个极限存在, 它可以用来预测 X 在多次转移后的分布. 一个快速的系统(例如, 一个时钟频率为几十亿赫兹的中央处理器)将会非常快地经历大量的转移. 它在几乎任何时刻的状态分布都是稳态分布.

计算稳态分布

若一个稳态分布 π 存在, 它可以计算如下. 我们注意到 π 不仅是 $\boldsymbol{P}_h$ 也是 $\boldsymbol{P}_{h+1}$ 的极限. 后两个由公式

$$\boldsymbol{P}_h \boldsymbol{P} = \boldsymbol{P}_0 \boldsymbol{P}^h \boldsymbol{P} = \boldsymbol{P}_0 \boldsymbol{P}^{h+1} = \boldsymbol{P}_{h+1}$$

联系起来. 取 $\boldsymbol{P}_h$ 和 $\boldsymbol{P}_{h+1}$ 在 $h \to \infty$ 时的极限, 得到

$$\pi \boldsymbol{P} = \pi \qquad (6.5)$$

然后, 求解式(6.5)得到 π, 我们得到具有转移概率矩阵 $\boldsymbol{P}$ 的马尔可夫链的稳态分布.

稳态方程组(6.5)由 n 个方程和 n 个未知数组成, n 个未知数是 n 种状态的概率. 然而, 这个方程组是奇异的, 且有无穷多个解.

这是因为方程组(6.5)的两边可以乘以任意常数 C, 因此, 任何 π 的倍数也是式(6.5)的一个解.

还有一个条件我们没有用到. 作为一个分布, 所有的概率 π_x 必须加起来和为 1, 即

$$\pi_1 + \cdots + \pi_n = 1$$

只有式(6.5)的一个解满足这个条件, 它就是稳态分布.

$$\begin{array}{|c|}\hline \pi = \lim_{h \to \infty} P_h \\ \text{是下式的解：} \\ \begin{cases} \pi P = \pi \\ \sum_x \pi_x = 1 \end{cases} \\ \hline \end{array}$$

稳态分布

例 6.11（天气预报，续）　在例 6.7 中，晴天和雨天的转移概率矩阵为

$$\boldsymbol{P} = \begin{bmatrix} 0.7 & 0.3 \\ 0.4 & 0.6 \end{bmatrix}$$

这个马尔可夫链的稳态方程是

$$\boldsymbol{\pi P} = \boldsymbol{\pi}$$

或者

$$[\pi_1, \ \pi_2] = [\pi_1, \ \pi_2]\begin{bmatrix} 0.7 & 0.3 \\ 0.4 & 0.6 \end{bmatrix} = [0.7\pi_1 + 0.4\pi_2, \ 0.3\pi_1 + 0.6\pi_2]$$

我们得到一个方程组

$$\begin{cases} 0.7\pi_1 + 0.4\pi_2 = \pi_1 \\ 0.3\pi_1 + 0.6\pi_2 = \pi_2 \end{cases} \iff \begin{cases} 0.4\pi_2 = 0.3\pi_1 \\ 0.3\pi_1 = 0.4\pi_2 \end{cases} \iff \pi_2 = \frac{3}{4}\pi_1$$

我们看到方程组中的两个方程简化成了一个. 这总会发生：一个方程将由其他方程导出，这是因为方程组 $\boldsymbol{\pi P} = \boldsymbol{\pi}$ 是奇异的. 再使用标准化方程 $\sum_x \pi_x = 1$，即

$$\pi_1 + \pi_2 = \pi_1 + \frac{3}{4}\pi_1 = \frac{7}{4}\pi_1 = 1$$

可得

$$\pi_1 = 4/7, \qquad \pi_2 = 3/7$$

在这个城市悠久的历史中，$4/7 \approx 57\%$ 的天是晴天，$3/7 \approx 43\%$ 的天是雨天. ◇

147

例 6.12（共享设备，续）　在例 6.9 中，并发用户数量的转移概率矩阵为

$$\boldsymbol{P} = \begin{pmatrix} 0.64 & 0.32 & 0.04 \\ 0.40 & 0.50 & 0.10 \\ 0.25 & 0.50 & 0.25 \end{pmatrix}$$

让我们找到这个稳态分布. 它将自动作为我们对第二天或下个月的用户数量的预测. 因此，它将回答在 6.2.2 节末尾提出的问题.

稳态方程为

$$\begin{cases} 0.64\pi_0 + 0.40\pi_1 + 0.25\pi_2 = \pi_0 \\ 0.32\pi_0 + 0.50\pi_1 + 0.50\pi_2 = \pi_1 ; \\ 0.04\pi_0 + 0.10\pi_1 + 0.25\pi_2 = \pi_2 \end{cases} \quad \begin{cases} -0.36\pi_0 + 0.40\pi_1 + 0.25\pi_2 = 0 \\ 0.32\pi_0 - 0.50\pi_1 + 0.50\pi_2 = 0 \\ 0.04\pi_0 + 0.10\pi_1 - 0.75\pi_2 = 0 \end{cases}$$

通过消元的方法求解这一方程组，我们将第一个方程中的 π_2 表示出来，代入其他方程：

$$\begin{cases} \pi_2 = 1.44\pi_0 - 1.6\pi_1 \\ 0.32\pi_0 - 0.50\pi_1 + 0.50(1.44\pi_0 - 1.6\pi_1) = 0 ; \\ 0.04\pi_0 + 0.10\pi_1 - 0.75(1.44\pi_0 - 1.6\pi_1) = 0 \end{cases} \quad \begin{cases} \pi_2 = 1.44\pi_0 - 1.6\pi_1 \\ 1.04\pi_0 - 1.3\pi_1 = 0 \\ -1.04\pi_0 + 1.3\pi_1 = 0 \end{cases}$$

最后两个方程是等价的. 这已被预计到; 一个方程能够从其他方程导出, 所以我们"可能"在正确的轨道上.

将第二个方程中的 π_1 表示出来, 代入第一个方程:

$$\begin{cases} \pi_2 = 1.44\pi_0 - 1.6 \times 0.8\pi_0 \\ \pi_1 = 0.8\pi_0 \end{cases}; \quad \begin{cases} \pi_2 = 0.16\pi_0 \\ \pi_1 = 0.8\pi_0 \end{cases}$$

最后, 使用标准化方程:

$$\pi_0 + \pi_1 + \pi_2 = \pi_0 + 0.8\pi_0 + 0.16\pi_0 = 1.96\pi_0 = 1$$

从中我们计算出答案:

$$\pi_0 = 1/1.96 = 0.5102$$
$$\pi_1 = 0.8(0.5102) = 0.4082$$
$$\pi_2 = 0.16(0.5102) = 0.0816$$

这种找出稳态分布 π 的方式很直接, 却也很耗时. 对于这个特殊的问题, 练习 6.25 提供了一个更精简的解. ◇

P^h 的极限

那么, 大 h 下的 h 步转移概率是多少呢? 结果表明, 当 $h \to \infty$ 时, 矩阵 $P^{(h)}$ 也有一个极限, 其极限矩阵的形式为

$$\Pi = \lim_{h \to \infty} P^{(h)} = \begin{pmatrix} \pi_1 & \pi_2 & \cdots & \pi_n \\ \pi_1 & \pi_2 & \cdots & \pi_n \\ \vdots & \vdots & \cdots & \vdots \\ \pi_1 & \pi_2 & \cdots & \pi_n \end{pmatrix}$$

极限矩阵 Π 的所有行都相等, 它们由稳态概率 π_x 组成.

如何解释这种现象呢? 首先, 对某个非常遥远的未来的预测不应依赖于当前状态 $X(0)$. 比如说, 我们对下个世纪的天气预报不应该取决于今天的天气. 因此, 对所有 i, j 和 k, $p_{ik} = p_{jk}$, 这就是为什么 Π 的所有行都相一致.

其次, 我们的天气预报(独立于 $X(0)$)会通过长期的比例形式体现, 那就是 π_x. 事实上, 如果你下一年的假期是在 8 月, 那么准确的天气预报很可能是今年 8 月的历史平均值.

稳态

马尔可夫链的稳态是什么? 假设系统已经达到稳定状态, 因此, 当前的状态分布是 $P_t = \pi$. 系统进行了又一次转移, 分布变为 $P_{t+1} = \pi P$. 但 $\pi P = \pi$, 因此, $P_t = P_{t+1}$. 我们看到, 在稳态下转移不影响分布. 一个系统可以从一个状态转移到另一个状态, 但是状态的分布不会改变. 从这个意义上说, 它是稳定的.

稳态分布的存在性: 正则马尔可夫链

由微积分我们知道, 在某些情况下极限是不存在的. 同样地, 也存在没有稳态分布的马尔可夫链.

例 6.13(周期性马尔可夫链, 无稳态分布) 在国际象棋中, 骑士只能移动到不同颜色的方格, 从白到黑, 从黑到白. 那么其方格颜色的转移概率矩阵为

$$P = \begin{bmatrix} 0 & 1 \\ 1 & 0 \end{bmatrix}$$

计算 P^2，P^3 等，我们发现

$$P^{(h)} = P^h = \begin{cases} \begin{bmatrix} 1 & 0 \\ 0 & 1 \end{bmatrix} & \text{对于所有的奇数 } h \\[2ex] \begin{bmatrix} 0 & 1 \\ 1 & 0 \end{bmatrix} & \text{对于所有的偶数 } h \end{cases}$$

事实上，在任何奇数步之后，骑士的方格会改变它的颜色，而在任何偶数步之后，它会回到初始的颜色．因此，P^h 和 $P^{(h)}$ 是没有极限的．　　　　　　　　　　　　　　　◇

例 6.13 中的马尔可夫链的周期为 2，因为对于所有概率为 1 的 t，$X(t) = X(t+2)$．周期性马尔可夫链不是正则的；从任何状态开始，一些 h 步转移是可能的，而另一些则不可能，这取决于 h 是否能被周期整除．

还有一些稳态概率找不到的情况．我们需要一个判断稳态分布是否存在的标准．

定义 6.9　　如果对某个 h 和所有的 i，j，有

$$p_{ij}^{(h)} > 0$$

那么，这个马尔可夫链就是**正则**的．也就是说，对于某个 h，矩阵 $P^{(h)}$ 只有非零元素，并且任意状态之间的 h 步转移是可能的．

任何正则马尔可夫链都具有稳态分布．

例 6.14　　例 6.7 和例 6.9 中的马尔可夫链是正则的，因为对 $h=1$，所有的转移都是可能的，而且矩阵 P 不包含任何零．　　　　　　　　　　　　　　　　　　　　　　　◇

例 6.15　　具有转移概率矩阵

$$P = \begin{bmatrix} 0 & 1 & 0 & 0 \\ 0 & 0 & 1 & 0 \\ 0 & 0 & 0 & 1 \\ 0.9 & 0 & 0 & 0.1 \end{bmatrix}$$

的马尔可夫链也是正则的．矩阵 P 包含 0，P^2，P^3，P^4 和 P^5 也是如此．6 步转移概率矩阵

$$P^{(6)} = \begin{bmatrix} 0.009 & 0.090 & 0.900 & 0.001 \\ 0.001 & 0.009 & 0.090 & 0.900 \\ 0.810 & 0.001 & 0.009 & 0.180 \\ 0.162 & 0.810 & 0.001 & 0.027 \end{bmatrix}$$

不含 0，证明了该马尔可夫链的正则性．

事实上，在这个问题中不需要计算所有直到 $h=6$ 的 P^h．在图 6.4 的转移图中也可以看出规律．从图中可以看出，从任何状态 i 到状态 j 只需 6 步．事实上，在这个图中按逆时针方向移动，从状态 i 到状态 4 只需 $\leqslant 3$ 步．然后，我们从状态 4 到达状态 j 另外只需 $\leqslant 3$ 步，总共 $\leqslant 6$ 步．如果能在不到 6 步内从状态 j 到达状态 i，我们就用剩下的步环绕状态 4．

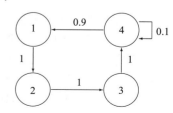

图 6.4　　例 6.15 中正则马尔可夫链的转移图

例如，从状态 1 到状态 2 的 6 个步骤如下：

$$1 \rightarrow 2 \rightarrow 3 \rightarrow 4 \rightarrow 4 \rightarrow 1 \rightarrow 2$$

注意，我们不需要计算 $p_{ij}^{(h)}$. 我们只需要验证它们对某个 h 都是正的.   ◇

例 6.16（非正则马尔可夫链，吸收态） 当存在状态 i 且 $p_{ii} = 1$ 时，马尔可夫链就不可能是正则的. 状态 i 没有出口，因此，对于所有的 h 和所有的 $j \neq i$，$p_{ij}^{(h)} = 0$，这种状态称为吸收. 例如，图 6.5a 中的状态 4 是吸收的，因此，马尔可夫链是非正则的.

可能有几个吸收态或整个吸收区，永远到达不了其余的状态. 例如，图 6.5b 中的状态 3、4 和 5 形成了某种百慕大三角的吸收区. 当这个过程在集合 $\{3, 4, 5\}$ 中发现自己时，从那里到集合 $\{1, 2\}$ 的路径就没有了. 因此，对所有的 h，概率 $p_{31}^{(h)}$，$p_{52}^{(h)}$ 和其他一些概率都等于 0. 虽然所有的 p_{ij} 可能都小于 1，但这种马尔可夫链仍然是非正则的.

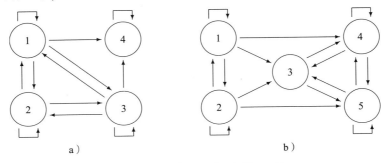

图 6.5 吸收态和吸收区（例 6.16）

注意，两个马尔可夫链都有稳态分布. 第一个过程最终将达到状态 4，并将永远停留在那里. 因此，$X(h)$ 的极限分布是 $\pi = \lim P_h = (0, 0, 0, 1)$. 第二个马尔可夫链最终会离开状态 1 和 2，因此，它的极限（稳态）分布的形式为 $\boldsymbol{\pi} = (0, 0, \pi_3, \pi_4, \pi_5)$.   ◇

结论

本节为我们提供了一个分析相当复杂的随机系统的重要方法. 一旦确定了过程的马尔可夫性，就只剩找到它的 1 步转移概率了. 然后，可以计算稳态分布，因此，在足够多的转移后，我们能得到过程在任何时间的分布.

这种方法将是我们在第 7 章研究排队系统并评估其性能时的主要研究工具.

6.3 计数过程

大量的情况可以通过计数过程来描述. 从这个名字就可以清楚地看出，它们计数. 它们所计数的内容在不同的过程中有很大的不同. 这些计数内容可能是收到的工作、完成的任务、传输的消息、检测到的错误、得到的分数等.

定义 6.10   如果 $X(t)$ 是到时间 t 为止所计的项数，则随机过程 X 在**计数**.

随着时间的推移，人们可以计数增加的项目，因此，计数过程的样本路径总是不递减的. 而且，计数是非负整数 $X(t) \in \{0, 1, 2, 3, \cdots\}$. 因此，所有的计数过程都是离散状态的.

例 6.17（电子邮件和附件） 图 6.6 为两个计数过程的样本路径，$X(t)$ 为 t 时刻发送的电子邮件数量，$A(t)$ 为发送的附件数量．从图中可以看出，电子邮件在 $t=8$，22，30，32，35，40，41，50，52，57 分钟时发送．电子邮件计数过程 $X(t)$ 每次增长 1．在这些电子邮件中只有 3 封包含附件．某人在 $t=8$ 时发送了一个附件，在 $t=35$ 时又发送了 5 个附件，使得 $A(35)=6$，在 $t=50$ 时又发送了 2 个附件，使得 $A(50)=8$． ◇

后面将详细讨论两类计数过程：离散时间二项过程和连续时间泊松过程．

6.3.1　二项过程

我们再次考虑一系列成功概率为 p 的独立伯努利试验（3.4.1 节～3.4.4 节），并开始计数"成功"．

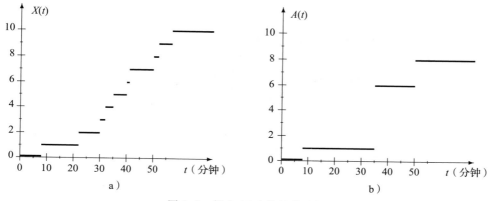

图 6.6　例 6.17 中的计数过程

定义 6.11　二项过程 $X(n)$ 是前 n 次独立的伯努利试验的成功次数，其中 $n=0$，1，2，⋯ 152
它是一个离散时间、离散空间计数的随机过程．此外，它符合马尔可夫性，因此是马尔可夫链．

由 3.4.2 节～3.4.3 节可知，任意时刻 n 的 $X(n)$ 的分布为 $\mathrm{Binomial}(n，p)$，连续两次成功之间的试验次数 Y 为 $\mathrm{Geometric}(p)$（图 6.7）．

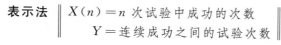

表示法　$X(n)=n$ 次试验中成功的次数
$Y=$ 连续成功之间的试验次数

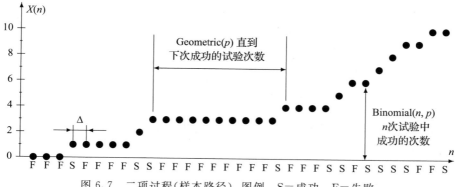

图 6.7　二项过程（样本路径）．图例：S＝成功，F＝失败

与实时的关系：帧

"时间"变量 n 实际上度量的是试验次数. 它不是用分钟或秒表示的. 然而, 它可以与实时相关.

假设每次伯努利实验时间间隔相同, 均为 Δ 秒. 那么 n 次实验发生在 $t = n\Delta$ 内, 因此, 在时刻 t, 过程的值服从二项分布, 其参数为 $n = t/\Delta$ 和 p. 因此, t 秒内的预期成功次数为

$$E\left\{X\left(\frac{t}{\Delta}\right)\right\} = \frac{t}{\Delta} p$$

这相当于每秒的成功次数为

$$\lambda = \frac{p}{\Delta}$$

定义 6.12   到达率 $\lambda = p/\Delta$ 是每一个时间单位的平均成功次数. 每次伯努利试验的时间间隔 Δ 称为**帧**. **到达间隔时间**是成功与成功之间的时间.

153

到达率和到达间隔时间这些概念用二项计数过程对任务、消息、客户等的到达建模, 二项计数过程是离散时间排队系统中常见的方法 (7.3 节). 这样的模型的关键假设是在每个 Δ 秒帧内允许不超过 1 个到达, 每一帧是一次伯努利试验. 如果这种假设出现不合理的情况, 以及两个或两个以上的到达可能发生在同一帧, 你就必须使用更小的 Δ 来对过程建模.

表示法	
	$\lambda =$ 到达率
	$\Delta =$ 帧的大小
	$p =$ 每帧 (试验) 到达 (成功) 的概率
	$X(t/\Delta) =$ 到时刻 t 为止的到达数
	$T =$ 到达间隔时间

间隔时间由一个几何分布的帧数 Y 组成, 每一帧是 Δ 秒. 因此, 到达间隔时间为

$$T = Y\Delta$$

这是一个新的几何随机变量, 可能值为 Δ, 2Δ, 3Δ, 等等. 它的期望和方差是

$$E(T) = E(Y)\Delta = \frac{1}{p}\Delta = \frac{1}{\lambda}$$

$$\mathrm{Var}(T) = \mathrm{Var}(Y)\Delta^2 = (1-p)\left(\frac{\Delta}{p}\right)^2 \text{ 或 } \frac{1-p}{\lambda^2}$$

二项计数过程	$\lambda = p/\Delta$
	$n = t/\Delta$
	$X(n) = \mathrm{Binomial}(n, p)$
	$Y = \mathrm{Geometric}(p)$
	$T = Y\Delta$

例 6.18(主机笔记本)   任务以每分钟 2 个的速度被发送到主机计算机. 到达是由二项计数过程来建模的.

(a) 选择这样一个帧的大小, 使每帧中 1 个新任务的概率等于 0.1.

(b) 使用所选的帧, 计算 1 分钟内收到 3 个以上任务的概率.

(c) 计算 10 分钟内超过 30 个任务的概率.

(d) 平均到达间隔时间是多少？方差是多少？

(e) 计算下一个任务在接下来的 30 秒内没有到达的概率.

154

解　(a) 我们有 $\lambda = 2/$分钟，$p = 0.1$. 那么

$$\Delta = \frac{p}{\lambda} = 0.05 \text{ 分钟或 3 秒}$$

(b) 在 $t = 1$ 分钟内，我们有 $n = t/\Delta = 20$ 帧. 这段时间内的任务数是 Binomial($n = 20$, $p = 0.1$). 由表 A2(在附录中)可得

$$P\{X(n) > 3\} = 1 - P\{X(n) \leqslant 3\} = 1 - 0.8670 = 0.1330$$

(c) 这里 $n = 10/0.05 = 200$ 帧，我们使用正态逼近 Binomial(n, p). 加上适当的连续性校正，并使用表 A4：

$$P\{X(n) > 30\} = P\{X(n) > 30.5\} = P\left\{\frac{X(n) - np}{\sqrt{np(1-p)}} > \frac{30.5 - (200)(0.1)}{\sqrt{(200)(0.1)(1 - 0.1)}}\right\}$$
$$= P\{Z > 2.48\} = 1 - 0.9934 = 0.0066$$

比较问题(b)和(c)，注意 1 分钟内 3 个任务和 10 分钟内 30 个任务是不一样的！

(d) $E(T) = 1/\lambda = 1/2$ 分钟或 30 秒. 直观上讲，这很清楚，因为任务每分钟到达两个. 到达间隔时间有方差

$$\text{Var}(T) = \frac{1 - p}{\lambda^2} = \frac{0.9}{2^2} = 0.225$$

(e) 对到达间隔时间 $T = Y\Delta = Y(0.05)$ 和几何变量 Y，有

$$P\{T > 0.5 \text{ 分钟}\} = P\{Y(0.05) > 0.5\} = P\{Y > 10\}$$

$$= \sum_{k=11}^{\infty} (1-p)^{k-1} p = (1-p)^{10} = (0.9)^{10} = 0.3138$$

或者，这也是在 $n = t/\Delta = 0.5/0.05 = 10$ 帧内没有到达的概率，即 $(1-p)^{10}$.　　　◇

马尔可夫性

二项计数过程是马尔可夫过程，具有转移概率

$$p_{ij} = \begin{cases} p & \text{若} \quad j = i+1 \\ 1-p & \text{若} \quad j = i \\ 0 & \text{其他} \end{cases}$$

也就是说，在每一帧中，如果成功，成功次数 X 增加 1，如果失败，成功的次数保持不变 (见图 6.8). 转移概率是常数，不随时间变化，且与 $X(n)$ 的过去值无关，因此，它是一个稳态马尔可夫链.

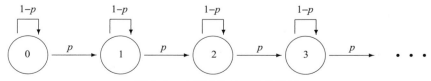

图 6.8　二项计数过程的转移图

155

这个马尔可夫链是非正则的, 因为 $X(n)$ 是不递减的, 因此对所有 h, $p_{10}^{(h)} = 0$. 一旦我们看到一个成功, 成功次数将永远不会回到零. 因此, 这个过程没有稳态分布.

h 步转移概率简单地形成了一个二项分布. 实际上, $p_{ij}^{(h)}$ 是在 h 转移中从 i 次到 j 次成功的概率, 即

$$p_{ij}^{(h)} = P\{h \text{ 次试验中 } j - i \text{ 次成功}\} = \begin{cases} \dbinom{h}{j-i} p^{j-i}(1-p)^{h-j+i}, & \text{若} \quad 0 \leqslant j - i \leqslant h \\ 0, & \text{其他} \end{cases}$$

注意: 转移概率矩阵有 ∞ 行和 ∞ 列, 因为 $X(n)$ 可以在 n 足够大的情况下取到任意大的值:

$$\boldsymbol{P} = \begin{pmatrix} 1-p & p & 0 & 0 & \cdots \\ 0 & 1-p & p & 0 & \cdots \\ 0 & 0 & 1-p & p & \cdots \\ 0 & 0 & 0 & 1-p & \cdots \\ \cdots & \cdots & \cdots & \cdots & \end{pmatrix}$$

6.3.2 泊松过程

连续时间

现在我们把注意力转向连续时间随机过程. 时间变量 t 将在整个时间间隔内连续变化, 因此, 即使在一分钟内, 过程 $X(t)$ 可能发生变化的时刻也将无限多. 那么, 如何研究这样的模型呢?

通常一个连续时间过程可以看作是某个离散时间过程的极限, 该离散时间过程的帧的大小逐渐减小到零, 因此, 允许在任何固定的时间内有更多的帧:

$$\Delta \downarrow 0, \quad n \uparrow \infty$$

例 6.19 为了说明这一点, 让我们回忆一下电影是如何制作的. 虽然屏幕上的所有运动似乎是连续的, 但我们知道无限数量的信息不能存储在一个录像带中. 实际上, 我们看到的是一系列离散的曝光, 它们运行得如此之快, 以至于每个动作看起来都是连续且平滑的.

早期的摄像机拍摄曝光相当慢, 连续拍摄之间的间隔 Δ 很长 ($0.2 \sim 0.5$ 秒). 因此, 录制的视频质量相当低. 电影 "太离散".

现代摄像机可以拍摄达到每秒 200 次曝光, 实现了 $\Delta = 0.005$. 有了这样一个小的 Δ, 由此产生的电影似乎是完全连续的. 一个更短的帧 Δ 导致了 "更连续的" 过程 (图 6.9).

极限情况下的泊松过程

从离散时间到连续时间, 泊松过程是二项计数过程 $\Delta \downarrow 0$ 的极限情况.

定义 6.13 **泊松过程**是一个连续时间计数随机过程, 由当帧的大小 Δ 减少到 0 而到达率 λ 保持不变时的二项计数过程得到.

我们现在可以研究泊松过程, 方法是采用二项计数过程, 并将其帧的大小减小到零.

考虑一个二项计数过程, 计数以速率 λ 发生的到达或其他事件. 设 $X(t)$ 表示直到时刻 t 为止到达发生的次数. 如果我们让帧的大小 Δ 收敛于 0, 那么在这一过程中会发生什么?

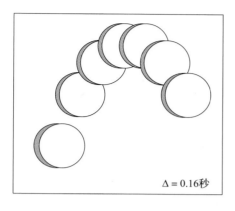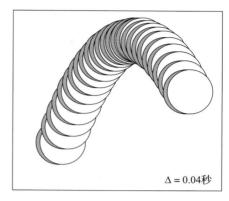

Δ＝0.16秒   Δ＝0.04秒

图 6.9   从离散运动到连续运动：减少帧的大小 Δ

到达率 λ 保持不变. 无论你选择的帧 Δ 是什么，到达以相同的速率发生（比如消息到达服务器）.

t 时刻内的帧数增加到无穷大：

$$n = \frac{t}{\Delta} \uparrow \infty, \quad \text{当 } \Delta \downarrow 0 \text{ 时}$$

每一帧内到达的概率与 Δ 成正比，所以它也减少到 0：

$$p = \lambda\Delta \downarrow 0, \quad \text{当 } \Delta \downarrow 0 \text{ 时}$$

那么，时间 t 内的到达次数是一个期望为

$$EX(t) = np = \frac{tp}{\Delta} = \lambda t$$

的 Binomial(n, p) 变量. 在极限情况下，当 Δ$\downarrow$0，$n\uparrow\infty$，以及 $p\downarrow$0 时，它变成了一个参数为 $np=\lambda t$ 的泊松变量

$$X(t) = \text{Binomial}(n, p) \to \text{Poisson}(\lambda)$$

到达间隔时间 T 与 cdf 一起成为随机变量：

$$
\begin{aligned}
F_T(t) = P\{T \leqslant t\} &= P\{Y \leqslant n\} \\
&= 1 - (1-p)^n \\
&= 1 - \left(1 - \frac{\lambda t}{n}\right)^n \\
&\to 1 - e^{\lambda t}
\end{aligned}
$$

由于 $T = Y\Delta$，$t = n\Delta$
Y 的几何分布

由于 $p = \lambda\Delta = \lambda t/n$
这就是"欧拉极限"：
$(1 + x/n)^n \to e^x$，当 $n \to \infty$ 时

我们得到的是指数分布的 cdf！因此，到达时间间隔是参数为 λ 的指数分布.

此外，第 k 次到达的时间 T_k 是 k 次有 Gamma(k, λ) 分布的指数到达间隔时间之和. 由此，我们立即得到熟悉的伽马-泊松公式（4.14），

$$P\{T_k \leqslant t\} = P\{\text{时刻 } t \text{ 之前的第 } k \text{ 次到达}\} = P\{X(t) \geqslant k\}$$

其中 T_k 服从 Gamma(k, λ)，$X(t)$ 服从 Poisson(λt).

$$
\begin{array}{|l|}
\hline
X(t) = \text{Poisson}(\lambda t) \\
T = \text{Exponential}(\lambda) \\
T_k = \text{Gamma}(k, \lambda) \\
P\{T_k \leqslant t\} = P\{X(t) \geqslant k\} \\
P\{T_k > t\} = P\{X(t) < k\} \\
\hline
\end{array}
$$

泊松过程

一些泊松过程的样本路径如图 6.10 所示.

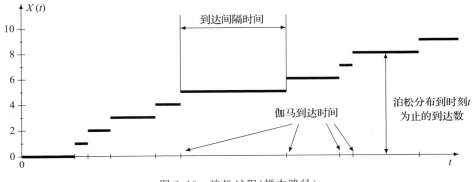

图 6.10   泊松过程(样本路径)

例 6.20(网站的点击率)   某个网站的点击量遵循强度参数为 $\lambda = $ 每分钟 7 次点击的泊松过程. 平均而言, 达到 10 000 次点击需要多少时间? 24 小时内发生这种情况的概率是多少?

解   第 10 000 次点击的时间 T_k 有参数为 $k = 10\,000$ 和 $\lambda = 7/$分钟的伽马分布. 那么, 第 k 次点击的期望时间为

$$
\mu = E(T_k) = \frac{k}{\lambda} = \underline{1428.6 \text{ 分钟或 } 23.81 \text{ 小时}}
$$

还有

$$
\sigma = \text{Std}(T_k) = \frac{\sqrt{k}}{\lambda} = 14.3 \text{ 分钟}
$$

根据 4.3 节的中心极限定理, 我们可以用正态逼近 T_k 的分布. 第 10 000 次点击发生在 24 小时内(1440 分钟)的概率是

$$
P\{T_k < 1440\} = P\left\{\frac{T_k - \mu}{\sigma} < \frac{1440 - 1428.6}{14.3}\right\} = P\{Z < 0.80\} = \underline{0.7881} \qquad \Diamond
$$

罕见事件与建模

泊松过程的一个更传统的定义听起来是这样的.

定义 6.14   泊松过程 $X(t)$ 是一个具有独立增量的连续时间计数过程, 例如

(a) $P\{X(t+\Delta) - X(t) = 1\} = \lambda\Delta + o(\Delta)$, 当 $\Delta \to 0$ 时;

(b) $P\{X(t+\Delta) - X(t) > 1\} = o(\Delta)$, 当 $\Delta \to 0$ 时.

在这个定义中，差 $X(t+\Delta)-X(t)$ 被称为增量. 对于泊松过程来说，增量是在时间间隔 $(t, t+\Delta]$ 内到达的数量.

性质(a)和(b)隐含了已知的事实，因为小的数量比 Δ 更快收敛于 0，二项过程概率与它们的极限 $(\Delta \to 0)$ 的差是一个比 Δ 更快收敛于 0 的量. 这个数量一般用 $o(\Delta)$ 表示：

$$\frac{o(\Delta)}{\Delta} \to 0, \text{ 当 } \Delta \to 0 \text{ 时}$$

159

对于二项计数过程来说，$P\{X(t+\Delta)-X(t)=1\}$ 是每帧一次到达的概率，它等于 $P=\lambda\Delta$，而超过 1 次到达的概率是零. 对于泊松过程来说，这些概率可能会有所不同，但差别很小.

最后一个定义正式地描述了我们所说的**罕见事件**. 这些事件随机发生；在短时间间隔内发生新事件的概率与该时间间隔的长度成正比. 在这段时间内发生一个以上事件的概率比这种时间间隔的长度要小得多. 这样的一系列事件很适合用泊松过程来建立随机模型. 罕见事件包括电话呼叫、消息到达、病毒攻击、代码错误、交通事故、自然灾害、网络中断等.

例 6.21（主机计算机，续） 现在让我们用泊松过程在例 6.18 中对任务到达进行建模. 保持相同的到达率 $\lambda=2/$ 分钟，也许这将消除不必要的假设：在任何给定帧内到达的任务数不能超过 1.

再次看例 6.18 中的(b)～(e)，我们现在得到

（b）1 分钟内超过 3 个任务的概率是
$$P\{X(1) > 3\} = 1 - P\{X(1) \leqslant 3\} = 1 - 0.8571 = 0.1429$$
它来自表 A3，参数为 $\lambda t = 2 \times 1 = 2$.

（c）10 分钟内超过 30 个任务的概率是
$$P\{X(10) > 30\} = 1 - P\{X(10) \leqslant 30\} = 1 - 0.9865 = 0.0135$$
它来自表 A3，参数为 $\lambda t = 2 \times 10 = 20$.

（d）对于到达间隔时间的指数分布（$\lambda=2$），我们再次得到
$$E(T) = \frac{1}{\lambda} = 0.5 \text{ 分钟 } 30 \text{ 秒}$$

这是因为不管我们是用二项过程还是泊松过程对任务的到达进行建模，任务到达计算机的速度都是一样的. 同时，
$$\text{Var}(T) = \frac{1}{\lambda^2} = 0.25$$

（e）下一个任务在 30 秒内没有到达的概率是
$$P\{T > 0.5 \text{ 分钟}\} = e^{-\lambda(0.5)} = e^{-1} = 0.3679$$
或者，这也是 0.5 分钟内没有到达的概率，即
$$P\{X(0.5) = 0\} = 0.3679$$
它来自表 A3，参数为 $\lambda t = 2 \times 0.5 = 1$.

我们看到，大多数结果与例 6.18 略有不同，相同的事件是由二项计数过程建模的. 值得注意的是，到达间隔时间的方差增加了. 二项过程引入了对每帧到达数的限制，因此减少了可变性.   ◇

160

6.4 随机过程模拟

随机过程的许多重要特征需要冗长复杂的计算，除非用蒙特卡罗方法进行估计. 有人可能有兴趣去探索一个过程到达某一水平所用的时间，该过程超过某一水平或另一过程所用的时间，一个过程先于另一个过程到达某值的概率，等等. 同样，预测随机过程的未来行为也很重要.

离散时间过程

离散时间随机过程的样本路径通常是序列模拟的. 我们从 $X(0)$ 开始，然后从给定 $X(0)$ 下 $X(1)$ 的条件分布来模拟 $X(1)$:

$$P_{X_1|X_0}(x_1 \mid x_0) = \frac{P_{X_0, X_1}(x_0, x_1)}{P_{X_0}(x_0)} \tag{6.6}$$

然后从给定 $X(0)$ 和 $X(1)$ 下 $X(2)$ 的条件分布来模拟 $X(2)$:

$$P_{X_2|X_0, X_1}(x_2 \mid x_0, x_1) = \frac{P_{X_0, X_1, X_2}(x_0, x_1, x_2)}{P_{X_0, X_1}(x_0, x_1)} \tag{6.7}$$

以此类推. 在连续状态(但仍然是离散时间)过程中，式(6.6)和式(6.7)中的概率质量函数 $P_{X_j}(x_j)$ 将被密度 $f_{X_j}(x_j)$ 代替.

马尔可夫链

对马尔可夫链，式(6.6)和式(6.7)中的所有条件分布都有一个由 1 步转移概率给出的简单形式. 然后，模拟算法简化为

算法 6.1 马尔可夫链模拟

---

1. 初始化: 从初始分布 $P_0(x)$ 生成 $X(0)$.
2. 转移: 生成 $X(t)=i$ 后，生成 $X(t+1)$ 作为一个离散的随机变量，其值为 j，概率为 p_{ij}. 参见算法 5.1.
3. 返回到步骤 2，直到生成足够长的样本路径.

例 6.22(天气预报和水资源) 在例 6.8 中，晴天和雨天的马尔可夫链具有初始分布

$$\begin{cases} p_0(\text{晴天}) = p_0(1) = 0.2 \\ p_0(\text{雨天}) = p_0(2) = 0.8 \end{cases}$$

和转移概率矩阵

$$\boldsymbol{P} = \begin{bmatrix} 0.7 & 0.3 \\ 0.4 & 0.6 \end{bmatrix}$$

为简单起见，晴天用 $X=1$ 表示，雨天用 $X=2$ 表示. 以下代码将生成未来 100 天的天气预报.

```
    —— R           —— MATLAB ——
N <- 100           N = 100;              % 样本路径长度
X <- rep(0,N)      X = zeros(N,1);       % 初始化
Q <- c(0.2,0.8)    Q = [0.2 0.8];        % 初始分布
```

```
prob <- c(.7,.4,.3,.6)        P = [0.7 0.3; 0.4 0.6];   % 概率向量
P <- matrix(prob,2,2)                                   % 转移概率矩阵
U <- runif(N)                 U = rand(N,1);            % N 个一致的变量
for (t in 1:N) {              for t=1:N;                % X 循序模拟
 X[t] <- (U[t]<=Q[1])+         X(t) = (U(t)<=Q(1))+...  % X(t)=1 和概率 Q(1)
    2*(U[t] > Q[1])              2*(U(t) > Q(1));       % X(t)=2 和概率 Q(2)
 Q <- P[ X[t], ]              Q = P(X(t),:);            % P 的第 X(t) 行
                                                        %   是 pmf X(t+1)
}; X                          end; X                    % X 的最终路径
```

这个程序返回一个状态序列，看起来像这样：

221112221222112111111112222222211212112222111111111112221211221…

注意每段晴天 ($X=1$) 和雨天 ($X=2$) 都相当长，这显示了生成的变量之间的相关性. 这是因为晴天之后更有可能是下一个晴天，而雨天之后更有可能是下一个雨天.

　　产生大量这样的序列，我们可以估计，例如，在接下来的一年里，连续 20 天不下雨的概率，两次这样的干旱天之间的平均时间，一年内干旱可能发生的次数，等等. 这种预测可以运用到实际生活中，做到合理分配水资源. ◇

二项过程

　　二项过程的模拟相当简单，因为它是基于一系列独立的伯努利试验. 在模拟这样的一个序列之后，部分和计算如下：

```
—— R ——                     —— MATLAB ——
N <- 100; p <- 0.4;          N = 100; p = 0.4;
X <- rep(0,N)                X = zeros(N,1);         % 初始化
Y <- rbinom(N,1,p)           Y = binornd(1,p,N,1);   % 伯努利 (p) 序列
X[1] <- Y[1]                 X(1) = Y(1);            %   随机变量
for (t in 2:N) {             for t = 2:N;            % X(t) 是首个
 X[t]<-X[t-1]+Y[t]            X(t)=X(t-1)+Y(t);      %   t 次伯努利试验
}; X                         end; X                  %   成功的次数
```

162

这是实时观察模拟随机过程的一个很好的例子. 任何随机过程都会随时间变化，对吗？生成的离散时间二项过程的动画可以创建如下：

```
—— R ——                     —— MATLAB ——
plot(1,X[1],                 plot(1,X(1),'o');       % 开始绘图
  xlim=c(0,N),               axis([0 N 0 max(X)]);   %   为所有 X(t)
  ylim=c(0,max(X)))          hold on;                % 做一个方框
for (t in 2:N) {             for t=2:N;
  points(t,X[t])              plot(t,X(t),'o');      % 保留所有的点
  Sys.sleep(0.5)              pause(0.5);            % 用圆画点
}                            end; hold off           %   每点后停顿半秒
```

如果你可以使用 R 或 MATLAB，尝试这个代码. 你会看到一个真正的帧 Δ 为半秒的离散时间过程.

连续时间过程

　　连续时间过程的模拟存在一个明显的问题. 时间 t 在某段时间间隔内连续运行，在这个范围内会取无穷多个值. 但是，我们不能在计算机的内存中存储无限个随机变量！

　　对于大多数实际的用途，可以生成一个帧 Δ (离散化) 相当短的离散时间过程. 例如，一个二维的布朗运动过程，一个具有连续样本路径和独立的双变量正态增量的连续时间过程

都可以用以下代码来模拟:

```R
——— R ———
N<-10000
X<-matrix(rep(0,N*2),N,2)
Z<-matrix(rnorm(N*2),N,2)
X[1,]<-Z[1,]
for (t in 2:N) { X[t,]<-X[t-1,]+Z[t,] }
Xlimits = c(min(X[,1]),max(X[,1]))
Ylimits = c(min(X[,2]),max(X[,2]))
for (t in 2:N) { plot(X[1:t,],
  type='l', xlim=Xlimits, ylim=Ylimits) }
```

```MATLAB
——— MATLAB ———
N=10000;
X=zeros(N,2);
Z=randn(N,2);
X(1,:)=Z(1,:);
for t=2:N;
 X(t,:)=X(t-1,:)+Z(t,:);
end;
comet(X(:,1),X(:,2));
```

最后一个命令 comet, 创建生成的进程的二维动画. 推荐 MATLAB 用户以类似的方式定义一个三维布朗运动过程, 并使用 comet3 命令对其进行动画处理.

泊松过程

泊松过程无须离散化即可生成. 的确, 虽然它们是连续时间的, 但 $X(t)$ 的值在每个间隔内只能改变有限的次数. 每一次一个新的 "罕见事件" 或到达发生时, 过程会变化, 在一个区间长度 t 内的发生次数为 Poisson(λt).

然后, 它足以产生这些到达的时刻. 再如我们从 6.3.2 节中所知, 首次到达时间服从 Exponential(λ), 并且每个到达间隔时间服从 Exponential(λ). 然后, 在时间间隔 $[0, M]$ 内可以生成一部分泊松过程, 并使用以下代码进行 "动画".

```R
——— R ———
M <- 1000; lambda <- 0.04;   # M 是我们的时间帧
S <- 0; T <- 0;              # 是到达时间的增长向量
while (S <= M) {             # 当到达时间 S 超过 M 时, 循环结束
  S <- S + rexp(1,lambda);   # 增加指数到达时间
  T <- c(T,S);      }        # 将新的到达时间存储在 T 中
N <- length(T);             # 产生的到达数
X <- rep(1,M);              # 初始化泊松过程
for (t in 1:M) {
  X[t] <- sum(T <= t)       # X[t] = 到时刻 t 为止的到达数
  plot(X[1:t],xlim=c(0,M),ylim=c(0,N))       # 到时刻 t 为止的 X 的路径
}
```

```MATLAB
——— MATLAB ———
M=1000; lambda=0.04;        % M 是我们的时间帧
S=0; T=0;                   % T 是到达时间的增长向量
while S<=M;                 % 当到达时间 S 超过 M 时, 循环结束
  S=S+exprnd(1/lambda);     % 增加指数到达时间
  T=[T S];                  % 到达时间向量扩展了
end;                        % 一个元素
N=length(T);                % 产生的到达数
X=zeros(M,1);               % 初始化泊松过程
for t=1:M;
  X(t)=sum(T<=t);           % X(t) =到时刻
end;                        % t 为止的到达数
comet(X);                   % 生成过程的动画!
```

归纳总结

随机过程是随时间变化、演化和发展的随机变量. 根据可能的时间和可能的值, 存在离散时间和连续时间、离散状态和连续状态过程.

马尔可夫过程是一类重要的过程, 它只需要最近过程的值来预测未来的概率. 然后, 利用马尔可夫链的初始分布和转移概率充分描述马尔可夫链. 它的极限行为, 经过大量的转移后是由一个稳态分布决定的, 我们通过求解一个稳态方程组来计算它. 二项和泊松计数过程都是马尔可夫过程, 分别具有离散时间和连续时间.

因此, 我们发展了一个研究相当复杂的随机 (包含不确定性) 系统的重要工具. 只要过程是马尔可夫过程, 我们就计算它的预测、稳态分布以及其他概率、期望和感兴趣的量. 连续时间过程可以看作是当帧的大小减少到零时的离散时间过程的极限.

164

在下一章中, 我们将使用这种方法来评估排队系统的性能.

练习题

6.1　一个小型计算机实验室有两个终端. 在这个实验室工作的学生人数在每个小时结束时会被记录下来. 计算机助理注意到以下模式:
- 如果一个实验室没有学生或有 1 名学生, 那么 1 小时内的学生人数有 50%–50% 的概率增加 1 名或保持不变.
- 如果一个实验室有 2 名学生, 那么 1 小时内的学生人数有 50%–50% 的概率减少 1 名或保持不变.

（a）写出这个马尔可夫链的转移概率矩阵.

（b）这是一个正则马尔可夫链吗? 证明你的答案.

（c）假设早上 7 点实验室没有人. 上午 10 点没有人在实验室工作的概率是多少?

6.2　计算机系统可以在两种不同的模式下运行. 每小时根据转移概率矩阵

$$\begin{bmatrix} 0.4 & 0.6 \\ 0.6 & 0.4 \end{bmatrix}$$

保持相同模式或切换到不同模式.

（a）计算 2 步转移概率矩阵.

（b）如果系统在下午 5:30 时处于模式 I, 那么当天晚上 8:30 处于模式 I 的概率是多少?

6.3　马尔可夫链可以直接运用于遗传学中. 这里有一个例子.

一只黑色狗的后代是黑色的概率是 0.6, 是棕色的概率是 0.4. 一只棕色的狗的后代是黑色的概率是 0.2, 是棕色的概率是 0.8.

（a）写出这个马尔可夫链的转移概率矩阵.

（b）Rex 是一只棕色的狗. 计算它的孙子是黑色的概率.

6.4　每天, Eric 从家到大学都走同一条街. 沿路有 4 个路灯, Eric 注意到以下的马尔可夫依赖关系: 如果他在十字路口看到绿灯, 那么下一个灯仍是绿灯的概率是 60%, 是红灯的概率是 40%；然而，如果他看到红灯，那么下一个灯仍是红灯的概率是 70%，是绿灯的概率是 30%.

(a) 构造路灯的转移概率矩阵.

(b) 如果第一个灯是绿灯，那么第三个灯是红灯的概率是多少？

(c) 在 Eric 的同学 Jacob 的家和大学之间有许多路灯. 如果第一个路灯是绿灯，那么最后一个路灯是红灯的概率是多少？（使用稳态分布）

6.5　彩虹星球上晴天和雨天的模式是一个具有两种状态的齐次马尔可夫链. 每个晴天之后是另一个晴天的概率为 0.8. 每个雨天之后是另一个雨天的概率为 0.6. 计算一下彩虹星球上明年 4 月 1 日下雨的概率.

6.6　当没有需要处理的任务时，计算机设备可以处于忙碌模式（状态 1），也可以处于空闲模式（状态 2）. 在忙碌模式下，任何时间它可以完成任务，并进入空闲模式的概率为 0.2. 因此，在忙碌模式下，它有 0.8 的概率再保持一分钟. 在空闲模式下，它每分钟接收一个新任务的概率为 0.1，并进入忙碌模式. 因此，它以 0.9 的概率在空闲模式下再保持一分钟. 初始状态 X_0 是空闲的. 设 X_n 为 n 分钟后设备的状态.

(a) 求 X_2 的分布.

(b) 求 X_n 的稳态分布.

6.7　一个马尔可夫链具有转移概率矩阵

$$P = \begin{pmatrix} 0.3 & \cdots & 0 \\ 0 & 0 & \cdots \\ 1 & \cdots & \cdots \end{pmatrix}$$

(a) 填空.

(b) 证明这是一个正则马尔可夫链.

(c) 计算稳态概率.

6.8　马尔可夫链有三种可能的状态：A、B 和 C. 每小时转移到不同的状态. 从状态 A 转移到状态 B 和状态 C 的可能性是相等的. 从状态 B 转移到状态 A 和状态 C 的可能性是相等的. 从状态 C 一定转移到状态 A. 求出状态的稳态分布.

6.9　任务以平均每分钟 6 个的速度发送到超级计算机. 它们的到达是通过 2 秒帧的二项计数过程来建模的.

(a) 计算 10 秒内发送 2 个以上任务的概率.

(b) 计算在 100 秒内发送超过 20 个任务的概率. 你可以使用一个合适的近似值.

6.10　交互式消息中心接收的电子消息数采用 15 秒帧的二项计数过程进行建模. 平均到达率是每分钟 1 条消息. 计算在 2 分钟内收到 3 条以上消息的概率.

6.11　任务以平均每分钟 2 个的速度发送到打印机. 用二项计数过程来对这些任务进行建模.

(a) 在任何给定帧内，何种帧长 Δ 可以使一次到达的概率为 0.1？

(b) 用这个 Δ 值，计算出一个小时内发送到打印机任务数的期望和标准差.

6.12　平均每分钟有两架飞机降落在某个国际机场. 我们想用二项计数过程的方法来模拟

降落的次数.

(a) 为了保证在任何一帧中降落的概率不超过 0.1, 应该使用什么样的帧长?

(b) 使用选择的帧, 计算在接下来的 5 分钟内没有飞机降落的概率.

(c) 使用选择的帧, 计算在接下来的一个小时内有超过 100 架飞机降落的概率.

6.13　平均每 12 秒就有一位顾客使用某张电话卡打电话. 用一个 2 秒帧的二项计数过程建模. 求两个连续电话之间的时间(以秒为单位)的平均值和方差.

6.14　某一互联网服务提供商的客户以平均每分钟 3 名客户的速度连接到互联网. 假设用 5 秒帧进行二项统计, 计算在接下来的 3 分钟内超过 10 个新连接的概率. 计算连接之间秒数的均值和标准差.

6.15　互联网服务提供商的客户以平均每分钟 12 个新连接的速度连接到互联网. 连接由二项计数过程建模.

(a) 在任何给定帧内, 何种帧长 Δ 可以使一次到达的概率为 0.15?

(b) 使用这个 Δ 值, 计算两个连续的连接之间秒数的期望和标准差.

6.16　消息按照每分钟 30 帧的二项计数过程到达传输中心. 平均到达率是每小时 40 条消息. 计算上午 10:00 至 10:30 到达的消息数量的平均值和标准差.

6.17　信息到达电子信息中心的时间是随机的, 平均每小时 9 条.

167

(a) 在接下来的一小时内收到至少 5 条信息的概率是多少?

(b) 在接下来的一小时内正好收到 5 条信息的概率是多少?

6.18　消息按照平均到达间隔时间为 15 秒的二项计数过程到达交互式消息中心. 选择一个大小为 5 秒的帧, 计算在 200 分钟内, 不超过 750 条消息到达的概率.

6.19　消息到达电子邮件服务器的平均速度为每 5 分钟 4 条消息. 通过二项计数过程建模.

(a) 在给定的帧长中, 使新消息到达的概率等于 0.05 的帧长是多少?

(b) 假设有 50 条消息在 1 小时内到达. 这是否意味着到达率在增加? 使用(a)中计算的帧.

6.20　断电是按照泊松过程发生的意外罕见事件, 平均每月发生 3 次断电. 计算三个夏季月内超过 5 次停电的可能性.

6.21　客户服务中心的电话呼叫按照泊松过程进行, 每 3 分钟呼叫 1 次. 计算在接下来的 12 分钟内接到 5 个以上电话的概率.

6.22　断网平均每月发生 5 次.

(a) 计算一个月内超过 3 次断网的概率.

(b) 每次断网需要 1500 美元的电脑援助和维修费用. 求出因断网而造成的每月总成本的期望和标准差.

6.23　互联网服务提供商为每次第三个联网用户提供特别折扣. 它的客户按照泊松过程以每分钟 5 个的速度连接到互联网. 计算:

(a) 在前 2 分钟内没有提供特别折扣的概率.

(b) 第一次提供特别折扣时间的期望和方差.

6.24　平均而言, Z 先生每 4 年才会酒后驾车一次. 他知道

- 每次他酒后驾车，都会被警察抓住.
- 根据他所在州的法律，当他第三次酒后驾车被抓时，他的驾照会被吊销.
- 泊松过程是酒后驾车等"罕见事件"的正确模型.

Z 先生持有驾照至少 10 年的概率是多少？

6.25 请参考例 6.9. 通过将 $X(t)$ 写成两个独立的马尔可夫链的和

$$X(t) = Y_1(t) + Y_2(t)$$

求出用户数量的稳态分布，其中，对于 $i=1,2$，如果用户 i 在 t 时刻连接，则 $Y_i(t)=1$，如果用户 i 没有连接，则 $Y_i(t)=0$. 找到每个 Y_i 的稳态分布，然后用它找到 X 的稳态分布. 将结果与例 6.12 进行比较.

6.26 (计算机小项目)在例 6.9 中生成 10 000 个马尔可夫链转移. 你发现生成的马尔可夫链的三个状态中每一个的次数是多少？它是否与例 6.12 中的分布相匹配？

6.27 (计算机小项目)在这个项目中，我们探讨了马尔可夫依赖的影响.

从晴天开始，根据例 6.7 中的马尔可夫链生成未来 100 天的天气预报. 观察晴天和雨天的时间.

然后再考虑另一个城市，在那里，每天都是晴天或雨天，其后一天为晴天的概率是 4/7，雨天的概率为 3/7. 从例 6.11 中我们知道，这是晴天和雨天的稳态分布，所以两个城市晴天的总体比例应该是相同的. 生成 100 天的天气预报，并与第一个城市进行比较. 连续的晴天和雨天意味着什么？

在第一个城市的每一天，天气都取决于前一天. 在第二个城市，不同天的天气预报是相互独立的.

6.28 (计算机小项目)生成一个 24 小时的到达率为 $\lambda = 2/$小时的泊松过程. 用图表示其轨迹. 你是否观察到在短时间内有几次到达，然后在相当长的一段时间内根本没有到达？为什么 24 小时内到达的分布如此不均匀？

第7章 排队系统

现在, 我们准备分析多种排队系统, 它们在计算机科学和其他领域中起到关键作用.

定义 7.1 **排队系统**是指由用于执行某些任务、完成某些工作的一个或多个服务器以及等待被处理的任务队列所组成的系统.

任务到达排队系统后, 先等待空闲的服务器, 然后被服务器处理, 最后离开服务器.

排队系统的示例如下:

- 一台正在处理其用户发送的任务的个人或共享计算机;
- 一个其客户可以连接到网络、浏览和断开连接的网络服务提供商;
- 一台正在处理不同计算机发送的任务的打印机;
- 一个有一名或多名值班人员正在接听客户来电的客户服务;
- 一个被很多人在不同时段观看的电视频道;
- 高速公路上的一个服务区、一条快餐免下车车道或者银行里的一台自动取款机, 汽车到达这些地方, 获取所需的服务后离开;
- 一个为病人服务的医务室;
- 等等.

7.1 排队系统的主要组件

排队系统是如何运行的? 一项任务在排队系统中会发生什么? 其主要阶段如图 7.1 所示.

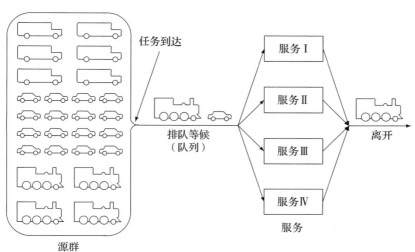

图 7.1 排队系统的主要组件

到达

通常来说, 任务到达排队系统的时间是随机的. 计数过程 $A(t)$ 展现了到时间 t 到达系统的任务数量. 在静态排队系统中(其分布特征不随时间改变), 对于任意 $t>0$, 到达率为

$$\lambda_A = \frac{EA(t)}{t}$$

这是单位时间内的预期到达数量. 那么, 每两次到达之间的预期时间间隔为

$$\mu_A = \frac{1}{\lambda_A}$$

排队并路由到服务器

基于 "先到先得", 到达的任务通常按照其到达的顺序进行处理.

当新任务到达时, 它可能会发现系统处于不同的状态. 如果有一个服务器可用, 它肯定会接受这个新任务. 如果有多个服务器可用, 则将该任务可以被随机分配给其中一个, 也可以根据某些规则来选择服务器. 例如, 可以分配最快或负载最小的服务器来处理新任务. 最后, 如果所有的服务器都忙于处理其他任务, 那么新任务便加入队列, 等之前到达的所有任务均被完成, 再被分配到下一个可用的服务器.

可能会存在各种额外限制. 例如, 队列可能具有限制等待任务数量的缓冲区. 这样的排队系统容量有限, 任何时候其中的任务总数都受某个常数 C 的限制. 如果容量已满(例如, 在停车场中), 则新任务无法在其他任务离开之前进入系统.

此外, 任务可能会过早离开队列, 比如在等待时间过长之后. 服务器也可能在白天开启和关闭, 因为人们需要休息, 服务器需要维护. 具有许多额外条件的复杂排队系统可能很难进行解析研究. 然而, 我们将在 7.6 节学习蒙特卡罗方法, 以应用于排队系统.

服务

一旦服务器可用, 它会立即开始处理下一个分配的任务. 实际上, 服务时间是随机的, 因为它们取决于每个任务所需的工作量. 平均服务时间是 μ_S. 由于某些电脑或客服人员工作速度更快, 因此不同服务器的服务时间可能会有所不同. 连续工作的服务器在一个单位时间内处理的平均任务数即为服务率, 它等于

$$\lambda_S = \frac{1}{\mu_S}$$

离开

服务完成后, 任务会离开系统.

以下参数和随机变量描述了排队系统的性能:

表示法	排队系统的参数
	$\lambda_A =$ 到达率
	$\lambda_S =$ 服务率
	$\mu_A = 1/\lambda_A =$ 平均到达间隔时间
	$\mu_S = 1/\lambda_S =$ 平均服务时间
	$r = \lambda_A/\lambda_S = \mu_S/\mu_A =$ 利用率, 或到达-服务率

表示法	排队系统的随机变量
	$X_s(t)=$在 t 时刻正在接受服务的任务数
	$X_w(t)=$在 t 时刻队列中等待的任务数
	$X(t)=X_s(t)+X_w(t)$，在 t 时刻系统中的任务总数
	$S_k=$第 k 个任务的服务时间
	$W_k=$第 k 个任务的等待时间
	$R_k=S_k+W_k$，响应时间，即一个任务从到达到离开，
	在系统中花费的总时间

利用率 r 是一个重要参数. 正如我们将在后面几节中看到的，它显示系统是否能在当前或更高的到达率下运行，以及系统超载或负载不足的程度.

当 S_k，W_k 和 R_k 的分布与 k 无关时，该排队系统是静态的. 在这种情况下，指标 k 通常会被省略.

在大多数情况下，我们的目标是找到 $X(t)$ 的分布，即系统中的任务总数. 排队系统的其他特征将用这一点来评估. 因此，我们将获得排队系统的一个综合性能评估.

7.2　利特尔法则

利特尔法则给出了任务数量的期望、响应时间的期望和到达率之间的简单关系. 它适用于任何静态排队系统.

利特尔法则　$\boxed{\lambda_A E(R)=E(X)}$

证明　为了简洁地推导出利特尔法则，计算图 7.2 中的阴影面积. 在此图中，矩形代表一个任务从到达到离开的时间. 因此，第 k 个矩形的长度等于

$$离开时间-到达时间=R_k$$

它的面积也是这样计算的.

到 T 时，共有 $A(T)$ 次到达. 其中有 $X(T)$ 个任务仍在系统内. 这些任务只有一部分在 T 时刻之前被完成，另一部分（称作 ε）在 T 时刻后才开始被处理. 所以，阴影区域的总面积等于

$$阴影区域面积=\sum_{k=1}^{A(T)}R_k-\varepsilon \tag{7.1}$$

或者，我们由微积分可知，每个区域面积都可以通过积分计算. 设 t 从 0 走到 T，对 t 点阴影区域的横截面进行积分. 如图所示，横截面的长度为 $X(t)$，也即 t 时系统中的任务数，因此

$$阴影区域面积=\int_0^T X(t)\mathrm{d}t \tag{7.2}$$

结合式(7.1)和式(7.2)，我们得到

$$\sum_{k=1}^{A(T)}R_k-\varepsilon=\int_0^T X(t)\mathrm{d}t \tag{7.3}$$

还需要取期望，除以 T，并令 $T \to \infty$. 那么 $\varepsilon/T \to 0$. 在式(7.3)的左侧，我们得到

$$\lim_{T \to \infty} \frac{1}{T} E\Big(\sum_{k=1}^{A(T)} R_k - \varepsilon \Big) = \lim_{T \to \infty} \frac{E(A(T))E(R)}{T} - 0 = \lambda_A E(R)$$

回想一下，到达率是 $\lambda_A = E(A(T))/T$.

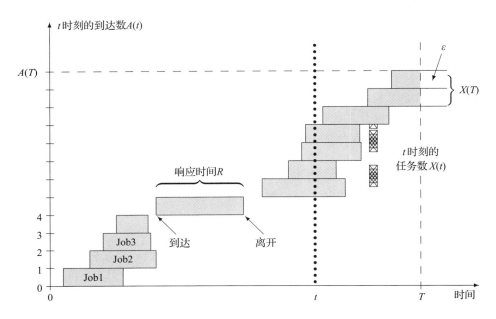

图 7.2　排队系统和利特尔法则的图示

在式(7.3)的右侧，我们得到 $X(t)$ 的平均值

$$\lim_{T \to \infty} \frac{1}{T} E \int_0^T X(t)\mathrm{d}t = E(X)$$

因此，$\lambda_A E(R) = E(X)$. ■

　　例 7.1（在银行排队）　你在 10:00 走进一家银行. 在那里，你发现一共有 10 个客户，并假定这个数字是典型的平均数. 你还注意到，平均每 2 分钟就有顾客走进来. 你预计自己何时结束服务并离开银行？

　　解　我们有 $E(X) = 10$，$\mu_A = 2$ 分钟. 根据利特尔法则，有

$$E(R) = \frac{E(X)}{\lambda_A} = E(X)\mu_A = 10 \times 2 = \underline{20 \text{ 分钟}}$$

也就是说，你的响应时间的期望是 20 分钟，预计在 10:20 离开.　　　　　　　　　◇

　　利特尔法则是普适的，它适用于任何静态的排队系统，甚至适用于系统的组件——队列和服务器. 因此，我们立即就可以推导出等待任务数的等式

$$E(X_w) = \lambda_A E(W)$$

以及目前正在接受服务的任务数的等式

$$E(X_S) = \lambda_A E(S) = \lambda_A \mu_S = r$$

我们得到了另一个重要定义——利用率.

定义 7.2　利用率 r 是在任意给定时间点正在接受服务的任务数量的期望.

利特尔法则是最近才得出的成果,由时任美国麻省理工学院研究所教授的约翰·D.C. 利特尔(John D. C. Little)得出的.

利特尔法则只与任务数量的期望以及它们的响应时间的期望有关. 在本章的其余部分,我们将评估 $X(t)$ 的整体分布,它会引导我们找到相关的各种概率与期望. 这些量将描述和预测排队系统的性能.

定义 7.3　排队系统中的任务数 $X(t)$ 称为**排队过程**. 一般来说,这不是一个计数过程,因为任务到达又离开,所以,它们的数量可能会增加或减少,而任何计数过程都是不减少的.

176

7.3　伯努利单个服务器排队过程

定义 7.4　**伯努利单个服务器排队过程**是一种离散时间排队进程,具有以下特征:

● 单个服务器.

● 无限容量.

● 到达按照二项过程发生,每帧内新到达的概率是 p_A.

● 假设在帧开始时系统中至少有一项任务,则在每帧内服务完成(并离开)的概率是 p_S.

● 服务时间和到达间隔时间是相互独立的.

在 6.3.1 节中学到的所有关于二项计数过程的内容都适用于任务的到达. 当系统中至少有一项任务时,它也适用于服务的完成. 那么,我们可以推断出

● 连续到达之间的帧数服从 Geometric(p_A).

● 每个服务所需的帧数服从 Geometric(p_S).

● 每个任务的服务至少需要一帧.

● $p_A = \lambda_A \Delta$.

● $p_S = \lambda_S \Delta$.

马尔可夫特性

此外,由于概率 p_A 和 p_S 不变,伯努利单个服务器排队过程是齐次马尔可夫链. 每发生一次到达,系统中的任务数加 1;每发生一次离开,系统中的任务数减 1(见图 7.3). 二项过程的条件保证了在每帧内最多可以发生一次到达和一次离开. 然后,我们可以计算所有的转移概率:

$$p_{00} = P\{没有到达\} = 1 - p_A$$

$$p_{01} = P\{新的到达\} = p_A$$

图 7.3　伯努利单个服务器排队过程的转移图

177

对于所有的 $i \geqslant 1$，有

$$p_{i, i-1} = P\{\text{没有到达} \bigcap \text{一个离开}\} = (1-p_A)p_S$$

$$p_{i, i} = P\{\text{没有到达} \bigcap \text{没有离开}\} +$$
$$P\{\text{一个到达} \bigcap \text{一个离开}\} = (1-p_A)(1-p_S) + p_A p_S$$

$$p_{i, i+1} = P\{\text{一个到达} \bigcap \text{没有离开}\} = p_A(1-p_S)$$

转移概率矩阵(具有有趣的大小：$\infty \times \infty$)是三对角线矩阵.

$$P = \begin{bmatrix} 1-p_A & p_A & 0 & \cdots \\ (1-p_A)p_S & (1-p_A)(1-p_S)+p_A p_S & p_A(1-p_S) & \cdots \\ 0 & (1-p_A)p_S & (1-p_A)(1-p_S)+p_A p_S & \cdots \\ 0 & 0 & (1-p_A)p_S & \cdots \\ \vdots & \vdots & \vdots & \end{bmatrix} \quad (7.4)$$

所有其他转移概率均为 0，因为在任何单个帧内，任务数的改变量都不能大于 1.

例如，该转移概率矩阵可用来模拟该排队系统并研究其性能，正如我们在 6.4 节中用一般马尔可夫链所做的那样. 我们还可以计算 k 步转移概率，并预测在未来的任何时间服务器的负载或队列的长度.

例 7.2(打印机) 任何打印机都代表单服务器排队系统，因为它一次只能处理一项任务，而其他任务都必须在队列中等待. 假设每小时有 20 项任务发送到打印机，并且打印每项任务平均需要 40 秒. 当前，打印机正在打印一项任务，队列中还存有另一项任务. 假设伯努利单个服务器排队过程的帧为 20 秒.

(a) 打印机可以在两分钟后空闲下来的概率是多少？

(b) 在两分钟后排队的长度的期望是多少？找出系统中的等待任务数的期望和任务总数的期望.

解 已知

$$\lambda_A = 20 \text{ 小时}^{-1} = 1/3 \text{ 分钟}^{-1}$$

$$\lambda_S = 1/\mu_S = 1/40 \text{ 秒}^{-1} = 1.5 \text{ 分钟}^{-1}$$

$$\Delta = 1/3 \text{ 分钟}$$

计算

$$p_A = \lambda_A \Delta = 1/9$$

$$p_S = \lambda_S \Delta = 1/2$$

和任务数量 X 的所有转移概率

$$p_{00} = 1 - p_A = 8/9 = 0.889$$

$$p_{01} = p_A = 1/9 = 0.111$$

对于 $i \geqslant 1$，有

$$p_{i, i-1} = (1-p_A)p_S = 4/9 = 0.444$$

$$p_{i, i+1} = p_A(1-p_S) = 1/18 = 0.056 \quad (7.5)$$

$$p_{i, i} = 1 - 0.444 - 0.056 = 0.5$$

注意上面在计算 $p_{i, i}$ 时用到了"捷径". 实际上，在转移概率矩阵中，行的和始终为 1. 因

此，$p_{i,i}=1-p_{i,i-1}-p_{i,i+1}.$

我们得到了下面的转移概率矩阵：

$$\boldsymbol{P}=\begin{pmatrix} 0.889 & 0.111 & 0 & 0 & \cdots \\ 0.444 & 0.5 & 0.056 & 0 & \cdots \\ 0 & 0.444 & 0.5 & 0.056 & \cdots \\ 0 & 0 & 0.444 & 0.5 & \cdots \\ \vdots & \vdots & \vdots & \vdots & \vdots \end{pmatrix}$$

因为在 2 分钟内，有 2 分钟/Δ＝6 帧，我们需要算得 6 帧后 X 的分布，正如 6.2 节中的 (6.4)式那样：

$$\boldsymbol{P}_6=\boldsymbol{P}_0\boldsymbol{P}^6$$

这里有个有趣的问题. 我们该如何处理有无穷多行和无穷多列的矩阵 $\boldsymbol{P}$？

幸运的是，我们只需要这个矩阵的一小部分. 当前系统中有两项任务，因此初始分布为

$$\boldsymbol{P}_0=(0 \quad 0 \quad 1 \quad 0 \quad 0 \quad 0 \quad 0 \quad 0)$$

在一个 6 帧的过程中，它们的数量最多可以变化 6 个(见图 7.3)，因此，只考虑 P 的前 9 行和前 9 列(对应于状态 0，1，$\cdots$，8)就足够了. 然后，我们计算 6 帧之后的分布：

$$\boldsymbol{P}_6=\boldsymbol{P}_0\boldsymbol{P}^6=(0 \quad 0 \quad 1 \quad 0 \quad 0 \quad 0 \quad 0 \quad 0 \quad 0)\begin{pmatrix} 0.889 & 0.111 & 0 & \cdots & 0 & 0 \\ 0.444 & 0.5 & 0.056 & \cdots & 0 & 0 \\ 0 & 0.444 & 0.5 & \cdots & 0 & 0 \\ \vdots & \vdots & \vdots & \vdots & \vdots & \vdots \\ 0 & 0 & 0 & \cdots & 0.5 & 0.056 \\ 0 & 0 & 0 & \cdots & 0.444 & 0.5 \end{pmatrix}^6$$

$$=(0.644 \quad 0.250 \quad 0.080 \quad 0.022 \quad 0.004 \quad 0.000 \quad 0.000 \quad 0.000 \quad 0.000)$$

基于此分布，有

(a) 在两分钟后，该打印机空闲下来，即系统中没有任务的概率为

$$P_6(0)=\underline{0.644}$$

(b) 系统中的任务数的期望为

$$E(X)=\sum_{x=0}^{8}xP_6(x)=\underline{0.494 \text{ 个任务}}$$

在这些任务中，X_w 个任务在队列中等待，X_s 个任务正在接受服务. 但是，服务器一次最多能处理一个任务，因此，X_s 等于 0 或 1. 它服从伯努利分布，其期望为

$$E(X_s)=P\{\text{打印机繁忙}\}=1-P\{\text{打印机空闲}\}=1-0.644=0.356$$

所以，队列长度的期望是

$$E(X_w)=E(X)-E(X_s)=0.494-0.356=\underline{0.138 \text{ 个等待任务}}$$

$\Diamond$

在例 7.2 中如果手动计算矩阵是非常复杂的. 但对 R、MATLAB、矩阵计算器或其他任意可以处理矩阵的工具而言，这完全不是问题. 以下是计算 $\boldsymbol{P}_6=\boldsymbol{P}_0\boldsymbol{P}^6$ 以及 $E(X_6)=\sum xP_6(x)$ 的 R 和 MATLAB 代码，许多与 $\boldsymbol{P}^6$ 类似的矩阵的幂都可以用"expm"包计算.

179

```
———— R ————————
P0 <- rep(0,9)                   % Initial distribution with P_0(2) = 1
P0[3] <- 1                       % P_0(2) is the 3rd element of vector P0
P <- matrix(0,9,9)               % Define a 9x9 transition probability matrix
P[1,1] <- 8/9; P[1,2] <- 1/9; P[9,8] <- 4/9; P[9,9] <- 0.5;
for (k in 2:8) { P[k,k-1]<-4/9; P[k,k]<-0.5; P[k,k+1]<-1/18; }
install.packages("expm")         % Use matrix operations from R package "expm"
library(expm)                    %
P6 <- P0 %*% (P%^%6)             % Distribution after 6 frames
EX <- (0:8) %*% t(P6)           % Computes E(X_6) as a product of two vectors

———— MATLAB ————————
P0 = zeros(1,9);                 % Initial distribution with P_0(2) = 1
P0(3) = 1;                       % P_0(2) is the 3rd element of vector P0
P = zeros(9);                    % Define a 9x9 transition probability matrix
P(1,1) = 8/9; P(1,2) = 1/9; P(9,8) = 4/9; P(9,9) = .5;
for k=2:8; P(k,k-1)=4/9; P(k,k)=.5; P(k,k+1)=1/18; end;
P6 = P0 * P^6                    % Distribution after 6 frames
EX = (0:8) * P6'                % Computes E(X_6) as a product of two vectors
```

稳态分布

伯努利单个服务器排队过程是非正则马尔可夫链. 实际上, 任何 k 步转移概率矩阵都包含 0, 因为从 0 到 $k+1$ 的 k 步转移是不可能的, 它需要至少 $k+1$ 次到达, 并且这在到达是二项过程的条件下不可能发生.

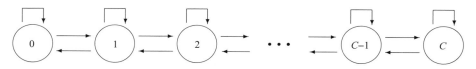

图 7.4　容量有限的伯努利单个服务器排队过程的转移图

然而, 任何服务率大于到达率, 即

$$\lambda_S > \lambda_A$$

的系统(即任务的被服务速度快于其到达速度, 所以没有超载的情况)都具有稳态分布. 这种情况下, 尽管 $\boldsymbol{P}$ 的维数是无限的, 但它依然可以被计算(虽然过程略微烦琐). 如果我们像往常一样, 将 $\boldsymbol{P}$ 的极限设为 $\Delta \to 0$, 计算连续时间排队过程的稳态分布, 那么计算将大大简化.

7.3.1　容量有限的系统

我们知道, 伯努利单个服务器排队系统中的任务数可以是任意的, 但许多系统用于存储任务的资源有限. 那么, 系统中可能同时存在的任务数有一个最大值 C, 该值被称为容量.

有限的容量如何改变排队系统的行为? 在任务数达到容量 C 之前, 系统的运行是不受任何限制的, 就好像 $C=\infty$ 一样. 所有的转移概率都和式(7.4)中一样.

只有当 $X=C$ 时, 情况才会改变. 此时, 系统已满, 只有当部分任务离开后, 它才能接受新任务进入队列. 和以前一样, 如果有一个离开而没有新的到达时, 任务数会减少 1:

$$p_{C, C-1} = (1 - p_A) p_S$$

在除此之外的任何情况下, 任务数都保持在 $X=C$. 如果在某个帧内没有离开, 并且有新任

务到达，则新任务无法进入该系统. 因此

$$p_{c,c} = (1-p_A)(1-p_s) + p_A p_s + p_A(1-p_s) = 1-(1-p_A)p_s$$

这个马尔可夫链有状态 0，$\cdots$，C（图 7.4），它的转移概率矩阵是有限的，在 C 步内可以到达任一状态. 因此，这是一个正则马尔可夫链，它的稳态分布很容易得到.

例 7.3（双线电话） 有了双线电话，客服人员就可以与一位客户通话，并让另一位客户"等待". 这是一个容量有限的系统，容量 $C=2$. 当容量达到 2 后，若有人试图呼叫，他将收到忙音提示或语音邮件.

假设客服人员平均每小时接到 10 个电话，平均每次通话用时 4 分钟. 用容量有限、帧为 1 分钟的伯努利单个服务器排队过程对此进行建模，计算稳态分布，并对其进行解释.

181

解 已知 $\lambda_A = 10$ 个$/h = \frac{1}{6}$ 个$/min$，$\lambda_s = \frac{1}{4}$ 个$/min$，$\Delta = 1min$. 因此

$$p_A = \lambda_A \Delta = 1/6$$
$$p_s = \lambda_s \Delta = 1/4$$

马尔可夫链 $X(t)$ 有三个状态：$X=0$，$X=1$，$X=2$. 转移概率矩阵为

$$\boldsymbol{P} = \begin{pmatrix} 1-p_A & p_A & 0 \\ (1-p_A)p_s & (1-p_A)(1-p_s)+p_A p_s & p_A(1-p_s) \\ 0 & (1-p_A)p_s & 1-(1-p_A)p_s \end{pmatrix} = \begin{pmatrix} 5/6 & 1/6 & 0 \\ 5/24 & 2/3 & 1/8 \\ 0 & 5/24 & 19/24 \end{pmatrix}$$

$$(7.6)$$

接下来，我们求解稳态方程

$$\pi P = \boldsymbol{\pi} \Rightarrow \begin{cases} \frac{5}{6}\pi_0 + \frac{5}{24}\pi_1 = \pi_0 \\ \frac{1}{6}\pi_0 + \frac{2}{3}\pi_1 + \frac{5}{24}\pi_2 = \pi_1 \\ \frac{1}{8}\pi_1 + \frac{19}{24}\pi_2 = \pi_2 \end{cases} \Rightarrow \begin{cases} \frac{5}{24}\pi_1 = \frac{1}{6}\pi_0 \\ \frac{1}{6}\pi_0 + \frac{2}{3}\pi_1 + \frac{5}{24}\pi_2 = \pi_1 \\ \frac{1}{8}\pi_1 = \frac{5}{24}\pi_2 \end{cases}$$

正如我们所预期的，第二个等式可由其他等式得到，经过替换，它变成

$$\frac{5}{24}\pi_1 + \frac{2}{3}\pi_1 + \frac{1}{8}\pi_1 = \pi_1$$

我们用它作复核，并转向归一化方程

$$\pi_0 + \pi_1 + \pi_2 = \frac{5}{4}\pi_1 + \pi_1 + \frac{3}{5}\pi_1 = \frac{57}{20}\pi_1 = 1$$

从中可得

$$\pi_0 = 25/57 = \underline{0.439}, \quad \boldsymbol{\pi}_1 = 20/57 = \underline{0.351}, \quad \pi_2 = 12/57 = \underline{0.210}$$

对此结果的解释是，43.9% 的时间，客服人员没有打电话；35.1% 的时间，客服人员在打电话，但第二条线空闲；21.0% 的时间，两条线都被占用，新的呼叫无法接通.　　　◇

7.4　M/M/1 系统

现在我们将注意力转向连续时间排队过程. 我们一般通过将帧的大小 Δ 减小到零，来

[182] 逐渐从离散时间转移到连续时间.

首先,我们解释一下符号"M/M/1"的实际含义.

表示法 排队系统可以表示为 A/S/n/C,其中
A 表示到达间隔时间的分布
S 表示服务时间的分布
n 表示服务器的数量
C 表示容量
默认容量是 C=∞(无限容量)

字母 M 表示指数分布,因为它是无记忆的,并且产生结果的过程是马尔可夫过程.

定义 7.5 M/M/1 排队过程是具有以下特征的连续时间马尔可夫排队过程:

- 单个服务器.
- 无限容量.
- 到达间隔时间是指数分布,且到达率为 λ_A.
- 服务时间是指数分布,且服务率是 λ_S.
- 服务时间和到达间隔时间是相互独立的.

由 6.3.2 节可知,到达间隔时间是指数分布,意味着一个具有参数 λ_A 的到达的泊松过程. 这是一种非常流行的模型,适用于打电话和许多其他类型的正在到达的任务.

作为伯努利排队过程极限情况的 M/M/1

我们通过考虑一个帧 Δ 趋于零的伯努利单个服务器排队过程来研究 M/M/1 系统. 我们的目标是推导出衡量系统性能的稳态分布以及其他相关数量.

当帧 Δ 变得很小时,它的平方 Δ^2 实际上可以忽略不计,伯努利单个服务器排队过程的转移概率可以写为

$$p_{00} = 1 - p_A = 1 - \lambda_A \Delta$$
$$p_{10} = p_A = \lambda_A \Delta$$

对于所有 $i > 1$,有

$$p_{i,\,i-1} = (1 - p_A)p_S = (1 - \lambda_A \Delta)\lambda_S \Delta \approx \lambda_S \Delta$$
$$p_{i,\,i+1} = p_A(1 - p_S) = \lambda_A \Delta(1 - \lambda_S \Delta) \approx \lambda_A \Delta$$
$$p_{i,\,i} = (1 - p_A)(1 - p_S) + p_A p_S \approx 1 - \lambda_A \Delta - \lambda_S \Delta$$

注:严格地说,当 $\Delta \to 0$ 时,这些概率被写成一个很小的阶数项 $O(\Delta^2)$. 这些带有 Δ^2 的项最终将在我们的推导过程中消去.

[183] 我们得到了下面的转移概率矩阵:

$$\boldsymbol{P} \approx \begin{pmatrix} 1 - \lambda_A \Delta & \lambda_A \Delta & 0 & 0 & \cdots \\ \lambda_S \Delta & 1 - \lambda_A \Delta - \lambda_S \Delta & \lambda_A \Delta & 0 & \cdots \\ 0 & \lambda_S \Delta & 1 - \lambda_A \Delta - \lambda_S \Delta & \lambda_A \Delta & \cdots \\ 0 & 0 & \lambda_S \Delta & 1 - \lambda_A \Delta - \lambda_S \Delta & \cdots \\ \vdots & \vdots & \vdots & \vdots & \vdots \end{pmatrix} \tag{7.7}$$

M/M/1 系统的稳态分布

当我们求解标准稳态方程组（实际上，它是具有无穷多个未知数的无穷多个方程）时，

$$\begin{cases} \boldsymbol{\pi P} = \boldsymbol{\pi} \\ \sum \pi_i = 1 \end{cases}$$

一个相当简单、几近熟悉的最终答案可能会让你大吃一惊！

求解过程可以分成几个小步骤. 首先，将 $\boldsymbol{\pi} = (\pi_0, \pi_1, \pi_2, \cdots)$ 乘以 $\boldsymbol{P}$ 的第一列，得到

$$\pi_0(1 - \lambda_A \Delta) + \pi_1 \lambda_S \Delta = \pi_0 \quad \Rightarrow \quad \lambda_A \Delta \pi_0 = \lambda_S \Delta \pi_1 \quad \Rightarrow \quad \boxed{\lambda_A \pi_0 = \lambda_S \pi_1}$$

这是第一个平衡方程.

注：我们将等式的两边除以 Δ. 在这里，如果我们保留了 Δ^2 项，没有关系，我们最终都会通过取极限（$\Delta \to 0$）来消除它们.

接下来，将 $\boldsymbol{\pi}$ 乘以 $\boldsymbol{P}$ 的第二列，我们得到

$$\pi_0 \lambda_A \Delta + \pi_1(1 - \lambda_A \Delta - \lambda_S \Delta) + \pi_2 \lambda_S \Delta = \pi_1 \quad \Rightarrow \quad (\lambda_A + \lambda_S)\pi_1 = \lambda_A \pi_0 + \lambda_S \pi_2$$

由第一个平衡方程，$\lambda_A \pi_0$ 和 $\lambda_S \pi_1$ 相互抵消，我们得到第二个平衡方程

$$\boxed{\lambda_A \pi_1 = \lambda_S \pi_2}$$

平衡方程的这种趋势肯定会继续下去，因为矩阵 $\boldsymbol{P}$ 的每个下一列都与前一列相同，只是下移了一个位置. 因此，平衡方程的通式如下所示：

$$\boxed{\lambda_A \pi_{i-1} = \lambda_S \pi_i} \quad \text{或} \quad \boxed{\pi_i = r\pi_{i-1}} \tag{7.8}$$

其中 $r = \lambda_A / \lambda_S$ 是利用率，或到达-服务率.

对于 i，$i-1$，$i-2$ 等重复应用式（7.8），我们可以通过 π_0 来表示 π_i：

$$\pi_i = r\pi_{i-1} = r^2 \pi_{i-2} = r^3 \pi_{i-3} = \cdots = r^i \pi_0$$

最后，我们应用归一化条件 $\sum \pi_i = 1$，在处理几何级数

$$\sum_{i=0}^{\infty} \pi_i = \sum_{i=0}^{\infty} r^i \pi_0 = \frac{\pi_0}{1-r} = 1 \quad \Rightarrow \quad \begin{cases} \pi_0 = 1 - r \\ \pi_1 = r\pi_0 = r(1-r) \\ \pi_2 = r^2 \pi_0 = r^2(1-r) \\ \vdots \end{cases}$$

的过程中认识到，这个分布看起来熟悉吗？每个概率等于前一个概率乘以相同的常数 r.

该 $X(t)$ 的分布是移位几何分布，因为 $Y = X + 1$ 具有如 3.4.3 节中参数为 $p = 1 - r$ 的标准几何分布：

$$P\{Y = y\} = P\{X = y - 1\} = \pi_{y-1} = r^{y-1}(1-r) = (1-p)^{y-1}p, \quad \text{其中 } y \geqslant 1$$

这有助于我们计算系统中任何时候任务数的期望和方差，即

$$E(X) = E(Y - 1) = E(Y) - 1 = \frac{1}{1-r} - 1 = \frac{r}{1-r}$$

和

$$\mathrm{Var}(X) = \mathrm{Var}(Y - 1) = \mathrm{Var}(Y) = \frac{r}{(1-r)^2}$$

（几何分布的期望和方差，请参见式(3.10).）

$$
\begin{array}{c}
\text{M/M/1 系统:}\\[2pt]
\textbf{任务数的稳态分布}
\end{array}
\left|
\begin{array}{l}
\pi_x = P\{X = x\} = r^x (1 - r)\\[4pt]
\qquad \text{其中 } x = 0,\ 1,\ 2,\ \cdots\\[6pt]
E(X) = \dfrac{r}{1 - r}\\[10pt]
\mathrm{Var}(X) = \dfrac{r}{(1 - r)^2}\\[6pt]
\text{其中 } r = \lambda_A / \lambda_S = \mu_S / \mu_A
\end{array}
\right.
\qquad (7.9)
$$

7.4.1 评估系统的性能

许多重要的系统特征可以直接从分布(7.9)中获得.

利用率

我们现在看到了到达-服务率(或利用率)，即 $r = \lambda_A / \lambda_S$ 的实际意义. 根据式(7.9)，它等于

$$r = 1 - \pi_0 = P\{X > 0\}$$

这是系统中有任务，继而服务器正忙于处理任务的概率. 因此

$$P\{服务器繁忙\} = r$$
$$P\{服务器空闲\} = 1 - r$$

我们也可以说 r 是服务器投入工作的时间比例. 换句话说，r（利用率!）显示了服务器的利用率.

如果 $r < 1$，则系统工作正常. 事实上，只有当 $r < 1$ 时，我们才有可能推导出 X 的分布，否则所使用的几何级数会发散.

如果 $r \geqslant 1$，则系统会超载. 与服务率相比，到达率太高，系统无法管理传入的任务流. 在这种情况下，系统内的任务数会不断积累（当然，除非它的容量有限）.

等待时间

当一个新任务到达时，它发现系统中已有 X 个任务. 当这 X 个任务正在接受服务时，新任务在队列中等待. 因此，它的等待时间由先前 X 个任务的服务时间组成:

$$W = S_1 + S_2 + S_3 + \cdots + S_X$$

也许，队列中的第一个任务已经开始服务. 神奇的是，这种可能性不会影响 W 的分布. 回想一下，M/M/1 系统中的服务时间是指数分布，并且这种分布具有无记忆特性. 在任何时刻，无论第一个任务被服务了多长时间，它的剩余服务时间依然具有指数分布(λ_S)!

然后我们就可以得出结论，新任务等待时间的期望为

$$E(W) = E(S_1 + \cdots + S_X) = E(S)E(X) = \frac{\mu_S r}{1 - r} \quad 或 \quad \frac{r}{\lambda_S(1 - r)}$$

（通过写下期望的乘积，我们实际上利用了一个事实，即服务时间与当时系统中的任务数无关）.

注：请注意，W 是一个罕见的变量，它的分布既不是离散的，也不是连续的. 一方面，它在 0 处拥有概率质量函数，因为 $P = \{W = 0\} = 1 - r$ 是处理器空闲可用，新任务等待时

间为 0 的概率；另一方面，对于所有 $x > 0$，W 都有密度函数 $f(x)$. 给定任意正工作数 $X = n$，等待时间是 n 个指数分布的时间之和，即 $\mathrm{Gamma}(n, \lambda_S)$. 这样的 W 分布是混合的.

响应时间

响应时间是任务从到达到离开在系统中花费的时间. 它由等待时间（如果有的话）和服务时间组成. 那么，响应时间的期望可以计算为

$$E(R) = E(W) + E(S) = \frac{\mu_S r}{1 - r} + \mu_S = \frac{\mu_S}{1 - r} \quad \text{或} \quad \frac{1}{\lambda_S (1 - r)}$$

队列

队列长度是正在等待的任务数：

$$X_w = X - X_S$$

任何时候正在接受服务的任务数 X_S 都是 0 或 1. 因此，它是一个带有参数

$$P\{服务器繁忙\} = r$$

的伯努利变量. 因此，队列长度的期望为

$$E(X_w) = E(X) - E(X_S) = \frac{r}{1 - r} - r = \frac{r^2}{1 - r}$$

利特尔法则回顾

利特尔法则当然适用于 M/M/1 排队系统及其组件：队列和服务器. 假设系统正常工作（$r < 1$），所有任务都通过了整个系统，因此，每个组件都遵循相同的到达率 λ_A. 那么，利特尔法则保证了

$$\lambda_A E(R) = E(X)$$
$$\lambda_A E(S) = E(X_S)$$
$$\lambda_A E(W) = E(X_w)$$

使用我们在式(7.10)中的结果，对你来说，验证所有三个等式不成问题，不是吗？

$$\text{M/M/1：} \atop \text{主要性能特征} \qquad \begin{aligned} E(R) &= \frac{\mu_S}{1 - r} = \frac{1}{\lambda_S (1 - r)} \\[2mm] E(W) &= \frac{\mu_S r}{1 - r} = \frac{r}{\lambda_S (1 - r)} \\[2mm] E(X) &= \frac{r}{1 - r} \\[2mm] E(X_w) &= \frac{r^2}{1 - r} \\[2mm] P\{服务器繁忙\} &= r \\[1mm] P\{服务器空闲\} &= 1 - r \end{aligned} \qquad (7.10)$$

例 7.4（使用单信道传输消息）　消息以平均每分钟 5 条的速度随机到达通信中心. 它们按照被接收的顺序通过单信道传输. 平均而言，传输一条消息需要 10 秒. M/M/1 队列的条件均被满足. 计算该中心的主要性能特征.

解 已知到达率 $\lambda_A = 5$ 条每分钟$^{-1}$，服务时间的期望 $\mu_S = 10$ 秒或 $1/6$ 分钟. 那么，利用率是

$$r = \lambda_A / \lambda_S = \lambda_A \mu_S = \underline{5/6}$$

这也表示信道繁忙的时间比例和等待时间不为零的概率.

在任何时候存储在系统内的平均消息数为

$$E(X) = \frac{r}{1-r} = \underline{5}$$

在这些消息当中，正在等待的消息的平均数为

$$E(X_w) = \frac{r^2}{1-r} = \underline{4.17}$$

正在传输的消息的平均数为

$$E(X_s) = r = \underline{0.83}$$

当消息到达通信中心时，其传输开始之前的等待时间平均为

$$E(W) = \frac{\mu_S r}{1-r} = \underline{50 \ 秒}$$

而从它到达到传输结束的总时间平均为

$$E(R) = \frac{\mu_S}{1-r} = \underline{1 \ 分钟} \qquad\qquad \diamond$$

例 7.5（预测） 让我们继续例 7.4. 假设明年我们传输中心的客户数量预计会增加 10%，那么，传入流量 λ_A 的强度也会增加 10%. 这将如何影响中心的性能？

解 重新计算新到达率下的主要性能特征：

$$\lambda_A^{\text{NEW}} = (1.1)\lambda_A^{\text{OLD}} = 5.5 \ 个每分钟$$

现在利用率为 $r = 11/12$，非常危险地接近 1，在 $r = 1$ 时系统会过载. 当 r 值较大时，系统的各项参数都会增加过快. 到达率每增加 10%，其他变量便会有相当大的变化. 使用式(7.10)，我们现在得到

$$E(X) = 11 \ 个任务$$
$$E(X_w) = 10.08 \ 个任务$$
$$E(W) = 110 \ 秒$$
$$E(R) = 2 \ 分钟$$

我们看到，当客户数量仅增加 10% 时，响应时间、等待时间、平均存储消息数以及平均所需内存量增加了一倍多. $\qquad\qquad \diamond$

当系统临近超载时

正如我们在例 7.5 中观察到的，当下一年传入流量强度增加 10% 时，系统显著减速. 你也可以预测该系统的未来两年，假设客户量每年增加 10%. 在第二年，利用率会超过 1，系统将无法运行.

这个问题的实际解决办法是什么？可以向中心添加另一个或两个信道，以帮助现有信道处理所有到达的消息！那么，新系统将拥有多个信道服务器，并且它将能够处理更多的到达任务.

这类系统将在下一节中进行分析.

7.5　多服务器排队系统

现在我们将注意力转向具有多个服务器的排队系统. 我们假设每个服务器都可以执行相同范围的服务, 但是, 在通常情况下, 某些服务器可能更快. 因此, 不同服务器的服务时间可能具有不同的分布.

当任务到达时, 它要么发现所有服务器都正忙于为其他任务提供服务, 要么发现有一个或几个服务器可用. 在第一种情况下, 任务将在队列中等待; 而在第二种情况下, 它将被分配到一个空闲服务器. 将任务分配给可用服务器的机制可以是随机的, 也可以基于某些规则. 例如, 某些公司会遵循公平原则, 确保每个打给客服的电话都由负荷最小的客服人员处理.

服务器的数量可以是有限的, 也可以是无限的. 具有无限多个服务器的系统可以承受无限数量的并发用户. 例如, 任意数量的人可以同时观看一个电视频道. 由具有 $k=\infty$ 个服务器的系统提供服务的任务永远不需要等待, 它永远都能找到空闲的可用服务器.

与前几节一样, 以下是我们分析多服务器系统的计划:

- 首先, 验证在时间 t 时系统内的任务数是否是马尔可夫过程, 并写出其转移概率矩阵 $\boldsymbol{P}$. 对于连续时间过程, 我们选择一个 "很短" 的帧 Δ, 最终使 Δ 收敛至 0.
- 接下来, 计算稳态分布 π.
- 最后, 用 π 对系统的长期性能特征进行评估.

我们详细处理了几个常见且易于分析的简单案例. 高级的理论将会进一步讲述. 在本书7.6 节中我们将用蒙特卡罗方法分析更复杂的非马尔可夫排队系统.

请注意, 利用率 r 不再必须小于 1. 具有 k 个服务器的系统可以处理单服务器系统的 k 倍工作量. 因此, 在任意 $r<k$ 时, 它都可以运行.

一如既往, 我们从一个可以用伯努利试验的语言来描述的离散时间过程开始.

189

7.5.1　伯努利 k 个服务器排队过程

定义 7.6　伯努利 k 个服务器排队过程是一个离散时间排队过程, 具有以下特征:

- k 个服务器.
- 无限容量.
- 到达按照二项计数过程发生; 在每帧内有一个新到达的概率为 p_A.
- 在每帧内, 每个正在忙碌的服务器独立于其他服务器, 并且独立于到达过程, 以概率 p_S 来完成工作.

马尔可夫性

作为该定义的一个结果, 所有到达间隔时间和所有服务时间分别是具有参数 p_A 和 p_S 的独立几何随机变量(乘以帧长 Δ). 这与 7.3 节中的单服务器过程类似. 几何变量具有无记忆特性, 它们会忘记过去, 因此, 我们的过程也是马尔可夫过程.

新的特点是, 现在可以在相同的帧内完成多个任务.

假设现有 $X_s=n$ 个任务正在接受服务. 在下一帧内, 它们中的每一个都可以独立于其他任务完成和离开. 那么, 离开的数量就是在 n 次独立伯努利试验中成功的次数, 因此,

它服从参数为 n 和 p_S 的二项分布.

这将帮助我们计算转移概率矩阵.

转移概率

让我们计算一下转移概率:

$$p_{ij} = P\{X(t+\Delta) = j \mid X(t) = i\}$$

为此,假设在 k 服务器系统中有 i 个任务.那么,忙碌的服务器数 n 是任务数 i 和服务器总数 k 中的较小的一个:

$$n = \min\{i, k\}$$

- 对于 $i \leqslant k$,服务器数足以满足当前的任务,所有任务都正在接受服务,并且在下一帧内离开的数量 X_d 是二项分布(i, p_S).
- 对于 $i > k$,任务数比服务器数多.那么,所有的服务器都在忙碌,并且在下一帧内离开的数量 X_d 是 $\text{Binomial}(k, p_S)$.

另外,新任务在下一帧内到达的概率为 p_A.

考虑所有的概率,我们得到:

$$p_{i,i+1} = P\{1 \text{ 到达}, 0 \text{ 离开}\} = p_A \cdot (1-p_S)^n$$

$$p_{i,i} = P\{1 \text{ 到达}, 1 \text{ 离开}\} + P\{0 \text{ 到达}, 0 \text{ 离开}\}$$

$$= p_A \cdot \binom{n}{1} p_S (1-p_S)^{n-1} + (1-p_A) \cdot (1-p_S)^n$$

$$p_{i,i-1} = P\{1 \text{ 到达}, 2 \text{ 离开}\} + P\{0 \text{ 到达}, 1 \text{ 离开}\} \tag{7.11}$$

$$= p_A \cdot \binom{n}{2} p_S^2 (1-p_S)^{n-2} + (1-p_A) \cdot \binom{n}{1} p_S (1-p_S)^{n-1}$$

$$\cdots \cdots \cdots\cdots\cdots$$

$$p_{i,i-n} = P\{0 \text{ 到达}, n \text{ 离开}\} = (1-p_A) \cdot p_S^n$$

尽管这些公式看起来很长,但其实只需要计算离开任务数 X_d 的二项分布概率.

图 7.5 显示了双服务器系统的转移图.并发任务数可以从 i 转移到 $i-2$,$i-1$,i 和 $i+1$.

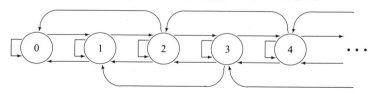

图 7.5 伯努利双服务器排队系统的转移图

例 7.6(容量有限的双服务器系统的客户服务) 两名客服人员在值班,负责接听客户的电话.当两人都忙碌时,可能会有另外两个客户处于"等待状态",但其他呼叫者将收到"忙碌信号".客户以每 5 分钟 1 次的速度打电话,平均服务时间为 8 分钟.假设伯努利双服务器排队系统容量有限,1 分钟为一帧,计算

(a) 并发任务数的稳态分布;

(b) 收到"忙碌信号"的呼叫者所占比例;

（c）如果两名客服人员各处理所有来电的一半，每人忙碌的时间百分比.

解　该系统有 $k=2$ 个服务器，容量 $C=4$，$\lambda_A=1/5$ 次每分钟，$\lambda_S=1/8$ 次每分钟，$\Delta=1$ 分钟. 那么

$$p_A=\lambda_A\Delta=0.2,\quad p_S=\lambda_S\Delta=0.125$$

使用式(7.11)，我们计算转移概率：

	到达状态：0	1	2	3	4	状态开始：
$\boldsymbol{P}=$	0.8000	0.2000	0	0	0	0
	0.1000	0.7250	0.1750	0	0	1
	0.0125	0.1781	0.6562	0.1531	0	2
	0	0.0125	0.1781	0.6562	0.1531	3
	0	0	0.0125	0.1781	0.8094	4

坦率地说，我们使用了下面的计算机代码来计算这个矩阵：

— R —————

```
k <- 2; C <- 4; pa <- 0.2; ps <- 0.125;
P <- matrix(0,C+1,C+1)          # (C+1) states from 0 to C
for (i in 0:C) { n <- min(i,k)  # n = number of busy servers
  P[i+1,i-n+1] <- (1-pa)*ps^n;  # transition when all n jobs depart
  for (j in 0:(n-1)) {
    P[i+1,i-j+1] <-             # transition i -> i-j
      pa * choose(n,j+1)*(1-ps)^(n-j-1)*ps^(j+1) +
      (1-pa) * choose(n,j)*(1-ps)^(n-j)*ps^j;
  }
  if (i<C) {                    # capacity is not reached
    P[i+1,i+2] <- pa * (1-ps)^n;
    } else {                    # capacity is reached
    P[C+1,C+1] <- P[C+1,C+1] + pa * (1-ps)^n
  }
}; P
```

— Matlab —————

```
k=2; C=4; pa=0.2; ps=0.125;
P = zeros(C+1,C+1);             % (C+1) states from 0 to C
  for i=0:C; n = min(i,k)      % number of busy servers
  P(i+1,i-n+1)=(1-pa)*ps^n;    % transition when all n jobs depart
  for j=0:n-1;
    P(i+1,i-j+1) = ...         % transition i -> i-j
    pa * nchoosek(n,j+1)*(1-ps)^(n-j-1)*ps^(j+1)...
    + (1-pa) * nchoosek(n,j)*(1-ps)^(n-j)*ps^j;
  end;
  if i<C;                      % capacity is not reached
    P(i+1,i+2) = pa * (1-ps)^n;
    else                       % capacity is reached
    P(C+1,C+1) = P(C+1,C+1) + pa * (1-ps)^n;
  end;
end; P
```

现在我们可以回答前面的所有问题了:

(a) 该系统的稳态分布为

$$\pi_0 = 0.1527 \qquad \pi_1 = 0.2753 \qquad \pi_2 = 0.2407$$

$$\pi_3 = 0.1837 \qquad \pi_4 = 0.1476$$

(b) 听到"忙碌信号"的呼叫者所占比例是在任务到达时系统已满的概率,即

$$P\{X = C\} = \pi_4 = \underline{0.1476}$$

(c) 当有系统中有两个、三个或四个任务时,每个客服人员都在忙碌,此外,即使只有一个任务,每人忙碌的时间比例也占到了一半(因为有 50% 的概率是另一个人负责这项任务). 总计

$$\pi_2 + \pi_3 + \pi_4 + 0.5\pi_1 = \underline{0.7090} \quad 或 \quad \underline{70.90\%} \qquad\qquad \diamond$$

7.5.2　M/M/k 系统

M/M/k 系统是 M/M/1 系统的多服务器的扩展. 根据 7.4 节中通用的"A/S/n/C"表示法,其含义如下.

定义 7.7　M/M/k 排队过程是一个连续时间的马尔可夫排队过程,具有以下特征:

● k 个服务器.

● 无限容量.

● 到达间隔时间是指数分布,且到达率为 λ_A.

● 每个服务器的服务时间是指数分布,且服务率为 λ_S,并独立于所有到达时间和其他服务器.

再一次,通过使帧 Δ 趋于 0,我们从离散时间的伯努利多服务器过程转移到连续时间的 M/M/k. 对于非常小的 Δ,转移概率(7.11)得以简化:

$$p_{i,\,i+1} = \lambda_A \Delta \cdot (1 - \lambda_S \Delta)^n \approx \lambda_A \Delta = p_A$$

$$p_{i,\,i} = \lambda_A \Delta \cdot n\lambda_S \Delta (1 - \lambda_S \Delta)^{n-1} + (1 - \lambda_A \Delta) \cdot (1 - \lambda_S \Delta)^n$$

$$\approx 1 - \lambda_A \Delta - n\lambda_S \Delta = 1 - p_A - np_S \qquad\qquad (7.12)$$

$$p_{i,\,i-1} \approx n\lambda_S \Delta = np_S$$

$$p_{i,\,j} = 0, \text{对所有其他的 } j$$

同样,$n = \min\{i,\,k\}$ 是系统的 i 个任务总数中正在接受服务的任务数.

例如,对 $k = 3$ 个服务器,转移概率矩阵为

$$\boldsymbol{P} \approx \begin{pmatrix} 1 - p_A & p_A & 0 & 0 & 0 & \cdots \\ p_S & 1 - p_A - p_S & p_A & 0 & 0 & \cdots \\ 0 & 2p_S & 1 - p_A - 2p_S & p_A & 0 & \cdots \\ 0 & 0 & 3p_S & 1 - p_A - 3p_S & p_A & \cdots \\ 0 & 0 & 0 & 3p_S & 1 - p_A - 3p_S & \cdots \\ 0 & 0 & 0 & 0 & 3p_S & \cdots \\ \vdots & \vdots & \vdots & \vdots & \vdots & \vdots \end{pmatrix}$$

$$(7.13)$$

让我们试着直观地理解这些概率. 回想一下，Δ 非常小，所以我们忽略了与 Δ^2 和 Δ^3 等成比例的项. 然后，在每帧内不能发生超过一个事件，即到达或离开. 多于一个事件的概率含有阶数 $O(\Delta^2)$. 将任务数变为 2 需要至少 2 个事件，因此，这样的变化不可能在一帧内发生.

同时，从 i 到 $i-1$ 的转移可能是由当前服务的 n 个任务中的任何一个离开引起的. 这就是我们看到离开概率 p_S 乘以 n 的原因.

稳态分布

从矩阵 $\boldsymbol{P}$ 中，我们不难找到 π、并发任务数 X 的稳态分布以及进一步的性能特征. 对 7.4 节中的特殊情况 $k=1$，我们已经经历了类似的步骤.

再一次，我们求解方程组

$$\begin{cases} \boldsymbol{\pi P} = \boldsymbol{\pi} \\ \sum_i \boldsymbol{\pi}_i = 1 \end{cases}$$

将 π 乘以 $\boldsymbol{P}$ 的第一列，得出我们熟悉的平衡方程：

$$\pi_0(1-p_A) + \pi_1 p_S = \pi_0 \quad \Rightarrow \quad \pi_0 p_A = \pi_1 p_S \quad \Rightarrow \quad \pi_0 p_A = \pi_1 p_S \quad \Rightarrow \quad \boxed{\pi_1 - r\pi_0}$$

其中

$$r = \frac{p_A}{p_S} = \frac{\lambda_A}{\lambda_S}$$

是利用率. 受多个服务器的影响，从第二个平衡方程起情况就有了不同：

$$\pi_0 p_A + \pi_1(1-p_A-p_S) + 2\pi_2 p_S = \pi_1 \quad \Rightarrow \quad \pi_1 p_A = 2\pi_2 p_S \quad \Rightarrow \quad \boxed{\pi_2 \Rightarrow 2r\pi_1}$$

继续下去，我们得到所有的平衡方程：

$$\begin{cases} \pi_1 = r\pi_0 \\ \pi_2 = r\pi_1/2 = r^2\pi_0/2! \\ \pi_3 = r\pi_2/3 = r^3\pi_0/3! \\ \cdots \quad \cdots \quad \cdots \quad \cdots \quad \cdots \quad \cdots \\ \pi_k = r\pi_{k-1}/k = r^k\pi_0/k! \end{cases}$$

直到任务数 k 占用所有服务器，之后

$$\begin{cases} \pi_{k+1} = (r/k)\pi_k = (r/k)r^k\pi_0/k! \\ \pi_{k+2} = (r/k)\pi_{k+1} = (r/k)^2 r^k\pi_0/k! \\ \quad\quad\vdots \end{cases}$$

归一化方程 $\sum \pi_i = 1$ 返回

$$1 = \pi_0 + \pi_1 + \cdots = \pi_0\Big(1 + r + \frac{r^2}{2!} + \frac{r^3}{3!} + \cdots + \frac{r^k}{k!} + \frac{r^k}{k!}(r/k) + \frac{r^k}{k!}(r/k)^2 + \cdots\Big)$$

$$= \pi_0\Big(\sum_{i=0}^{k-1}\frac{r^i}{i!} + \frac{r^k}{(1-r/k)k!}\Big)$$

在最后一行使用比率为 r/k 的几何级数公式.

194

我们得到了以下结果：

M/M/k 系统：
任务数的
稳态分布

$$\pi_x = \boldsymbol{P}\{X = x\} = \begin{cases} \dfrac{r^x}{x!}\pi_0, & x \leqslant k \\[2mm] \dfrac{r^k}{k!}\pi_0\left(\dfrac{r}{k}\right)^{x-k}, & x > k \end{cases}$$

其中

$$\pi_0 = \boldsymbol{P}\{X = 0\} = \dfrac{1}{\displaystyle\sum_{i=0}^{k-1}\dfrac{r^i}{i!} + \dfrac{r^k}{(1-r/k)k!}} \qquad \text{且 } r = \lambda_A/\lambda_S$$

(7.14)

例 7.7（多信道消息传输中心） 在例 7.5 中，我们曾担心系统无法处理不断增加的消息流. 那是单服务器排队系统.

现在假设，根据我们的预测，使用与第一个信道相同的参数构建另外两个信道. 因此，我们就有了 M/M/3 系统. 现在它可以很容易地处理两倍的流量！

实际上，现在假设到达率 λ_A 是例 7.4 中的两倍. 现在等于 10 条每分钟. 每个服务器的服务率仍然是 6 条每分钟. 系统的利用率为

$$r = \lambda_A/\lambda_S = 10/6 = 1.67 > 1$$

这很好. 因为有三个服务器，系统将在任意 $r < 3$ 的情况下运行.

在没有等待时间的情况下，被立即发送的消息的百分比是多少？

解 当有空闲的服务器（信道）传输消息时，消息不会一直等待. 当系统中的任务数少于服务器数时，就会出现这种情况. 因此

$$P\{W = 0\} = P\{X < 3\} = \pi_0 + \pi_1 + \pi_2 = \underline{0.70}$$

其中稳态概率通过(7.14)式计算如下：

$$\pi_0 = \frac{1}{1 + 1.67 + \dfrac{1.67^2}{2!} + \dfrac{1.67^3}{(1 - 1.67/3) \times 3!}} = \frac{1}{5.79} = 0.17$$

$$\pi_1 = 1.67\pi_0 = 0.29, \qquad \pi_2 = \frac{1.67^2}{2!}\pi_0 = 0.24$$

◇

7.5.3 无限数量的服务器和 M/M/∞

无限数量的服务器完全消除了等待时间. 每当任务到达时，总是有可用来处理它的服务器，因此，响应时间 R 仅由服务时间组成. 换句话说，

$$X = X_S, \qquad R = S, \qquad X_w = 0, \qquad W = 0$$

我们有没有见过这样的排队系统呢？

显然，没有人可以从根本上建造无限数量的设备. 拥有无限数量的服务器仅仅意味着可以同时为任意数量的并发用户提供服务. 例如，大多数网络服务供应商和大多数长途电话公司实际上允许任意数量的并发连接. 无限数量的人可以同时观看一个电视频道，收听一个广播或者洗个日光浴.

有时，对于任务通常无须等待，可立即获得服务的系统来说，具有无限多个服务器的模

型是一个合理的近似. 这可能适用于计算机服务器、杂货店或者几乎没有交通堵塞的街道.

M/M/∞ 排队系统

当我们做出替换($k=\infty$)或者取极限(服务器数 k 趋于无穷大)时，M/M/k 系统的定义和所有理论都适用于 M/M/∞. 任务数总是少于服务器数($i<k$)，因此，我们总是有 $n=i$. 也就是说，当系统中有 i 个任务时，正好有 i 个服务器在忙碌.

M/M/∞ 系统中的任务数 X 具有转移概率矩阵

$$\boldsymbol{P}=\begin{pmatrix} 1-p_A & p_A & 0 & 0 & \cdots \\ p_S & 1-p_A-p_S & p_A & 0 & \cdots \\ 0 & 2p_S & 1-p_A-2p_S & p_A & \cdots \\ 0 & 0 & 3p_S & 1-p_A-3p_S & \cdots \\ 0 & 0 & 0 & 4p_S & \cdots \\ \vdots & \vdots & \vdots & \vdots & \vdots \end{pmatrix} \quad (7.15)$$

看起来熟悉吗?

当 $k\rightarrow\infty$ 时，取式(7.14)的极限，我们得到

$$\pi_0 = \frac{1}{\displaystyle\sum_{i=0}^{\infty}\frac{r^i}{i!}+\lim_{k\rightarrow\infty}\frac{r^k}{(1-r/k)k!}} = \frac{1}{\mathrm{e}^r+0} = \mathrm{e}^{-r}$$

并且对于所有 $x\geqslant 0$,

$$\pi_x = \frac{r^x}{x!}\pi_0 = \mathrm{e}^{-r}\,\frac{r^x}{x!}$$

我们当然认识泊松分布! 是的，M/M/∞ 系统中的并发任务数是参数为 $r=\lambda_A/\lambda_S$ 的泊松分布.

$$\boxed{\begin{array}{c} \text{任务数是 Poisson}(r) \\[2mm] \pi_x = P\{X=x\} = \mathrm{e}^{-r}\,\frac{r^x}{x!} \\[2mm] E(X) = \mathrm{Var}(X) = r \end{array}} \quad (7.16)$$

M/M/∞ 系统: 任务数的稳态分布

例 7.8(功能强大的服务器)　某一功能强大的服务器实际上可以承受任意数量的并发用户. 根据泊松计数过程，用户在任意时间连接服务器，平均每 3 分钟连接一次. 每个用户在服务器上花费的时间是指数分布，平均为 1 小时，然后断开连接，这些都与其他用户无关.

这样的描述适用于具有

$$r=\mu_S/\mu_A=60\text{分钟}/3\text{分钟}=20$$

的 M/M/∞ 排队系统. 并发用户数是 Poisson(20). 我们可以从附录中的表 A3 找出

$$P\{X=0\}=0.0000$$

也就是说，服务器永远不会空闲.

此外，如果将一条紧急信息发送给所有用户，则平均而言，$E(X)=20$ 个用户会立即看到该信息. 15 个或更多的用户立即接收到该信息的概率为

$$P\{X \geqslant 15\} = 1 - F(14) = 1 - 0.1049 = \underline{0.8951} \qquad \diamond$$

7.6 排队系统的模拟

让我们总结一下本章的内容. 我们发展了一个理论, 了解了如何分析和评估相当基础的排队系统: 伯努利和 M/M/k. 我们讨论了单服务器和多服务器, 容量有限和无限的情况, 但没有考虑客户过早退出、服务中断、到达和(或)服务的非马尔可夫过程以及不同服务器之间的区别等复杂情况.

我们的大部分结果都是由所考虑的排队过程的马尔可夫性得到的. 对于这些系统, 我们推导了并发任务数的稳态分布, 并由此计算了重要的性能特征.

唯一的通用结果是 7.2 节的利特尔法则, 它适用于任何排队系统.

然而, 在实践中, 许多排队系统具有相当复杂的结构. 任务可能会按照非泊松过程到达. 在通常情况下, 到达的速度在一天中会发生变化(高速公路和互联网都存在高峰期). 服务时间可能具有不同的分布, 并且它们并不总是无记忆的, 因此, 可能不满足马尔可夫性. 服务器的数量也可能在一天中发生变化(高峰期可能会开启额外的服务器). 一些客户可能会对等待时间过长感到不满, 而在队列中途退出. 诸如此类.

排队理论并没有涵盖所有可能的情况. 但是, 我们可以模拟几乎任何排队系统的行为, 并用蒙特卡罗方法研究其性质.

马尔可夫情况

只有当到达时间间隔和服务时间无记忆时, 排队系统才是马尔可夫的. 这样, 才可以在不依靠过去的情况下从现在预测未来(6.2 节).

如果是这种情况, 我们像在式(7.4)、式(7.6)～式(7.7)、式(7.11)～式(7.13)或式(7.15)中所做的那样计算转移概率矩阵, 并根据算法 6.1 模拟马尔可夫链. 为了研究排队系统的长期特征, X_0 的初始分布通常无关紧要, 因此, 我们可以从系统中没有任务并且立即"开启"服务器起开始这个算法.

即使系统是马尔可夫的, 一些有趣的特征也不能直接从它的稳态分布中得出, 但现在可以通过模拟的长期比例和平均值从蒙特卡罗研究中估计出来. 例如, 我们可能有兴趣估计不满意客户的比例, 以及在下午 3 时至 5 时的一段时间内客户数量的期望等. 我们还可以计算各种预测(5.3.3 节).

一般情况

第 5 章的蒙特卡罗方法使我们能够模拟和评估远比伯努利和 M/M/k 更复杂的排队系统. 只要知道到达间隔和服务时间的分布, 我们就可以生成到达和服务的过程. 为了将任务分配给服务器, 我们跟踪每次新任务到达时可用的服务器. 当所有服务器都忙碌时, 新任务将进入队列.

当我们模拟排队系统的工作时, 我们会记录感兴趣的事件和变量. 经过大量的蒙特卡罗运算, 对记录求均值, 以便通过长期比例来估计概率, 并通过长期均值来估计期望值.

多服务器排队系统的模拟

让我们模拟一天, 从早上 8 点到晚上 10 点, 具备如下特征的排队系统:

- 4 个服务器;
- 服务时间是参数如下的伽马分布:

服务器	α	λ
I	6	0.3 个每分钟
II	10	0.2 个每分钟
III	7	0.7 个每分钟
IV	5	1.0 个每分钟

- 到达是泊松过程,到达率为每 4 分钟一次,与服务时间无关;
- 当有多个服务器可用时,随机分配服务器.

此外,假设在等待 15 分钟后,如果任务的服务还没有开始,则任务将从队列中退出.

对于该系统正常工作的一天,我们有兴趣估计以下各项的期望值:

- 每个服务器忙于处理任务的总时间;
- 每个服务器服务的任务总数;
- 平均等待时间;
- 最长等待时间;
- 退出的任务数;
- 服务器立即可用的次数(这也是无须等待的任务数);
- 在晚上 10 点,系统中剩余的任务数.

199

首先,我们输入系统的参数:

```
— R —                        — MATLAB —
k  <- 4                       k = 4;                  % number of servers
mu <- 4                       mu = 4;                 % mean interarrival time
alpha <- c(6,10,7,5)          alpha = [6 10 7 5];     % parameters of service
lambda <- c(.3,.2,.7,1.0)     lambda = [.3 .2 .7 1.0];   % times
```

然后,我们初始化变量,并开始跟踪到达的任务.到目前为止,这些都是空数组.它们被每一份到达的任务填满:

```
— R —                        — MATLAB —
arrival <- c()               arrival = [ ];          % arrival time
start   <- c()               start   = [ ];          % service starts
finish  <- c()               finish  = [ ];          % departure time
server  <- c()               server  = [ ];          % assigned server
j <- 0                       j = 0;                  % job number
T <- 0                       T = 0;                  % arrival of a new job
A <- rep(0,k)                A = zeros(1,k);         % A is an array of times
        % when each of the servers becomes available to take the next job
```

排队系统准备好工作了!我们开始对到达的任务数进行 "while" 循环.它会一直运行到这一天结束,即到达时间 T 达到 14 小时,即 840 分钟.这个循环的长度(到达的任务总数)是随机的.

```
— R —                        — Matlab —
while (T < 840) {            while T < 840;      % until end of the day
  j <- j+1                     j = j+1;          % next job
  T <- T+rexp(1,1/mu)          T = T-mu*log(rand); % arrival time of job j
  arrival<-c(arrival,T)        arrival=[arrival T];
```

根据例 5.10 所生成, 到达时间 T 通过将先前的到达时间加上指数分布的到达间隔时间来获得(R 和 MATLAB 用户可以利用内置函数 rexp 和 exprnd). 用这个 while 循环中所生成的最后一个任务实际上在晚上 10 点之后到达. 你可以接受它, 也可以删除它.

接下来, 我们需要按照随机分配规则将新任务 j 分配给服务器. 这里有两种情况: 在到达时间 T 时, 要么所有服务器都在忙碌, 要么有一些服务器可用.

```
— R —
Nfree <- sum( A < T )        # number of free servers at time T
u <- 1                       # u = server that will take job j
if (Nfree == 0) {            # If all servers are busy at time T ...
  for (v in 2:k) {
    if (A[v] < A[u]) {       # Find the server that gets available
      u <- v;                # first and assign job j to it
    }
  }
  if (A[u]-T > 15) {         # If job j waits more than 15 min,
    start <- c(start, T+15)  # then it withdraws at time T+15.
    finish <- c(finish, T+15)
    u <- 0                   # No server is assigned.
  } else {                   # If job j doesn't withdraw ...
    start <- c(start, A[u])
  }
} else {                     # If there are servers available ...
  u <- ceiling(runif(1)*k)   # Generate a random server, from 1 to k
  while (A[u] > T) {         # Random search for an available server
    u <- ceiling(runif(1)*k)
  }
  start <- c(start, T)       # Service starts immediately at T
}
server <- c(server, u)
```

```
— Matlab —
Nfree = sum( A < T );        % number of free servers at time T
u = 1;                       % u = server that will take job j

if Nfree == 0;               % If all servers are busy at time T ...
  for v=2:k;
    if A(v)<A(u);            % Find the server that gets available
      u = v;                 % first and assign job j to it
    end;
  end;
```

新任务(j)的服务器(u)是确定的. 现在我们可以从合适的伽马分布生成它的服务时间 S, 并更新我们的记录. 同样, 我们将从均匀分布的随机数生成器生成伽马分布的服务时间, 尽管没有什么能阻止 R 和 MATLAB 用户使用内置函数 rgama 和 gammarnd. 继续我们的程序：

201

— R —————

```r
  if (u > 0) {                          # if job j doesn't withdraw ...
    S <- sum( -1/lambda[u] * log(runif(alpha[u])) )
    finish <- c(finish, start[j]+S)
    A[u] <- start[j] + S;               # This is the time when server u
  }                                     # will now become available
}                                       # End of the while-loop
job = 1:j; print( data.frame(job, arrival, start, finish, server) )
```

— MATLAB —————

```matlab
  if u > 0;                             % if job j doesn't withdraw ...
    S = sum( -1/lambda(u) * log(rand(alpha(u),1) ) );
    finish = [finish start(j)+S];
    A(u)   = start(j) + S;              % This is the time when server u
  end;                                  % will now become available
end;                                    % End of the while-loop
disp([(1:j)' arrival' start' finish' server'])
```

这一天(我们的 while 循环)结束了. 最后一个命令显示以下记录：

Job	Arrival time	Service starts	Service ends	Server
1	...	...	...	...
2	...	...	...	...
3	...	...	...	...
4	...	...	...	...

从这个主表可以计算出我们感兴趣的所有变量：

— R —————

```r
Twork = rep(NA,k); Njobs = rep(NA,k);
for (u in 1:k) {                        # Twork(u) is the total working
  Twork[u] <- sum((server == u)*(finish-start))    # time for server u
  Njobs(u) <- sum(server == u)          # number of jobs served by u
}
Wmean <- mean(start-arrival)            # average waiting time
Wmax <- max(start-arrival)              # the longest waiting time
Nwithdr <- sum(server == 0)             # number of withdrawn jobs
Nav <- sum(start-arrival < 0.00001)     # number of jobs that did not wait
Nat10 <- sum(finish > 840)              # number of jobs at 10 pm
```

— MATLAB —————

202

```matlab
for u=1:k;                              % Twork(u) is the total working
  Twork(u) = sum((server==u).*(finish-start));   % time for server u
  Njobs(u) = sum(server==u);            % number of jobs served by u
end;
Wmean = mean(start-arrival);            % average waiting time
Wmax = max(start-arrival);              % the longest waiting time
Nwithdr = sum(server==0);               % number of withdrawn jobs
Nav = sum(start-arrival < 0.00001);     % number of jobs that did not wait
Nat10 = sum(finish > 840);              % number of jobs at 10 pm
```

我们已经计算了这一天的所有需求量. 将此代码放入 do 循环, 并模拟大量的天数. 然后, 通过变量 Wmean, Nwithdr 等对所有的天进行平均来估计所需的期望值.

归纳总结

排队系统是一种服务设施, 旨在为随机到达的任务提供服务.

本章研究了几类排队系统. 我们讨论了离散时间和连续时间、马尔可夫和非马尔可夫、容量有限和容量无限的单服务器和多服务器排队过程.

我们建立了马尔可夫系统的详细理论, 并推导了并发任务数的分布, 得到了若干重要特征的解析表达式. 这些结果用来评估排队系统的性能, 预测它在参数变化时的未来效率, 以及检查它在新的条件下是否还能工作.

更复杂、更高级的排队系统的性能可以用蒙特卡罗方法来评估. 我们需要模拟任务的到达、服务器的分配和服务时间, 并跟踪所有感兴趣的变量. 示例中给出了这种模拟的计算机代码.

练习题

7.1 客户以每小时 10 名的速度到达自动取款机, 平均花费 2 分钟完成所有交易. 该系统由帧为 10 秒的伯努利单个服务器排队过程建模. 在每一帧末写下在自动取款机前的客户数的转移概率矩阵.

7.2 考虑一个伯努利单个服务器排队过程, 其到达率为每分钟 2 个任务, 服务率为每分钟 4 个任务, 帧为 0.2 分钟, 容量限制为 2 个任务, 计算系统中任务数的稳态分布.

7.3 一个洗车中心的性能由帧为 2 分钟的伯努利单个服务器排队过程来模拟. 汽车平均每 10 分钟到达一次, 平均服务时间为 6 分钟. 容量是无限的. 如果上午 10:00 该中心没有汽车, 计算上午 10:04 时一辆汽车被清洗而另一辆等待的概率.

7.4 Masha 有一部双线电话, 这样她就可以和一位朋友通话, 同时, 最多只有一位朋友在等待. 平均而言, 她每小时接到 10 个电话, 一次通话需要 2 分钟. 假设一个单服务器、容量有限的伯努利排队过程帧为 1 分钟, 计算 Masha 花费在打电话上的时间.

7.5 一个客服人员一次可以服务一个人, 同时最多只有一个客户在等待. 假设客户按二项计数过程到达, 其帧为 3 分钟, 平均到达间隔时间为 10 分钟, 平均服务时间为 15 分钟. 计算在任意时刻该排队系统中客户数的稳态分布.

7.6 双线电话的性能由容量有限($C=2$)的伯努利单个服务器排队过程建模. 如果电话的两条线都在忙碌, 则新呼叫者会收到忙碌信号, 并且不能进入队列. 平均每小时有 5 个电话, 平均每个电话需要 20 分钟. 使用 4 分钟的帧计算稳态概率.

7.7 任务以每小时 8 个的速度到达服务器. 平均每次服务需要 3 分钟. 该系统采用伯努利单个服务器排队过程建模, 其帧为 5 秒, 容量限制为 3 个任务. 在每一帧末写下系统中任务数的转移概率矩阵.

7.8 对于一个到达率为 5 个每分钟、平均服务时间为 4 秒的 M/M/1 排队过程, 计算

(a) 系统中恰好有 2 个客户的时间比例;

(b) 响应时间的期望(从到达到离开的时间的期望).

7.9　根据到达的泊松过程, 任务以每小时 12 个的速度被随机发送到打印机. 打印一个任务所需的时间是一个指数分布的随机变量, 与到达时间无关, 每个任务的平均时间为 2 分钟.

(a) 中午将一个任务发送给打印机. 预计何时打印?

(b) 队列中当前正被打印的任务总数超过 2 的频率是多少?

7.10　将自动售货机建模为一个 M/M/1 队列, 其到达率为每小时 20 个客户, 平均服务时间为 2 分钟.

(a) 一个客户在晚上 8 点到达. 等待时间的期望是多少?

(b) 下午 3 点没有人使用自动售货机的概率是多少?

204

7.11　客户按照泊松过程来到出纳员的窗口, 每 25 分钟到 10 个. 服务时间是指数分布的. 平均服务时间为 2 分钟. 计算

(a) 系统中的平均客户数和排队等待的平均客户数;

(b) 出纳员忙于服务客户的时间比例;

(c) 出纳员忙于服务, 且至少有 5 个其他客户在排队等待的时间比例.

7.12　对于一个平均到达间隔时间为 5 分钟, 平均服务时间为 3 分钟的 M/M/1 排队系统, 计算

(a) 响应时间的期望;

(b) 系统中任务少于 2 个的时间比例;

(c) 在服务开始前必须等待的客户比例.

7.13　任务按照泊松过程到达服务设施, 平均到达间隔时间是 4.5 分钟. 通常一个任务在系统中花费参数为 $\alpha = 12$, $\lambda = 5$ 个每分钟的伽马分布的时间并离开.

(a) 计算在任意时刻系统中的平均任务数.

(b) 假设在过去的 3 个小时内只有 20 个任务到达, 这是否表明到达间隔时间的期望增加了?

7.14　卡车按照泊松过程到达称重站, 平均为每 10 分钟 1 辆. 检查时间是指数分布的, 平均为 3 分钟. 当一辆卡车在称重时, 其他到达的卡车会排成一队等待. 计算

(a) 在任意时刻排队卡车数的期望;

(b) 称重站空闲的时间比例;

(c) 每辆卡车从到达到离开在该站花费的时间的期望.

7.15　考虑一部单线热线电话. 当电话在忙碌时, 新呼叫者会收到忙碌信号. 平均每分钟两次电话. 每次通话的平均时长为 1 分钟. 该系统的行为类似于一个帧为 1 秒的伯努利单个服务器排队过程.

(a) 计算并发任务数的稳态分布.

(b) 下午 2 点到 3 点, 超过 150 人尝试过拨打这个号码的概率是多少?

205

7.16　平均而言, 每 6 分钟有 1 个客户到达 M/M/k 排队系统, 在那里平均花费 20 分钟, 然后离开. 在任何给定时间, 系统中客户的平均数是多少?

7.17   验证 M/M/1 排队系统及它的等待和服务时间的利特尔法则.

7.18   一个有两个停车位的计价停车场代表了一个容量限制为 2 辆汽车、帧为 30 秒的伯努利双服务器排队系统. 汽车以每 4 分钟 1 辆的速度到达. 平均每辆车停 5 分钟.

    (a) 计算停车数的转移概率矩阵.

    (b) 找出停车数的稳态分布.

    (c) 两个停车位空置的时间比例是多少?

    (d) 到达的车辆中无法停车的比例是多少?

    (e) 每停车 2 分钟收费 25 美分. 假设司机花了多少钱就停多久,那么预计该停车场的业主每 24 小时能获得多少收入呢?

7.19   (这个练习可能需要一台计算机,或者至少需要一个计算器)一家步入式美发沙龙有两名理发师,并有供等待的客户使用的两张额外的椅子. 我们将该系统建模为一个伯努利排队过程,其服务器有 2 个,帧为 1 分钟,容量限制为 4 个客户,到达率为每小时 3 个客户,平均服务时间为 45 分钟(不包括等待时间).

    (a) 计算在任意时刻沙龙内客户数的转移概率矩阵,并求出稳态分布.

    (b) 使用这个稳态分布来计算在任意时刻沙龙内客户数的期望、正在等待理发的客户数的期望,以及发现所有的空座位都已坐满的顾客的比例.

    (c) 每名理发师每天工作 8 小时. 他们的工作时间和休息时间该如何分配?

    (d) 如果他们只是在等待区多放两张座椅,(b)和(c)中的性能特征将有何改变?

7.20   练习 7.11 中的两个出纳员现在正在银行值班,他们的工作是一个到达率为 0.4/分钟、平均服务时间为 2 分钟的 M/M/2 排队系统.

    (a) 计算稳态概率 $\pi_0, \cdots, \pi_{10}$,并使用它们将银行的客户数的期望近似为

$$E(X) \approx \sum_{x=0}^{10} x\pi_x$$

    (b) 使用利特尔法则求出响应时间的期望.

    (c) 由此推算出等待时间和正在等待的客户数的期望.

    (d*) 在没有(a)中近似的情况下,推导出准确的客户数的期望 $E(X)$,并使用它重新计算(b)和(c)中的答案.

        提示:$E(X)$ 是作为级数计算的. 将其与 M/M/1 系统中任务数的期望相联系.

7.21   高速公路上的收费区有三个收费站,这是一个 M/M/3 排队系统. 平均而言,每 5 秒就有 1 辆车到达,支付通行费需要 12 秒(不包括等待时间). 计算有 10 辆或更多的汽车在排队的时间比例.

7.22   体育迷们按照泊松过程,以每 2 分钟 3 个粉丝的速度调频到一个当地的体育谈话电台,并以指数分布的时间(平均值为 20 分钟)收听.

    (a) 什么样的排队系统最适合这种情况?

    (b) 计算在任意时刻并发收听人数的期望.

    (c) 找出 40 个或更多的粉丝调频到该台的时间比例.

7.23   互联网用户按照 M/M/∞ 排队系统访问某网站,到达率为 2 人每分钟,在该网站所

花费的时间的期望为 5 分钟. 计算:

(a) 在任意时刻该网站的访问量的期望;

(b) 无人浏览该网站的时间比例.

7.24 (小型项目)消息按照泊松过程, 以平均每分钟 5 条的频率到达一个电子邮件服务器. 该服务器一次只能处理一条信息, 并且按照"先到先得"的原则处理消息. 处理任何文本消息都需要指数分布的时间 U, 加上处理附件(如果有的话)需要的与 U 无关的指数分布的时间 V, $E(U) = 2$ 秒, $E(V) = 7$ 秒. 40% 的消息包含附件. 使用蒙特卡罗方法估计该服务器响应时间的期望.

(请注意, 由于附件的原因, 总体服务时间不是指数分布的, 因此系统不再是 M/M/1.)

7.25 (小型项目)一个医生安排她的病人平均每隔 15 分钟到达一个. 然后, 按照病人到达的顺序为病人提供服务, 每个病人都需要该医生花费参数为 $\alpha = 4$, $\lambda = 0.3$ 个每分钟的伽马分布的时间. 使用蒙特卡罗模拟来估计:

(a) 响应时间的期望;

(b) 等待时间的期望;

(c) 病人在看病前必须等待的概率.

(这个系统不是 M/M/1, 因为到达间隔时间不是随机的.)

7.26 (计算机项目)一个多服务器系统(计算机实验室、客户服务、电话公司)由 $n = 4$ 个服务器(计算机、客服人员、电话线)组成. 每个处理器都可以处理任何任务, 但其中一些服务器的工作速度更快. 服务时间按照下表分布:

服务器	分布	参数
Ⅰ	伽马分布	$\alpha = 7$, $\lambda = 3$ 个每分钟
Ⅱ	伽马分布	$\alpha = 5$, $\lambda = 2$ 个每分钟
Ⅲ	指数分布	$\lambda = 0.3$ 个每分钟
Ⅳ	均匀分布	$a = 4$ 分钟, $b = 9$ 分钟

根据泊松过程, 任务(客户、电话)在彼此独立的随机时间到达系统. 平均到达间隔时间为 2 分钟, 如果一个任务到达, 并且有多个空闲的服务器可用, 那么该任务被任何可用的服务器处理的可能性相同. 如果到达时没有可用的服务器, 任务将进入队列. 在等待 6 分钟后, 如果服务尚未启动, 那么任务将离开系统. 该系统每天工作 10 个小时, 从早上 8 点到下午 6 点.

至少运行 1000 次蒙特卡罗模拟, 并估计以下数量:

(a) 随机选择的任务的等待时间的期望;

(b) 响应时间的期望;

(c) 新任务到达时的队列长度(不包括正在接受服务的任务)的期望;

(d) 一天 10 小时中最长等待时间的期望;

(e) 一天 10 小时中最长队列长度的期望;

(f) 当一个任务到达时，至少有 1 个服务器可用的概率；

(g) 当一个任务到达时，至少有 2 个处理器可用的概率；

(h) 每个服务器处理的任务数的期望；

(i) 每个服务器在一天中空闲的时间的期望；

(j) 下午 6:03，系统中剩余任务数的期望；

(k) 提前离开队列的任务百分比的期望.

7.27 (计算机项目)一个 IT 支持帮助台代表了一个有五个助手接听客户电话的排队系统. 呼叫按照泊松过程进行，平均速度为每 45 秒一个. 第一个、第二个、第三个、第四个和第五个助手的服务时间均为指数分布的随机变量，参数分别为 $\lambda_1 = 0.1$ 个每分钟，$\lambda_2 = 0.2$ 个每分钟，$\lambda_3 = 0.3$ 个每分钟，$\lambda_4 = 0.4$ 个每分钟，$\lambda_5 = 0.5$ 个每分钟（第 j 个助手有参数 $\lambda_k = (k/10)$ 个每分钟）. 除了正在接受帮助的客户外，最多可将其他 10 个客户置于等待状态. 当达到容量上限后，新呼叫者会收到忙碌信号.

使用蒙特卡罗方法估计以下性能特征：

(a) 收到忙碌信号的客户比例；

(b) 响应时间的期望；

(c) 平均等待时间；

(d) 每个服务台助手所服务的客户比例；

(e) 如果雇用了第 6 个帮助台助手来帮助前 5 个，并且 $\lambda_6 = 0.6$ 个每分钟，重新计算上述问题. 这位团队中速度最快的助手如何提高排队系统的性能？

问题(b)~(d)指的是进入系统，但未收到忙碌信号的客户.

第三部分
统　计　学

第8章 统计概论

本书前 7 章分析涉及不确定性的问题和系统，以估计各种情况下的概率、期望和其他特征，并做出可能导致指导重要决策的预测.

在所有这些问题中，我们得到了什么结果？最终，我们需要知道分布及其参数，以便计算概率，或至少用蒙特卡罗方法估计它们. 通常情况下，分布类型可能不会给出，而我们学习了如何通过现有分布拟合合适的模型，例如，二项分布、指数分布或泊松分布. 无论如何，拟合分布的参数必须明确地给出报告，或者直接从问题中得出.

然而，在实践中很少出现这种情况. 有时情况可能在控制之下，例如，生产的产品有预定的规格，因此，我们知道它们的分布参数.

在更多情况下，参数是未知的. 那么，如何应用第 1～7 章的知识来计算概率呢？答案很简单：需要收集数据. 适当收集的数据样本可以提供有关观测系统参数的相当充分的信息. 在接下来的章节中，我们将学习如何使用这个示例：

- 可视化数据、理解模式，并对系统的行为做出快速的描述.
- 用简单的术语和数量来描述这种行为.
- 估计分布参数.
- 评估估计结果的可靠性.
- 对参数和整个系统进行检验.
- 了解变量之间的关系.
- 拟合合适的模型，并利用模型进行预测.

8.1 总体与样本、参数与统计

数据收集是统计学中至关重要的一步. 我们使用收集到的和观察到的样本来描述一个更大的集合——总体.

定义 8.1 **总体**由所有相关的单位组成. 总体的任何数值特征都是一个**参数**. **样本**由总体中收集到的观察单位组成. 它是用来描述总体的. 样本的任何函数都称为**统计量**.

在实际问题中，我们想要对总体做一些说明. 为了计算概率、期望，并在不确定性下做出最优决策，我们需要知道总体参数. 然而，知道这些参数的唯一方法是测量总体样本，即进行总体样本普查.

可以从总体中以随机抽样的形式收集样本数据，而不是进行总体普查(图 8.1). 这是我们的数据. 我们可以测量它们，进行计算，并估计总体的未知参数，直到达到一定的准确度.

表示法
$$\begin{Vmatrix} \theta = 总体参数 \\ \hat{\theta} = 从样本获得的估算值 \end{Vmatrix}$$

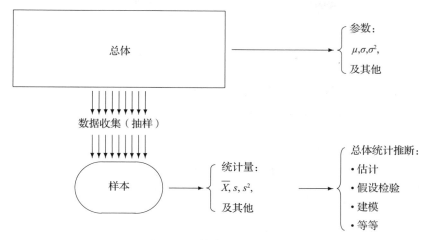

图 8.1 总体参数和样本统计

例 8.1(客户满意度) 例如，尽管 80% 的用户对他们的互联网连接感到满意，但这并不意味着在所观察的样本中正好有 80% 的客户感到满意. 正如我们可以从附录表 A2 中看到的，有 0.0328 的概率，在抽样的客户中只有不到 5/10 是满意的. 换句话说，随机样本有 3% 的概率表明与要求的总体参数不同，感到满意的用户不超过 50%. ◇

这个例子表明，一个样本有时可能给出关于总体的一个误导的信息，尽管这种情况发生的概率很低. 但是抽样误差仍然不能排除.

抽样和非抽样误差

抽样和非抽样误差是指所收集的样本与总体之间的任何偏差.

抽样误差是由只观察到样本（即总体的一部分）引起的. 对于大多数合理的统计程序，抽样误差随着样本量的增加而减少（并收敛到零）.

非抽样误差是由于不适当的抽样方案或错误的统计技术造成的. 通常没有有效的统计技术可以挽救收集得很差的数据样本.

我们来看一些错误的抽样实践例子.

例 8.2(来自错误总体的样本) 为了评估 Windows 帮助台的工作，对一些社会科学专业的学生进行了调查. 这个示例不能很好地代表所有 Windows 用户的总体情况. 例如，计算机科学专业的学生，尤其是计算机专业人士可能对 Windows 帮助台有完全不同的看法. ◇

例 8.3(相关性观察) 与笔记本的品牌相比，一位高级经理要求她的团队的所有员工陈述他们喜欢的笔记本电脑，并总结得到的反馈，从而得出哪种笔记本电脑更好的结论. 同样，这些员工并不是从所有笔记本电脑用户中随机挑选出来的. 此外，他们的观点可能是相互依赖的. 这些人在一起工作，经常交流，他们的观点会互相影响. 如果正确处理相关性观察，则不一定会造成非抽样误差. 但在这种情况下，我们不能假设每个人都是独立的. ◇

例 8.4(不太可能对等) 对一些航空公司的乘客按下面的方法进行调查：从列表中随机选择一个航班样本，每个航班上的 10 名乘客也是随机选择的. 要求每个抽样的乘客都填写一份问卷. 这样的样本有代表性吗？

214

215

假设 X 先生一年只坐一次飞机，而 Y 女士一个月要出差两次. 很明显，Y 女士被抽样的概率要比 X 先生高得多，所以必须考虑乘客被抽中的概率不相同的情况，否则会不可避免地出现非抽样误差.   ◇

例 8.5(1936 年总统选举)   人口杂志 *The literary Digest* 正确预测了 1920 年、1924 年、1928 年和 1932 年美国总统大选的获胜者. 然而，1936 年它却失败了！它根据一项对 1000 万人的调查，并预测州长阿尔弗雷德·兰登将大获全胜. 相反，富兰克林·德拉诺·罗斯福获得了 98.49% 的选票，赢得了 48 个州中的 46 个州的支持，再次当选总统.

那么，调查中出了什么问题呢？至少有两个主要问题使他们的抽样调查工作出现这种预测误差. 首先，这个样本是基于 *The literary Digest* 的订购用户的，而这些订购用户主要是共和党人. 第二，回复是自愿的，邮寄问卷的 77% 没有收到回复，这就造成了进一步的偏差. 这些是典型的非抽样误差.   ◇

在本书中，我们所关注的简单随机抽样正是一种避免非抽样误差的方法.

定义 8.2   **简单随机抽样**是一种抽样设计，在这种抽样设计中，从总体中独立地抽取样本，每个样本的抽样概率都是相等的.

通过简单随机抽样设计得到的样本观测值是独立同分布的随机变量.

例 8.6   为了评估客户的满意度，一个乐队会列出所有的客户. 使用蒙特卡罗方法在 1 和 N 之间选择一个随机数，其中 N 是客户的总数. 假设，我们生成一个 Uniform$(0，N)$ 的变量 X，并从所有的客户列表中抽取一个客户[X]. 类似地，根据均匀分布在剩余的 $N-1$ 个客户中选择第二个客户，直到得到一个大小为 n 的样本，这就是一个简单的随机样本.   ◇

在统计学中获取一个好的、有代表性的随机样本是相当重要的. 虽然只有总体的一部分（样本），但严格的抽样设计和适当的统计推断可以满足参数估计，并达到某种置信度发表声明.

216

8.2   统计描述

假设获取了一个好的随机样本如下：

$$\mathcal{S} = (X_1，X_2，\cdots，X_n)$$

例如，为了评估处理器对特定类型任务的处理效率，我们记录了 $n=30$ 个随机选择的任务的 CPU 处理时间（单位为秒，数据集 CPU）：

$$
\begin{array}{cccccccccc}
70 & 36 & 43 & 69 & 82 & 48 & 34 & 62 & 35 & 15 \\
59 & 139 & 46 & 37 & 42 & 30 & 55 & 56 & 36 & 82 \\
38 & 89 & 54 & 25 & 35 & 24 & 22 & 9 & 56 & 19
\end{array}
\tag{8.1}
$$

从这些数字中我们得到了什么信息呢？

一个随机任务的 CPU 处理时间 X 是随机变量，它的值不一定是观察到的 30 个样本中的某个值. 我们将使用收集到的数据来描述 X 的分布特征.

简单的**描述性统计信息**如衡量样本的位置、分布、变化性和其他统计特征数据可以立即计算出来. 在本节中，我们将讨论以下统计数据：

- **均值**，衡量样本的平均值；

- **中位数**，样本数据的中间值；
- **分位数**和**四分位数**，显示样本中某些样本分布的位置；
- **方差、标准差和四分位数的范围**，衡量数据的变化性和分布特征.

每个统计量都是一个随机变量，因为它是根据随机数据计算出来的. 它有一个所谓的**抽样分布**.

每个统计量都会估计相应的总体参数，并添加有关的兴趣变量 X 的分布信息.

在 5.3.2 节中我们使用了类似的方法，通过计算机模拟得到的蒙特卡罗样本估计参数. 在这里，我们估计参数，并根据真实的数据，而不是模拟的数据来得出结论.

8.2.1 均值

由样本均值 $\overline{X}$ 估计总体均值 $\mu = E(X)$.

定义 8.3 **样本均值** $\overline{X}$ 为算术平均数，

$$\overline{X} = \frac{X_1 + \cdots + X_n}{n}$$

自然地，作为抽样观测值的平均值，$\overline{X}$ 估计从随机数据计算得出 X 的整体分布的平均值，$\overline{X}$ 不一定等于 μ，但是当得到的样本数据足够多时，$\overline{X}$ 收敛于 μ.

样本均值具有许多良好的性质. 它是无偏的、一致的并且接近正态的.

注：如果总体的均值和方差有限，则这种方法是正确的，而本书中几乎所有的分布都是这种情况(参见例 3.20).

无偏性

定义 8.4 对于 θ 的所有可能值，如果期望值等于它本身，即 $E(\hat{\theta}) = \theta$，则参数 θ 的估计量 $\hat{\theta}$ 是**无偏的**. 期望值 $\hat{\theta}$ 的**偏差**定义为 $\mathrm{Bias}(\hat{\theta}) = E(\hat{\theta} - \theta)$.

无偏性意味着从长远来看，收集大量的样本，并从每个样本中计算 $\hat{\theta}$，平均而言，我们准确地达到未知参数 θ. 换句话说，从长远来看，无偏估计量既不会低估也不会高估参数. 样本均值无偏地估计 μ，因为它的期望是

$$E(\overline{X}) = E\left(\frac{X_1 + \cdots + X_n}{n}\right) = \frac{EX_1 + \cdots + EX_n}{n} = \mu$$

一致性

定义 8.5 如果随着样本量的逐渐增加，抽样误差发生的概率收敛于 0，则参数 θ 与其估计量 $\hat{\theta}$ 是**一致**的. 严格地说，对于任何 $\varepsilon > 0$，

$$P\{|\hat{\theta} - \theta| > \varepsilon\} \to 0 \quad \text{当 } n \to \infty \text{ 时}$$

也就是说，当从一个大样本中估计 θ 时，估计误差 $|\hat{\theta} - \theta|$ 不可能超过 ε，而且随着样本量的增加，估计误差的概率会越来越小.

$\overline{X}$ 的一致性直接来自切比雪夫不等式.

利用这个不等式，我们得到 $\overline{X}$ 的方差：

$$\mathrm{Var}(\overline{X}) = \mathrm{Var}\left(\frac{X_1 + \cdots + X_n}{n}\right) = \frac{\mathrm{Var}X_1 + \cdots + \mathrm{Var}X_n}{n} = \frac{n\sigma^2}{n^2} = \frac{\sigma^2}{n} \tag{8.2}$$

然后，对随机变量 $\overline{X}$ 使用切比雪夫不等式，得到

$$P\{|\overline{X} - \mu| > \varepsilon\} \leqslant \frac{\mathrm{Var}(\overline{X})}{\varepsilon^2} = \frac{\sigma^2/n}{\varepsilon^2} \to 0, \quad n \to \infty$$

因此，样本均值是一致的. 当我们获取的样本越来越大时，它的抽样误差会越来越小.

渐近正态性

根据中心极限定理，观测值的和如果是从大样本中计算得到的，那么样本均值近似于正态分布. 也就是说，当 $n \to \infty$ 时，

$$Z = \frac{\overline{X} - E\overline{X}}{\mathrm{Std}\overline{X}} = \frac{\overline{X} - \mu}{\sigma\sqrt{n}}$$

的分布收敛为标准正态分布，这个性质叫作**渐近正态性**.

例 8.7（CPU 时间） 查看 CPU 数据（数据集 CPU），我们通过下面的公式估计平均（预期）CPU 时间 μ：

$$\overline{X} = \frac{70 + 36 + \cdots + 56 + 19}{30} = \frac{1447}{30} = 48.2333$$

我们可以得出结论，所有任务的平均 CPU 时间"接近"48.2333 秒. ◇

表示法

$\mu = $ 总体均值；

$\overline{X} = $ 样本均值，μ 估计值；

$\sigma = $ 总体标准差；

$s = $ 样本标准差，σ 估计值；

$\sigma^2 = $ 总体方差；

$s^2 = $ 样本方差，σ 估计值.

8.2.2 中位数

样本均值的一个缺点是对极端观测值的敏感性. 例如，如果样本中的第一个任务异常繁重，处理它需要 30 分钟，而不是 70 秒，那么这个非常大的观测值将使样本均值从 48.2333 秒增加到 105.9 秒. 这样的估计量是"可靠的"吗？

另一种简单的度量方法是样本中位数，它用来估计总体中位数. 它比样本均值的敏感度低得多.

定义 8.6 **中位数**表示样本的"中心"值.

样本中位数 $\hat{M}$ 是一个最多大于一半观测值的数，即在最多有一半观测值小于这个数.

总体中位数 M 是一个出现概率不大于 0.5 的数字，样本小于它的概率不大于 0.5. M 的性质如下：

$$\begin{cases} P\{X > M\} \leqslant 0.5 \\ P\{X < M\} \leqslant 0.5 \end{cases}$$

分布形状分析

通过比较平均值 μ 和中位数 M，可以看出，X 的分布是右偏的、左偏的且是对称的（图 8.2）：

$$对称分布 \Rightarrow M = \mu$$
$$右偏分布 \Rightarrow M < \mu$$
$$左偏分布 \Rightarrow M > \mu$$

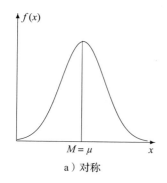 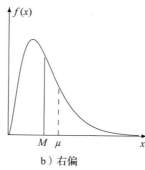 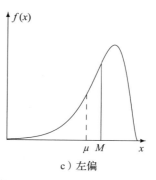

a）对称　　　　b）右偏　　　　c）左偏

图 8.2　不同分布形状的平均值 μ 和中位数 M

总体中位数的计算

对于连续分布，计算总体中位数可以简化为求一个方程的解：

$$\begin{cases} P\{X > M\} = 1 - F(M) \leqslant 0.5 \\ P\{X < M\} = F(M) \leqslant 0.5 \end{cases} \Rightarrow F(M) = 0.5$$

例 8.8（均匀，图 8.3a）　Uniform(a, b) 的累积分布函数为：

$$F(x) = \frac{x-a}{b-a}, \quad a < x < b$$

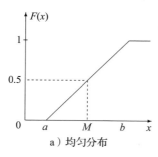 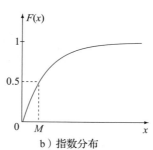

a）均匀分布　　　　b）指数分布

图 8.3　计算连续分布的中位数

求解方程 $F(M) = \dfrac{M-a}{b-a} = 0.5$ 可以得到 $M = (a+b)/2$.

由于均匀分布是对称的，所以解出的中位数的结果与均值一致.　　　　◇

例 8.9（指数分布，图 8.3b）　Exponential(λ) 具有累积分布函数：

$$F(x) = 1 - e^{-\lambda x} \quad (x > 0)$$

求解方程 $F(M) = 1 - e^{-\lambda x} = 0.5$，我们得到

$$M = \frac{\ln 2}{\lambda} = \frac{0.6931}{\lambda}$$

我们知道指数分布的 $\mu=1/\lambda$，这里中位数比均值小，因为指数分布是右偏的.   ◇

对于离散分布，方程 $F(x)=0.5$ 要么有一个完整的根区间，要么没有根(见图 8.4).

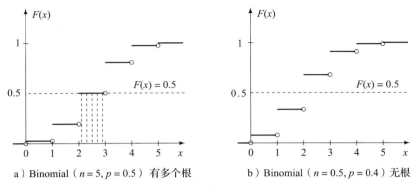

a)Binomial $(n=5,p=0.5)$ 有多个根   b)Binomial $(n=0.5,p=0.4)$ 无根

图 8.4   计算离散分布的中位数

在第一种情况下，这个区间内的任何数(不包括端点)都是中位数. 注意，本例中的中位数不是唯一的(图 8.4a). 通常这个区间的中间被称为中位数.

在第二种情况下，$F(x)\geqslant 0.5$ 的最小的 x 是中位数. cdf 的值超过 0.5，中位数就是 x 的值(图 8.4b).

例 8.10(对称二项式，图 8.4a)   考虑 $n=5$，$p=0.5$ 的二项分布. 从表 A2 可以看出 $2<x<3$，

$$\begin{cases} P\{X<x\}=F(2)=0.5 \\ P(X>x)=1-F(2)=0.5 \end{cases}$$

221   根据定义 8.6，区间 $(2,3)$ 中的任何数都是中位数.

这个结果与我们的直觉相符. 当 $p=0.5$ 时，失败和成功的概率相等. 例如，在区间 $(2,3)$ 内取 $x=2.4$. 小于 2.4 次的成功(即最多成功两次)与大于 2.4 次失败(即至少成功 3 次)有相同的机会. 因此，$X<2.4$ 与 $X>2.4$ 具有相同的概率，这使得 $X=2.4$ 成为一个中心值，即一个中值. 我们可以说 $x=2.4$(以及 2 和 3 之间的任何 x)将分布分成两个相等的部分. 然后，x 本身是中位数.   ◇

例 8.11(非对称二项式，图 8.4b)   对于 $n=5$，$p=0.4$ 的二项分布，

$$F(x)<0.5, \quad x<2$$
$$F(x)>0.5, \quad x\geqslant 2$$

但是在 $F(x)=0.5$ 的情况下没有 x 的值. $M=2$ 是中位数.

在 $x=2$ 两侧的值的概率小于 0.5，这使得 $x=2$ 成为中心值.   ◇

计算样本中位数

样本始终是离散的，它包含数量有限的观测值. 然后，计算样本中位数类似于离散分布的情况.

在简单随机抽样中，所有的观测值都是等概率的，因此，中位数两边的概率相等就意味着观测值的数目相等.

同样，有两种情况，取决于样本大小 n.

样本中位数

> 如果 n 是奇数，那么第 $(n+1)/2$ 个观测值就是中位数.
> 如果 n 是偶数，第 $n/2$ 和第 $(n+2)/2$ 个之间的任何数都是中位数.

222

例 8.12（CPU 时间的中位数）　基于数据（数据集 CPU）计算样本总数 $n=30$ 的 CPU 时间中位数.

首先，对数据进行排序，

$$
\begin{array}{cccccccccc}
9 & 15 & 19 & 22 & 24 & 25 & 30 & 34 & 35 & 35 \\
36 & 36 & 37 & 38 & \mathbf{42} & \mathbf{43} & 46 & 48 & 54 & 55 \\
56 & 56 & 59 & 62 & 69 & 70 & 82 & 82 & 89 & 139
\end{array}
\tag{8.3}
$$

接下来，由于 $n=30$ 是偶数，找到第 $n/2=15$ 个值，第 $(n+2)/2=16$ 个值分别是 42 和 43. 它们之间的任何数都是 CPU 时间样本的中位数（通常取值为 42.5）. 　　　◇

我们看到为什么中位数对极端的观测值不敏感. 如果在前面的例子中，第一个 CPU 时间恰好是 30 分钟而不是 70 秒，那么它根本不会影响样本中位数！

样本中位数很容易计算. 事实上，不需要计算，只需要排序. 如果你正在开车（只有在确认安全的情况下才可以！），这里有一个简单实验，你可以自己做一下.

例 8.13（高速公路上的平均速度）　在没有雷达的情况下，你怎么去测量汽车在多条线路行驶时的速度中位数呢？很简单，调整你的速度，使一半的车能超过你，同时你能超过另一半. 然后你就是在以中位数的速度开车了！ 　　　◇

8.2.3　分位数、百分位数和四分位数

概括中位数的概念，我们将定义 8.6 中的 0.5 替换为 $0<p<1$.

定义 8.7　总体的 p **分位数**是满足以下方程的 x：

$$
\begin{cases}
P\{X<x\} \leqslant p \\
P(X>x) \leqslant 1-p
\end{cases}
$$

一个样本的 p 分位数是最多大于样本的 $100p\%$ 的值且最少小于样本的 $100(1-p)\%$ 的值.

γ **百分位数**是 0.01γ 分位数.

第一、第二和第三个**四分位数**分别是第 25、50 和 75 个百分位数. 它们把总体或样本分成四等份.

中位数同时是 0.5 分位数、第 50 百分位数和第 2 个四分位数.

223

表示法

$$
\begin{aligned}
q_p &= 总体的\ p\ 分位数 \\
\hat{q}_p &= 样本的\ p\ 分位数，q_p\ 的估计值 \\
\pi_\gamma &= 总体的\ \gamma\ 百分位数 \\
\hat{\pi}_\gamma &= 样本\ \gamma\ 百分位数，\pi_\gamma\ 的估计值 \\
Q_1, Q_2, Q_3 &= 总体的四分位数 \\
\hat{Q}_1, \hat{Q}_2, \hat{Q}_3 &= 样本的四分位数，Q_1, Q_2, Q_3\ 的估计值 \\
M &= 总体的中位数 \\
\hat{M} &= 样本的中位数，M\ 的估计值
\end{aligned}
$$

分位数、四分位数和百分位数的关系如下：

$$q_p = \pi_{100p}$$
$$Q_1 = \pi_{25} = q_{1/4} \qquad Q_3 = \pi_{75} = q_{3/4}$$
$$M = Q_2 = \pi_{50} = q_{1/2}$$

分位数，
四分位数，
百分位数

样本统计量当然也有相似的关系.

计算分位数与计算中位数非常相似.

例 8.14（样本四分位数） 我们来计算 CPU 时间的第 1 个和第 3 个四分位数. 查看排序后样本数据如下（数据集 CPU）：

9	15	19	22	24	25	30	**34**	35	35
36	36	37	38	42	43	46	48	54	55
56	56	**59**	62	69	70	82	82	89	139

<u>第一个四分位数 $\hat{Q}_1$</u>. 对于 $p=0.25$，我们发现 25% 的样本个数等于 $np=7.5$，75% 的样本个数是 $n(1-p)=22.5$. 从有序样本中，可以只看到第 8 个元素，即 34，其左边的观测值个数不超过 7.5，右边的观测值个数不超过 22.5. 因此，第一个四分位数 $\hat{Q}_1=34$.

<u>第三个四分位数 $\hat{Q}_3$</u>. 同样，样本的第三个四分位数是第 23 小的元素，即 $\hat{Q}_3=59$. ◇

例 8.15（根据总体百分比计算工厂保修单） 一家计算机制造商对生产的计算机提供延长保修期服务. 如果它知道只有 10% 的计算机会在保修期结束前出故障，它就同意提供 x 年的保修期. 根据过去的经验，计算机的寿命服从 $\alpha=60$ 和 $\lambda=5$ 年$^{-1}$ 的伽马 Gamma 分布. 计算 x，并在不确定的保修情况下就重要决策向公司提供建议.

解 我们只需要找到指定伽马分布的第 10 百分位数，然后令

$$x = \pi_{10}$$

由 4.3 节我们知道，作为一个指数变量的和，对于较大的 $\alpha=60$，伽马变量近似于正态分布. 利用式（4.12）计算

$$\mu = \frac{\alpha}{\lambda} = 12$$
$$\sigma = \sqrt{\alpha/\lambda^2} = 1.55$$

从表 A4 中，标准化变量的第 10 个百分位数

$$Z = \frac{X - \mu}{\sigma}$$

等于 -1.28（在表中找出最接近 0.10 的概率，并读取 Z 的对应值），对其进行标准化处理，得到

$$x = \mu + (-1.28)\sigma = 12 - (-1.28)(1.55) = \underline{10.02}$$

因此，该公司可以相当安全地签发 10 年的保修期.

注：当然，在最后一个例子中不需要使用正态逼近. 许多计算机程序包都有内置的命令，用于精确评估概率和分位数. 例如，可以通过 R 中的 qgamma(0.10, 60, 5) 命令和 Matlab 中的 gaminv(0.10, 60, 1/5) 命令得到 Gamma($\alpha=60$, $\lambda=5$) 的第 10 个百分位数. ◇

8.2.4　方差和标准差

前几节介绍了平均值和某些百分位数在总体中的位置. 现在我们要测定变量的可变性、变量的不稳定性，以及实际值与期望值的差异. 因此，我们将能够获得估计的可靠性和预测的准确性.

定义 8.8　对于样本$(X_1，X_2，\cdots，X_n)$，**样本方差**定义为

$$s^2 = \frac{1}{n-1} \sum_{i=1}^{n} (X_i - \overline{X})^2 \tag{8.4}$$

它衡量观测值之间的可变性，并估计总体方差$\sigma^2 = \mathrm{Var}(X)$.

样本标准差是样本方差的平方根，即

$$s = \sqrt{s^2}$$

它与X的单位相同，用于测量可变性，并估计总体标准差$\sigma = \mathrm{Std}(X)$.

总体和样本方差都是用平方单位(单位为平方英寸、平方秒、平方美元等)来衡量的. 因此，我们很容易得到与我们感兴趣的变量X相当的标准差.

s^2的公式与σ^2的公式相同，它也是样本与平均值的均方差. 与σ^2类似，样本方差衡量的是X的实际值与平均值之间的差异.

计算公式

通常用另一个公式计算样本方差比较容易：

$$\textbf{样本方差}\quad \boxed{s^2 = \frac{\sum_{i=1}^{n} X_i^2 - n\overline{X}^2}{n-1}} \tag{8.5}$$

注：式(8.4)与式(8.5)是等价的，因为

$$\sum (X_i - \overline{X})^2 = \sum X_i^2 - 2\overline{X}\sum X_i + \sum \overline{X}^2 = \sum X_i^2 - 2\overline{X}(n\overline{X}) + n\overline{X}^2 = \sum X_i^2 - n\overline{X}^2$$

当$X_1，\cdots，X_n$是整数，但是$(X_1 - \overline{X})，\cdots，(X_n - \overline{X})$是分数时，使用式(8.5)可能更容易. 然而，$X_n - \overline{X}$通常比较小，因此，如果$X_1，\cdots，X_n$是比较大的数字，那么我们更愿意使用式(8.4)(或许使用式(8.4)会更方便).

例 8.16(CPU 时间，续)　对于式(8.1)中的数据(数据集 CPU)，我们计算得到$\overline{X} = 48.2333$. 根据定义 8.8，我们可以计算样本方差为

$$s^2 = \frac{(70 - 48.2333)^2 + \cdots + (19 - 48.2333)^2}{30 - 1} = \frac{20\ 391}{29} = 703.1506(秒^2)$$

另外，使用式(8.5)得到

$$s^2 = \frac{70^2 + \cdots + 19^2 - (30)(48.2333)^2}{30 - 1} = \frac{90\ 185 - 69\ 794}{29} = 703.1506(秒^2)$$

样本标准差为

$$s = \sqrt{703.1506} = 26.1506(秒^2)$$

我们可以应用这些结果，例如，如下所示. 由于$\overline{X}$和s估计了总体均值和标准差，我们可

225

以断言至少有 8/9 的任务的时间要求会小于

$$\overline{X} + 3s = 127.78 \text{ 秒} \qquad (8.6)$$

的 CPU 时间. 我们使用切比雪夫不等式(3.8)进行推导(也可以参见练习 8.3).　　　◇

一个看似奇怪的系数 $\left(\dfrac{1}{n-1}\right)$ 保证了 s^2 是 σ^2 的**无偏**估计量.

证明　我们来证明 s^2 的无偏性.

情形 1　假设总体均值 $\mu = E(X) = 0$，然后

$$EX_i^2 = \operatorname{Var} X_i = \sigma^2$$

通过式(8.2)计算

$$E\overline{X}^2 = \operatorname{Var} \overline{X} = \sigma^2/n$$

然后，得到

$$Es^2 = \frac{E\sum X_i^2 - nE\overline{X}^2}{n-1} = \frac{n\sigma^2 - \sigma^2}{n-1} = \sigma^2$$

情形 2　如果 $\mu \neq 0$，考虑 $Y_i = X_i - \mu$. 方差不依赖于常数(见式(3.7))，因此，Y_i 与 X_i 有相同的方差，它们的样本方差也是相等的：

$$s_Y^2 = \frac{\sum(Y_i - \overline{Y})^2}{n-1} = \frac{\sum(X_i + \mu - (\overline{X} - \mu))^2}{n-1} = \frac{\sum(X_i - \overline{X})^2}{n-1} = s_X^2$$

因为 $E(Y_i) = 0$，情形 1 适用于这些变量. 因此，

$$E(s_X^2) = E(s_Y^2) = \sigma_Y^2 = \sigma_X^2 \qquad ■$$

与 $\overline{X}$ 相似，在适当的假设下，样本方差和样本标准差是**一致的**，且是**渐近正态的**.

8.2.5　估算标准误差

除了总体方差和标准差外，估算统计量(尤其是参数估计量)的可变性很有帮助.

定义 8.9　估计量 $\hat{\theta}$ 的**标准误差**为其标准差 $\sigma(\hat{\theta}) = \operatorname{Std}(\hat{\theta})$.

表示法 $\left\| \begin{array}{l} \sigma(\hat{\theta}) = \text{参数 } \theta \text{ 的估计量 } \hat{\theta} \text{ 的标准误差} \\ s(\hat{\theta}) = \text{估计标准误差} = \hat{\sigma}(\hat{\theta}) \end{array} \right\|$

作为可变性的度量，标准误差显示了估计的精确度和可靠性. 它们显示了如果从不同的样本中计算出同一个参数的 θ 估计值，那么估计值会有多大的变化. 在理想情况下，我们希望处理标准误差较低的无偏或接近无偏的估计量(图 8.5).

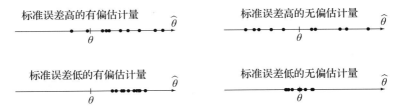

图 8.5　估计量的偏差和标准误差. 在每种情况下，圆点表示从 10 个不同的随机样本中获得参数估计量 $\hat{\theta}$

例 8.17（样本均值的标准误差）　参数 $\theta = \mu$，即总体均值，由大小为 n 的样本通过样本均值 $\hat{\theta} = \overline{X}$ 估计得到. 我们已经知道这个估计量的标准误差是 $\sigma(\overline{X}) = \sigma/\sqrt{n}$，它可以由 $s(\overline{X}) = s/\sqrt{n}$ 进行估计.　　◇

227

8.2.6　四分位数范围

样本均值、方差和标准差对异常值很敏感. 如果一个极端的观测值（异常值）错误地出现在数据集中，它会对 $\overline{X}$ 和 s^2 的值产生相当大的影响.

在实践中，异常值可能是一个难以避免的实际问题. 为了检测和识别异常值，我们需要衡量可变性，它对异常值不太敏感.

其中一个度量就是四分位数范围.

定义 8.10　四分位数范围是指第一个和第三个四分位数之间的差值，
$$IQR = Q_3 - Q_1$$
它可以衡量数据的可变性，受异常值的影响不大，通常用于检测异常值. IQR 估计值是样本四分位数范围
$$\widehat{IQR} = \hat{Q}_3 - \hat{Q}_1$$

异常值的检测

识别异常值的"经验法则"是 $1.5(IQR)$. 从第一个四分位数开始向下测量 $1.5(\hat{Q}_3 - \hat{Q}_1)$，从第三个四分位数开始向上测量. 在这个区间之外观察到的所有数据都假定是可疑的. 它们是第一批被视为异常值的候选数据.

注：规则 $1.5(IQR)$ 最初来源于数据近似正态分布的假设. 如果这是一个有效的假设，那么 99.3％ 的总体样本应该出现在离四分位数 1.5 倍个四分位数范围内（练习 8.4）. 在这个范围之外是不太可能看到 X 值的，因此处于这个范围之外的 X 值可能被视为异常值.

228

例 8.18（任何异常的 CPU 时间？）　我们是否可以怀疑样本（8.1）（数据集 CPU）有异常值？计算
$$\widehat{IQR} = \hat{Q}_3 - \hat{Q}_1 = 59 - 34 = 25$$
测量每个四分位数的 1.5 倍个四分位数范围：
$$\hat{Q}_1 - 1.5(\widehat{IQR}) = 34 - 37.5 = -3.5$$
$$\hat{Q}_3 + 1.5(\widehat{IQR}) = 59 + 37.5 = 96.5$$
在我们的数据中，有一个任务花费了 139 秒，远远超过区间 $[-3.5, 96.5]$，所以这个数据可能是个异常值.　　◇

异常值的处理

如果规则 $1.5(IQR)$ 提示样本中可能存在异常值，我们该怎么办？

许多人只是简单地删除可疑的观测数据，记住，一个异常值可以显著地影响样本均值和标准差，从而影响后续的统计分析. 然而，立即删除它们可能并不是最好的解决方法.

追溯异常值的历史，并理解它们出现在数据集中的原因是相当重要的. 这可能是一种前人不知道的新趋势. 或者，这可能是一个非常特殊的群体的观测值. 有时通过观察异常值

可以发现重要的现象.

如果确认一个可疑的观测值错误地输入了数据集, 那么可以删除它.

8.3 统计图形

尽管统计学的理论和方法发展迅速, 但在分析真实数据时, 经验丰富的统计人员往往会遵循一个非常简单的建议: **在对数据集进行操作之前, 先简单地研究一下数据!**

快速浏览一下样本, 可以很清楚地得出下面的信息:

- 概率模型, 即要使用的分布类型.
- 适用于给定数据的统计方法.
- 是否存在异常值.
- 是否存在异质性.
- 存在的时间趋势和其他模式.
- 两个或多个变量之间的关系.

有许多简单和高级的方法来可视化数据. 本节将介绍:

- 直方图.
- 茎叶图.
- 箱线图.
- 时间图.
- 散点图.

每一种图形方法都有特定的用途, 可以发现关于数据的特定信息.

8.3.1 直方图

直方图显示 pmf 或 pdf 的形状, 检查同质性, 并发现可能的异常值. 为了构建直方图, 将数据范围划分为相等的时间间隔, 即 "箱", 并计算每个箱中有多少观察值.

频率直方图由几列组成, 每列对应一个箱, 其高度由箱中的观测次数确定.

相对频率直方图具有相同的形状, 但高度不同. 它的高表示每个箱中出现的数据占所有数据的比例.

CPU 时间样本 (数据集 CPU) 中数据范围从 9 秒到 139 秒. 选择区间 $[0, 14]$, $[14, 28]$, $[28, 42]$, … 作为 "箱", 然后计数

$$
\begin{array}{cccccc}
1 & \text{观测值} & \text{在} & 0 & \text{和} & 14\text{之间} \\
5 & \text{观测值} & '' & 14 & '' & 28 \\
9 & '' & '' & 28 & '' & 42 \\
7 & '' & '' & 42 & '' & 56 \\
4 & '' & '' & 56 & '' & 70 \\
& & \cdots\cdots\cdots\cdots\cdots
\end{array}
\tag{8.7}
$$

将此用于每个柱状图的高度, 然后构造 CPU 时间的频数直方图 (图 8.6a). 相对频率直方图 (图 8.6b) 在垂直方向 (可以理解成 "Y 轴") 上标注的是每个 "箱" 的计数除以样本大小 $n = 30$ 得到的频率.

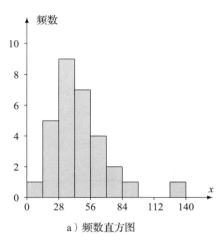

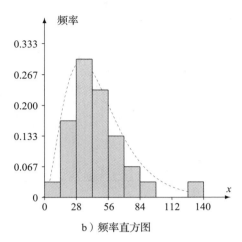

图 8.6   CPU 数据的直方图

从这些直方图中我们可以得到什么信息？

230

直方图的形状类似于数据的 pmf 或 pdf，尤其是在大样本中

注：为了理解最后一句话，让我们假设样本数据都是整数，相对频率直方图中的所有列都有一个单位宽度. 然后，一个数字 x 上的列的高度等于样本中 x 值出现的比例，在大样本中它近似概率 $P(x)$，因此图像近似 pmf（概率是一个长期的比例，第 2 章）.

对于连续分布，单位宽度的列高度等于其面积. 概率是密度曲线下的面积（第 4 章），因此，无论是计算样本比例还是对连接列顶点得到的曲线在相对频率直方图上进行积分，都可以得到大致相同的结果.

现在，如果列的宽度不是单位宽度（但宽度仍然是相等的），那么它只会改变水平方向的值，而不会改变直方图的形状. 在每种情况下，此形状都类似于总体样本的 pmf 或 pdf 的图像.

从图 8.6 所示的直方图中可以得到以下信息：

- CPU 时间的连续分布不对称；它是右偏的，因为我们看到最高一列的右边有 5 列，左边只有 2 列.
- 在第 4 章的连续分布中，只有伽马分布具有相似的形状；伽马家族似乎适合 CPU 时间. 我们在图 8.6b 中用虚线绘制了一个拟合的伽马 pdf. 因为列不是单位宽度，所以需要重新调整.
- 139 秒的时间表明它实际上是一个异常值.
- 没有异质性的迹象；除 $x=139$ 以外的所有数据点构成一个相当均匀的组，符合绘制的伽马曲线的特征.

231

直方图还可以是什么样的分布形状呢？

除了一个异常值外，我们在图 8.6b 中看到了一个相当不错的伽马分布. 我们还能看到其他什么形状的直方图? 我们还能得出关于总体样本的其他什么结论?

当然, 直方图有各种形状和大小. 图 8.7 显示了四个示例.

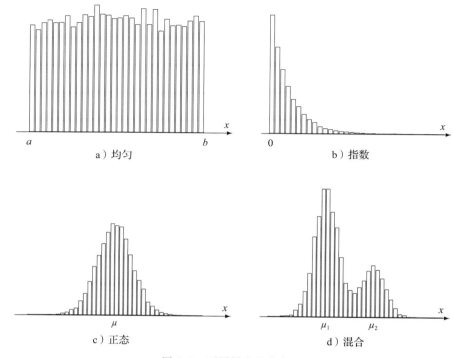

图 8.7　不同样本的直方图

在图 8.7a 中, 分布几乎是对称的, 列的高度几乎相同. 轻微的差异可以归因于样本的随机性, 即抽样误差. 直方图表明 a 和 b 之间存在均匀或离散均匀分布.

在图 8.7b 中, 该分布严重右偏, 列的高度呈指数快速下降. 如果变量是连续的, 则样本应该来自指数分布, 如果变量是离散的, 则来自几何分布.

在图 8.7c 中, 分布是对称的, "尾巴" 消失得很快. 其钟形结构表示这是一个正态分布密度, 正如我们在 4.2.4 节中所知道的那样, 衰减速率为 $\sim e^{-\alpha x^2}$. 我们可以确定直方图的中心 μ, 并得出结论: 这个样本很可能来自均值接近 μ 的正态分布.

图 8.7d 展示了一个值得特别注意的非常有趣的情况.

混合型

让我们看看图 8.7d. 在前面的章节中, 我们没有遇到有两个 "峰" 的分布. 很有可能这里是一个**混合分布**. 每个观测值都来自概率为 p_1 的分布 F_1 和概率为 $p_2 = 1 - p_1$ 的分布 F_2.

混合分布通常出现在由几个群体组成的异构总体中: 女性和男性, 研究生和本科生, 白天和夜间的互联网流量, Windows、Unix 或 Macintosh 用户等. 在这种情况下, 我们可以分别研究每个组, 或者利用全概率公式, 将 (无条件的) 累积分布函数写成

$$F(x) = p_1 F_1(x) + p_2 F_2(x) + \cdots$$

同时研究整个总体.

图 8.7d 中两个峰的钟形图表明,样本来自两个正态分布的混合(均值分别在 μ_1 和 μ_2 附近),由于左峰更大,因此出现均值 μ_1 的概率更高.

宽度划分

用直方图做实验,你会发现它们的形状可能取决于宽度划分. 人们可以听到各种各样的关于宽度划分的经验法则,但总的来说:

- 不应该划分太少或太多的宽度范围;
- 数目可能随样本量的增加而增加;
- 应该选择直方图信息,使我们可以看到分布的形状,异常值等.

在图 8.6 中,我们简单地将 CPU 数据的范围划分为 10 个相等的间隔,每个间隔 14 秒,这显然足以得出重要的结论.

考虑图 8.8 中由相同 CPU 数据构建的直方图来展示两个极端情况.

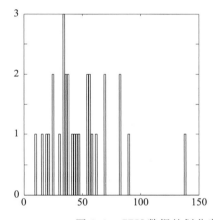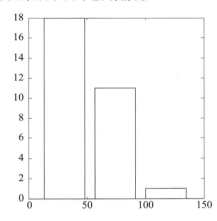

图 8.8　CPU 数据的划分宽度划分错误:划分得太多,太少

第一个直方图有许多列. 但是,每一列都很窄,大多数箱只有一个观测值,这不能说明分布的实际形状. 然而,我们仍然可以看到一个异常值 $X = 139$.

第二个直方图只有 3 列. 虽然已经排除了平坦均匀分布的可能性,但在这里很难猜测分布的类型. 我们看不到异常值,它和最右边的箱合并了.

通过更好地选择宽度划分,可以使图 8.8 中的两个直方图的信息表现得更加丰富.

8.3.2　茎叶图

茎叶图与直方图相似,不过它们含有更多的信息. 也就是说,它们还显示了数据在列中的分配方式.

为了构建茎叶图,我们需要绘制茎和叶. 第一个或几个数字形成茎,而嵌套的数字形成叶,其他数字被删除. 换句话说,数字四舍五入. 例如,一个数字 239 可以写成 23|9,23 指向茎,9 指向叶. 或者 2|3,2 连接茎,3 连接叶,数字 9 被删除. 在第一种情况下,叶单位等于 1,而在第二种情况下,叶单位是 10,表明(四舍五入)数字不是 23 而是 230.

对于 CPU 数据(数据集 CPU)，让最后位数字形成叶，其余的数字形成茎. 然后将每个 CPU 时间写成 10 ∗ "茎" ＋ "叶"，绘制如下茎叶图：

```
叶单位＝1        0 | 9
                1 | 5  9
                2 | 2  4  5
                3 | 0  4  5  5  6  6  7  8
                4 | 2  3  6  8
                5 | 4  5  6  6  9
                6 | 2  9
                7 | 0
                8 | 2  2  9
                9 |
               10 |
               11 |
               12 |
               13 | 9
```

[234]

将这个图逆时针旋转 90 度，我们就得到一个有 10 个单位的箱(因为每个茎单位等于 10). 因此，直方图上的所有信息也都可以在这里得到. 此外，现在我们可以看到每个列中的各个值. 我们以茎叶图的形式对整个样本进行了分类和编写. 如果需要，甚至可以据此计算样本均值、中位数、四分位数和其他统计数据.

例 8.19(比较) 有时用茎叶图来比较两个样本. 为此，人们可以将两个样本叶子放在同一根茎的左右两侧. 例如，考虑从两个位置(数据集 pings)接收的往返传输时间(称为 ping)样本.

位置 1：0.0156, 0.0396, 0.0355, 0.0480, 0.0419, 0.0335, 0.0543, 0.0350, 0.0280, 0.0210, 0.0308, 0.0327, 0.0215, 0.0437, 0.0483 秒

位置 2：0.0298, 0.0674, 0.0387, 0.0787, 0.0467, 0.0712, 0.0045, 0.0167, 0.0661, 0.0109, 0.0198, 0.0039 秒

选择一个叶单位为 0.001，一个茎单位为 0.01，删除最后一位数字，我们构建了两个样本的茎叶图，一个在茎的左边，一个在茎的右边.

```
叶单位＝0.001                            | 0 | 3  4
                                5      | 1 | 0  6  9
                      1  1  8          | 2 |
              0 2 3 5 5 9              | 3 | 8
                      1 3 8 8          | 4 | 6
                            4          | 5 |
                                       | 6 | 1  6  7
                                       | 7 | 8
```

观察这两个图，发现两个位置的平均 ping 是相同的. 人们还会意识到，第一个位置具有更

稳定的连接，因为其 ping 信号的可变性和方差更小. 对于第二个位置，最快的 ping 将被理解为

$$\{10(\text{叶 } 0) + \text{茎 } 3\}(\text{叶单位 } 0.001) = 0.003$$

最慢的 ping 是

$$\{10(\text{叶 } 7) + \text{茎 } 8\}(\text{叶单位 } 0.001) = 0.078$$

◇

8.3.3　箱线图

　　样本的主要描述性统计数据可以用**箱线图**来表示. 为了构建箱线图，我们在第一个和第三个四分位数之间画一个方框，在方框内画一条线段作为中间值，并将线段的两端延伸到最小和最大的观测值，从而表示所谓的五点总结：

$$\text{五点总结} = (\min X_i, \ \hat{Q}_1, \ \hat{M}, \ \hat{Q}_3, \ \max X_i)$$

235

样本均值 $\overline{X}$ 通常也用点或叉表示. 超过 1.5 个四分位范围的观测结果通常与线段两端分开绘制，表明可能存在异常值. 这符合规则 $1.5(IQR)$（见 8.2.6 节）.

　　CPU 时间的平均值和五点总结见例 8.7、例 8.12 和例 8.14：

$$\overline{X}_i = 48.2333; \quad \min X_i = 9, \quad \hat{Q}_1 = 34, \quad \hat{M} = 42.5, \quad \hat{Q}_3 = 59, \quad \max X_i = 139$$

我们还知道 $X = 139$ 与第三个四分位数之间的距离大于 $1.5(\widehat{IQR})$，我们怀疑它可能是一个异常值.

　　箱线图如图 8.9 所示. 均值用 "＋" 表示，右端延伸至第二大观测值 $X = 89$，因为 $X = 139$ 被认为是异常值（用小圆圈表示）. 从这个箱线图中，我们可以得出如下结论：

- CPU 时间的分布是右偏的，因为(1)平均值超过中位数，（2）线箱的右半部分大于左半部分.
- 每个线箱的一半和线段代表大约 25% 的总体样本. 例如，我们预计大约 25% 的 CPU 时间会在 42.5～59 秒之间.

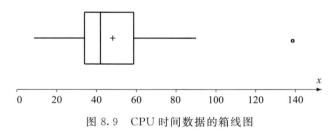

图 8.9　CPU 时间数据的箱线图

平行箱线图

　　箱线图通常用来比较不同的总体或相同总体的一部分. 为了进行比较，从每个部分收集数据样本，以相同的比例将它们的箱线图绘制在一起.

　　例如，图 8.10 中的七个并行箱线图表示某个中心在一周内处理的互联网流量. 我们可以看到以下的一般模式：

- 互联网流量最大的时候是星期五.

- 星期五也有最高的可变性.
- 周末流量较小，从星期六到星期一有增加的趋势.
- 每天的分布都是右偏的. 除了星期六，每天都有一些异常值. 异常值表示出现了异常繁重的互联网流量.

在散点图和时间图上也可以看到这样的趋势.

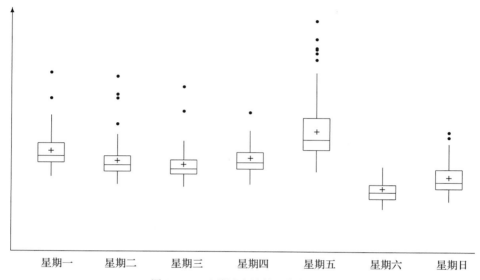

图 8.10 互联网流量的平行箱线图

8.3.4 散点图和时间图

散点图用于观察和理解两个变量之间的关系. 这些可以是温度和湿度、经验和薪资、网络的年龄和速度、服务器的数量和预期的响应时间等.

为了研究这种关系，在每个抽样项目上都测量了两个变量. 例如，每 n 天的温度和湿度，n 个网络的年龄和速度，或随机选择的 n 个计算机科学家的经验和薪资被记录下来. 然后，**散点图**由 (x, y) 平面上的 n 个点组成，x 坐标和 y 坐标表示两个记录变量.

例 8.20(防病毒维护) 个人计算机的防护很大程度上取决于在其上运行杀毒软件的频率. 可以设置为每天运行一次，或每周一次，或每月一次，等等.

在定期维护计算机设施期间，计算机管理员会记录在 1 个月内每台计算机启动杀毒软件的次数(变量 X)和检测到的蠕虫病毒数量(变量 Y). 30 台计算机的数据如下(数据集 Antivirus):

X	30	30	30	30	30	30	30	30	30	30	30	15	15	15	10
Y	0	0	1	0	0	0	1	1	0	0	0	0	1	1	0

X	10	10	6	6	5	5	5	4	4	4	4	4	1	1	1
Y	0	2	0	4	1	2	0	2	1	0	1	0	6	3	1

运行杀毒软件的频率和系统中蠕虫病毒的数量之间有联系吗？这些数据的散点图如图 8.11a 所示. 它清楚地表明, 使用防病毒软件较频繁时, 蠕虫病毒的数量通常会减少. 然而, 这种关系并不确定, 因为在一些"幸运"的计算机上没有检测到蠕虫病毒, 尽管杀毒软件在这些计算机上每周只启动一次. ◇

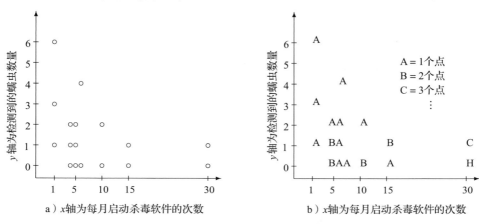

图 8.11　例 8.20 和例 8.21 的散点图

例 8.21(绘制相同的点)　查看图 8.11a 中的散点图, 例 8.20 中的管理员意识到数据的一部分被隐藏了, 因为存在相同的观察结果. 例如, 在每天(每月 30 次)使用杀毒软件的 8 台计算机上没有检测到蠕虫. 那么, 图 8.11a 可能会引起误导.

当数据包含相同的观测值对时, 散点图上的点通常用数字或字母表示(A 表示 1 个点, B 表示 2 个点, C 表示 3 个点, 等等). 你可以在图 8.11b 中看到结果.　◇

当研究时间趋势和随时间变化的变量时, 我们使用**时间图**. 这些是 x 变量表示的时间散点图.

例 8.22(世界人口)　例如, 以下是 1950 年至 2019 年世界人口增长的情况(图 8.12). 我们可以清楚地看到人口以几乎稳定的速度增长. 实际数据见表 11.1 和数据集 PopulationWorld. 稍后, 在第 11 章中, 我们将学习如何估计时间图和散点图上的趋势, 甚至预测未来.　◇

R 笔记

在 R 软件中, mean、median、var、sd、min、max、range、quantile、length 被用来计算观测变量的样本均值、中位数、方差、标准差、最小值、最大值、范围、分位数和样本大小. summary 命令计算箱线图的整个五点总结——最小、最大、三个四分位数, 此外还有平均值. 只需根据观测变量 X 输入 boxplot(X), 就可以简单地绘制箱线图. 对于整个数据集 boxplot(Dataset) 可以尝试这样做, 你将获得漂亮的并行箱线图(但请注意, 它们将以相同的比例显示).

类似地, summary 命令也可以应用于整个数据集, 通常用于快速获取信息, 如同第一次获取数据一样.

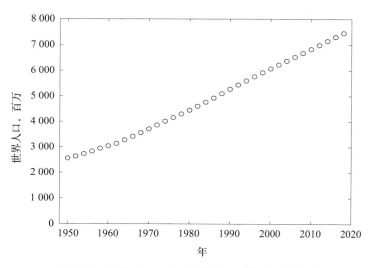

图 8.12　1950 年～2019 年世界人口随时间变化图

对于图形统计，hist 命令用于绘制直方图，stem 命令用于绘制茎叶图，plot 命令用于绘制散点图. 在这些绘图中，你可以选择设置颜色和厚度. 例如，plot(X, Y, col= " blue", lwd= 3) 将生成一个 Y 关于 X 的图，其中的蓝点要比没有 lwd 选项的蓝点厚三倍(因此看起来更亮). 要在同一个散点图上绘制多个变量，可以通过命令 points 将一个图添加到现有的散点图中. 例如，points(X, Z, col= " green ") 将 Z 对 X 的绿色散点图叠加在之前 Y 对 X 的蓝色散点图上. 将此命令应用于整个数据集 plot(Dataset)，将生成散点图. 也就是说，R 将绘制所有变量相对于其他变量的散点图方阵.

MATLAB 笔记

对于标准的描述性统计数据，MATLAB 有现成的命令 mean、median、std、var、min 和 max. 此外，quantile (X, p) 和 prctile(X, 100 * p) 给出样本 p 分位数 $\hat{q}_p$，也就是 $100p$ 百分位数 $\hat{\pi}_{100p}$，iqr(X) 将返回四分位数的范围.

在命令中也可以绘制数据集的图形. 要查看直方图，请写 hist(x) 或 hist(x, n)，其中 x 是数据，n 是所需的箱数. 对于箱线图，输入 boxplot(X). 顺便说一下，如果 X 是一个矩阵，那么你会得到平行的箱线图. 为了绘制散点图或时间图，写 scatter(X, Y) 或仅 plot (X, Y). 你可以在这个命令中很好地选择颜色和符号，例如 plot (X, Y, ' r * ', X, Z, ' bd') 将在变量 X 上绘制变量 Y 和 Z，Y 点用红色星星标记，Z 点用蓝色菱形标记.

[239]

归纳总结

本章提供了对一个数据集快速描述的方法，关于总体的一般结论，以及有助于形成关于其特征的推测.

对样本均值、中位数、方差、矩量和分位数进行估计，并给我们关于总体参数的概念. 四分位数范围用于检测异常值.

在开始处理数据集之前，我们先来看看它们！显示数据的方法有很多：直方图、茎叶图、箱线图、散点图、时间图. 良好的数据显示展现了分布的形态、偏态或对称性的类型、相互关系、总体趋势和可能的异常值.

下一章将介绍更先进和准确的统计方法.

练习题

8.1 在本月的前两周，每天被阻止的入侵尝试次数为

$$56，47，49，37，38，60，50，43，43，59，50，56，54，58$$

更改防火墙设置后，在接下来的 20 天内被阻止的入侵次数为

$$53，21，32，49，45，38，44，33，32，43，53，46，36，48，39，35，37，36，39，45$$

比较改变前后被阻挡的入侵次数：

（a）建立并排茎叶图；

（b）计算五点总结，并建立平行箱线图；

（c）分析评价你的调查结果；

这些数据可以在数据集 Intrusions 中获得.

8.2 网络提供商调查其网络的负载. 并发用户的数量记录在 50 个地点（数千人）：

$$\begin{array}{llllllllll}
17.2 & 22.1 & 18.5 & 17.2 & 18.6 & 14.8 & 21.7 & 15.8 & 16.3 & 22.8 \\
24.1 & 13.3 & 16.2 & 17.5 & 19.0 & 23.9 & 14.8 & 22.2 & 21.7 & 20.7 \\
13.5 & 15.8 & 13.1 & 16.1 & 21.9 & 23.9 & 19.3 & 12.0 & 19.9 & 19.4 \\
15.4 & 16.7 & 19.5 & 16.2 & 16.9 & 17.1 & 20.2 & 13.4 & 19.8 & 17.7 \\
19.7 & 18.7 & 17.6 & 15.9 & 15.2 & 17.1 & 15.0 & 18.8 & 21.6 & 11.9
\end{array}$$

这些数据可以在数据集 ConcurrentUsers 中获得.

（a）计算并发用户数量的样本均值、方差和标准差.

（b）估计样本均值的标准误差.

（c）计算五点总结，并建立箱线图.

（d）计算四分位数范围，有异常值吗？

（e）据报告，并发用户数服从近似正态分布，直方图支持该结论吗？

8.3 验证例 8.16 的式 (8.6) 中切比雪夫不等式的使用. 证明如果总体均值确实是 48.2333，总体标准差确实是 26.5170，那么至少 8/9 的所有任务需要的 CPU 时间少于 127.78 秒.

8.4 使用表 A4 计算任何正态随机变量取总体四分位数中 1.5 个四分位数范围内的值的概率.

8.5 以下数据集显示了自 1790 年以来美国的人口（以百万为单位）：

年	1790	1800	1810	1820	1830	1840	1850	1860	1870	1880	1890	1900
人口	3.9	5.3	7.2	9.6	12.9	17.1	23.2	31.4	38.6	50.2	63.0	76.2

年	1910	1920	1930	1940	1950	1960	1970	1980	1990	2000	2010
人口	92.2	106.0	123.2	132.2	151.3	179.3	203.3	226.5	248.7	281.4	308.7

240

为美国人口绘制一张时间图. 你看到了什么样的趋势? 从这个图中可以提取什么信息?

这些数据可以在数据集 PopulationUSA 中获得.

8.6 参考练习 8.5(数据集 PopulationUSA). 计算人口增长的 10 年增量 $x_1 = 5.3 - 3.9$, $x_2 = 7.2 - 5.3$, 等等.

(a) 计算 10 年增量的样本均值、中位数和方差. 讨论美国人口在 10 年内的变化.

(b) 绘制以 10 年为增量的时间图, 并讨论观察到的分布模式.

8.7 参考练习 8.5(数据集 PopulationUSA). 计算 10 年相对人口变化率 $y_1 = (5.3 - 3.9)/3.9$, $y_2 = (7.2 - 5.3)/5.3$, 以此类推.

(a) 计算相对总体变化的样本均值、中位数和方差.

(b) 绘制有关人口变化率的时间图. 你现在看到了什么趋势?

(c) 对比练习 8.6 和练习 8.7 中的时间图, 你预期 x_i 和 y_i 之间有什么相关性? 通过计算样本相关系数验证

$$r = \frac{\sum (x_i - \overline{x})(y_i - \overline{y})/(n-1)}{s_x s_y}$$

能得出什么结论? 又如何解释这种现象?

8.8 思考下面三个数据集(同样在 Symmetry 数据集中).

(1) 19, 24, 12, 19, 18, 24, 8, 5, 9, 20, 13, 11, 1, 12, 11, 10, 22, 21, 7, 16, 15, 15, 26, 16, 1, 13, 21, 21, 20, 19

(2) 17, 24, 21, 22, 26, 22, 19, 21, 23, 11, 19, 14, 23, 25, 26, 15, 17, 26, 21, 18, 19, 21, 24, 18, 16, 20, 21, 20, 23, 33

(3) 56, 52, 13, 34, 33, 18, 44, 41, 48, 75, 24, 19, 35, 27, 46, 62, 71, 24, 66, 94, 40, 18, 15, 39, 53, 23, 41, 78, 15, 35

(a) 对于每个数据集, 画一个直方图, 确定其分布是右偏、左偏还是对称.

(b) 计算样本均值和样本中位数. 它们是否支持你关于偏态和对称性的发现? 如果支持, 是如何支持的? 分析原因.

8.9 以下数据集表示连续 10 天注册的新计算机账户的数量:

$$43, 37, 50, 51, 58, 105, 52, 45, 45, 10$$

(a) 计算平均值、中位数、四分位数和标准差.

(b) 使用 1.5(IQR) 规则检查异常值.

(c) 删除检测到的异常值, 再次计算平均值、中位数、四分位数和标准差.

(d) 对异常值在基本描述性统计上的影响做出总结.

这些数据可以在数据集 Accounts 中获得.

第 9 章　统计推断 I

在对数据进行了总体分析之后，我们准备进行更高级、更翔实的统计分析.

在本章中，我们将学习以下内容：

- 估计分布参数. 第 8 章讲的方法主要涉及位置参数（平均值、中位数、分位数）和可变性（方差、标准差、四分位数范围）. 但是，这并没有涵盖所有可能的参数，因此，我们仍然缺少一个通用的估计方法.

- 建立置信区间. 任何估计值都是从随机样本而不是总体样本中计算出来的，它们只能被理解为相应参数的近似值. 与受抽样误差影响的估计值不同，对于随机抽样的估计值，通常更合理的做法是建立一个区间，该区间将包含具有一定已知高概率的真实总体参数.

- 进行假设检验. 也就是说，我们将使用收集的样本来验证关于总体的陈述和声明. 对于每个检验的结果，要么根据观察到的数据拒绝该假设，要么接受（不拒绝）该假设. 该分析中的抽样误差有可能导致错误地接受或拒绝假设，然而，我们可以设计检验来控制这些误差的概率.

这些统计分析的结果可用于在不确定性下做决策、制定最优策略、预测、评价和控制性能等.

9.1　参数估计

到目前为止，我们已经学习了一些确定分布类型的基本方法. 我们参考数据的性质、基本描述和范围，提出一个合适的分布类型，并通过观察柱状图来支持我们的推测.

在本节中，我们将学习如何估计分布的参数，最终从大范围分布族中确定出一个分布，用来进行绩效评估、预测等.

例 9.1（泊松分布）　例如，考虑一个具有某种罕见缺陷的计算机芯片的样本集. 每个芯片上的缺陷数目被记录下来. 这是罕见事件的数量，因此，它应该服从参数为 λ 的泊松分布.

我们知道，$\lambda = E(X)$ 是泊松变量的期望（3.4.5 节）. 那么，我们应该用样本均值 $\overline{X}$ 来估计它吗？或者，我们应该使用样本方差 s^2，因为 λ 同样等于 $\mathrm{Var}(X)$？　　　　◇

例 9.2（伽马分布）　假设我们现在处理一个 $\mathrm{Gamma}(\alpha, \lambda)$ 的分布. 其参数 α 和 λ 代表的并不是均值、方差、标准差，或任何其他在第 8 章讨论过的参量. 那么这次的估计算法是什么？　　　　◇

在这些例子中，提出的问题并没有唯一的答案. 统计学家开发了许多估算技术方法，它们各自有各自的优势.

本节讨论两种比较流行的方法：

- 矩量法;

- 最大似然法.

后面还介绍了其他几种方法：10.3 节中的自助法，10.4 节中的贝叶斯参数估计方法和第 11 章中的最小二乘估计方法.

9.1.1 矩量法

矩量

首先，让我们定义这些矩量.

定义 9.1 第 k 个**总体矩量**定义为

$$\mu_k = E(X^k)$$

第 k 个样本矩量

$$m_k = \frac{1}{n} \sum_{i=1}^{n} X_i^k$$

通过样本 $(X_1, \cdots, X_n)$ 估计 μ_k.

第一个样本矩量是样本均值 $\overline{X}$.

将数据中心化（即减去均值）后，可用同样的方法计算中心矩量.

定义 9.2 对 $k \geqslant 2$，第 k 个**总体中心矩量**定义为

$$\mu_k' = E(X - \mu_1)^k$$

第 k 个样本中心矩量

$$m_k' = \frac{1}{n} \sum_{i=1}^{n} (X_i - \overline{X})^k$$

通过样本 $(X_1, \cdots, X_n)$ 估计 μ_k.

注：第二个总体中心矩量为方差 $\mathrm{Var}(X)$. 第二个样本中心矩量为样本方差，虽然分母 $(n-1)$ 现在被 n 代替了. 我们在前面提到过，估计方法不是唯一的. 对于 $\sigma^2 = \mathrm{Var}(X)$ 的无偏估计，我们使用

$$s^2 = \frac{1}{n-1} \sum_{i=1}^{n} (X_i - \overline{X})^2$$

但矩量法和最大似然法对于方差的计算是不同的：

$$S^2 = m_2' = \frac{1}{n} \sum_{i=1}^{n} (X_i - \overline{X})^2$$

这不是全部！我们还会看到其他 σ^2 的估计量.

估计

矩量法的原理很简单. 既然样本来自某一个分布族 $\langle F(\theta) \rangle$，我们便从中选择一个与我们的数据属性相近的成员，也就是进行矩量匹配.

为了估计 k 参数，令 k 总体矩量等于样本矩量，即

$$\begin{cases} \mu_1 &= m_1 \\ \vdots & \vdots & \vdots \\ \mu_k &= m_k \end{cases}$$

这些方程的左边取决于分布参数. 右边可以从数据中计算出来. **矩量估计法**可求解该方程组.

例 9.3(泊松分布)　为了估计 Poisson(λ)分布的参数 λ, 我们回忆一下

$$\mu_1 = E(X) = \lambda$$

只有一个未知参数, 因此, 我们利用方程

$$\mu_1 = \lambda = m_1 = \overline{X}$$

"求解" λ, 得到 λ 的矩量法估计值:

$$\hat{\lambda} = \overline{X}$$

$\diamond$

看起来不难对不对? 简单是矩量法的主要的特点.

如果它更容易, 你可能会选择将其与中心矩量等同起来.

例 9.4(CPU 时间的伽马分布)　从图 8.6 的直方图可以看出, CPU 时间服从参数为 α 和 λ 的伽马分布. 为了估计这两个参数, 我们需要两个方程. 通过式(8.1)的数据我们计算

$$m_1 = \overline{X} = 48.2333, \quad m_2 = S^2 = 679.7122$$

写出这两个方程:

$$\begin{cases} \mu_1 = E(X) = \alpha/\lambda = m_1 \\ \mu_2' = \mathrm{Var}(X) = \alpha/\lambda^2 = m_2' \end{cases}$$

使用第二个等式中的中心矩量很方便, 因为我们已经知道伽马变量的方差的表达式: $m_2' = \mathrm{Var}(X)$.

对 α 和 λ 进行求解, 通过矩量估计法得到

$$\begin{cases} \hat{\alpha} = m_1^2/m_2' = 3.4227 \\ \hat{\lambda} = m_1/m_2' = 0.0710 \end{cases}$$

$\diamond$

当然, 我们很快解决了这两个例子, 因为我们已经在 3.4.5 节和 4.2.3 节中了解了泊松分布和伽马分布的矩量. 当遇到一个新的分布时, 我们需要计算它的矩量.

以 Pareto 分布为例, 由于当今互联网流量非常大, 它在现代互联网建模中扮演着越来越重要的角色.

例 9.5(Pareto 分布)　一个双参数的 Pareto 分布有如下累积分布函数:

$$F(x) = 1 - \left(\frac{x}{\sigma}\right)^{-\theta}, \quad x > \sigma$$

如何通过矩量法计算 σ 和 θ 的估计量?

到目前为止, 在本书中我们还没有看到 Pareto 分布, 所以我们需要计算它的前两个矩量.

我们从概率密度

$$f(x) = F'(x) = \frac{\theta}{\sigma}\left(\frac{x}{\sigma}\right)^{-\theta-1} = \theta\sigma^{\theta}x^{-\theta-1}$$

开始, 用它来求期望

$$\mu_1 = E(X) = \int_\sigma^\infty x f(x)\,\mathrm{d}x = \theta\,\sigma^\theta \int_\sigma^\infty x^{-\theta}\,\mathrm{d}x = \theta\,\sigma^\theta \left.\frac{x^{-\theta+1}}{-\theta+1}\right|_{x=\sigma}^{x=\infty} = \frac{\theta\,\sigma}{\theta-1}, \quad \theta > 1$$

和第二个矩量

$$\mu_2 = E(X^2) = \int_\sigma^\infty x^2 f(x)\,\mathrm{d}x = \theta\,\sigma^\theta \int_\sigma^\infty x^{-\theta+1}\,\mathrm{d}x = \frac{\theta\,\sigma^2}{\theta-2}, \quad \theta > 2$$

对 $\theta \leqslant 1$，Pareto 变量有一个无限的期望；对 $\theta \leqslant 2$，它有一个无限的第二矩量.

然后求解矩量方程

$$\begin{cases} \mu_1 = \dfrac{\theta\,\sigma}{\theta-1} = m_1 \\[2mm] \mu_2 = \dfrac{\theta\,\sigma^2}{\theta-2} = m_2 \end{cases}$$

发现

$$\hat{\theta} = \sqrt{\frac{m_2}{m_2-m_1^2}} + 1, \quad \hat{\sigma} = \frac{m_1(\hat{\theta}-1)}{\hat{\theta}} \tag{9.1}$$

当从 Pareto 分布中收集样本时，我们可以计算出样本矩量 m_1 和 m_2，再通过式(9.1)估计参数. ◇

在极少数情况下，当 k 个方程不足以估计 k 个参数时，我们将考虑更高次的矩量.

例 9.6（正态分布） 假设正态分布的均值 μ 已知，想要估计方差 σ^2. 此时只有一个参数 σ^2 是未知的，然而，第一个矩量方程

$$\mu_1 = m_1$$

中并不包含 σ^2，因此，不能得到其估计值. 然后考虑第二个方程

$$\mu_2' = \sigma^2 = m_2' = S^2$$

这就给出了矩量法的估计结果 $\hat{\sigma}^2 = S^2$. ◇

矩量法通常很容易计算，可用来快速估算目标参数.

9.1.2 最大似然法

最大似然估计背后暗藏另一套有趣的想法.

由于样本 $\boldsymbol{X} = (X_1, \cdots, X_n)$ 已知，我们只需找出能最大化观测结果的发生概率的参数即可. 换句话说，我们要让已知事件尽可能地发生. 这是另一种统一被选分布与观测数据的方法.

定义 9.3 **最大似然估计值**是使观测样本的似然性最大化的参数值. 对于离散型分布，我们最大化数据的联合概率质量函数 $P(X_1, \cdots, X_n)$；对于连续型分布，我们最大化其联合概率密度函数 $f(X_1, \cdots, X_n)$.

针对以上两种情况（离散与连续），有如下说明.

离散型

对于离散型分布，给定样本的概率即为联合概率质量函数.

$$P\{\boldsymbol{X} = (X_1, \cdots, X_n)\} = P(\boldsymbol{X}) = P(X_1, \cdots, X_n) = \prod_{i=1}^n P(X_i)$$

因为在简单随机样本中，所有观测到的 X_i 都是独立的.

为了使这种可能性最大化，我们通过对所有未知参数求导数，并使它们等于 0 来估计临界点. 只有当参数 θ 满足导数 $\frac{\partial}{\partial\theta}P(\boldsymbol{X})$ 为 0（即不存在导数），或位于 θ 可能值的集合边界处时（有关参考信息详见 A.4.4），才能取得最大值.

一个很好的计算捷径是先取对数，再求和：

$$\ln\prod_{i=1}^{n}P(X_i)=\sum_{i=1}^{n}\ln P(X_i)$$

对和集求微分比对乘积 $\prod P(X_i)$ 求微分更容易. 此外，对数是一个递增函数，因此，通过完全相同的参数，似然函数 $P(\boldsymbol{X})$ 和对数似然函数 $\ln P(\boldsymbol{X})$ 的最大化参数是一致的.

例 9.7（泊松分布） 泊松分布的概率质量分布为

$$P(x)=\mathrm{e}^{-\lambda}\frac{\lambda^{x}}{x!}$$

对它取对数，结果是

$$\ln P(x)=-\lambda+x\ln\lambda-\ln(x!)$$

因此，我们需要最大化

$$\ln P(\boldsymbol{X})=\sum_{i=1}^{n}(-\lambda+X_i\ln\lambda)+C=-n\lambda+\ln\lambda\sum_{i=1}^{n}X_i+C$$

其中 $C=-\sum\ln(x!)$ 为不包含未知参数 λ 的常数.

找出对数似然函数的临界点. 对它求导，并令导数等于 0，得到

$$\frac{\partial}{\partial\lambda}\ln P(\boldsymbol{X})=-n+\frac{1}{\lambda}\sum_{i=1}^{n}X_i=0$$

这个方程有唯一解

$$\hat{\lambda}=\frac{1}{n}\sum_{i=1}^{n}X_i=\overline{X}$$

因为这是唯一的临界点，且当 $\lambda\downarrow 0$ 或 $\lambda\uparrow\infty$ 时似然函数消失（收敛为 0），所以我们认为 $\hat{\lambda}$ 是最大化值. 因此，它是 λ 的最大似然估计值.

对于泊松分布，矩量法和最大似然法有相同的估计结果：$\hat{\lambda}=\overline{X}$.   ◇

连续型

正如我们在第 4 章中知道的那样，在连续情况下，准确观察到给定数字 $X=x$ 的概率是 0. 但通过最大似然法，我们可以使"几乎"观察到相同数字的概率最大化.

对于很小的 h，

$$P\{x-h<X<x+h\}=\int_{x-h}^{x+h}f(y)\mathrm{d}y\approx(2h)f(x)$$

也就是说，观察到接近 x 值的概率与概率密度 $f(x)$ 成正比（见图 9.1）. 因此，对于样本 $\boldsymbol{X}=(X_1,\cdots,X_n)$，最大似然法将使联合密度 $f(X_1,\cdots,X_n)$ 最大化.

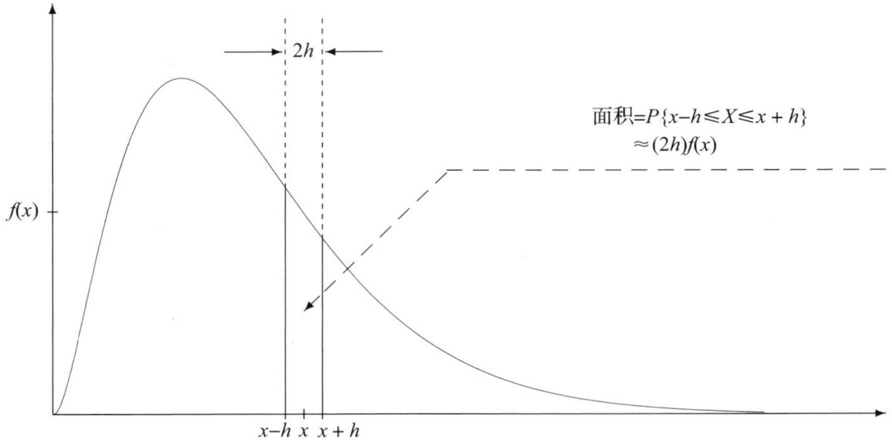

面积$=P\{x-h\leqslant X\leqslant x+h\}$
$\approx(2h)f(x)$

$f(x)$

$x-h\ x\ x+h$

图 9.1 观察到"几乎"$X=x$的概率

例 9.8(指数分布) 指数分布有如下概率密度函数:

$$f(x)=\lambda\mathrm{e}^{-\lambda x}$$

所以,样本的对数似然函数可以写成

$$\ln f(\boldsymbol{X})=\sum_{i=1}^{n}\ln(\lambda\mathrm{e}^{-\lambda X_i})=\sum_{i=1}^{n}(\ln\lambda-\lambda X_i)=n\ln\lambda-\lambda\sum_{i=1}^{n}X_i$$

对未知参数 λ 求导,令其等于 0,然后求解 λ,我们得到

$$\frac{\partial}{\partial\lambda}\ln f(\boldsymbol{X})=\frac{n}{\lambda}-\sum_{i=1}^{n}X_i=0$$

结果为

$$\hat{\lambda}=\frac{n}{\sum X_i}=\frac{1}{\overline{X}}$$

这同样是唯一的临界点,而似然函数 $f(\boldsymbol{X})$ 随着 $\lambda\downarrow0$ 或 $\lambda\uparrow\infty$ 消失. 因此,$\hat{\lambda}=\overline{X}$ 是 λ 的最大似然估计量. 这一次的结果依然与矩量估计方法相一致(练习 9.3b).　　　　◇

若似然域内没有临界点,则在边界处最大化.

例 9.9(均匀分布) 根据 Uniform$(0,b)$ 分布的样本,我们如何估计参数 b?
Uniform$(0,b)$ 分布的概率密度为

$$f(x)=\frac{1}{b},\quad 0\leqslant x\leqslant b$$

它随着 b 的增加而递减,因此,$f(x)$ 在 b 可能的最小值(也就是 x)处得到最大化.

对于样本 $(X_1,\cdots,X_n)$,有联合概率密度

$$f(X_1,\cdots,X_n)=\left(\frac{1}{b}\right)^n,\quad 0\leqslant X_1,\cdots,X_n\leqslant b$$

它也在 b 的最小值处达到最大值,这是最大的观测值. 的确,仅当 $b\geqslant\max(X_i)$ 时,所有 i 才满足 $b\geqslant X_i$. 如果 $b<\max(X_i)$,则 $f(\boldsymbol{X})=0$,这显然不是最大值.

因此，最大似然估计量为 $\hat{b} = \max(X_i)$.   ◇

当我们估计更多的参数时，所有的偏导数在临界点处都应该等于 0. 如果临界点不存在，则似然函数再次在边界上最大化.

例 9.10（Pareto 分布） 对于例 9.5 中的 Pareto 分布，当 $X_1, \cdots, X_n \geq \sigma$ 时，对数似然函数为

$$\ln f(\boldsymbol{X}) = \sum_{i=1}^{n} \ln(\theta \sigma^{\theta} X_i^{-\theta-1}) = n \ln \theta + n\theta \ln \sigma - (\theta+1) \sum_{i=1}^{n} \ln X_i$$

在 σ 和 θ 上将这个函数最大化，我们注意到它总是随 σ 的增加而增加. 因此，我们根据它可能的最大值，也就是最小的观测值

$$\hat{\sigma} = \min(X_i)$$

来估计 σ 的值，我们可以把 σ 值代入对数似然函数方程，使其关于 θ 最大化：

$$\frac{\partial}{\partial \theta} \ln f(\boldsymbol{X}) = \frac{n}{\theta} + n \ln \hat{\sigma} - \sum_{i=1}^{n} \ln X_i = 0$$

$$\hat{\theta} = \frac{n}{\sum \ln X_i - n \ln \hat{\sigma}} = \frac{n}{\sum \ln(X_i/\hat{\sigma})}$$

σ 和 θ 的最大似然估计值为

$$\hat{\sigma} = \min(X_i), \quad \hat{\theta} = \frac{n}{\sum \ln(X_i/\hat{\sigma})}$$ ◇

最大似然估计值因其良好的性质而颇受欢迎. 在普通条件下，这些估计值是一致的. 对于大样本，它们近似正态分布. 在复杂问题中，找到一个好的估计方法往往是一个挑战，而最大似然法总是可以给出一个合理的解决方案.

251

9.1.3 标准误差估计

我们在 9.1.1 节和 9.1.2 节中学习的估计方法的准确性如何？标准误差可以用来衡量它们的准确性. 为了估计它们，我们推导出标准误差的表达式，并估计其中的所有未知参数.

例 9.11（泊松参数的估计） 在例 9.3 和例 9.7 中，我们找到了泊松参数 λ 的矩量估计值和最大似然估计值. 两个估计量都等于样本均值 $\hat{\lambda} = \overline{X}$. 现在我们来估计 $\hat{\lambda}$ 的标准误差.

解 这里至少有两种方法可以用于估计 $\hat{\lambda}$ 的标准误差.

一方面，我们从式（8.2）中可知 Poisson(λ) 分布 $\sigma = \sqrt{\lambda}$，所以 $\sigma(\hat{\lambda}) = \sigma(\overline{X}) = \sigma/\sqrt{n} = \sqrt{\lambda/n}$. 通过 $\overline{X}$ 估计 λ，我们得到

$$s_1(\hat{\lambda}) = \sqrt{\frac{\overline{X}}{n}} = \sqrt{\frac{\sum X_i}{n}}$$

另一方面，我们可以利用样本标准差和估计样本均值的标准误差，如例 8.17 所示：

$$s_2(\hat{\lambda}) = \sqrt{\frac{\sum(X_i - \overline{X})^2}{n(n-1)}}$$

显然，我们可以通过两个好的估计量 s_1 和 s_2 来估计 $\hat{\lambda}$ 的标准误差.   ◇

例 9.12（指数分布参数的估计） 假设样本大小 $n \geq 3$，推导例 9.8 中最大似然估计量的标准误差，并进行估计.

解 这里要用到积分.幸运的是，我们可以走捷径，因为对任何伽马概率密度函数求积分都得 1，即

$$\int_0^\infty \frac{\lambda^\alpha}{\Gamma(\alpha)} x^{\alpha-1} e^{-\lambda x} dx = 1, \quad \alpha > 0, \quad \lambda > 0$$

注意 $\hat{\lambda} = 1/\overline{X} = n/\sum X_i$，其中 $\sum X_i$ 服从 $\mathrm{Gamma}(n, \lambda)$，因为每个 X_i 都服从参数为 λ 的指数分布.

因此，$\hat{\lambda}$ 的第 k 个矩量等于

$$E(\hat{\lambda}^k) = E\left(\frac{n}{\sum X_i}\right)^k = \int_0^\infty \left(\frac{n}{x}\right)^k \frac{\lambda^n}{\Gamma(n)} x^{n-1} e^{-\lambda x} dx = \frac{n^k \lambda^n}{\Gamma(n)} \int_0^\infty x^{n-k-1} e^{-\lambda x} dx$$

$$= \frac{n^k \lambda^n}{\Gamma(n)} \frac{\Gamma(n-k)}{\lambda^{n-k}} \int_0^\infty \frac{\lambda^{n-k}}{\Gamma(n-k)} x^{n-k-1} e^{-\lambda x} dx$$

$$= \frac{n^k \lambda^n}{\Gamma(n)} \frac{\Gamma(n-k)}{\lambda^{n-k}} \cdot 1 = \frac{n^k \lambda^k (n-k-1)!}{(n-1)!}$$

将 $k = 1$ 代入，得到第一个矩量

$$E(\hat{\lambda}) = \frac{n\lambda}{n-1}$$

将 $k = 2$ 代入，得到第二个矩量

$$E(\hat{\lambda}^2) = \frac{n^2 \lambda^2}{(n-1)(n-2)}$$

则 $\hat{\lambda}$ 的标准误差为

$$\sigma(\hat{\lambda}) = \sqrt{\mathrm{Var}(\hat{\lambda})} = \sqrt{E(\hat{\lambda}^2) - E^2(\hat{\lambda})} = \sqrt{\frac{n^2 \lambda^2}{(n-1)(n-2)} - \frac{n^2 \lambda^2}{(n-1)^2}} = \frac{n\lambda}{(n-1)\sqrt{n-2}}$$

我们通过令 $\hat{\lambda} = 1/\overline{X}$ 估计了 λ，因此，我们可以通过

$$s(\hat{\lambda}) = \frac{n}{\overline{X}(n-1)\sqrt{n-2}} \quad \text{或} \quad \frac{n^2}{\sum X_i (n-1)\sqrt{n-2}}$$

估计标准误差 $\sigma(\hat{\lambda})$.虽然该公式不是很长，但是对于稍微复杂的估计公式，标准误差的估计会变得更加困难.在某些情况下，$\sigma(\hat{\theta})$ 可能根本没有一个好的解析公式.这时就要用到自助法（bootstrap）了，我们将在 10.3 节讨论这一现代方法. ◇

计算机笔记

R 语言包 "MASS"（Modern Applied Statistics with S）包括几乎所有本书讨论过的分布的最大似然估计法，只需在 R 命令 `fitdistr` 中指定观察到的变量和分布族即可.例如，`fitdistr(x,'normal')`、`fitdistr(x,'Poisson')` 或 `fitdistr(x,'geometry')`.下面是例 9.4 的 R 语言解法：

```
—— R ——————
install.packages("MASS")              # Invoke package "MASS"
library(MASS)
x<-c(70,36,43,69,82,48,34,           # Enter the data from Example 9.4
62,35,15,59,139,46,37,42,30,55,56,36,82,38,89,54,25,35,24,22,9,56,19);
fitdistr(x,'gamma')
```

结果，R 会返回参数 $\hat{\alpha}$（形状）和 $\hat{\lambda}$（频率或速率）的估计值，以及它们的估计标准误差（括号中）：

```
    shape          rate
 3.63007913    0.07526080
(0.89719441)  (0.01994748)
```

MATLAB 也有类似的工具，如下：

253

```
—— MATLAB ——————
x=[70,36,43,69,82,48,34,62,35,15,59,139,46,37,42,...
30,55,56,36,82,38,89,54,25,35,24,22,9,56,19);
fitdist(x,'gamma')
```

但输出略有不同．

```
Gamma distribution
   a = 3.63007   [2.23591, 5.89356]
   b = 13.2871   [7.90162, 22.3433]
```

MATLAB 将伽马分布中的第二个参数理解为一个比例参数 β 而非频率参数 λ．它们是直接相关的：$\beta = 1/\lambda$．此外，它还附加了两个参数的置信区间，但没有标准误差．我们将在下一节中学习它们．

9.2　置信区间

当我们得出一个总体参数 θ 的估计值 $\hat{\theta}$ 时，易知由于抽样误差，在多数情况下
$$\hat{\theta} \neq \theta$$
我们意识到只在一定误差内估计出了 θ．同样，没有人会将 11 兆字节每秒的互联网连接理解为 1 秒都恰有 11 兆字节通过网络，也没有人将气象预报视作精准预言．

那么我们能在多大程度上相信得出的估计量呢？它相对目标参数偏离了多少？二者相当接近的概率是多少？如果我们观察到一个估计量 $\hat{\theta}$，那么实际的参数值 θ 可能是什么？

统计学家使用含有可信参数值的置信区间来解决这些问题．

定义 9.4　如果区间 $[a, b]$ 包含参数 θ 的概率为 $(1-\alpha)$，即
$$P\{a \leqslant \theta \leqslant b\} = 1 - \alpha$$
则该区间是参数 θ 的 $(1-\alpha)100\%$ **置信区间**，覆盖概率 $(1-\alpha)$ 也被称为**置信水平**．

让我们花点时间来思考这个定义．随机事件 $\{a \leqslant \theta \leqslant b\}$ 的概率必须是 $1-\alpha$．这个事件包含哪些随机性？

总体参数 θ 并不是随机的．它是一个总体特征，独立于任何随机抽样过程，因此，它是一个常量．另一方面，区间是由随机数据计算出来的，因此它就是随机的．覆盖概率是指我们的区间覆盖一个常数参数 θ 的概率．

254

图 9.2 对此进行了说明. 假设我们收集了许多随机样本, 并从每个样本中得到一个置信区间. 如果它们都是 $(1-\alpha)100\%$ 置信区间, 则预计 $(1-\alpha)100\%$ 的区间能覆盖 θ 值, $100\alpha\%$ 的区间会错过它. 在图 9.2 中, 我们看到有一个区间没有覆盖 θ. 数据收集和该区间的构造没有出错, 它只是因为抽样误差而漏掉了参数.

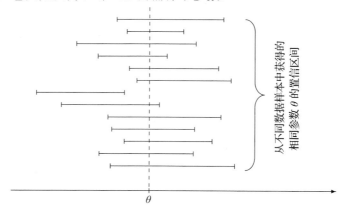

图 9.2　参数 θ 的置信区间和覆盖范围

因此, 说 "我计算得到了一个 90% 的置信区间, 它是 $[3, 6]$. 参数属于该区间的概率为 90%" 是错误的. 参数是常数, 它要么属于区间 $[3, 6]$（概率为 1）, 要么不属于. 在这种情况下, 90% 表示在长周期中含有未知参数的置信区间的比例.

9.2.1　建立置信区间: 一般方法

给定一个数据样本和一个期望的置信水平 $1-\alpha$, 我们如何建立一个满足定义 9.4 中覆盖条件

$$P\{a \leqslant \theta \leqslant b\} = 1-\alpha$$

的置信区间 $[a, b]$? 我们从估计参数 θ 开始. 假设有一个服从正态分布的无偏估计量 $\hat{\theta}$. 在对其标准化时, 得到一个服从标准正态分布的变量

$$Z = \frac{\hat{\theta} - E(\hat{\theta})}{\sigma(\hat{\theta})} = \frac{\hat{\theta} - \theta}{\sigma(\hat{\theta})} \tag{9.2}$$

因为 $\hat{\theta}$ 是无偏的, 所以 $E(\hat{\theta}) = \theta$, 并且 $\sigma(\hat{\theta}) = \sigma(\hat{\theta})$ 是其标准误差.

如图 9.3 所示, 该变量位于标准正态分布的分位数 $q_{\alpha/2}$ 和 $q_{1-\alpha/2}$ 之间, 置信水平为 $1-\alpha$, 表示如下:

$$-z_{\alpha/2} = q_{\alpha/2}$$
$$z_{\alpha/2} = q_{1-\alpha/2}$$

然后

$$P\left\{-z_{\alpha/2} \leqslant \frac{\hat{\theta} - \theta}{\sigma(\hat{\theta})} \leqslant z_{\alpha/2}\right\} = 1-\alpha$$

在 $\{\cdots\}$ 中求解 θ, 我们得到

$$P\{\hat{\theta} - z_{\alpha/2} \cdot \sigma(\hat{\theta}) \leqslant \theta \leqslant \hat{\theta} - z_{\alpha/2} \cdot \sigma(\hat{\theta})\} = 1-\alpha$$

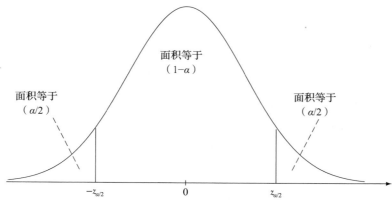

图 9.3　标准正态分布的分位数 $\pm z_{\alpha/2}$ 及密度曲线下面积的划分

问题解决了！我们得到了两个数值

$$a = \hat{\theta} - z_{\alpha/2} \cdot \sigma(\hat{\theta})$$
$$b = \hat{\theta} + z_{\alpha/2} \cdot \sigma(\hat{\theta})$$

使得

$$P\{a \leqslant \theta \leqslant b\} = 1 - \alpha$$

置信区间，
正态分布

如果参数 θ 有一个服从正态分布的无偏估计量 $\hat{\theta}$，那么

$$\hat{\theta} \pm z_{\alpha/2} \cdot \sigma(\hat{\theta}) = [\hat{\theta} - z_{\alpha/2} \cdot \sigma(\hat{\theta}),\ \hat{\theta} + z_{\alpha/2} \cdot \sigma(\hat{\theta})]$$

为 θ 的 $(1-\alpha)100\%$ 置信区间.

如果 $\hat{\theta}$ 的分布近似正态，则得到近似 $(1-\alpha)100\%$ 的置信区间.

256

(9.3)

在上式中，$\hat{\theta}$ 为区间的中心，$z_{\alpha/2} \cdot \sigma(\hat{\theta})$ 为边缘. 误差边缘通常与民意和调查结果一起报告. 在报纸和新闻稿中，通常计算 95% 的置信区间下的误差边缘.

我们在逆问题中见过分位数 $\pm z_{\alpha/2}$（如例 4.12）. 现在，在置信估计以及下一节的假设检验中，它们将扮演关键角色，因为我们需要达到期望的置信水平 α. 最常用的分位数值有

$$z_{0.10} = 1.282, \quad z_{0.05} = 1.645, \quad z_{0.025} = 1.960, \quad z_{0.01} = 2.326, \quad z_{0.005} = 2.576 \quad (9.4)$$

表示法 $\| z_\alpha = q_{1-\alpha} = \Phi^{-1}(1-\alpha)$ 指被概率 α 超过的一个标准正态分布变量 Z 的值$\|$

下面我们将讨论这种常用方法的几个重要应用. 在每个问题中，我们

（a）计算 θ 的无偏估计值；

（b）检查 θ 是否为正态分布；

（c）计算它的标准误差 $\sigma(\hat{\theta}) = \mathrm{Std}(\hat{\theta})$；

（d）从正态分布表（附录中的表 A4）中获取分位数 $\pm z_{\alpha/2}$；

（e）最后，应用式（9.3）.

9.2.2　总体均值的置信区间

我们来构造一个总体均值的置信区间

$$\theta = \mu = E(X)$$

从一个估计值

$$\hat{\theta} = \overline{X} = \frac{1}{n}\sum_{i=1}^{n} X_i$$

开始，式(9.3)适用于如下两种情况：

1. 如果一个样本 $\boldsymbol{X} = (X_1, \cdots, X_n)$ 来自正态分布，那么 $\overline{X}$ 也是正态的，式(9.3)也适用.

2. 如果样本来自任意分布，但样本大小 n 很大，则根据中心极限定理，$\overline{X}$ 近似正态分布. 然后式(9.3)给出一个近似的 $(1-\alpha)100\%$ 置信区间.

在 8.2.1 节中，我们推导出

$$E(\overline{X}) = \mu（因此，它是无偏估计量）$$
$$\sigma(\overline{X}) = \sigma/\sqrt{n}$$

式(9.3)也就简化为如下 μ 的 $(1-\alpha)100\%$ 置信区间：

均值的置信区间，$\boldsymbol{\sigma}$ 已知 $\boxed{\overline{X} \pm z_{\alpha/2}\dfrac{\sigma}{\sqrt{n}}}$ (9.5)

例 9.13   根据如下测量样本，为总体均值构建一个 95% 置信区间：
$$2.5,\ 7.4,\ 8.0,\ 4.5,\ 7.4,\ 9.2$$
如果测量误差服从正态分布，且测量设备保证标准差 $\sigma = 2.2$.

解   该样本的容量 $n = 6$，样本均值为 $\overline{X} = 6.50$. 为了得到
$$1 - \alpha = 0.95$$
的置信水平，我们需要 $\alpha = 0.02$ 和 $\alpha/2 = 0.025$. 因此，我们需找出分位数
$$q_{0.025} = -z_{0.025},\quad q_{0.975} = z_{0.025}$$
由式(9.4)或表 A4，我们发现 $q_{0.975} = 1.960$. 将这些值代入式(9.5)，得到 μ 的 95% 置信区间

$$\overline{X} \pm z_{\alpha/2}\frac{\sigma}{\sqrt{n}} = 6.50 \pm (1.960)\frac{2.2}{\sqrt{6}} = \underline{6.50 \pm 1.76}\quad 或\quad [4.74, 8.26]\qquad \diamond$$

只有当样本大小较小，数据不服从正态分布时式(9.3)才不能用. 在这种情况下，需要对给定的 $\boldsymbol{X}$ 的分布使用特殊的方法.

9.2.3　两均值之差的置信区间

在与前一节相同的条件下，即

● 数据服从正态分布；
● 样本大小足够大.

我们可以为两个均值之间的差构建一个置信区间.

当我们比较两个总体时，就需要考虑这个问题. 它可以是两个材料、两个供应商、两个服务提供商、两个通信渠道或两个实验室等之间的比较. 从每个总体中收集一个样本(图 9.4)：

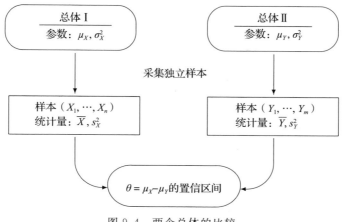

图 9.4　两个总体的比较

$$\boldsymbol{X} = (X_1, \cdots, X_n)　来自总体$$
$$\boldsymbol{Y} = (Y_1, \cdots, Y_m)　来自另一个总体$$

假设这两个样本的收集相互**独立**.

　　为了建立总体均值之差的置信区间

$$\theta = \mu_X - \mu_Y$$

我们要完成以下步骤:

（a）提出 θ 的估计量

$$\hat{\theta} = \overline{X} - \overline{Y}$$

是很自然的, 因为一般用 $\overline{X}$ 估计 μ_X, 用 $\overline{Y}$ 估计 μ_Y.

　　（b）检查 $\hat{\theta}$ 是否具有无偏性:

$$E(\hat{\theta}) = E(\overline{X} - \overline{Y}) = E(\overline{X}) - E(\overline{Y}) = \mu_X - \mu_Y = \theta$$

　　（c）检查 $\hat{\theta}$ 是否服从正态分布或近似正态分布. 如果观测值服从正态分布, 或两个样本大小 m 和 n 都很大, 则成立.

　　（d）求 $\hat{\theta}$ 的标准误差(利用 $\boldsymbol{X}$ 和 $\boldsymbol{Y}$ 的独立性):

$$\sigma(\hat{\theta}) = \sqrt{\mathrm{Var}(\overline{X} - \overline{Y})} = \sqrt{\mathrm{Var}(\overline{X}) + \mathrm{Var}(\overline{Y})} = \sqrt{\frac{\sigma_X^2}{n} + \frac{\sigma_Y^2}{m}}$$

　　（e）计算分位数 $\pm z_{a/2}$, 并根据式(9.3)计算置信区间. 这就得到了下面的公式:

均值之差的置信
区间, 标准差已知　　$$\boxed{\overline{X} - \overline{Y} \pm z_{a/2} \sqrt{\frac{\sigma_X^2}{n} + \frac{\sigma_Y^2}{m}}}$$　　(9.6)

259

　　例 9.14（升级的影响）　管理员通过在升级前后各运行某进程 50 次来评估主要硬件升级的有效性. 根据这些数据, 平均运行时间在升级之前是 8.5min, 升级之后是 7.2min. 从历史数据看, 标准差是 1.8min, 而且应该没有变化. 构造一个 90% 置信区间, 显示由于硬件升级而减少的平均运行时间.

解 已知 $n=m=50$，$\sigma_X=\sigma_Y=1.8$．$\overline{X}=8.5$，$\overline{Y}=7.2$．同样，置信水平 $1-\alpha$ 等于 0.9，因此 $\alpha/2=0.05$，$z_{\alpha/2}=1.645$．

时间的分配可能不符合正态分布，然而，由于样本大小较大，估计值

$$\hat{\theta}=\overline{X}-\overline{Y}$$

由中心极限定理可知是近似正态的．因此，式(9.6)适用，均值之差 $\mu_X-\mu_Y$ 的 90% 置信区间为

$$8.5-7.2\pm(1.645)\sqrt{1.8^2\left(\frac{1}{50}+\frac{1}{50}\right)}=\underline{1.3\pm0.6}\quad\text{或}\quad\underline{[0.7,1.9]}$$

我们可以说，硬件升级使平均运行时间减少了 1.3min，90% 的置信边缘为 0.6min.   ◇

9.2.4 样本量的选择

式(9.3)将置信区间描述为

$$\text{中心}\pm\text{边缘}$$

其中

$$\text{中心}=\hat{\theta}$$
$$\text{边缘}=z_{\alpha/2}\cdot\sigma(\hat{\theta})$$

回看这个问题，我们可以提出一个非常实际的疑问：应该收集多大的样本才能满足我们的估计值所需的精度？

换句话说，多大的样本大小 n 能保证 $(1-\alpha)100\%$ 置信区间的边缘不超过指定的限制 Δ？

要回答这个问题，我们只需要解出关于 n 的不等式

$$\text{边缘}\leqslant\Delta \tag{9.7}$$

在通常情况下，样本量越大，则参数估计越准确，使得标准误差 $\sigma(\hat{\theta})$ 和边缘也随样本大小 n 的增加而减小．所以 n 必须足够大，才能满足式(9.7)．

9.2.5 在给定精度下估算均值

当我们估计总体均值时，误差边缘是

$$\text{边缘}=z_{\alpha/2}\cdot\sigma/\sqrt{n}$$

求解关于 n 的不等式(9.7)，可得如下结果：

给定精度的 样本大小	对于估计总体均值的置信水平 $1-\alpha$，为了达到误差边缘 Δ， 样本的大小 $n\geqslant\left(\dfrac{z_{\alpha/2}\cdot\sigma}{\Delta}\right)^2$ 是必需的.

$$(9.8)$$

当我们计算式(9.8)中的表达式时，它很可能是一个分数．请注意，我们只能将其四舍五入到最接近样本大小的整数．这样一来，我们的边缘将超过 Δ.

由式(9.8)可知，我们需要一个大容量的样本来

- 获得较小的边缘（小 Δ）；

- 获得高置信水平(小 α);
- 在数据高可变性(大 σ)下控制边缘.

特别指出的是, 我们需要将样本量增加四倍, 以使间隔的边缘减半.

例 9.15   在例 9.13 中, 我们基于大小为 6 的样本构建了中心为 6.50、边缘为 1.76 的 95% 置信水平. 太宽了吧? 我们需要多大的样本才能以 95% 置信水平保证对总体均值的估计最多有 0.4 的单位边缘?

解   已知 $\Delta = 0.4$, $\alpha = 0.05$, 又由例 9.13 得 $\sigma = 2.2$. 根据式(9.8), 我们需要如下样本:

$$n \geqslant \left(\frac{z_{0.05/2} \cdot \sigma}{\Delta} \right)^2 = \left(\frac{(1.960)(2.2)}{0.4} \right)^2 = 116.2$$

记住, 这是满足 Δ 的最低样本量, 我们只能向上取整, 即至少需要至少 117 个样本记录量.

◇ 261

9.3   未知标准差

当构造所有的置信区间时, 我们假设了一个已知的标准差 σ, 并在所有的推导公式中使用了它.

有时这种假设是完全正确的. 我们可以从大量的历史数据中获取方差, 它可以作为测量设备的精度表示出来.

然而, 更常见的情况是, 总体方差是未知的. 然后我们将根据数据进行估计, 看看是否仍然可以应用上一节中的方法.

我们将考虑两个广泛存在的情况:
- 来自任意分布的大容量的样本;
- 正态分布中任意大小的样本.

对于仅剩的小型非正态样本, 可用特殊方法建立置信区间. 10.3.3 节将讨论一种现代流行的方法, 称为自助法.

9.3.1   大样本

一个大样本应该产生一个相当准确的方差估计. 这样估计量 $s(\hat{\theta})$ 可以代替式(9.3)中的真正的标准误差 $\sigma(\hat{\theta})$, 获得一个近似置信区间

$$\hat{\theta} \pm z_{\alpha/2} \cdot s(\hat{\theta})$$

例 9.16(节点上的延迟)   网络连接经常因为节点的延迟而变慢. 确定当数据传输量大时延迟时间是否会增加.

在下午 5 点到 6 点之间通过同一个网络发送 500 个数据包(样本 X), 在晚上 10 点到 11 点之间发送 300 个数据包(样本 Y). 早期样本的平均延迟时间为 0.8 秒, 标准差为 0.1 秒, 而第二个样本的平均延迟时间为 0.5 秒, 标准差为 0.08 秒. 为平均延迟时间之间的差构造一个 99.5% 的置信区间.

解   已知 $n = 500$, $\overline{X} = 0.8$, $s_X = 0.1$; $m = 300$, $\overline{Y} = 0.5$, $s_Y = 0.08$. 较大的样本量使我们可以用其估计值代替未知的总体标准差, 并使用样本均值的近似正态分布.

对于置信水平 $1-\alpha=0.995$，我们需要

$$z_{\alpha/2}=z_{0.0025}=q_{0.9975}$$

在表 A4 中查找概率 0.9975，找到对应的 z 值：

$$z_{0.0025}=2.81$$

那么，平均执行时间之差的 99.5% 置信区间为

$$\overline{X}-\overline{Y}\pm z_{0.0025}\sqrt{\frac{s_X^2}{n}+\frac{s_Y^2}{m}}=(0.8-0.5)\pm(2.81)\sqrt{\frac{(0.1)^2}{500}+\frac{(0.08)^2}{300}}$$

$$=\underline{0.3\pm0.018}\quad\text{或}\quad\boxed{[0.282，0.318]}\qquad\diamond$$

9.3.2　比例的置信区间

当我们估计总体比例时，方差通常是未知的.

定义 9.5　我们假设一个具有特定属性项的子总体 A. 则**总体比例**指的是随机选择的 i 也具有该属性的概率

$$p=P\{i\in A\}$$

样本比例

$$\hat{p}=\frac{\text{来自 } A \text{ 的样本项的数目}}{n}$$

用来估计 p.

让我们使用指标变量

$$X_i=\begin{cases}1 & \text{如果}\quad i\in A\\0 & \text{如果}\quad i\notin A\end{cases}$$

每个 X_i 都服从参数为 p 的伯努利分布，特别地，

$$E(X_i)=p,\quad \mathrm{Var}(X_i)=p(1-p)$$

同时，

$$\hat{p}=\frac{1}{n}\sum_{i=1}^{n}X_i$$

仅指 X_i 的样本均值.

因此，根据样本均值的性质，可知

$$E(\hat{p})=p,\quad \mathrm{Var}(\hat{p})=\frac{p(1-p)}{n}$$

我们得出以下结论：

1. 样本比例 $\hat{p}$ 对于总体比例 p 是无偏的；

2. 在大样本中它近似正态分布，因为它有样本均值的形式；

3. 当我们构造 p 的置信区间时，标准差 $\mathrm{Std}(\hat{p})$ 是未知的.

的确，知道标准差就等于知道 p，如果知道 p，为什么需要设置置信区间呢？

因此，我们用

$$s(\hat{p})=\sqrt{\frac{\hat{p}(1-\hat{p})}{n}}$$

估计未知的标准误差

$$\sigma(\hat{p}) = \sqrt{\frac{p(1-p)}{n}}$$

再代入一般公式

$$p \pm z_{a/2} \cdot s(\hat{p})$$

中来构建一个近似 $(1-\alpha)100\%$ 置信区间.

总体比例的置信区间 $\boxed{\hat{p} \pm z_{a/2} \sqrt{\frac{\hat{p}(1-\hat{p})}{n}}}$

同样，我们可以构造两个比例之差的置信区间. 在两个总体中，带属性的项的比例分别为 p_1 和 p_2. 收集大小分别为 n_1 和 n_2 的独立样本，通过样本比例 $\hat{p}_1$ 和 $\hat{p}_2$ 估计上述两个参数.

总之，我们用

感兴趣的参数：$\theta = p_1 - p_2$

估计目标参数：$\hat{\theta} = \hat{p}_1 - \hat{p}_2$

估计它的标准误差：$\sigma(\hat{\theta}) = \sqrt{\dfrac{p_1(1-p_1)}{n_1} + \dfrac{p_2(1-p_2)}{n_2}}$

估计：$s(\hat{\theta}) = \sqrt{\dfrac{\hat{p}_1(1-\hat{p}_1)}{n_1} + \dfrac{\hat{p}_2(1-\hat{p}_2)}{n_2}}$

比例差的置信区间 $\boxed{\hat{p}_1 - \hat{p}_2 \pm z_{a/2} \sqrt{\dfrac{\hat{p}_1(1-\hat{p}_1)}{n_1} + \dfrac{\hat{p}_2(1-\hat{p}_2)}{n_2}}}$

264

例 9.17（选前民调）　一位候选人正在为地方选举做准备. 在他的竞选中，70 个 A 镇的随机选民中有 42 个表示会投票给这位候选人，100 个 B 镇的随机选民中有 59 个也是如此. 估算这个候选人得到 AB 两镇的支持度的差值，要求置信水平为 95%. 我们能肯定地说该候选人在 A 镇得到了更大的支持吗?

解　已知 $n_1 = 70$，$n_2 = 100$，$\hat{p}_1 = 42/70 = 0.6$ 和 $\hat{p}_2 = 59/100 = 0.59$. 对于置信区间，我们有

$$中心 = \hat{p}_1 - \hat{p}_2 = 0.01$$

$$边缘 = z_{0.05/2} \sqrt{\frac{\hat{p}_1(1-\hat{p}_1)}{n_1} + \frac{\hat{p}_2(1-\hat{p}_2)}{n_2}}$$

$$= (1.960) \sqrt{\frac{(0.6)(0.4)}{70} + \frac{(0.59)(0.41)}{100}} = 0.15$$

那么

$$0.01 \pm 0.15 = [-0.14, 0.16]$$

是两个城镇的支持差值 $p_1 - p_2$ 的 95% 置信区间.

那么，是 A 镇的支持度更强吗? 一方面，估计值 $\hat{p}_1 - \hat{p}_2 = 0.01$ 表明 A 镇的支持度比

B 镇高 1%，另一方面，差值为正可能只是由于存在抽样误差. 正如我们所看到的，95% 置信区间也包含了很大范围的负值. 因此，所获得的数据并不能肯定地表明 A 镇的支持度更大.

事实上，我们将在例 9.33 中检验两个城镇之间的支持是否存在差异，并得出结论：现有证据不足以支持或反对它. 9.4 节将介绍检验此类陈述的正式步骤.   ◇

9.3.3   用给定的精度估计比例

总体比例的置信区间具有边缘

$$\text{边缘} = z_{\alpha/2}\sqrt{\frac{\hat{p}(1-\hat{p})}{n}}$$

找到满足所需边缘 Δ 的样本大小的标准方法是求解不等式

$$\text{边缘} \leqslant \Delta \quad \text{或} \quad n \geqslant \hat{p}(1-\hat{p})\left(\frac{z_{\alpha/2}}{\Delta}\right)^2$$

然而，该不等式包括 $\hat{p}$. 要知道 $\hat{p}$，我们首先需要收集一个样本，但是要知道样本的大小，我们首先需要知道 $\hat{p}$！

图 9.5 展示了一种打破这个怪圈的方法. 正如我们所见，函数 $\hat{p}(1-\hat{p})$ 永远不会超过 0.25. 因此，我们可以将未知值 $\hat{p}(1-\hat{p})$ 替换为 0.25，得到一个可能大于我们实际需要的样本大小 n，这将确保 $\hat{p}$ 的估计值的边缘不会超过 Δ. 也就是说，选择一个满足下列条件的样本大小 n：

$$\boxed{n \geqslant 0.25\left(\frac{z_{\alpha/2}}{\Delta}\right)^2}$$

自然而然地，哪怕 $\hat{p}$ 的值未知，这个 n 也至少与所需的 $\hat{p}(1-\hat{p})(z_{\alpha/2}/\Delta)^2$ 一样大.

例 9.18   样本大小

$$n \geqslant 0.25\left(\frac{1.960}{0.1}\right)^2 = 96.04$$

（也就是说，至少有 97 次观测）能够保证总体比例的估计误差不超过 0.1 的置信水平为 95%.   ◇

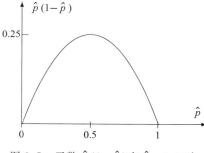

图 9.5   函数 $\hat{p}(1-\hat{p})$ 在 $\hat{p}=0.5$ 时取最大值

9.3.4   小样本：学生 t 分布

面对小样本，我们不能再假设样本标准差 s 是总体标准差 σ 的精确估计值. 那么，当我们用 s 代替 σ 时，或者更一般地说，当我们用标准误差的估计值 $s(\hat{\theta})$ 代替标准误差 $\sigma(\hat{\theta})$ 时，我们应该如何调整置信区间呢？

笔名为 Student 的 William Gosset(1876—1937)提出了一个著名的解决方案. 他在爱尔兰吉尼斯啤酒厂工作，为啤酒酿造的质量控制问题提出了 t 分布.

他按照与得出置信区间相似的步骤推导. 然后，用估计值 $s(\hat{\theta})$ 代替了真实但未知的标准误差 $\hat{\theta}$，并算出了 t 比率

$$t = \frac{\hat{\theta} - \theta}{s(\hat{\theta})}$$

而两个随机变量的比率不再具有正态分布.

Student 算出了 t 比率的分布. 对基于 n 个正态观测值 $(X_1, \cdots, X_n)$ 估计均值的问题, 这是一个自由度为 $n-1$ 的 t 分布. 表 A5 给出用于置信区间的 t 分布的临界值 t_α.

用 t 分布代替标准正态分布, 用估计标准误差代替未知的真实误差, 得到总体均值的置信区间.

均值的置信区间,
σ 是未知的

$$\overline{X} \pm t_{\alpha/2}\frac{s}{\sqrt{n}}$$

其中 $t_{\alpha/2}$ 为 $n-1$ 个自由度 t 分布的临界值 (9.9)

例 9.19(未经授权使用的计算机账户)　如果未经授权的人使用正确的用户名和密码 (被盗或破解)访问计算机账户, 那么是否可以检测到这种入侵? 最近, 人们提出了一些方法来检测这种未经授权的使用. 计算击键之间的时间、按键被按下的时间、各种关键字的频率被测量, 并与账户所有者的相应数据进行比较. 如果存在显著差异, 则检测到入侵者.

当用户键入用户名和密码时(数据集 Keystrokes), 记录的击键间隔时间(以秒为单位)如下:

$$0.24, 0.22, 0.26, 0.34, 0.35, 0.32, 0.33, 0.29, 0.19,$$
$$0.36, 0.30, 0.15, 0.17, 0.28, 0.38, 0.40, 0.37, 0.27 \text{ 秒}$$

作为检测入侵的第一步, 让我们构建一个平均时间的 99% 置信区间, 假设这些时间是正态分布的.

解　样本大小 $n=18$, 样本平均时间 $\overline{X}=0.29$ 秒, 样本标准差 $s=0.074$. 自由度为 $n-1=17$ 的 t 分布的临界值为 $t_{\alpha/2}=t_{0.005}=2.898$. 那么, 平均时间的 99% 置信区间是

$$0.29 \pm (2.898)\frac{0.074}{\sqrt{18}} = 0.29 \pm 0.05 = [0.24; 0.34]$$

例 9.28 将显示此结果是否为入侵信号. ◇

Student 的 t 分布的概率密度函数为钟形对称曲线, 很容易与正态分布混淆. 与正态分布密度相比, 其峰值较低, 尾部较厚. 因此, 一般需要较大的 t_α 从右尾切出面积 α. 也就是说, 对于小的 α, 有

$$t_\alpha > z_\alpha$$

结果, 当 σ 已知时, 置信区间(9.9)比区间(9.5)更宽. 这是标准差 σ 未知所引起的较大的边缘. 当我们缺少某信息时, 我们就无法得到更精确的估计.

然而, 我们在表 A5 中可以看到, 当自由度 ν 趋于无穷大时,

$$t_\alpha \to z_\alpha$$

确实, 有一个大样本(因此, 最大 $\nu=n-1$), 我们可以计算出一个非常精确的估计值 σ, 因此, 在这种情况下, 置信区间几乎与 σ 的值已知时计算出的结果一样窄.

自由度 ν 是控制 t 分布密度曲线形状的参数. 它用来估计方差向量的维数. 这里我们用样本方差

$$s^2 = \frac{1}{n-1}\sum_{i=1}^{n}(X_i - \overline{X})^2$$

来估计 σ^2. 因此，我们用到向量

$$\boldsymbol{X}' = (X_1 - \overline{X}, \cdots, X_n - \overline{X})$$

初始向量 $\boldsymbol{X} = (X_1, \cdots, X_n)$ 的维数为 n，所以，它有 n 个自由度. 但每次观测值减去样本均值 $\overline{X}$ 后，各元素之间呈线性关系，即

$$\sum_{i=1}^{n} (X_i - \overline{X}) = 0$$

由于这个约束条件，我们失去了一个自由度，向量 $\boldsymbol{X}'$ 属于一个 $n-1$ 维超平面，这就是为什么我们只有 $\nu = n - 1$ 个自由度.

在许多类似的问题中，自由度可以计算为

$$\text{自由度} = \text{样本大小} - \text{估计位置参数的数目} \tag{9.10}$$

9.3.5　两组未知方差的总体比较

我们现在构造两个均值之差 $\mu_X - \mu_Y$ 的置信区间来比较总体 X 和总体 Y.

再次，如图 9.4 所示，从两个总体中分别收集独立的随机样本

$$\boldsymbol{X} = (X_1, \cdots, X_n), \qquad \boldsymbol{Y} = (Y_1, \cdots, Y_m)$$

然而，这一次我们不知道总体方差 σ_X^2 和 σ_Y^2，我们使用的是它们的估计值.

这里需要考虑两个重要的情况. 在第一种情况下，存在一个基于 t 分布的精确而简单的解. 第二种情况是著名的 Behrens-Fisher 问题，它没有确切的解，只有近似值.

情形 1. 方差相等

假设两个总体的方差相等，即

$$\sigma_X^2 = \sigma_Y^2 = \sigma^2$$

例如，相同的测量装置收集两组数据，因此，测量方法不同，但精度相同.

在这种情况下，需要估计的方差 σ^2 只有一个，而不是两个. 我们应该同时使用样本 $\boldsymbol{X}$ 和样本 $\boldsymbol{Y}$ 来估计它们的共同方差. σ^2 的估计量称为**混合样本方差**，其计算方法为

$$s_p^2 = \frac{\sum_{i=1}^{n}(X_i - \overline{X})^2 + \sum_{i=1}^{m}(Y_i - \overline{Y})^2}{n+m-2} = \frac{(n-1)s_X^2 + (m-1)s_Y^2}{n+m-2} \tag{9.11}$$

用式(9.6)中的方差估计量替换 σ_X^2 和 σ_Y^2，得到以下置信区间：

均值之差的置信区间，标准差相等但未知

$$\boxed{\overline{X} - \overline{Y} \pm t_{a/2} s_p \sqrt{\frac{1}{n} + \frac{1}{m}}}$$

式中 s_p 为混合标准差，为式(9.11)中混合方差的根，$t_{a/2}$ 为 t 分布的临界值，自由度为 $n+m-2$.

例 9.20（CD 刻录机和电池寿命）　写 CD 很耗电，因此，它会影响笔记本电脑的电池寿命. 为了评估写光盘的影响，要求 30 名用户在他们的笔记本电脑上工作，直到出现"电池电量不足"的提示.

18 名没有 CD 刻录机的用户平均工作 5.3 小时，标准差为 1.4 小时. 另外 12 个使用

CD 刻录机的人平均工作 4.8 小时，标准差为 1.6 小时. 假设正态分布具有相等的总体方差 ($\sigma_X^2 = \sigma_Y^2$)，为 CD 写入导致的电池寿命减少量构建一个 95% 置信区间.

解　刻录机的影响效果是通过平均电池寿命的减少来衡量的. 已知对于有 CD 写入器的用户，$n = 12$，$\overline{X} = 4.8$，$s_X = 1.6$；对于没有 CD 写入器的用户，$m = 18$，$\overline{Y} = 5.3$，$s_Y = 1.4$. 混合标准差是

$$s_p = \sqrt{\frac{(n-1)s_X^2 + (m-1)s_Y^2}{n+m-2}} = \sqrt{\frac{(11)(1.6)^2 + (17)(1.4)^2}{28}} = 1.4818$$

（检查：它必须在 s_X 和 s_Y 之间）. 临界值 $t_{0.025} = 2.048$

平均电池寿命差的 95% 置信区间为

$$(4.8 - 5.3) \pm (2.048)(1.4818)\sqrt{\frac{1}{18} + \frac{1}{12}} = -0.5 \pm 1.13 = \boxed{[-1.63;\ 0.63]} \qquad \diamond$$

注：我们对式 (9.11) 展开讨论. 首先，注意这里分别用了 $\overline{X}$ 和 $\overline{Y}$ 来代表 X 和 Y 的均值. 的确，我们的总体可能有不同的均值. 我们知道任何变量的方差都是用来衡量变量本身与均值的偏差的. 因此，我们需从每一次观察结果中减去它自己的平均估计值.

其次，由于对两个均值的估计，我们失去了 2 个自由度，即

$$\sum_{i=1}^{n}(X_i - \overline{X}) = 0, \qquad \sum_{i=1}^{m}(Y_i - \overline{Y}) = 0$$

以上两个约束证明**自由度**的数目只是 $n+m-2$ 而不是 $n+m$. 我们在分母中看到了这个系数，它使得 σ^2 的估计值 s_p^2 具有无偏性（见练习 9.19）.

情形 2. 方差不相等

最困难的情况是，这两个方差都是未知且不相等的. 在这种情况下 $\mu_X - \mu_Y$ 的置信水平估计被称为 Behrens-Fisher 问题. 当然，我们可以用它们的估计值 s_X^2 和 s_Y^2 来代替未知的方差 σ_X^2 和 σ_Y^2，继而形成 T 比率：

$$t = \frac{(\overline{X} - \overline{Y}) - (\mu_X - \mu_Y)}{\sqrt{\dfrac{s_X^2}{n} + \dfrac{s_Y^2}{m}}}$$

但是它并不服从 t 分布.

20 世纪 40 年代，在通用电气公司工作的 Franklin E. Satterthwaite 提出了近似解决方案. 他使用矩量法来估计"最接近"这个 T 比率的 t 分布的自由度 ν. 这个数字取决于未知的方差. 通过样本方差的估计，他得到了现在被称为 Satterthwaite 近似法的公式：

$$\nu = \frac{\left(\dfrac{s_X^2}{n} + \dfrac{s_Y^2}{m}\right)^2}{\dfrac{s_X^4}{n^2(n-1)} + \dfrac{s_Y^4}{m^2(m-1)}} \tag{9.12}$$

这个自由度的数值通常不是整数. 在 A.2.1 节中可见 ν 为非整数的 t 分布. 可以从表 A5 中取最接近 ν 的值.

式(9.12)广泛用于 t 区间和 t 检验.

均值之差的置信区间,
标准差不等且未知

$$\overline{X} - \overline{Y} \pm t_{\alpha/2} \sqrt{\frac{s_X^2}{n} + \frac{s_Y^2}{m}}$$

式中 $t_{\alpha/2}$ 是自由度为 ν 的 t 分布的临界值,ν 值由式(9.12)给出

270

例 9.21(两个服务器的比较)   服务器 A 上的账户比服务器 B 上的账户更贵,但是更快. 为确定使用更快但更昂贵的服务器是否是最佳选择,管理人员需要知道它具体快了多少. 某计算机算法在服务器 A 上执行 30 次,在服务器 B 上执行 20 次,结果如下:

	服务器 A	服务器 B
样本均值	6.7 min	7.5 min
样本标准差	0.6 min	1.2 min

假设观察到的时间近似正态,为服务器 A 和服务器 B 上的平均执行时间差 $\mu_1 - \mu_2$ 构建一个 95% 置信区间.

解   我们有 $n=30$,$m=20$,$\overline{X}=6.7$,$\overline{Y}=7.5$,$s_X=0.6$,$s_Y=1.2$. 第二个标准差是第一个标准差的两倍,因此,很难假定总体方差相等. 我们用这个方法来处理不等且未知的方差.

利用 Satterthwaite 近似法(9.12),我们得到自由度:

$$\nu = \frac{\left(\dfrac{(0.6)^2}{30} + \dfrac{(1.2)^2}{20} \right)^2}{\dfrac{(0.6)^4}{30^2(29)} + \dfrac{(1.2)^4}{20^2(19)}} = 25.4$$

要使用表 A5,我们令 ν 四舍五入为 25,得到 $t_{0.025}=2.060$. 那么,置信区间是

$$\overline{X} - \overline{Y} \pm t_{\alpha/2} \sqrt{\frac{s_X^2}{n} + \frac{s_Y^2}{m}} = 6.7 - 7.5 \pm (2.060) \sqrt{\frac{(0.6)^2}{30} + \frac{(1.2)^2}{20}}$$

$$= -0.8 \pm 0.6 \quad 或 \quad [-1.4, \ -0.2] \qquad \diamond$$

9.4 假设检验

统计的一个重要作用是验证陈述、主张、推测和一般检验假设. 基于随机样本,我们可以使用统计数据来验证

- 系统是否被感染;
- 硬件升级是否非常有效;
- 今年并发用户的平均量能否增加 2000 个;
- 互联网服务提供商能否宣告平均连接速度达到 54Mbit/s;
- 制造商是否能履行不合格品的比例不超过 3% 的承诺;
- 服务时间是否服从伽马分布;

271

- 软件错误的数量是否与管理者的经验无关;
- 等等.

检验统计假设在计算机科学之外有着广泛的应用. 这些方法被用来证明新医疗方法的有效性、新汽车品牌的安全性、被告的无罪以及文件的作者身份、建立因果关系、确定可显著改善影响的因素、拟合随机模型、检测资料泄露等.

9.4.1 假设与备择

首先, 我们需要准确地声明要检验的内容. 即假设和备择.

表示法 $\left\| \begin{array}{l} H_0 = 假设(零假设, 也可称为原假设) \\ H_A = 备择(备择假设) \end{array} \right\|$

H_0 和 H_A 只是两个互斥的声明. 在每个检验的结果中, 要么是 H_0 被接受, 要么是 H_A 被接受而 H_0 被拒绝.

零假设通常是指人们多年来一直相信的某种"正常"的、没有效果或关系的等式. 为了推翻普遍存在的认知并拒绝假设, 我们需要显著性证据. 这种证据只能通过数据来提供. 只有找到了这样的证据, 并且有力地支持了另一种假设 H_A, 假设 H_0 才能被推翻, 从而支持 H_A.

基于一个随机样本, 统计学家不能分辨假设是真的还是假的. 我们需要看到所有样本的反应. 每个检验的目的是确定数据是否提供了足够的证据来支持 H_A, 反对 H_0.

这与刑事审判类似. 在通常情况下, 陪审团无法判断被告是否犯罪. 这不是他们的任务. 他们只需要确定被告提出的证据是否充分和有说服力. 在默认情况下, 证据不足会被判定无罪.

例 9.22 为了验证平均连接速度为 $54\mathrm{Mb/s}$, 我们提出假设 $H_0: \mu = 54$ 与备择假设 $H_A: \mu \neq 54$ 进行对比, 其中 μ 为所有连接的平均速度.

但是, 如果只担心连接速度低, 那么我们可以做一个单侧检验:

$$H_0: \mu = 54 \quad 与 \quad H_A: \mu < 54$$

在这种情况下, 我们只测量支持单侧备择假设 $H_A: \mu < 54$ 的证据量. 在缺乏这种证据的情况下, 我们欣然接受零假设. ◇

272

定义 9.6 备择假设 $H_A: \mu \neq \mu_0$ 的种类覆盖假设($H_0: \mu = \mu_0$)两侧的区域是一个**双侧备择假设**.

备择假设 $H_A: \mu < \mu_0$ 覆盖 H_0 **左侧的区域**, 是单侧**左尾备择假设**.

备择假设 $H_A: \mu > \mu_0$ 覆盖 H_0 **右侧的区域**, 是单侧**右尾备择假设**.

例 9.23 为了验证并发用户的平均数量是否增加了 2000, 我们进行如下检验:

$$H_0: \mu_2 - \mu_1 = 2000 \quad 与 \quad H_A: \mu_2 - \mu_1 \neq 2000$$

其中 μ_1 为去年的平均并发用户数, μ_2 为今年的平均并发用户数. 根据情况, 我们可将双侧备择假设 $H_A: \mu_2 - \mu_1 \neq 2000$ 替换为单侧备择假设 $H_A^{(1)}: \mu_2 - \mu_1 < 2000$ 或 $H_A^{(2)}: \mu_2 - \mu_1 > 2000$. H_0 与 $H_A^{(1)}$ 的检验评估并发用户的平均数量变化小于 2000 的证据数量. 针对 $H_A^{(2)}$ 进行检验, 我们看看是否有足够的证据证明该数目增加了 2000 以上. ◇

例 9.24 为了验证不合格品的比例是否低于 3%, 我们进行了如下检验:

$$H_0: p = 0.03 \quad 与 \quad H_A: p > 0.03$$

其中 p 为不合格品占整批货的比例.

为什么我们选择右尾备择假设 H_A：$p > 0.03$？因为我们只在得到支持这一选择的显著性证据时才会拒绝发货. 如果数据显示 $p > 0.03$，那么装运就会继续.   ◇

9.4.2   第 I 类型错误和第 II 类型错误：显著性水平

当检验假设时，我们意识到所用的都是随机样本. 因此，尽管拥有最好的统计技能，我们接受或拒绝 H_0 的决定仍然可能是错误的. 这就是抽样误差(8.1 节).

有四种可能：

	检验结果	
	拒绝 H_0	接受 H_0
H_0 是对的	第 I 类型错误	正确
H_0 是错的	正确	第 II 类型错误

在其中两种情况下，检验结果是正确决策. 我们要么接受一个正确的假设，要么拒绝一个错误的假设. 另外两种情况是抽样误差.

定义 9.7   当我们拒绝真的零假设时发生**第 I 类型错误**.

当我们接受假的零假设时发生**第 II 类型错误**.

我们希望每个错误的发生概率保持在较小范围. 只有在观测到的数据有些极端时，好的检验才会得出错误的结论.

通常认为第 I 类型错误比第 II 类型错误更危险且更不受欢迎. 第 I 类型错误可以与给一个无辜的被告定罪或对一个不需要手术的病人进行手术做比较.

出于这个原因，我们将设计检验来预先限定第 I 类型错误的概率 α. 在这种情况下，我们可能想要最小化第 II 类型错误的发生概率.

定义 9.8   第 I 类型错误的概率是检验的**显著性水平**，

$$\alpha = P\{拒绝\ H_0 \,|\, H_0\ 是对的\}$$

拒绝错误假设的概率是**统计检验力**，

$$p(\theta) = P\{拒绝\ H_0 \,|\, \theta;\ H_A\ 是对的\}$$

它通常是一个参数为 θ 的函数，因为备择假设包含一组参数值. 同时，统计检验力是避免第 II 类型错误的概率.

通常我们用小至 0.01、0.05 或 0.10 的显著性水平来检验假设，但也有例外. 低显著性水平的检验意味着只有大量的证据才能强制拒绝 H_0. 拒绝一个低显著水平的假设需要大量自信来坚持这个选择.

9.4.3   水平 α 检验：一般方法

假设 H_0 对备择 H_A 进行显著水平为 α 的检验的标准算法包括 3 个步骤.

步骤 1：检验统计量

检验假设是基于**检验统计量** T 的，检验统计量 T 是在假设 H_0 为真时，从具有某些已知的列表分布 F_0 的已知数据中计算出来的.

检验统计量被用于区分零假设和备择假设. 当我们验证关于某个参数为 θ 的假设时, 检验统计量通常是通过对其估计量 $\hat{\theta}$ 进行适当的变换得到的.

步骤 2: 接受域和拒绝域

接下来, 我们考虑**原分布** F_0. 这是当假设 H_0 为真时检验统计量 T 的分布. 如果它有一个概率密度函数 f_0, 那么密度曲线下的整个面积是 1, 我们总是可以找到它的一部分面积是 α 的区域, 如图 9.6 所示, 我们称其为**拒绝域** $(\mathfrak{R})$.

其余部分, 即与拒绝域互补的区域, 称为**接受域** $(\mathfrak{A} = \overline{\mathfrak{R}})$. 根据互补规则, 它的面积是 $1 - \alpha$.

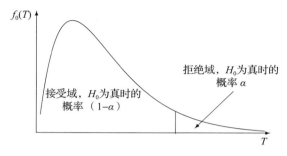

图 9.6 接受域和拒绝域

在选择这些区域时, 对于 H_A, 拒绝域中的检验统计量 T 的值比 $T \in \mathfrak{A}$ 的值提供了更强的支持. 例如, 假设 H_A 为真时 T 会更大. 那么拒绝域对应于原分布 F_0 的右尾 (图 9.6).

再举一个例子, 看一下图 9.3. 如果 T 的零分布是标准正态分布, 那么 $-z_{\alpha/2}$ 和 $z_{\alpha/2}$ 之间的面积正好等于 $1 - \alpha$. 时间间隔

$$\mathfrak{A} = (-z_{\alpha/2}, \ z_{\alpha/2})$$

可以作为 $H_0: \theta = \theta_0$ 与 $H_A: \theta \neq \theta_0$ 的双侧检验的水平 α 接受域. 其余部分由两个对称的尾翼

$$\mathfrak{R} = \overline{\mathfrak{A}} = (-\infty, \ -z_{\alpha/2}] \bigcup [z_{\alpha/2}, \ +\infty)$$

组成. 这是拒绝域.

密度曲线下的面积是概率, 我们得出结论

$$P\{T \in 接受域 \,|\, H_0\} = 1 - \alpha$$

和

$$P\{T \in 拒绝域 \,|\, H_0\} = \alpha$$

步骤 3: 结果及其解释

如果检验统计量 T 属于接受域, 则接受假设 H_0. 如果 T 属于拒绝域, 则拒绝 H_0, 而选择 H_A.

我们的接受域和拒绝域保证了检验中的显著性水平为

$$显著水平 = P\{第 \ \mathrm{I} \ 类型错误\} = P\{拒绝 \,|\, H_0\}$$
$$= P\{T \in \mathfrak{R} \,|\, H_0\} = \alpha \tag{9.13}$$

因此, 我们确实拥有了一个水平为 α 的检验!

对我们的结果进行正确的解释也很有意思. 注意, 像 "我的水平 α 检验证实了假设, 所以假设是正确的概率为 $1 - \alpha$" 这样的结论是错的! H_0 和 H_A 是基于一个非随机总体的, 因此, 假设为真和为假的概率均为 1.

如果检验拒绝假设, 我们只能说数据提供了足够的证据来反对 H_0 和支持 H_A. 可能是因为 H_0 是假的, 也可能是因为样本太极端. 然而, 后者的发生概率只能为 α.

275

如果检验接受假设，只意味着从数据中获得的证据不足以否定它. 在缺乏充分证据的情况下，我们默认接受零假设.

表示法
$$\alpha = \text{显著性水平，第 I 类型错误的概率}$$
$$p(\theta) = \text{统计检验力}$$
$$T = \text{检验统计量}$$
$$F_0, f_0 = \text{原始分布 } T \text{ 及其密度}$$
$$\mathfrak{A} = \text{接受域}$$
$$\mathfrak{R} = \text{拒绝域}$$

9.4.4 拒绝域和统计检验力

在式 (9.13) 中，我们证明了拒绝域的构建能保证所需要的显著性水平 α，但是，人们可以选择许多也具有概率 α 的区域(见图 9.7). 其中，哪一个是最好的选择?

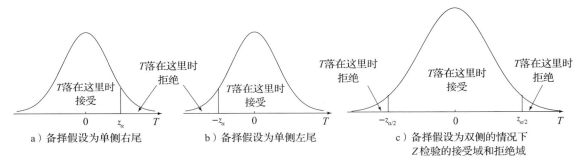

图 9.7 Z 检验的接受域和拒绝域

为了避免第 II 类型错误，我们选择的拒绝域可能将在备择假设 H_A 为真的情况下覆盖检验统计量 T. 这样可以最大程度地发挥检验的作用，因为在这种情况下我们很少接受 H_0.

然后，我们查看备择假设下的检验统计量 T. 通常

(a) 右尾备择假设要求 T 较大;

(b) 左尾备择假设要求 T 较小;

(c) 一个双侧备择假设要求 T 较大或者较小.

当然，这取决于我们如何选择 T. 如果是这样，它准确地告诉了我们什么时候应该拒绝零假设:

(a) 对于右尾备择假设，拒绝域 $\mathfrak{R}$ 应该由大的 T 值组成，$\mathfrak{R}$ 在右边选择，$\mathfrak{A}$ 在左边选择(图 9.7a).

(b) 对于左尾备择假设，拒绝域 $\mathfrak{R}$ 应该由小的 T 值组成，$\mathfrak{R}$ 在左边选择，$\mathfrak{A}$ 在右边选择(图 9.7b).

(c) 对于双侧备择假设，拒绝域 $\mathfrak{R}$ 应该由非常小的和非常大的 T 值组成. $\mathfrak{R}$ 为两侧区域，$\mathfrak{A}$ 覆盖中间区域(图 9.7c).

9.4.5 标准正态零分布(Z 检验)

在大量实践应用中，需要着重考虑检验统计量的原分布是标准正态分布的情况.

这种情况下的检验称为 **Z 检验**，检验统计量通常用 Z 表示.

（a）一个备择假设为右尾备选的显著性水平 α 检验应该

$$\begin{cases} \text{拒绝 } H_0 & \text{若 } Z \geqslant z_\alpha \\ \text{接受 } H_0 & \text{若 } Z < z_\alpha \end{cases} \tag{9.14}$$

在这种情况下，拒绝域只包含 Z 的大值：

$$\Re = [z_\alpha, \ +\infty), \quad \mathfrak{A} = (-\infty, \ z_\alpha)$$

（见图 9.7a）.

在零假设下，Z 属于 $\mathfrak{A}$，零假设被拒绝的概率

$$P\{T \geqslant z_\alpha \mid H_0\} = 1 - \Phi(z_\alpha) = \alpha$$

使错误的拒绝（第 I 类型错误）概率等于 α.

例如，我们使用这个接受域来检验总体均值

$$H_0: \mu = \mu_0 \quad \text{与} \quad H_A: \mu > \mu_0$$

（b）如果选择**左尾备择假设**，我们应该

$$\begin{cases} \text{拒绝 } H_0 & \text{若 } Z \leqslant -z_\alpha \\ \text{接受 } H_0 & \text{若 } Z > -z_\alpha \end{cases} \tag{9.15}$$

拒绝域只包含很小的 Z 值：

$$\Re = (-\infty, \ -z_\alpha], \quad \mathfrak{A} = (-z_\alpha, \ +\infty)$$

类似地，在零假设 H_0 情况下，$P\{Z \in \Re\} = \alpha$，因此，第 I 类型错误的概率等于 α.

例如，我们应该这样检验：

$$H_0: \mu = \mu_0 \quad \text{与} \quad H_A: \mu < \mu_0$$

（c）如果选择**双侧备择假设**，我们应该

$$\begin{cases} \text{拒绝 } H_0 & \text{若 } |Z| \geqslant z_{\alpha/2} \\ \text{接受 } H_0 & \text{若 } |Z| < z_{\alpha/2} \end{cases} \tag{9.16}$$

拒绝域由非常小的和非常大的 Z 值组成：

$$\Re = (-\infty, \ z_{\alpha/2}] \bigcup [z_{\alpha/2}, \ +\infty), \quad A = (-z_{\alpha/2}, \ z_{\alpha/2})$$

同样，在这种情况下，第 I 类型错误的概率等于 α.

例如，我们使用这个来检验：

$$H_0: \mu = \mu_0 \quad \text{与} \quad H_A: \mu \neq \mu_0$$

以下很容易记住：

- 对于双侧检验，用 α 除以 2，$Z_{\alpha/2}$ 也除以 2.
- 对于单侧检验，使用 Z_α，记住拒绝区域只包含一块.

现假设对一个总体参数 θ 进行假设检验. 假设它的估计值 $\hat{\theta}$ 是正态分布或至少是近似正态分布，如果假设成立，则我们知道 $E(\hat{\theta})$ 和 $\mathrm{Var}(\hat{\theta})$.

然后是检验统计量

$$Z = \frac{\hat{\theta} - E(\hat{\theta})}{\sqrt{\mathrm{Var}(\hat{\theta})}} \tag{9.17}$$

具有标准正态分布，我们可以使用式（9.14）、式（9.15）和式（9.16）为显著性水平是 α 的检

验构造接受域和拒绝域. 我们称 Z 为 Z 统计量.

下一节将给出 Z 检验的示例.

9.4.6 均值和比例的 Z 检验

我们已经知道:

- 当数据服从正态分布时，样本均值服从正态分布;
- 从大样本计算得到的样本均值近似为正态分布(数据的分布可以是任意的);
- 从大样本计算得到的样本比例近似为正态分布;
- 这个规律同样适用于平均数之间和比例之间的差异.

(见 8.2.1 节和 9.2.2 节~9.3.2 节).

对于所有这些情况，我们可以使用 Z 统计量(9.17)和拒绝域(9.14)~(9.16)来设计很有用的水平 α 检验.

表 9.1 总结了 Z 检验. 参见练习 9.6，你可以自行推导检验统计量. 9.4.7 节将对表 9.1 的最后一行做出详细解释.

表 9.1 Z 检验小结

非零假设 H_0	参数，估计 θ, $\hat{\theta}$	若 H_0 是对的:		检验统计量 $Z=\dfrac{\hat{\theta}-\theta_0}{\sqrt{\mathrm{Var}(\hat{\theta})}}$
		$E(\hat{\theta})$	$\mathrm{Var}(\hat{\theta})$	
对样本量为 n 的单样本均值和比例的 Z 检验.				
$\mu=\mu_0$	μ, $\overline{X}$	μ_0	$\dfrac{\sigma^2}{n}$	$\dfrac{\overline{X}-\mu_0}{\sigma/\sqrt{n}}$
$p=p_0$	p, $\hat{p}$	p_0	$\dfrac{p_0(1-p_0)}{n}$	$\dfrac{\hat{p}-p_0}{\sqrt{\dfrac{p_0(1-p_0)}{n}}}$
对样本量分别为 n 和 m 的双样本均值之间和比例之间区别的 Z 检验.				
$\mu_X-\mu_Y=D$	$\mu_X-\mu_Y$ $\overline{X}-\overline{Y}$	D	$\dfrac{\sigma_X^2}{n}+\dfrac{\sigma_Y^2}{m}$	$\dfrac{\overline{X}-\overline{Y}-D}{\sqrt{\dfrac{\sigma_X^2}{n}+\dfrac{\sigma_Y^2}{m}}}$
$p_1-p_2=D$	p_1-p_2, $\hat{p}_1-\hat{p}_2$	D	$\dfrac{p_1(1-p_1)}{n}+\dfrac{p_2(1-p_2)}{m}$	$\dfrac{\hat{p}_1-\hat{p}_2-D}{\sqrt{\dfrac{\hat{p}_1(1-\hat{p}_1)}{n}+\dfrac{\hat{p}_2(1-\hat{p}_2)}{m}}}$
$p_1=p_2$	p_1-p_2, $\hat{p}_1-\hat{p}_2$	0	$p(1-p)\left(\dfrac{1}{n}+\dfrac{1}{m}\right)$ 其中 $p=p_1=p_2$	$\dfrac{\hat{p}_1-\hat{p}_2}{\sqrt{\hat{p}(1-\hat{p})\left(\dfrac{1}{n}+\dfrac{1}{m}\right)}}$ 其中 $\hat{p}=\dfrac{n\hat{p}_1+m\hat{p}_2}{n+m}$

例 9.25(关于总体均值的 Z 检验) 某些互联网服务提供商的并发用户平均数始终为

5000，标准差为 800. 设备升级后，随机选择的 100 个时刻的平均用户数为 5200. 它是否表明，在 5% 的显著性水平上，并发用户的平均数量增加了？假设并发用户数量的标准差没有变化.

解　我们检验零假设 H_0：$\mu = 5000$ 和它的右尾备择假设 H_A：$\mu > 5000$，因为我们只是想知道用户数量 μ 的均值是否增加了.

步骤 1：检验统计值. 已知：$\sigma = 800$，$n = 100$，$\alpha = 0.05$，$\mu_0 = 5000$，样本中 $\overline{X} = 5200$. 检验统计量是

$$Z = \frac{\overline{X} - \mu_0}{\sigma / \sqrt{n}} = \frac{5200 - 5000}{800 / \sqrt{100}} = 2.5$$

步骤 2：接受域和拒绝域. 临界值为

$$z_\alpha = z_{0.05} = 1.645$$

（α 不要除以 2，因为这是一个单侧检验）. 对于右尾备择假设，我们

$$\begin{cases} \text{拒绝 } H_0 & \text{若} \quad Z \geqslant 1.645 \\ \text{接受 } H_0 & \text{若} \quad Z < 1.645 \end{cases}$$

步骤 3：结果. 我们的检验统计量 $Z = 2.5$ 属于拒绝域，因此，我们拒绝零假设. 数据（共 100 次，平均每次 5200 个用户）提供了足够的证据支持备择假设，即用户的平均数量增加了.

◇

279

例 9.26（比例的双样本 Z 检验）　一名质检员在从制造商 A 处收到的 500 个零件样品中发现了 10 个有缺陷的零件. 在从制造商 B 处收到的 400 个零件中发现了 12 个有缺陷的零件. 一家计算机制造公司在他们的电脑中使用这些部件，并认为 A 和 B 生产的部件质量相同. 在 5% 的显著性水平下，我们有足够的证据来反驳这种说法吗？

解　对于 H_A：$p_A \neq p_B$，我们检验 H_0：$p_A = p_B$ 或 H_0：$p_A - p_B = 0$. 这是一个双侧检验，因为没有指明备择假设的方向. 我们只需要验证 A 和 B 两个制造商的不良品比例是否相等.

步骤 1：检验统计量. 已知：样本大小 $n = 500$，有 $\hat{p}_A = 10/500 = 0.02$；样本大小 $m = 400$，有 $\hat{p}_B = 12/400 = 0.03$. 被检验值为 $D = 0$.

280

我们知道，对于这些伯努利数据，方差取决于未知参数 p_A 和 p_B，它们通过样本比例 $\hat{p}_A$ 和 $\hat{p}_B$ 来估计.

然后检验统计量等于

$$Z = \frac{\hat{p}_A - \hat{p}_B - D}{\sqrt{\dfrac{\hat{p}_A(1 - \hat{p}_A)}{n} + \dfrac{\hat{p}_B(1 - \hat{p}_B)}{m}}} = \frac{0.02 - 0.03}{\sqrt{\dfrac{(0.02)(0.98)}{500} + \dfrac{(0.03)(0.97)}{400}}} = -0.945$$

步骤 2：接受域和拒绝域. 这是一个双侧检验，因此我们将 α 除以 2，找到 $z_{0.05/2} = z_{0.025} = 1.96$，然后有

$$\begin{cases} \text{拒绝 } H_0 & \text{若} \quad |Z| \geqslant 1.96 \\ \text{接受 } H_0 & \text{若} \quad |Z| < 1.96 \end{cases}$$

步骤 3：结果. 反对针对 H_0 的证据不足，因为 $|Z| < 1.96$. 虽然有缺陷零件的样本比例是不相等的，但它们之间的差异似乎过小，不能认为总体比例是不同的.   ◇

9.4.7   混合样本比例

例 9.26 中的检验能以不同的方式进行，而且可能会更有效.

实际上，当 H_0 为真时，我们基于零分布来使用它的期望 $E(\hat{\theta})$ 和方差 $\mathrm{Var}(\hat{\theta})$ 来标准化估计值 $\hat{\theta} = \hat{p}_A - \hat{p}_B$. 但是，在零假设下 $p_A = p_B$. 继而，当我们标准化 $\hat{p}_A - \hat{p}_B$ 时，不需要估计分母中的两个比例，而只需估计其中一个即可.

首先，我们用有缺陷零件的总比例来估计共同总体比例：

$$\hat{p}(\text{混合的}) = \frac{\text{有缺陷数}}{\text{总数}} = \frac{n\hat{p}_A + m\hat{p}_B}{n + m}$$

然后估计共同方差为

$$\widehat{\mathrm{Var}}(\hat{p}_A - \hat{p}_B) = \frac{\hat{p}(1 - \hat{p})}{n} + \frac{\hat{p}(1 - \hat{p})}{m} = \hat{p}(1 - \hat{p})\left(\frac{1}{n} + \frac{1}{m}\right)$$

将其用于 Z 统计量，表示为

$$Z = \frac{\hat{p}_A - \hat{p}_B}{\sqrt{\hat{p}(1 - \hat{p})\left(\frac{1}{n} + \frac{1}{m}\right)}}$$

例 9.27（例 9.26，续） 混合样本后的比例等于

$$\hat{p} = \frac{10 + 12}{500 + 400} = 0.0244$$

因此

$$Z = \frac{0.02 - 0.03}{\sqrt{(0.0244)(0.9756)\left(\frac{1}{500} + \frac{1}{400}\right)}} = -0.966$$

这并不影响我们的结果. 我们得到了不同的 Z 统计量，但它也属于接受域. 我们仍然没有反对两个总体比例是相等的显著性证据.   ◇

9.4.8   未知 σ：T 检验

如 9.3 节所述，在不知道总体标准差时，我们可以估计它. 得到的 t 统计量具有以下形式：

$$t = \frac{\hat{\theta} - E(\hat{\theta})}{s(\hat{\theta})} = \frac{\hat{\theta} - E(\hat{\theta})}{\sqrt{\widehat{\mathrm{Var}}(\hat{\theta})}}$$

在 $\hat{\theta}$ 呈正态分布的情况下，该基于学生 t 分布的检验，按照 H_A 可分为接受域和拒绝域：

（a）**对右尾备择假设**，

$$\begin{cases} \text{拒绝 } H_0 & \text{若} \quad t \geqslant t_\alpha \\ \text{接受 } H_0 & \text{若} \quad t < t_\alpha \end{cases} \tag{9.18}$$

（b）**对左尾备择假设**，

$$\begin{cases} \text{拒绝 } H_0 & \text{若} \quad t \leqslant -t_\alpha \\ \text{接受 } H_0 & \text{若} \quad t > -t_\alpha \end{cases} \tag{9.19}$$

(c) 对双侧备择假设，

$$\begin{cases} 拒绝 \ H_0 \quad 若 \quad |t| \geqslant t_{a/2} \\ 接受 \ H_0 \quad 若 \quad |t| < t_{a/2} \end{cases} \tag{9.20}$$

可在表 A5 中查看分位数 t_a 和 $t_{a/2}$. 如 9.3.4 节所述，自由度的多少取决于问题本身和样本量，见表 9.2 和式(9.10).

表 9.2　T 检验总结

假设 H_0	条件	检验统计量 t	自由度
$\mu = \mu_0$	样本量 n； 未知项 σ	$t = \dfrac{\overline{X} - \mu_0}{s/\sqrt{n}}$	$n-1$
$\mu_X - \mu_Y = D$	样本量 n，m；未知但相等的标准差，$\sigma_X = \sigma_Y$	$t = \dfrac{\overline{X} - \overline{Y} - D}{s_p \sqrt{\dfrac{1}{n} + \dfrac{1}{m}}}$	$n+m-2$
$\mu_X - \mu_Y = D$	样本量 n，m；未知但不相等的标准差，$\sigma_X = \sigma_Y$	$t = \dfrac{\overline{X} - \overline{Y} - D}{\sqrt{\dfrac{s_x^2}{n} + \dfrac{s_y^2}{m}}}$	Satterthwaite 近似，式(9.12)

如 9.3.4 节所示，混合样本方差

$$s_p^2 = \frac{\sum_{i=1}^n (X_i - \overline{X})^2 + \sum_{i=1}^m (Y_i - \overline{Y})^2}{n+m-2} = \frac{(n-1)s_X^2 + (m-1)s_Y^2}{n+m-2}$$

是在未知方差相等的情况下计算的. 当方差不相等时，用 Satterthwaite 近似法(9.12)计算自由度.

例 9.28(未经授权使用的计算机账户，续)　某账户的长期授权用户的击键间隔为 0.2 秒. 有一天，当某人输入正确的用户名和密码时记录下了如例 9.19(击键数据集)中所示的数据. 在 5% 的显著性水平下，该数据能证明这是一次无授权尝试吗？

在显著性水平 $\alpha = 0.01$ 下对

$$H_0: \mu = 0.2 \quad \text{vs} \quad H_A: \mu \neq 0.2$$

进行检验. 由例 9.19 可知样本统计量 $n=18$，$\overline{X} = 0.29$，$s = 0.074$. 计算 t 统计量

$$t = \frac{\overline{X} - 0.2}{s/\sqrt{n}} = \frac{0.29 - 0.2}{0.074/\sqrt{18}} = 5.16$$

拒绝域为 $\Re = (-\infty, -2.11] \cup [2.11, \infty)$，因为这是一个双侧检验，所以使用了 $18-1=17$ 个自由度和 $\alpha/2 = 0.025$.

由于 $t \in \Re$，我们拒绝零假设，并得出结论：证据证实这确实是一次未经授权的使用.

◇

例 9.29(CD 刻录机和电池寿命)　CD 刻录机会消耗额外的电量，继而降低笔记本电脑的电池寿命吗？

例 9.20 提供了有 CD 刻录机的计算机电池寿命数据(样本 X)和没有 CD 刻录机的计算机电池寿命数据(样本 Y):

282

$$n = 12, \quad \overline{X} = 4.8, \quad s_X = 1.6; \qquad m = 18, \quad \overline{Y} = 5.3, \quad s_Y = 1.4; \qquad s_p = 1.4818$$

在 $\alpha = 0.05$ 时检验

$$H_0 : \mu_X = \mu_Y \quad 与 \quad H_A : \mu_X < \mu_Y$$

我们得到

$$t = \frac{\overline{X} - \overline{Y}}{s_p \sqrt{\dfrac{1}{n} + \dfrac{1}{m}}} = \frac{4.8 - 5.3}{(1.4818) \sqrt{\dfrac{1}{18} + \dfrac{1}{12}}} = -0.9054$$

此左尾检验的拒绝域为 $(-\infty, -z_\alpha] = (-\infty, -1.645]$. 由于 $t \notin \Re$,我们接受 H_0 的结论,即没有证据表明有 CD 刻录机的计算机电池寿命会更短. ◇

例 9.30(两个服务器的比较,续) 在例 9.21 中,服务器 A 是否更快?提出并检验假设,要求检验水平 $\alpha = 0.05$.

解 要确定服务器 A 是否更快,我们需要检验

$$H_0 : \mu_X = \mu_Y \quad 与 \quad H_A : \mu_X < \mu_Y$$

在本例中,标准差未知且不相等. 在例 9.21 中,我们使用 Satterthwaite 近似法求自由度的数量,得到 $\nu = 25.4$. 如果 $t \leqslant -1.708$,我们应该拒绝零假设. 因为

$$t = \frac{6.7 - 7.5}{\sqrt{\dfrac{(0.6)^2}{30} + \dfrac{(1.2)^2}{20}}} = -2.7603 \in \Re$$

我们拒绝 H_0,得出结论:有证据表明服务器 A 更快. ◇

当 $\hat{\theta}$ 不是正态分布时,不能使用 Student 的 t 分布. t 统计量的分布和所有概率都与 Student 的 t 分布不同,因此,我们的检验可能达不到期望的显著性水平.

9.4.9 二元性:双侧检验和双侧置信区间

如果我们研究一下检验和置信区间的推导,就会发现一个有趣的事实. 原来我们可以只用置信区间来进行双侧检验!

> 当且仅当 θ 的一个对称 $(1-\alpha)100\%$ 置信 Z 区间包含 θ_0 时
> $H_0 : \theta = \theta_0$ 与 $H_A : \theta \neq \theta_0$ 的水平为 α 的 Z 检验 接受零假设. (9.21)

证明 当且仅当 Z 统计量属于接受域时,才接受零假设 H_0,即

$$\left| \frac{\hat{\theta} - \theta_0}{\sigma(\hat{\theta})} \right| \leqslant z_{\alpha/2}$$

这等价于

$$| \hat{\theta} - \theta_0 | \leqslant z_{\alpha/2} \sigma(\hat{\theta})$$

我们看到,从 θ_0 到 Z 区间 $\hat{\theta}$ 的中心的距离不超过其边缘,$z_{\alpha/2} \sigma(\hat{\theta})$(见式(9.3)和图 9.8). 换句话说,$\theta_0$ 属于 Z 区间. ■

事实上,任何双侧检验都可以这样进行. 每当 θ 的 $(1-\alpha)100\%$ 置信区间包含 θ_0 时接受

$H_0: \theta = \theta_0$. 根据 θ_0, 只要该区间涵盖 θ_0, 这个检验就接受零假设, 其概率为 $1-\alpha$. 因此, 我们有了一个水平为 α 的检验.

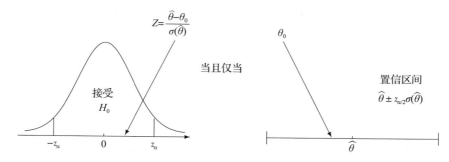

图 9.8　检验和置信区间的二元性

规则(9.21)只适用于以下情况:
- 我们正在检验一个双侧备择假设(注意, 我们的置信区间也是双侧的);
- 检验的显著性水平 α 与该置信区间的置信水平 $1-\alpha$ 相匹配. 例如, 一个双侧 3% 的水平检验可以使用 97% 置信区间进行.

例 9.31　从均值为 μ, 标准差 $\sigma = 2.2$ 的正态分布中收集如下 6 个样本测量值:
$$2.5,\ 7.4,\ 8.0,\ 4.5,\ 7.4,\ 9.2$$
检验在显著水平为 5% 的情况下, 对 $\mu = 6$ 是否反对双侧备择假设 $H_A: \mu \neq 6$.

　　解　在求解例 9.13 时, 我们对 μ 构建了一个 95% 置信区间, 即
$$[4.74,\ 8.26]$$
$\mu_0 = 6$ 属于该置信区间, 因此, 在 5% 的显著水平上, 接受零假设.　　　　　　◇

　　例 9.32　使用例 9.31 中的数据来测试 μ 是否等于 7.

　　解　区间 $[4.74,\ 8.26]$ 也包含 $\mu_0 = 7$, 因此, 同样接受零假设 $H_0: \mu = 7$.　　◇

285

　　在前面的两个例子中, 我们怎么可能同时接受这两个假设 $\mu = 6$ 和 $\mu = 7$? 显然, μ 不能同时等于 6 和 7! 通过接受这两个零假设, 我们只认为在给定的数据中没有找到足够的证据来反对它们中的任何一个.

　　例 9.33(选前民意调查)　在例 9.17 中, 我们计算了 A 镇和 B 镇支持候选人的比例差异的 95% 置信区间: $[-0.14,\ 0.16]$. 这个区间包含 0, 因此, 假设检验
$$H_0: p_1 = p_2 \quad \text{与} \quad H_A: p_1 \neq p_2$$
在 5% 的显著水平下接受零假设. 显然, 没有证据表明这两个城镇对这位候选人的支持是不相等的.　　　　　　◇

　　例 9.34(硬件升级)　在例 9.14 中, 我们研究了硬件升级的有效性. 对某一进程的平均运行时间边缘 $\mu_X - \mu_Y$ 建立了一个 90% 的置信区间: $[0.7,\ 1.9]$.

　　我们能否得出升级成功的结论呢? 无效的升级对应于零假设 $H_0: \mu_X = \mu_Y$, 或者 $\mu_X - \mu_Y = 0$. 由于区间 $[0.7,\ 1.9]$ 不包含 0, 所以在 10% 的显著性水平下应该拒绝无效果假设.　◇

　　例 9.35(升级成功了吗? 单侧检验)　让我们再看看例 9.34. 转念一想, 我们只能使用规则(9.21)来检验**双侧备择假设** $H_A: \mu_X \neq \mu_Y$, 对吧? 同时, 只有当运行时间减少, 即

$\mu_X > \mu_Y$ 时，硬件升级成功的假设才成立. 因此，我们应该通过如下**单侧右尾检验**来判断升级的有效性：

$$H_0: \mu_X = \mu_Y \quad 与 \quad H_A: \mu_X > \mu_Y \tag{9.22}$$

让我们试着在这个检验中使用区间 $[0.7, 1.9]$. 例 9.34 中的零假设在 10% 的水平上被拒绝，取而代之的是双侧备择假设，因此

$$|Z| > z_{\alpha/2} = z_{0.05}$$

因此，要么 $Z < -z_{0.05}$，要么 $Z > z_{0.05}$. 第一种情况被排除了，因为区间 $[0.7, 1.9]$ 由正数组成，因此，它不可能支持左尾备择假设.

我们得出的结论是 $Z > z_{0.05}$，因此检验 (9.22) 在 5% 的显著性水平下拒绝 H_0.

结论：我们对 $\mu_X - \mu_Y$ 的 90% 置信区间显示了显著性证据，在 5% 的显著水平上硬件升级是成功的. $\diamond$

类似地，对于方差未知的情况：

> 当且仅当 θ 的一个对称 $(1-\alpha)100\%$ 置信 T 区间包含 θ_0 时，$H_0: \theta = \theta_0$ 与 $H_A: \theta \neq \theta_0$ 的水平为 α 的 T 检验接受零假设.

例 9.36（未经授权使用的计算机账户，续）　击键的平均时间间隔的 99% 置信区间是

$$[0.24; 0.34]$$

（例 9.19 和数据集 Keystrokes）. 例 9.28 检验了该平均时间是否为与账户所有者的速度一致的 0.2 秒. 但是，这个区间不包含 0.2，因此，在 1% 的显著性水平下，显著性证据表明该账户被另一个人使用. $\diamond$

9.4.10 *P* 值

我们如何选择 α?

到目前为止，我们通过接受域和拒绝域来检验假设. 在上一节中，我们学习了如何在双侧检验中使用置信区间. 无论如何，我们需要知道显著性水平 α，以进行检验，我们的检验结果取决于 α.

我们如何选择 α，即发生第 I 类型抽样误差——正确假设被拒绝——的概率? 当然，在拒绝真实的 H_0 似乎太危险时，我们选择一个较低的显著性水平. 有多低? 我们应该选择 $\alpha = 0.01$? 或许，0.001? 甚至是 0.0001?

另外，如果我们观察到的检验统计量 $Z = Z_{\text{obs}}$ 属于拒绝域，但是它就在"接受域边缘"试探（参见图 9.9），我们又该如何报告结果呢? 严格来说，我们应该拒绝零假设，但实际上，我们意识到一个稍微不同的显著性水平 α 可以扩大接受域，使其足够覆盖 Z_{obs}，迫使我们接受 H_0.

假设我们的检验结果至关重要. 例如，未来 10 年的商业战略选择就取决于它. 在这种情况下，我们能如此依赖 α 的选择吗? 如果仅仅因为我们选择 $\alpha = 0.05$ 而不是 $\alpha = 0.04$ 而拒绝了真实假设，那么我们如何向首席执行官解释差一点就选择了正确的情况呢? "一线之隔"的统计术语是什么?

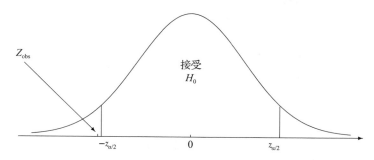

图 9.9   一个在接受域边缘"试探"的检验结果：虽然 Z 统计量几乎
是在边界处，我们依然按规定拒绝零假设

P 值

使用 P 值方法，我们尝试尽量不依赖显著性水平. 事实上，让我们试着用各种显著性水平来检验假设.

考虑所有显著性水平的意义(在 0 和 1 之间，因为 α 是第 I 类型错误的概率)，我们注意到

情形 1：如果显著性水平非常低，我们接受零假设(见图 9.10a).

$$\alpha = P\{\text{在零假设为真时拒绝了零假设}\}$$

的低值使得拒绝零假设的可能性很小，因为它产生了一个非常小的拒绝域. 拒绝域上方右尾区域的面积为 α.

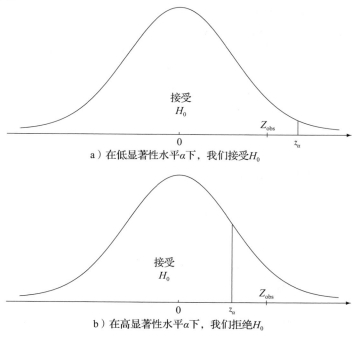

a）在低显著性水平 α 下，我们接受 H_0

b）在高显著性水平 α 下，我们拒绝 H_0

图 9.10   不同显著水平的假设检验

情形 2：另一个极端是，较高的显著性水平 α 使其可能拒绝零假设，并对应一个较大的拒绝域. 足够大的 α 会产生的较大拒绝域将涵盖我们的检验统计量，迫使我们拒绝 H_0.（参见图 9.10b）.

结论：α 的接受值（情形 1）和拒绝值（情形 2）之间存在一个边界值：P 值（图 9.11）.

图 9.11 P 值分离 α 的接受值域和 α 的拒绝值域

定义 9.9 P 值是强制拒绝零假设的最低显著性水平 α.

P 值也是强制接受零假设的最高显著性水平 α.

用 P 值检验假设

一旦知道了 P 值，就可以在所有显著性水平上检验假设. 图 9.11 清楚地表明，对所有的 $\alpha < P$，我们接受零假设；对所有 $\alpha > P$，我们拒绝零假设.

通常显著性水平 α 在区间 $[0.01, 0.1]$ 内（虽然也有例外）. 那么，大于 0.1 的 P 值超过了所有的自然显著性水平，零假设就该被接受. 反之，如果 P 值小于 0.01，则 P 值小于所有自然显著性水平，零假设应该被拒绝. 注意，我们甚至都不必为这些检验指定显著性水平 α.

只有当 P 值恰好在 0.01 和 0.1 之间时，我们才真正需要考虑显著性水平. 这就是所谓的"边缘情况""过于接近". 当得出结论来接受或拒绝假设时，我们应该始终记住，α 稍有不同就可能扭转这个决定. 当事情至关重要时，应收集更多的数据，直到获得更明确的答案.

用 P 值测试 H_0

> 对于 $\alpha < P$，接受 H_0
> 对于 $\alpha > P$，拒绝 H_0
> 实际上，
> 如果 $P < 0.01$，则拒绝 H_0
> 如果 $P > 0.1$，则接受 H_0

计算 P 值

下面介绍如何从数据中计算 P 值.

让我们再次看图 9.10. 从图 9.10a 开始，逐渐增加 α，并注意分开接受域和拒绝域的竖线. 它将向左移动，直到到达观察到的检验统计量 Z_{obs} 为止. 此时，我们的决策发生了变化，我们从情形 1（图 9.10a）切换到情形 2（图 9.10b）. 进一步增加 α，超过 Z 统计量，并开始接受零假设.

在 α 接受和 α 拒绝的边界会发生什么？定义 9.9 表示该临界线 α 是 **P 值**，即

$$P = \alpha$$

在临界处我们观察到 Z 统计量与临界值 z_α 相符，即

$$Z_{\mathrm{obs}} = z_\alpha$$

因此

$$P = \alpha = P\{Z \geqslant z_\alpha\} = P\{Z \geqslant Z_{\mathrm{obs}}\}$$

式中，Z 为任意标准正态随机变量，Z_{obs} 为观测检验统计量，是由数据计算得到的具体数值. 首先计算 Z_{obs}，然后使用表 A4 计算

$$P\{Z \geqslant Z_{\mathrm{obs}}\} = 1 - \Phi(Z_{\mathrm{obs}})$$

如表 9.3 所示，可用类似的方法计算左尾和两侧备择假设的 P 值.

表 9.3　Z 检验的 P 值

零假设 H_0	备择假设 H_A	P 值	计算
$\theta = \theta_0$	right-tail $\theta > \theta_0$	$P\{Z \geqslant Z_{\mathrm{obs}}\}$	$1 - \Phi(Z_{\mathrm{obs}})$
	left-tail $\theta < \theta_0$	$P\{Z \leqslant Z_{\mathrm{obs}}\}$	$\Phi(Z_{\mathrm{obs}})$
	two-sided $\theta = \theta_0$	$P\{\,|Z| \geqslant |Z_{\mathrm{obs}}|\,\}$	$2(1 - \Phi(|Z_{\mathrm{obs}}|))$

表 9.4 适用于本章的所有 Z 检验. 它可以直接推广到未知的标准差和 t 检验的情况.

表 9.4　t 检验的 P 值（F_ν 是 t 分布的积累分布函数，具有适当的自由度 ν）

假设 H_0	备择 H_A	P 值	计算
$\theta = \theta_0$	右尾 $\theta > \theta_0$	$P\{t \geqslant t_{\mathrm{obs}}\}$	$1 - F_\nu(t_{\mathrm{obs}})$
	左尾 $\theta < \theta_0$	$P\{t \leqslant t_{\mathrm{obs}}\}$	$F_\nu(t_{\mathrm{obs}})$
	双侧 $\theta = \theta_0$	$P\{\,|t| \geqslant |t_{\mathrm{obs}}|\,\}$	$2(1 - F_\nu(|t_{\mathrm{obs}}|))$

理解 P 值

查看表 9.3 和表 9.4，我们可以看到 P 值是检验统计量的观测概率达到 Z_{obs} 或 t_{obs} 这样的极端时的概率. "极端"是由备择假设决定的. 对于右尾备择假设，大的数字是极端的；对于左尾备择假设，小的数字是极端的；对于一个双侧备择假设，大的和小的数字都是极端的. 通常，我们观察到的检验统计量越极端，它越支持备择假设.

这就产生了 P 值的另一个有趣的定义.

定义 9.10　P 值是观察到的检验统计量与从给定样本中算得的检验统计量一样极端或比其更极端的概率.

当我们用 P 值来检验假设时，可以使用下面的原理.

我们要在零假设 H_0 和备择假设 H_A 之间做出选择. 观测到的是一个检验统计量 Z_{obs}. 如果 H_0 为真，观察这样一个统计值的可能性有多大？也就是说，观测到的数据是否符

合 H_0?

高 P 值说明在 H_0 下，哪怕更极端的 Z_{obs} 值都是很可能的，因此，我们认为与 H_0 没有矛盾. 零假设没有被拒绝(但是零假设也不一定是真的).

相反，如果 H_0 为真，则低 P 值表示这样极端的检验统计量是不可能的. 然而，我们确实观察到了. 那么，我们的数据与假设不一致，我们应该拒绝 H_0.

例如，如果 $P = 0.0001$，则只有 $1/10\ 000$ 的机会可以观察到我们真正要观察到的东西. 在这个情形中，支持备择假设的证据是非常明显的.

例 9.37(升级有多重要?) 参见例 9.14 和例 9.34. 在 5% 的显著性水平上，我们知道硬件升级是成功的. 它是略微成功还是非常成功? 我们来计算 P 值.

首先计算 Z 统计量，

$$Z = \frac{\overline{X} - \overline{Y}}{\sqrt{\dfrac{\sigma_X^2}{n} + \dfrac{\sigma_Y^2}{m}}} = \frac{8.5 - 7.2}{\sqrt{\dfrac{1.8^2}{50} + \dfrac{1.8^2}{50}}} = 3.61$$

从表 A4 中，我们发现右尾备择假设的 P 值为

$$P = P\{Z \geqslant Z_{obs}\} = P\{Z \geqslant 3.61\} = 1 - \Phi(3.61) = 0.0002$$

P 值很小，因此，我们不仅可以在 5% 的显著性水平上拒绝零假设，还可以在 1% 甚至 0.05% 的显著性水平上拒绝零假设! 我们现在看到硬件升级非常成功. ◇

例 9.38(质量检验) 在例 9.26 中，我们通过双侧检验比较了两个制造商生产的部件的质量. 我们得到一个检验统计量

$$Z_{obs} = -0.94$$

这个检验的 P 值等于

$$P = P\{|Z| \geqslant |-0.94|\} = 2(1 - \Phi(0.94)) = 2(1 - 0.8264) = 0.3472$$

这是一个相当高的 P 值(大于 0.1)，零假设没有被拒绝. 给定 H_0，有 34% 的概率观察到我们真正要观察的东西. 与 H_0 没有矛盾，因此，没有证据表明零件的质量是不一样的. ◇

表 A5 不如表 A4 详细. 通常我们只能用它来约束 P 值. 它足以进行假设检验.

例 9.39(未经授权使用的计算机账户，续) 在例 9.28 和例 9.36 中，关于账户被未经授权的人使用的证据有多充分?

在零假设下，我们的 t 统计量服从具有 17 个自由度的 t 分布. 在前面的示例中，我们首先在 5% 的水平下拒绝 H_0，然后在 1% 的水平下拒绝 H_0. 现在，将例 9.28 中的 $t = 5.16$ 与表 A5 的整个第 17 行进行比较，我们发现它超过了表中给出的所有临界值，直到 $t_{0.0001}$. 因此，双侧检验在一个非常低的显著水平($\alpha = 0.0002$)时拒绝零假设，并且 P 值为 $P < 0.0002$. 未经授权使用的证据是非常有力的! ◇

9.5 关于方差的推论

在本节中，我们将推导置信区间，并检验总体方差 $\sigma^2 = \mathrm{Var}(X)$，比较两个方差 $\sigma_X^2 = \mathrm{Var}(X)$ 和 $\sigma_Y^2 = \mathrm{Var}(Y)$. 这对我们来说是一种新型的推论，因为

(a) 方差是尺度而不是位置参数;

(b) 其估计量，即样本方差的分布是不对称的.

为了评估稳定性和准确性，评估各种风险，以及在方差未知的情况下对总体均值进行检验和建立置信区间，常常需要对方差进行估计或检验，以进行质量控制.

回想一下，比较 9.3.5 节中的两种方法，我们必须区分方差相等和不等的情况. 现在我们不再需要猜测了！在本节中，我们将看到如何检验零假设 $H_0 : \sigma^2_X = \sigma^2_Y$ 与备择假设 $H_A : \sigma^2_X \neq \sigma^2_Y$，并决定我们是否应该使用混合方差(9.11)或 Satterthwaite 近似法(9.12).

9.5.1　方差估计和卡方分布

我们首先通过观测样本 $X = (X_1, \cdots, X_n)$ 估计总体方差 $\sigma^2 = \mathrm{Var}(X)$. 由 8.2.4 节可知，下述样本方差 σ^2 的估计结果是无偏且一致的：

$$s^2 = \frac{1}{n-1} \sum_{i=1}^{n} (X_i - \overline{X})^2$$

根据中心极限定理的要求，被加数 $(X_i - \overline{X})^2$ 并不是完全独立的，因为它们都取决于 $\overline{X}$. 然而，在适当的条件下，当样本足够大时，s^2 的分布近似正态.

对于中小型样本，s^2 的分布完全不是正态的，甚至是不对称的. 事实上，如果 s^2 始终是非负的，那么它又怎么可能是对称的呢？

> **样本方差的分布**　当观察结果 $X_1, \cdots, X_n$ 是独立的且服从 $\mathrm{Var}(X_i) = \sigma^2$ 的正态分布时
>
> $$\frac{(n-1)s^2}{\sigma^2} = \sum_{i=1}^{n} \left(\frac{X_i - \overline{X}}{\sigma} \right)^2$$
>
> 是自由度为 $n-1$ 的卡方分布

卡方分布或 χ^2 是密度为

$$f(x) = \frac{1}{2^{\nu/2} \Gamma(\nu/2)} x^{\nu/2-1} \mathrm{e}^{-x/2}, \quad x > 0$$

的连续分布，其中 $\nu > 0$ 是一个参数，称为自由度，其含义与 Student 的 t 分布相同(图 9.12).

将这个概率密度函数与式(4.7)比较，可知卡方分布是伽马分布的一个特例，即

$$\chi^2(\nu) = \mathrm{Gamma}(\nu/2, 1/2)$$

特别地，自由度 $\nu = 2$ 的卡方分布是参数为 $1/2$ 的指数分布.

我们已经知道，$\mathrm{Gamma}(\alpha, \lambda)$ 的期望 $E(X) = \alpha/\lambda$，$\mathrm{Var}(X) = \alpha/\lambda^2$. 替换 $\alpha = \nu/2$ 和 $\lambda = 1/2$，我们得到了卡方的矩量

$$E(X) = \nu, \quad \mathrm{Var}(X) = 2\nu$$

> **卡方分布(χ^2)**　$\nu = $ 自由度
> $$f(x) = \frac{1}{2\nu/2 \Gamma(\nu/2)} x^{\nu/2-1} \mathrm{e}^{-x/2}, \ x > 0$$
> $E(X) = \nu$
> $\mathrm{Var}(X) = 2\nu$

（9.23）

293

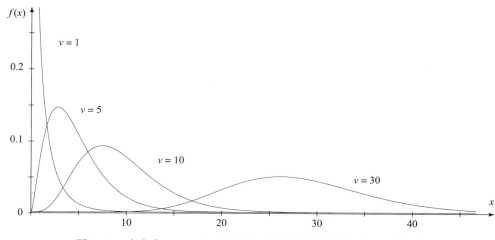

图 9.12   自由度 $\nu=1$，5，10 和 30 的卡方概率密度函数. 每个分布
都是右偏的. 当 ν 较大时，它近似正态分布

卡方分布是由英国著名数学家卡尔·皮尔逊(1857—1936)在 1900 年左右提出的，皮尔逊被认为是整个数理统计领域的奠基人. 顺便说一下，皮尔逊是 William Gosset 的老师和合作者，这就是为什么 Student 是 Gosset 的笔名.

附录中的表格 A6 包含了卡方分布的临界值.

9.5.2   总体方差的置信区间

我们基于样本大小 n，为总体方差 σ^2 构建一个 $(1-\alpha)100\%$ 置信区间.

与往常一样，我们从估计值(样本方差 s^2)开始. 但是，由于 s^2 的分布不是对称的，我们的置信区间不会像以前那样有"估计值±边缘"的形式.

我们使用表 A6 找到自由度 $\nu=n-1$ 的卡方分布的临界值 $\chi^2_{1-\alpha/2}$ 和 $\chi^2_{\alpha/2}$. 如图 9.13 所示，这些临界值切掉了卡方密度曲线下 $\alpha/2$ 区域的右侧和左侧. 尽管这些卡方分位数不再对称，但是这与前面几节中的 $\pm z_{\alpha/2}$ 和 $\pm t_{\alpha/2}$ 相似. 回想一下，$\chi^2_{\alpha/2}$ 表示 $1-\alpha/2$ 分位数 $q_{1-\alpha/2}$.

然后，这两个值之间的面积为 $1-\alpha$.

一个调节后的新样本方差 $(n-1)s^2/\sigma^2$ 有如图 9.13 那样的概率密度 χ^2，所以

$$P\left\{\chi^2_{1-\alpha/2}\leqslant\frac{(n-1)s^2}{\sigma^2}\leqslant\chi^2_{\alpha/2}\right\}=1-\alpha$$

对不等式求解未知参数 σ^2，我们得到

$$P\left\{\frac{(n-1)s^2}{\chi^2_{\alpha/2}}\leqslant\sigma^2\leqslant\frac{(n-1)s^2}{\chi^2_{1-\alpha/2}}\right\}=1-\alpha$$

得到总体方差的 $(1-\alpha)100\%$ 置信区间！

方差的置信区间 $\left[\dfrac{(n-1)s^2}{\chi^2_{\alpha/2}},\ \dfrac{(n-1)s^2}{\chi^2_{1-\alpha/2}}\right]$ (9.24)

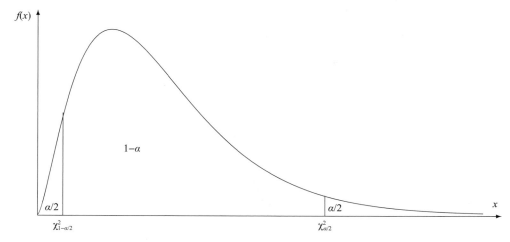

图 9.13　卡方分布的临界值

再走一步就能获得总体标准差 $\sigma=\sqrt{\sigma^2}$ 的置信区间(练习 9.21).

标准差的置信区间　$\left[\sqrt{\dfrac{(n-1)s^2}{\chi^2_{\alpha/2}}},\ \sqrt{\dfrac{(n-1)s^2}{\chi^2_{1-\alpha/2}}}\right]$ (9.25)

　　例 9.40　在例 9.31 中，我们根据报告的设备参数假设已知的标准差 $\sigma=2.2$. 现在让我们仅依赖数据为标准差构建一个 90% 的置信区间. 该样本包含 $n=6$ 个测量值，分别为 2.5、7.4、8.0、4.5、7.4 和 9.2.

　　解　计算样本均值，然后计算样本方差：

$$\overline{X}=\frac{1}{6}(2.5+\cdots+9.2)=6.5$$

$$s^2=\frac{1}{6-1}\{(2.5-6.5)^2+\cdots+(9.2-6.5)^2\}=\frac{31.16}{5}=6.232$$

(实际上，我们只需要 $(n-1)s^2=31.16$)

　　由卡方分布相关表 A6(自由度 $\nu=n-1=5$)可得临界值 $\chi^2_{1-\alpha/2}=\chi^2_{0.95}=1.15$ 和 $\chi^2_{\alpha/2}=\chi^2_{0.05}=11.1$. 所以

$$\left[\sqrt{\frac{(n-1)s^2}{\chi^2_{\alpha/2}}},\ \sqrt{\frac{(n-1)s^2}{\chi^2_{1-\alpha/2}}}\right]=\left[\sqrt{\frac{31.16}{11.1}},\ \sqrt{\frac{31.16}{1.15}}\right]=\underline{[1.68,\ 5.21]}$$

是总体标准差的 90% 置信区间(顺便说一下，$[1.68^2,\ 5.21^2]=[2.82,\ 27.14]$ 是方差的 90% 置信区间). ◇

9.5.3　方差检验

　　假设现在我们需要检验总体方差，例如，为确保实际的可变性、不确定性、波动性或不超过特定的值风险. 我们将得到基于重新调整样本方差的卡方分布来推导显著水平为 α 的检验.

水平 α 检验

设 X_1，$\cdots$，X_n 是来自总体方差 σ^2 未知的正态分布样本. 对检验零假设

$$H_0: \sigma^2 = \sigma_0^2$$

计算 χ^2 统计量

$$\chi_{obs}^2 = \frac{(n-1)s^2}{\sigma_0^2}$$

正如我们所知，如果 H_0 是真的，并且 σ_0^2 确实是正确的总体方差，则它遵循自由度为 $n-1$ 的 χ^2 分布. 因此，只需要使用 $\nu = n-1$ 来比较 χ_{obs}^2 与来自 χ^2 分布表 A6 的临界值.

对右尾备择假设 $H_A: \sigma^2 > \sigma_0^2$，如果 $\chi_{obs}^2 \geqslant \chi_\alpha^2$ 则拒绝 H_0.

对左尾备择假设 $H_A: \sigma^2 < \sigma_0^2$，如果 $\chi_{obs}^2 \leqslant \chi_{1-\alpha}^2$ 则拒绝 H_0.

对双侧备择假设 $H_A: \sigma^2 \neq \sigma_0^2$，如果 $\chi_{obs}^2 \geqslant \chi_{\alpha/2}^2$ 或 $\chi_{obs}^2 \leqslant \chi_{1-\alpha/2}^2$ 则拒绝 H_0.

作为练习，验证在每种情况下，第 I 类型错误的概率就是 α.

P 值

对于单侧 χ^2 检验，P 值的计算方法与 Z 检验和 T 检验中的一样. 它始终是检验统计值与实际观测值相同或比其更极端的值的概率. 也就是说，

$$\text{对于右尾检验：} P \text{ 值} = P\{\chi^2 \geqslant \chi_{obs}^2\} = 1 - F(\chi_{obs}^2),$$

$$\text{对于左尾检验：} P \text{ 值} = P\{\chi^2 \leqslant \chi_{obs}^2\} = F(\chi_{obs}^2)$$

其中 F 是一个自由度为 $\nu = n-1$ 的 χ^2 分布的累积分布函数.

但是，如何计算两侧备择假设的 P 值呢？怎样的 χ^2 的值被认为是"极端"的？例如，$\chi^2 = 3$ 比 $\chi^2 = 1/3$ 极端吗？

我们不能再像早些时候对 Z 检验和 T 检验所做的那样，认为远离 0 的值更加极端. 事实上，χ^2 统计量始终是正值，且在双侧检验中，其极小值或极大值被视作极端的. 公平地说，如果 χ_{obs}^2 本身很小，则较小的 χ^2 值比观察到的值更极端；而如果 χ_{obs}^2 很大，则较大的值更极端.

为了使这个想法更严谨，让我们回忆（由 9.4.10 节），P 值等于接受 H_0 的最高的显著性水平 α. 从如图 9.14a 所示的一个很小的 α 开始，因为 $\chi_{obs}^2 \in [\chi_{1-\alpha/2}^2, \chi_{\alpha/2}^2]$，所以仍接受零假设 H_0. 逐渐增加 α，直到接受域与拒绝域之间的边界达到观察到的检验统计量 χ_{obs}^2. 这时，$\alpha = P$ 值（图 9.14b），因此

$$P = 2\left(\frac{\alpha}{2}\right) = 2P\{\chi^2 \geqslant \chi_{obs}^2\} = 2\{1 - F(\chi_{obs}^2)\} \tag{9.26}$$

如图 9.14c、d 所示，在较低的拒绝边界首先到达 χ_{obs}^2 时，也会发生这种情况.

$$P = 2\left(\frac{\alpha}{2}\right) = 2P\{\chi^2 \leqslant \chi_{obs}^2\} = 2F(\chi_{obs}^2) \tag{9.27}$$

因此，P 值由式(9.26)或式(9.27)给出，具体取决于哪个值较小，哪个边界首先到达 χ_{obs}^2. 我们可以把它写成方程：

$$P = 2\min(P\{\chi^2 \geqslant \chi_{obs}^2\}, \quad P\{\chi^2 \leqslant \chi_{obs}^2\}) = 2\min\{F(\chi_{obs}^2), 1 - F(\chi_{obs}^2)\}$$

其中 F 是 χ^2 分布的自由度为 $\nu = n - 1$ 的累积分布函数.

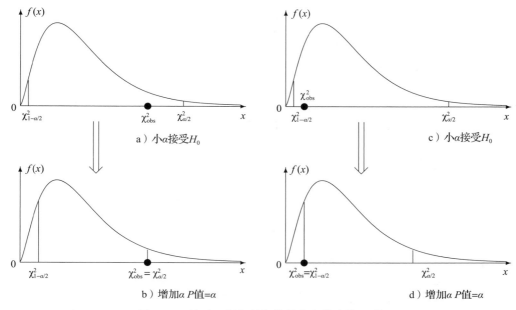

a) 小 α 接受 H_0

c) 小 α 接受 H_0

b) 增加 α P 值 $= \alpha$

d) 增加 α P 值 $= \alpha$

图 9.14   针对双侧备择假设的卡方检验的 P 值

表 9.5 总结了我们刚刚推导出的检验过程. 相同的检验也可以用于标准差, 因为检验 $\sigma^2 = \sigma_0^2$ 等同于检验 $\sigma = \sigma_0$.

表 9.5   总体方差的 χ^2 检验

非零假设	备择假设	检验统计量	拒绝域	P 值
$\sigma^2 = \sigma_0^2$	$\sigma^2 > \sigma_0^2$	$\dfrac{(n-1)s^2}{\sigma_0^2}$	$\chi_{obs}^2 > \chi_{\alpha}^2$	$P\{-\chi^2 \geqslant \chi_{obs}^2\}$
	$\sigma^2 < \sigma_0^2$		$\chi_{obs}^2 < \chi_{\alpha}^2$	$P\{\chi^2 \leqslant \chi_{obs}^2\}$
	$\sigma^2 \neq \sigma_0^2$		$\chi_{obs}^2 \geqslant \chi_{\alpha/2}^2$ 或 $\chi_{obs}^2 \leqslant \chi_{1-\alpha/2}^2$	$2\min(P\{\chi^2 \geqslant \chi_{obs}^2\}, P\{\chi^2 \leqslant \chi_{obs}^2\})$

例 9.41   参见例 9.40. 构造的 90% 置信区间包含 $\sigma = 2.2$ 的建议值. 然后, 由于置信区间和检验之间的二元性, 应该没有证据反对这个 σ 值. 通过计算适当的 P 值来衡量对它不利的证据的数量.

解   针对 $H_A: \sigma^2 \neq 2.2$, 检验零假设 $H_0: \sigma = 2.2$, $H_A: \sigma^2 \neq 2.2$. 这是一个双侧检验, 因为我们只需要知道标准差是否等于 $\sigma_0 = 2.2$.

根据例 9.40 中的数据计算检验统计量:

$$\chi_{obs}^2 = \frac{(n-1)s^2}{\sigma_0^2} = \frac{(5)(6.232)}{2.2^2} = 6.438$$

使用表 A6, 规定自由度 $\nu = n - 1 = 5$, 可查看到 $\chi_{0.80}^2 < \chi_{obs}^2 < \chi_{0.20}^2$.

所以

298

$$P\{\chi^2 \geqslant \chi^2_{\text{obs}}\} > 0.2, \quad P\{\chi^2 \leqslant \chi^2_{\text{obs}}\} > 0.2$$

因此，

$$P = 2\min(P\{\chi^2 \geqslant \chi^2_{\text{obs}}\}, \quad P\{\chi^2 \leqslant \chi^2_{\text{obs}}\} \geq 0.4$$

反对 $\sigma = 2.2$ 的证据很薄弱，在典型的显著性水平上，应该接受 $H_0: \sigma = 2.2$. ◇

例 9.42（剩余电池时间）　一款新软件的开发者称，该软件测量的笔记本电脑剩余电池使用时间的标准差低至 5 分钟. 为了验证这一说法，将充满电的笔记本电脑断开电源，并继续使用电池. 重复实验 50 次，每次都记录下预测的电池使用时间. 这 50 个正态分布测量值的样本标准差为 5.6 分钟. 在 1% 的显著性水平下，这些数据是否提供了实际标准差大于 5 分钟的证据？

解　对右尾备择假设 $H_A: \sigma > 5$，检验 $H_0: \sigma = 5$. 由表 A6 可知，自由度 $\nu = n - 1 = 49$ 对应 $\chi^2_{0.01} = 74.9$. 如果 $\chi^2_{\text{obs}} > 74.9$，则拒绝零假设.

计算检验统计量

$$\chi^2_{\text{obs}} = \frac{(n-1)s^2}{\sigma_0^2} = \frac{(49)(5.6)^2}{5^2} = 61.5$$

接受 $H_0: \sigma = 5$. 在 1% 的显著性水平上，反对它的证据并不显著. ◇

9.5.4　两个方差的比较：F 分布

在本节中，我们将讨论需要比较其方差的两个总体. 这种推论用于比较在两个总体中出现的准确性、稳定性、不确定性或风险.

例 9.43（有效升级）　数据通道的平均速度为每秒 180MB. 硬件升级的目的是在保持相同平均速度的同时提高数据传输的稳定性. 稳定的数据传输速率意味着较低的标准差. 如何以 90% 的置信度估计传输速率的标准差的相对变化？ ◇

例 9.44（保守投资）　两个共同基金承诺相同的预期回报，但是，其中一个在过去 15 天内记录了 10% 以上的高波动率. 这是否是保守投资者偏爱另一个共同基金的重要证据？（波动率本质上是收益的标准偏差.） ◇

例 9.45（使用哪种方法？）　出于营销目的，对两个操作系统的用户进行调查. 操作系统 ABC 的 20 个用户在 100 分制范围内的平均满意度为 77，样本方差为 220. 操作系统 DEF 的 30 个用户的平均满意度为 70，样本方差为 155. 我们已经从 9.4.8 节知道如何比较平均满意度水平. 但是我们应该选择什么方法呢？是应该假设总体方差 $\sigma_X^2 = \sigma_Y^2$，并使用混合方差？还是应该考虑 $\sigma_X^2 \neq \sigma_Y^2$，并使用 Satterthwaite 近似法？ ◇

为了比较方差或标准偏差，从两个总体中分别收集两个独立样本 $\boldsymbol{X} = (X_1, \cdots, X_n)$ 和 $\boldsymbol{Y} = (Y_1, \cdots, Y_m)$，如图 9.4 所示. 与总体均值或比例不同，方差是比例因子，通过它们的比率

$$\theta = \frac{\sigma_X^2}{\sigma_Y^2}$$

进行计算. 总体方差比率 $\theta = \sigma_X^2/\sigma_Y^2$ 的自然估计值是样本方差比率

$$\hat{\theta} = \frac{s_X^2}{s_Y^2} = \frac{\sum(X_i - \overline{X})/(n-1)}{\sum(Y_i - \overline{Y})/(m-1)} \tag{9.28}$$

1918 年，著名的英国统计学家和生物学家 Sir Ronald Fisher(1890—1962)得出了这一统计数据的分布. 1934 年，美国数学家 George Snedecor(1881—1974)对这一数据进行了发展和正式化. 因此，在我们将式(9.28)中的每个样本方差除以相应的总体方差之后，其标准形式称为 Fisher-Snedecor 分布，或简称为自由度为 $n-1$ 和 $m-1$ 的 F 分布.

<table>
<tr><td align="center">样本方差
之比率的分布</td><td>对于从正态分布 Normal$(\mu_X,\ \sigma_X)$ 中获得的独立样本 $X_1,\ \cdots,\ X_n$，从正态分布 Normal$(\mu_Y,\ \sigma_Y)$ 中获得的独立样本，$Y_1,\ \cdots,\ Y_m$，标准方差的比率

$$F=\frac{s_X^2/\sigma_X^2}{s_Y^2/\sigma_Y^2}=\frac{\sum(X_i-\overline{X})2/\sigma_X^2/(n-1)}{\sum(Y_i-\overline{Y})^2/\sigma_Y^2/(m-1)}$$

具有 $n-1$ 和 $m-1$ 自由度的 F 分布.</td><td>(9.29)</td></tr>
</table>

我们从 9.5.1 节中知道，对于正态分布数据，s_X^2/σ_X^2 和 s_Y^2/σ_Y^2 都服从 χ^2 分布. 现在，我们可以得出结论：两个独立 χ^2 变量的比率(各自除以其自由度)具有 F 分布. 两个非负连续随机变量的比率、任何 F 分布的变量也是非负连续的.

F 分布有两个参数：分子自由度和分母自由度. 这些是 F 比率式(9.29)中分子和分母样本方差的自由度.

F 分布的临界值如表 A7 所示，我们将使用它们来构建置信区间，并通过比较两个方差来检验假设.

但还有一个问题：比较两个方差 σ_X^2 和 σ_Y^2，我们应该用 s_X^2 除以 s_Y^2 还是 s_Y^2 除以 s_X^2？当然，两个比率都可以使用，但我们必须记住，在第一种情况下我们处理的是 $F(n-1,\ m-1)$ 分布，在第二种情况下是 $F(m-1,\ n-1)$. 由此我们得出一个重要的通用结论：

$$\text{如果 } F \text{ 具有 } F(\nu_1,\ \nu_2) \text{ 分布，则 } \frac{1}{F} \text{ 的分布为 } F(\nu_2,\ \nu_1) \tag{9.30}$$

9.5.5 总体方差比率的置信区间

这里对参数 $\theta=\sigma_X^2/\sigma_Y^2$，我们构造一个 $(1-\alpha)100\%$ 的置信区间. 这是我们第六次推导置信区间的公式，所以应该对这个方法很熟悉了.

从估计值 $\hat{\theta}=s_X^2/s_Y^2$ 开始，将其标准化为

$$F=\frac{s_X^2/\sigma_X^2}{s_Y^2/\sigma_Y^2}=\frac{s_X^2/s_Y^2}{\sigma_X^2/\sigma_Y^2}=\frac{\hat{\theta}}{\theta}$$

我们得到一个自由度为 $n-1$ 和 $m-1$ 的 F 分布. 因此，

$$P\left\{F_{1-\alpha/2}(n-1,\ m-1)\leqslant\frac{\hat{\theta}}{\theta}\leqslant F_{\alpha/2}(n-1,\ m-1)\right\}=1-\alpha$$

如图 9.15 所示. 解出未知参数 θ 的双侧不等式，我们得到

$$P\left\{\frac{\hat{\theta}}{F_{\alpha/2}(n-1,\ m-1)}\leqslant\theta\leqslant\frac{\hat{\theta}}{F_{1-\alpha/2}(n-1,\ m-1)}\right\}=1-\alpha$$

因此

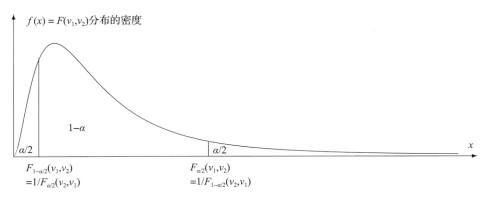

图 9.15　F 分布的临界值及其倒数

$$\left[\frac{\hat{\theta}}{F_{\alpha/2}(n-1,\ m-1)},\ \frac{\hat{\theta}}{F_{1-\alpha/2}(n-1,\ m-1)}\right]=\left[\frac{s_X^2/s_Y^2}{F_{\alpha/2}(n-1,\ m-1)},\ \frac{s_X^2/s_Y^2}{F_{1-\alpha/2}(n-1,\ m-1)}\right]$$

(9.31)

是 $\theta=\sigma_X^2/\sigma_Y^2$ 的一个 $(1-\alpha)100\%$ 置信区间.

　　临界值 $F_{1-\alpha/2}(n-1,\ m-1)$ 和 $F_{\alpha/2}(n-1,\ m-1)$ 来自自由度为 $n-1$ 和 $m-1$ 的 F 分布. 然而, 我们的表 A7 只含有小的 α 值. 对于 $F_{1-\alpha/2}(n-1,\ m-1)$, 一个在右侧具有大面积的临界值, 我们该怎么办?

301　　根据陈述式 (9.30), 我们可以很容易地计算 $F_{1-\alpha/2}(n-1,\ m-1)$.

　　设 $F(\nu_1,\ \nu_2)$ 是自由度为 ν_1 和 ν_2 的 F 分布, 那么它的倒数 $F(\nu_2,\ \nu_1)=1/F(\nu_1,\ \nu_2)$ 具有自由度 ν_1 和 ν_2, 根据式 (9.30),

$$\alpha=P\left\{F(\nu_1,\ \nu_2)\leqslant F_{1-\alpha}(\nu_1,\ \nu_2)\right\}=P\left\{F(\nu_2,\ \nu_1)\geqslant \frac{1}{F_{1-\alpha}(\nu_1,\ \nu_2)}\right\}$$

从这里我们可以看到, $1/F_{1-\alpha}(\nu_1,\ \nu_2)$ 实际上是 $F(\nu_2,\ \nu_1)$ 分布的 α 临界值, 因为它在右侧削减了区域 α, 参见图 9.15. 我们得出

| **F 分布的
互反性** | $F(\nu_1,\ \nu_2)$ 分布的临界值和 $F(\nu_1,\ \nu_2)$ 分布的关系如下:

$$F_{1-\alpha}(\nu_1,\ \nu_2)=\frac{1}{F_\alpha(\nu_2,\ \nu_1)}$$ | (9.32) |

现在, 我们可以从表 A7 和式 (9.32) 中获得临界值, 将它们代入式 (9.31), 继而得到置信区间.

| **方差之比率的
置信区间** | $$\left[\frac{s_X^2}{s_Y^2 F_{\alpha/2}(n-1,\ m-1)},\ \frac{s_X^2 F_{\alpha/2}(m-1,\ n-1)}{s_Y^2}\right]$$ | (9.33) |

　　例 9.46(有效升级, 续)　请参阅例 9.43. 升级之后, 在 16 个任意时间随机测量的数据传输的瞬时速度, 产生 14Mb/s 的标准差. 记录显示, 在升级之前, 基于随机时间的 27 次

测量的标准差为 22Mb/s. 我们为标准差的相对变化构建一个 90% 的置信区间（假设速度是正态分布）.

302

解　由数据可知，$s_X=14$，$s_Y=22$，$n=16$，$m=27$. 对于 90% 的置信区间，使用显著性水平 $\alpha=0.10$，$\alpha/2=0.05$. 由表 A7 可知 $F_{0.05}(15, 26)\approx2.07$，$F_{0.05}(26, 15)\approx2.27$. 也可以在 R 中使用函数 `qf(0.95,15,26)`，`qf(0.95,26,15)`，或者在 MATLAB 中使用函数 `finv(0.95,15,26)`，`finv(0.95,26,15)`，得到精确的值 2.0716 和 2.2722. 然后，方差比率 $\theta=\sigma_X^2/\sigma_Y^2$ 的 90% 置信区间为

$$\left[\frac{14^2}{22^2\cdot2.07}, \frac{14^2\cdot2.27}{22^2}\right]=[0.20, 0.92]$$

通过开根号来获得标准差的比率 $\sigma_X/\sigma_Y=\sqrt{\theta}$ 的 90% 置信区间，

$$\left[\sqrt{0.20}, \sqrt{0.92}\right]=[0.44, 0.96]$$

因此，我们可以有 90% 的把握断言新的标准差是旧标准差的 44% 到 96%. 在此置信水平下，数据传输速率的标准差的相对减少量（因此，稳定性相对增加）在 4% 和 56% 之间，因为此相对减少量为 $(\sigma_Y-\sigma_X)/\sigma_Y=1-\sqrt{\theta}$.　　◇

例 9.47（有效升级，再续）　请再次参阅例 9.43 和例 9.46. 如果通过标准差的比例的减小来衡量稳定性的增加，我们能推断出通道的稳定性是原来的两倍吗？

解　在例 9.46 中得到的 90% 置信区间包含 0.5. 因此，在 10% 的显著性水平上，没有证据拒绝 H_0：$\sigma_X/\sigma_Y=0.5$，这是一个标准差双重减少（回顾 9.4.9 节提到的置信区间和检验之间的二元性）. 这是我们所能陈述的全部——没有证据拒绝稳定性增加两倍的说法. 没有"证据"证明它确实发生过.　　◇

下一节将检验关于方差比率或标准差的检验假设.

9.5.6　比较两个方差的 F 检验

在本节中，我们将针对单侧和双侧备择假设来检验关于方差比率的零假设

$$H_0: \frac{\sigma_X^2}{\sigma_Y^2}=\theta_0 \tag{9.34}$$

反对单侧或双侧备择假设. 通常我们只需要知道如果两个方差相等，那么可以选择 $\theta_0=1$. 用 F 分布来比较方差，所以这个检验称为 **F 检验**.

式（9.34）的检验统计量为

303

$$F=\frac{s_X^2}{s_Y^2}/\theta_0$$

它在零假设下 F 等于

$$F=\frac{s_X^2/\sigma_X^2}{s_Y^2/\sigma_Y^2}$$

如果 $\boldsymbol{X}$ 和 $\boldsymbol{Y}$ 是来自正态分布的样本，则该 F 统计量服从自由度为 $n-1$ 和 $m-1$ 的 F 分布.

就像 χ^2 一样，F 统计量也是非负的，不对称的右偏分布. 显著性水平为 α 的假设检验和 P 值的建立与 χ^2 的类似，见表 9.6.

表 9.6   总体方差比的 F 检验总结

非零假设 $H_0: \dfrac{\sigma_X^2}{\sigma_Y^2} > \theta_0$		检验统计量 $F_{obs} = \dfrac{s_X^2}{s_Y^2}/\theta_0$
备择假设	拒绝域	P 值 使用 $F(n-1,\ m-1)$ 分布
$\dfrac{\sigma_X^2}{\sigma_Y^2} > \theta_0$	$F_{obs} \geqslant F_\alpha(n-1,\ m-1)$	$P\{F \geqslant F_{obs}\}$
$\dfrac{\sigma_X^2}{\sigma_Y^2} < \theta_0$	$F_{obs} \leqslant F_\alpha(n-1,\ m-1)$	$P\{F \leqslant F_{obs}\}$
$\dfrac{\sigma_X^2}{\sigma_Y^2} \neq \theta_0$	$F_{obs} \geqslant F_{\alpha/2}(n-1,\ m-1)$ 或 $F_{obs} < 1/F_{\alpha/2}(m-1,\ n-1)$	$2\min(P\{F \geqslant F_{obs}\},\ P\{F \leqslant F_{obs}\})$

例 9.48(使用哪种方法？续)   例如，在例 9.45 中，$n=20$，$\overline{X}=77$，$s_X^2=220$；$m=30$，$\overline{Y}=70$，$s_Y^2=155$. 为了用合适的方法比较总体均值，我们必须检验两个总体方差是否相等.

解   检验 $H_0: \sigma_X^2 = \sigma_Y^2$ 与 $H_A: \sigma_X^2 \neq \sigma_Y^2$，检验统计量如下：

$$F_{obs} = \frac{s_X^2}{s_Y^2} = 1.42$$

为了检验方差是否相等，我们令被检验的比率 $\theta_0 = 1$. 这是一个双侧检验，因此 P 值为

$$P = 2\min(P\{F \geqslant 1.42\},\ P\{F \leqslant 1.42\}) = \cdots?$$

当自由度为 $n-1=19$ 和 $m-1=29$ 时，如何计算 F 分布的概率？与往常一样，R 和 MATLAB 可以给出标准答案. 在 R 中输入 `1-pf(1.42,19,29)`，在 MATLAB 中输入 `1-fcdf(1.42,19,29)`，得到 $P\{F \geqslant 1.42\} = 0.1926$. 然后有

$$P = 2\min(0.1926,\ 1-0.1926) = \underline{0.3852}$$

使用表 A7 也可获得一个与真实值近似，但完全令人满意的结果. 这个表没有准确的 19 和 29 个自由度，也没有 $F_\alpha = 1.42$ 的值. 但是，对于分子，看看 15 和 20 的自由度，对于分母，则看看 25 和 30 的自由度，我们会发现 1.42 总是在 $F_{0.25}$ 和 $F_{0.1}$ 之间，这就可以了. 它意味着

$$P\{F \geqslant 0.42\} \in (0.1,\ 0.25),\quad P\{F \leqslant 1.42\} \in (0.75,\ 0.9)$$

则 P 值为

$$P = 2P\{F \geqslant 1.42\} \in (0.2,\ 0.5)$$

这是一个高 P 值，没有显示出有不同方差的证据. 使用混合方差的精确双样本 t 检验应该没有问题(根据该检验，有 4% 的微弱证据表明第一个操作系统更好，$t=1.80$，$P=0.0388$).   ◇

例 9.49(是否满足所有条件？)   在例 9.44 中，我们被要求比较两个共同基金的波动率，并决定其中一个是否比另一个风险更大. 所以，这是一个

$$H_0: \sigma_X = \sigma_Y;\quad H_A: \sigma_X > \sigma_Y$$

的单侧检验. 在 30 天内收集的数据显示，第一个共同基金的波动率增加了 10%，即 $s_X/s_Y =$

1.1. 所以,这是一个标准的 F 检验,对吧?粗心的统计人员会立即由表 A7 计算检验统计量 $F_{\text{obs}} = s_X^2 / s_Y^2 = 1.21$,$P$ 值 $P = P\{F \geqslant F_{\text{obs}}\} \geqslant 0.25$,具有 $n - 1 = 29$,$m - 1 = 29$ 自由度,然后得出结论:没有证据表明第一个共同基金的风险更高.

的确,为什么不是呢?每个统计过程都有它的假设条件,在这些条件下我们的结论是有效的.细心的统计学家在报告结果之前总是要核对假设条件.

如果我们进行 F 检验并参考 F 分布,需要什么条件?我们在式 (9.29) 中找到了答案.显然,要使 F 统计量在 H_0 下具有 F 分布,我们的两个样本必须由独立且服从同一正态分布的随机变量组成,而且两个样本必须相互独立.

上述例题在最后是否满足这些条件?

1. 正态分布——可能是.投资回报通常不是正态的,但对数回报是正态的.

2. 各样本中的数据独立且服从同一分布——不太可能.通常经济趋势有起有落,连续两天的回报应该是独立的.

3. 两个样本彼此独立——相互依赖.如果我们的共同基金包含同一行业的股票,那么它们的回报肯定是相互依赖的.

实际上,条件 1~3 可以进行统计检验,为此,我们需要的是完整的数据样本,而不是汇总的统计数据.

F 检验的健壮性很高.这意味着轻微偏离假设 1~3 不会严重影响我们的结论,我们可以把我们的结果作为近似值.然而,如果这些假设甚至不能近似地满足,例如我们的数据分布是不对称的,且远离正态分布,那么上面计算的 P 值就是完全错误的.

例 9.49 中的讨论使我们得出一个非常重要的实际结论:

各个统计程序在一定的假设条件下有效.当特定条件未被满足时,得到的结果可能是错误的和误导的.因此,除非有理由相信所有条件都得到了满足,否则就必须进行统计检验.

R 笔记

R 有用于本章讨论的假设检验和计算置信区间的工具.

均值检验. 为了进行单样本 T 检验 $H_0: \mu = \mu_0$ 与 $H_A: \mu \neq \mu_0$ 或获得 μ 的一个置信区间,输入 t.test(X,mu=mu0).输出将包括样本均值、检验统计量、自由度、双侧检验的 P 值以及 95% 置信区间.

对于单侧检验,alternative 选项的值为 "less" 或 "greater".但是注意,在这种情况下,置信区间也是单侧的.默认的置信水平是 95%.对于其他水平,添加一个叫作 conf.level 的选项.例如,要获取 μ 的 99% 置信区间,输入 t.test (X,conf.level= 0.99),对一个单侧右尾的检验 $H_0: \mu = 10$ 与 $H_A: \mu > 10$,使用 t.test (X,mu=10,alternative="greater").

双样本检验和置信区间. 相同的命令 t.test 可用于双样本检验和置信区间.区别只在于要输入两个变量.所以,为了检验 $H_0: \mu_X - \mu_Y = 3$ 与 $H_A: \mu_X - \mu_Y \neq 3$,并为均值差 $\mu_X - \mu_Y$ 构建一个 90% 的置信区间,输入 t.test (X,Y,mu=3,conf.level=0.90).在默认情况下将应用 Satterthwaite 近似法. 为了对混合方差进行等方差检验, 给出 var.equal=TRUE 选项. 对于对应的 T 检验, 使用 paired=TRUE.

方差检验. 对于方差的双样本 F 检验, 需要一个命令 var.test, 其语法与 t.test 非常相似. 所以检验 $H_0: \sigma_X^2 = \sigma_Y^2$ 与 $H_A: \sigma_X^2 \neq \sigma_Y^2$, 输入 var.test(X,Y,ratio=1). 该工具也有 alternative 选项和 confi.level 选项, 让你选择单侧备择和想要的置信水平.

比例检验. 一个特殊的命令 prop.test 用于推断总体比例. 在这种情况下, 变量 X 是成功的次数, 紧随其后的必须是试验次数 n 和我们要测试的原比例 p_0. 例如, prop.test(60,100,0.5) 用于检验 $H_0: p=0.5$ 与 $H_A: p \neq 0.5$, 这是基于实验数为 $n=100$, 成功次数为 $X=60$ 的伯努利试验的样本. 此命令还允许存在选项 alternative 和 conf.level.

对于一个比较两个总体比例的双样本检验, 一对计数和一对样本大小应该写在 X 和 n 的地方. 例如, 假设我们需要在样本大小 $n_1=100$ 和 $n_2=120$ 的基础上进行两个样本的比例检验 $H_0: p_1=p_2$ 与 $H_A: p_1 < p_2$. 在第一个样本中有 33 次成功, 在第二个样本中有 48 次成功. 命令 prop.test(c(33,48), c(100,120), alternative="less") 返回的 p 值为 0.176, 因此, 比例之间的差异没有统计上的显著性.

顺便提一下, 这里 R 使用了 χ^2 检验 (卡方检验), 尽管我们知道 Z 检验也是可行的. 我们将在下一章看到, 使用 χ^2 检验的 R 可用一行命令处理两个以上比例的命令.

MATLAB 笔记

一些假设检验是内置于 MATLAB 的. 对于 Z 检验 $H_0: \mu=\mu_0$ 与 $H_A: \mu \neq \mu_0$, 用给定的 μ_0 检验值、已知的标准差 σ 和显著性水平 α, 输入 ztest(X,mu0,sigma,alpha). 对于单侧检验, 在参数 α 后面添加'left'或'right'. 如果不拒绝零假设, 则检验将返回 0; 如果必须在水平 α 上拒绝该假设, 则检验将返回 1. 要查看此检验的 P 值, 输入 [h,p]=ztest(X,mu0,sigma).

可以使用命令 [h,p]=ttest(X,mu0) 类似地进行 t 检验. 当然, 这里不输入标准差, 它是未知的.

类似的过程可用于两个样本的 t 检验, 以及方差检验和方差比率检验. 相应的命令是 ttest2(X,Y,alpha)、vartest(X,sigma0) 和 vartest2(X,Y,alpha).

均值、均值之差、方差和方差比率的置信区间可以通过在 [h,p,CI] 中添加 CI 来简单获得. 例如, 对于方差比率 σ_X^2/σ_Y^2, [h, p, CI]=vartest2(X, Y, 0.01) 返回 99% 的置信区间, 就像我们在 9.5.5 节中得出的那样.

归纳总结

在通过第 8 章的方法对数据有大致的了解之后, 本章我们继续讲述了更高级的、信息更丰富的统计推断方法.

有许多方法可以估算未知的总体参数. 每种方法都提供具有某些良好和期望属性的估计. 我们学习了**参数估计**的两种一般方法.

矩量法建立在总体矩量和样本矩量的匹配上. 它的实现相对简单, 且使估计的分布与数据的实际分布在矩量方面"接近".

最大似然估计最大限度地提高了观测到实际已被观测到的样本的概率，从而使实际发生的情况在估计分布下尽可能地发生.

除了参数估计之外，**置信区间**还显示了误差边缘，并将置信水平附加到结果上. $(1-\alpha)100\%$ 置信区间包含未知参数的概率为 $1-\alpha$. 这意味着 $(1-\alpha)100\%$ 的置信区间（从大量的样本中构成）应该包含参数，只有其中的 $100\alpha\%$ 可能错过它.

我们可以用数据来验证陈述和**检验假设**. 本质上，衡量证据提供的证据是否反对零假设 H_0. 然后决定此证据是否足以拒绝 H_0.

给定显著性水平 α，我们可以构建接受域和拒绝域，计算合适的检验统计量，根据它属于哪个区域来做决定. 或者，我们可以计算检验的 P 值. 它显示了反对 H_0 的证据是否充分. 低 P 值表示拒绝零假设. P 值是 α 的拒绝值和接受值之间的边界. 它也代表了观察到的样本与实际观测结果相同或者比之更极端的概率.

根据我们所检验的内容，备择假设可能是双侧的，也可能是单侧的. 当构建接受域和拒绝域，以及计算 P 值时，我们考虑了备择假设的方向.

我们研究了一系列参数的置信区间和假设检验——总体均值、比例（概率）和方差，以及均值之差、比例之差和方差比率. 这涵盖了大多数实际问题.

每个完备的统计程序在特定假设条件下都是有效的. 验证它们是统计推断的一个重要步骤.

练习题

9.1 通过从一个离散分布的样本

$$3, 3, 3, 3, 3, 7, 7, 7$$

估计未知参数 θ，该分布的概率质量函数为

$$\begin{cases} p(3) = \theta \\ p(7) = 1-\theta \end{cases}$$

通过下述方法估计两个 θ 值：

（a）矩量估计法；

（b）最大似然估计量.

同时，

（c）估计各个 θ 值的标准误差.

9.2 一个计算机代码在清除所有错误前的运行次数服从几何分布，参数 p 未知. 对于 5 个独立的计算机项目，学生记录的运行次数如下：

$$3 \quad 7 \quad 5 \quad 3 \quad 2$$

通过下述方法估计 p：

（a）矩量法；

（b）最大似然法.

9.3 对下面的陈述分别使用矩量法和最大似然法进行估计：

（a）如果观察到的样本来自均匀分布 Uniform(a, b)，估计参数 a 和 b；

(b) 如果观察到的样本来自指数分布 Exponential(λ)，估计参数 λ；

(c) 如果观察到的样本来自正态分布 Normal(μ，σ)，且已知 σ，估计参数 μ；

(d) 如果观察到的样本来自正态分布 Normal(μ，σ)，且已知 μ，估计参数 σ；

(e) 如果观察到的样本来自正态分布 Normal(μ，σ)，且 μ 和 σ 未知，估计参数 μ 和 σ.

9.4 从连续分布中采集 3 个观测值（$X_1=0.4$，$X_2=0.7$，$X_3=0.9$）作为样本，该连续分布的密度函数如下：

$$f(x) = \begin{cases} \theta x^{\theta-1} & \text{若} \quad 0 < x < 1 \\ 0 & \text{其他} \end{cases}$$

用你喜欢的方法估计 θ.

9.5 从具有如下概率密度函数的分布中抽取样本（X_1，$\cdots$，X_{10}）：

$$\frac{1}{2}\left(\frac{1}{\theta}e^{-x/\theta} + \frac{1}{10}e^{-x/10}\right), \quad 0 < x < \infty$$

所有 10 个观测值的总和等于 150.

(a) 用矩量法估计 θ.

(b) 估算（a）中估计值的标准误差.

9.6 核查表 9.1 的第 3～5 列. 9.4.7 节将帮助你处理表的最后一行.

9.7 为了确保服务器的有效使用，需要估计并发用户的平均数量. 根据记录，在 100 个随机选择的时段内并发用户的平均数量是 37.7，标准差 $\sigma = 9.2$.

(a) 为并发用户数量的期望构建一个 90% 的置信区间.

(b) 在 1% 的显著性水平下，这些数据是否提供了并发用户的平均数量大于 35 的重要证据？

[309] 9.8 安装某个硬件要花费随机时长，标准差为 5 分钟.

(a) 计算机技术人员在 64 台不同的计算机上安装该硬件，平均安装时间为 42 分钟. 计算总体平均安装时间的 95% 置信区间.

(b) 假设总体平均安装时间为 40 分钟. 技术人员在你的计算机上安装硬件，安装时间在（a）中计算的区间内的概率是多少？

9.9 初级计算机工程师的薪资服从均值和方差未知的正态分布. 随机挑选的三名计算机工程师的薪资（单位：千美元）为

$$30, 50, 70$$

(a) 为一名初级计算机工程师的平均薪资构建 90% 的置信区间.

(b) 在 10% 的显著性水平上，这个样本是否提供了一个充分的证据，表明所有初级计算机工程师的平均薪资不等于 80 000 美元？解释一下.

(c) 观察这个样本，人们可能会认为起薪有很大的变化性. 为入职薪资的标准差构建一个 90% 的置信区间.

9.10 我们必须接受或拒绝一大批样品. 为了控制质量，我们收集 200 个样品，发现了 24 个次品.

(a) 为整批货物中有缺陷物品的比例构建一个 96% 的置信区间.

(b) 制造商声称最多有 1/10 的货物有缺陷. 在 4% 的显著性水平下, 我们有足够的证据来反驳这个说法吗? 在 15% 的显著性水平下呢?

9.11 参考练习 9.10. 看过收集的样品后, 我们考虑另一家供应商. 新供应商生产的 150 件样品中有 13 件次品.

是否有显著性证据显示新供应商生产的产品质量高于练习 9.10 中供应商的产品质量? P 值是多少?

9.12 一家电子零件厂生产电阻器. 统计分析表明, 电阻近似服从正态分布, 标准差为 0.2 欧姆. 52 个电阻样品的平均电阻为 0.62 欧姆或更高.

(a) 根据这些数据, 构建总体平均电阻的 95% 置信区间.

(b) 如果实际总体平均电阻恰好为 0.6 欧姆, 那么 52 个电阻平均为 0.62 欧姆或更高的概率是多少?

9.13 为例 9.25 中的右尾检验计算一个 P 值, 并针对并发用户数量显著增加的结论给出说明.

9.14 在例 9.21 中, 两个服务器的速度有显著差异吗?

(a) 使用例 9.21 中的置信区间, 在 5% 的显著性水平下进行双侧检验.

(b) 计算 (a) 中双侧检验的 P 值.

(c) 服务器 A 真的更快吗? 证据有多有力? 构想合适的零假设和备择假设, 并计算相应的 P 值.

陈述你在 (a)、(b) 和 (c) 中得到的结论.

9.15 根据例 9.17, 在 5% 的水平上, A 镇和 B 镇对候选人的支持没有显著差异. 但是, 显著性水平 $\alpha = 0.05$ 是任意选的, 并且候选人仍然不知道他在计划竞选活动时是否可以相信上述结果. 我们可以在所有合理的显著性水平上比较两个城镇的支持状况吗? 计算该检验的 P 值并得出结论.

9.16 在 A 批次的 250 件样品中有 10 件次品, B 批次的 300 件样品中有 18 件次品.

(a) 为次品的比例差异构建 98% 的置信区间.

(b) 在显著性水平 $\alpha = 0.02$ 上, 两个批次的样品质量是否存在显著差异?

9.17 一家新闻机构公布了最近的民意调查结果. 它报告说, 某个候选人在 A 镇的支持率比 B 镇高 10%, 因为 A 镇 45% 的投票参与者和 B 镇 35% 的投票参与者支持该候选人. 对于每个列出的估算值 (45%、35% 和 10%), 新闻机构应报告多大的误差边缘? 请注意, 在每个城镇随机选择了 900 名登记选举人参与投票, 报告的误差边缘相当于 95% 的置信区间.

9.18 考虑练习 8.1 中关于被阻止的入侵数量的数据.

(a) 构建一个 95% 置信区间, 表示防火墙设置更改前后每天平均入侵尝试次数的差值 (假设方差相等).

(b) 我们可否认为入侵尝试率大幅下降? 每天试图入侵的次数大致服从正态分布. 计算 P 值, 并在方差相等的假设下陈述你的结论. 这种假设有区别吗?

310
311

9.19   考虑两个总体(X 和 Y)，它们的均值不同，但方差相同. 收集两个独立的样本，大小分别为 n 和 m. 证明其共同方差的混合方差估计值

$$s_p^2 = \frac{\sum_{i=1}^{n}(X_i - \overline{X})^2 + \sum_{i=1}^{m}(Y_i - \overline{Y})^2}{n+m-2}$$

是无偏的.

9.20   一名管理人员质疑练习 9.8 的假设. 她的 40 个安装时间的测试样本拥有 $s=6.2$ 分钟的标准差，她说这与 $\sigma=5$ 分钟的假设值有很大差异. 你是否同意他的意见？进行适当的标准差检验.

9.21   如果区间 $[a, b]$($a \geqslant 0$) 是总体方差的 $(1-\alpha)100\%$ 置信区间，证明 $[\sqrt{a}, \sqrt{b}]$ 是总体标准差的 $(1-\alpha)100\%$ 置信区间.

9.22   回想例 9.21，其中 30 个和 20 个观测值的样本分别产生了 0.6 分钟和 1.2 分钟的标准差. 在本例中，我们假设方差不相等，使用合适的方法只是因为报告的样本标准差似乎差异过大.

   (a) 通过检验总体方差是否相等来支持或反对所选择的方法.

   (b) 为两个总体方差之比构建一个 95% 置信区间.

9.23   Anthony 对 Eric 说他是一个更优秀的学生，因为他前六次测验的平均分数更高. 然而，Eric 回应说他更稳定，因为他的成绩的方差更低. 两人的实际得分(假设为独立的正态分布)在下表中：

	测验 1	测验 2	测验 3	测验 4	测验 5	测验 6
Anthony	85	92	97	65	75	96
Eric	81	79	76	84	83	77

   (a) 是否有充分证据支持 Anthony 的说法？建立零假设 H_0 和备择假设 H_A. 检验方差是否相等，选择合适的双样本 t 检验. 然后进行检验并陈述结论.

   (b) 是否有充分证据支持 Eric 的说法？建立零假设 H_0 和备择假设 H_A，并进行检验.

   对于每个检验，使用 5% 的显著性水平.

9.24   回顾练习 9.23，结果基本上表明，六次测验的样本太小，Anthony 不能自证他是一个更优秀的学生. 我们认识到每个学生都有各自的成绩总体、均值 μ_i 和方差 σ_i^2. 观察到的测验成绩是从该总体中抽样获得的，由于测验中涉及的所有不确定性和随机因素，它们是不同的. 让我们有把握地估计一下总体参数.

   (a) 为每个学生的总体平均分数构建一个 90% 的置信区间.

   (b) 为总体均值之差构建一个 90% 的置信区间. 如果你还没有完成练习 9.23(a)，请先测试方差是否相等，并选择适当的方法.

   (c) 为每个学生的分数总体方差构建一个 90% 的置信区间.

   (d) 为总体方差比率构建一个 90% 的置信区间.

第 10 章　统计推断 Ⅱ

统计推断之旅仍在继续. 这一章包含的方法可以帮助我们进行新的独立性和拟合优度检验(10.1 节)，检验假设不依赖特定簇的分布(10.2 节)，充分利用蒙特卡罗方法进行估计和检验(10.3 节)，并解释除了真实数据之外所有的信息来源(10.4 节).

10.1　卡方检验

几个重要的统计假设检验是基于卡方分布的. 我们已经在 9.5 节中使用这个分布来研究总体方差. 这一次，我们将开发几个基于不同类别的采样单元计数的检验. Karl Pearson 在 1900 年前后提出的一般原则是通过卡方统计量将观察计数与预期计数进行比较.

$$\text{卡方统计量}\quad \boxed{\chi^2 = \sum_{k=1}^{N} \frac{\{\text{Obs}(k) - \text{Exp}(k)\}^2}{\text{Exp}(k)}} \tag{10.1}$$

这里总和超过 N 个类别或组的数据定义取决于我们的检验问题；$\text{Obs}(k)$ 是类别 k 中实际观察到的采样单元数，$\text{Exp}(k) = E\{\text{Obs}(k) \mid H_0\}$ 是在零假设 H_0 为真时类别 k 中期望的采样单元数.

这始终是一个单侧的右尾检验. 因为只有 χ^2 值较低时，才能表明观察计数已经接近理想条件(在零假设下)的值，因此数据支持 H_0. 相反，当 Obs 远离 Exp 时，χ^2 的值较大，这表明假设是无效的，且不支持 H_0.

因此，卡方检验的水平 α 拒绝域为

$$R = [\chi_\alpha^2, \ +\infty)$$

P 值总是被计算为

$$P = P\{\chi^2 \geqslant \chi_{\text{obs}}^2\}$$

Pearson 表明，随着样本量增加到无穷大，χ^2 的零分布以 $N-1$ 的自由度收敛到卡方分布. 这是由中心极限定理的一个适当版本得出的. 为了应用它，我们需要确保样本量足够大. 根据经验法则，每个类别的预期计数至少要有 5 个，即

$$\text{Exp}(k) \geqslant 5, \quad k = 1, \cdots, N$$

如果是这样，那么我们可以使用卡方分布来构造拒绝域，并计算 P 值. 如果某些类别计数小于 5，那么我们应该将该类别与另一个类别合并，重新计算 χ^2 统计量，然后使用卡方分布.

下面是卡方检验的几个主要应用.

10.1.1　分布检验

第一类应用程序侧重于检验数据是否服从特定的分布. 例如，我们需要检验样本是否服从正态分布，到达间隔时间是否服从指数分布，计数是否服从泊松分布，是随机数生成

器是否返回高质量的标准均值，模具是否为无偏的.

一般情况下，我们从分布 F 中观察大小为 n 的样本 $(X_1, \cdots, X_n)$，并对于给定的分布 F_0 检验

$$H_0: F = F_0 \quad 与 \quad H_A: F \neq F_0 \qquad (10.2)$$

为了进行检验，我们取所有可能的 X 在 F_0 下的值(F_0 的支持)，并将它们分成 N 个区间 $B_1, \cdots, B_N$. 经验法则要求在 5 到 8 个区间，这足以识别分布 F_0，同时在每个区间中有足够高的期望计数，这是卡方检验(Exp $\geqslant 5$)所要求的.

第 k 个区间的预期计数是落入 B_k 的 X_i 的数目

$$\mathrm{Obs}(k) = \#\{i = 1, \cdots, n: X_i \in B_k\}$$

若 H_0 为真，且所有 X_i 均具有 F_0 分布，则 $\mathrm{Obs}(k)$ (n 次试验中"成功"的次数)具有参数为 n 的二项分布，$p_k = F_0(B_k) = P\{X_i \in B_k \mid H_0\}$. 相应的预期计数是二项分布的期望值

$$\mathrm{Exp}(k) = np_k = nF_0(B_k)$$

检查所有 $\mathrm{Exp}(k) \geqslant 5$ 后，我们计算式(10.1)的 χ^2 统计量，并进行检验.

例 10.1(模型是否无偏?)　假设在输了一大笔钱后，一个不走运的赌徒质疑游戏是否公平，而这个骰子真的是无偏的! 90 次掷骰子的结果如下:

骰子点数	1	2	3	4	5	6
出现次数	20	15	12	17	9	17

我们检验 $H_0: F = F_0$ 与 $H_A: F \neq F_0$，其中 F 为骰子上点数的分布，F_0 为离散均匀分布，其中

$$P(X = x) = \frac{1}{6}, \quad x = 1, 2, 3, 4, 5, 6$$

观察计数为 $\mathrm{Obs} = 20, 15, 12, 17, 9$ 和 17. 相应的预期计数是

$$\mathrm{Exp}(k) = np_k = (90)(1/6) = 15 \quad (都大于 5)$$

计算卡方统计量

$$\chi^2_{\mathrm{obs}} = \sum_{k=1}^{N} \frac{\{\mathrm{Obs}(k) - \mathrm{Exp}(k)\}^2}{\mathrm{Exp}(k)}$$

$$= \frac{(20-15)^2}{15} + \frac{(15-15)^2}{15} + \frac{(12-15)^2}{15} + \frac{(17-15)^2}{15} + \frac{(9-15)^2}{15} + \frac{(17-15)^2}{15} = 5.2$$

由表 A6 自由度为 $N - 1 = 5$，P 值如下:

$$P = P\{\chi^2 \geqslant 5.2\} = 在 0.2 和 0.8 之间$$

这意味着没有显著性证据拒绝 H_0，因此，没有证据表明骰子是有偏的.　　　　　　◇

10.1.2　分布族检验

卡方检验也可以用来检验整个模型. 我们使用泊松分布进行交通事故数量建模，使用正态分布进行误差建模，以及使用指数分布进行到达时间建模. 这些分布被认为与数据吻合良好. 我们现在可以检验它，看看数据是否支持它，而不是仅仅依靠假设.

我们再次假设从一个分布 F 得到样本 $(X_1, \cdots, X_n)$，需要检验 F 分布是否属于一些

分布族 $\mathfrak{F}$：

$$H_0: F \in \mathfrak{F} \quad 与 \quad H_A: F \notin \mathfrak{F} \tag{10.3}$$

与检验(10.2)不同，没有给出检验分布族 $\mathfrak{F}$ 的参数 θ，它是未知的. 所以，我们必须通过一致估计量 $\hat{\theta}$ 来估计，以确保 $\hat{\theta} \to \theta$ 且 $n \to \infty$ 时保持卡方分布. 我们可以使用最大似然法估计 θ 的值.

这个卡方分布的自由度将因为估计参数的数目而减少. 实际上，如果 θ 是 d 维的，那么它的估计涉及 d 维方程组. 这些是 d 约束，将自由度减少 d.

它通常被称为拟合优度检验，因为它衡量了所选模型与数据的拟合程度. 总结它的步骤：

- 我们找到最大似然估计 $\hat{\theta}$，并考虑分布 $F(\hat{\theta}) \in \mathfrak{F}$；
- 将 $F(\hat{\theta})$ 的支持分成 N 个区间 $B_1, \cdots, B_N$，最好是 $N \in [5, 8]$；
- 计算当 $k = 1, \cdots, N$ 时的概率 $p_k = P\{X \in B_k\}$，$\hat{\theta}$ 作为参数值；
- 根据数据计算 $\mathrm{Obs}(k)$，$\mathrm{Exp}(k) = np_k$，式(10.1)的卡方统计量；如果某个 k 的 $np_k < 5$，则将 B_k 与另一个区域合并；
- 用自由度为 $N - d - 1$ 的卡方分布计算 P 值或构建拒绝域，其中，d 是 θ 的维数或估计参数的数量. 陈述结论.

例 10.2（传输错误）　通信信道中传输错误的数量通常用泊松分布来建模. 让我们来检验一下这个假设. 在 170 个随机选择的频道中，在 3 小时内 44 个频道没有传输错误，52 个频道有 1 个错误，36 个频道有 2 个错误，20 个频道有 3 个错误，12 个频道有 4 个错误，5 个频道有 5 个错误，1 个频道有 7 个错误.

解　我们正在检验错误数的未知分布 F 是否属于泊松族. 零假设和备择假设如下：

$$H_0: 对某些 \lambda, F = \mathrm{Poisson}(\lambda) \quad 与 \quad H_A: 对任意 \lambda, F \neq \mathrm{Poisson}(\lambda)$$

首先，估计参数 λ. 它的最大似然估计值等于

$$\hat{\lambda} = \overline{X} = \frac{(44)(0) + (52)(1) + (36)(2) + (20)(3) + (12)(4) + (5)(5) + (1)(7)}{170} = 1.55$$

（参见例 9.7）.

其次，泊松分布的支持是所有非负整数的集合. 把它分成区间

$$B_0 = \{0\}, \quad B_1 = \{1\}, \quad B_2 = \{2\}, \quad B_3 = \{3\}, \quad B_4 = \{4\}, \quad B_5 = [5, \infty)$$

这些区间的预期计数如下：44，52，36，20，12 和 5+1=6. 预期计数是根据泊松 pmf 计算的：

$$\mathrm{Exp}(k) = np_k = ne^{-\hat{\lambda}} \frac{\hat{\lambda}^k}{k!}, \quad 其中 k = 0, \cdots, 4, \ n = 170, \ \hat{\lambda} = 1.55$$

最后一次预期计数为 $\mathrm{Exp}(5) = 170 - \mathrm{Exp}(0) - \cdots - \mathrm{Exp}(4)$，因为 $\sum p_k = 1$，所以 $\sum np_k = n$，因此，有以下数据：

k	0	1	2	3	4	5
p_k	0.21	0.33	0.26	0.13	0.05	0.02
np_k	36.0	55.9	43.4	22.5	8.7	3.6

我们注意到最后一组的计数低于 5. 我们把它和上一组 $B_4 = [4, \infty)$ 结合起来，对于新的组，我们有

318

k	0	1	2	3	4
Exp(k)	36.0	55.9	43.4	22.5	12.3
Obs(k)	44.0	52.0	36.0	20.0	18.0

然后，计算卡方统计量

$$\chi^2_{\text{obs}} = \sum_k \frac{\{\text{Obs}(k) - \text{Exp}(k)\}^2}{\text{Exp}(k)} = 6.2$$

并与表 A6 中自由度为 $5-1-1=3$ 的卡方分布进行比较. 由 P 值

$$P = P\{\chi^2 \geqslant 6.2\} = 在 0.1 和 0.2 之间$$

我们的结论是，没有证据反对传输误差的数量服从泊松分布.   ◇

检验连续分布的族是十分相似的.

例 10.3（网络负载）   练习 8.2 中的数据显示了网络在 $n=50$ 个位置上的并发用户数. 为了进一步建模和进行假设检验，我们可以假设并发用户数量的近似正态分布吗？

解   对并发用户数量的 F 分布，及一些 μ，σ，检验 $H_0: F = \text{Normal}(\mu, \sigma)$，对于任意 μ，σ，检验 $H_A: F \neq \text{Normal}(\mu、\sigma)$.

最大似然估计的 μ，σ（见练习 9.3）如下：

$$\hat{\mu} = \overline{X} = 17.95, \quad \hat{\sigma} = \sqrt{\frac{(n-1)s^2}{n}} = \sqrt{\frac{1}{n}\sum_{i=1}^{n}(X_i - \overline{X})^2} = 3.13$$

例如，将支持 $(-\infty, +\infty)$（实际上，只有 $[0, \infty)$ 的并发用户数量）分成区间：

$$B_1 = (-\infty, 14), \quad B_2 = [14, 16), \quad B_3 = [16, 18),$$
$$B_4 = [18, 20), \quad B_5 = [20, 22)、 \quad B_6 = [22, \infty)$$

（在成千上万的用户中.）在选择这些区间时，我们确保在每个区间中的预期计数不会太低. 利用正态分布的表 A4 求概率 p_k：

$$p_1 = P(X \in B_1) = P(X \leqslant 14) = P\left(Z \leqslant \frac{14 - 17.95}{3.13}\right) = \Phi(-1.26) = 0.1038$$

用同样方式求 p_1，$\cdots$，p_6. 然后计算 $\text{Exp}(k) = np_k$ 和计数 $\text{Obs}(k)$.（检查！）

k	1	2	3	4	5	6
B_k	$(-\infty, 14)$	$[14, 16)$	$[16, 18)$	$[18, 20)$	$[20, 22)$	$[22, \infty)$
p_k	0.10	0.16	0.24	0.24	0.16	0.10
Exp(k)	5	8	12	12	8	5
Obs(k)	6	8	13	11	6	6

从这个表中可以知道，检验统计量是

$$\chi^2_{\text{obs}} = \sum_{k=1}^{N} \frac{\{\text{Obs}(k) - \text{Exp}(k)\}^2}{\text{Exp}(k)} = 1.07$$

它有高 P 值

$$P = P\{\chi^2 \geqslant 1.07\} > 0.2$$

采用自由度为 $6-1-2=3$ 的卡方分布，其中，因为减少了 2 个估计参数，所以减少了 2 个

自由度. 因此，没有证据反对并发用户数量是正态分布的.　　　　　　　　　　　　　◇

R 和 MATLAB 笔记

对于卡方检验，R 有一个命令 chisq.test. 下面是它求解例 10.2 的方式：

```R
counts = c(44,52,36,20,12,6)              # Observed counts
prob = c( dpois(0:4,1.55), 1-ppois(4,1.55) ) # Poisson probabilities
                   # of our chosen bins. These are P(0),...,P(4) and 1-F(4)
chisq.test(counts,p=prob)                 # Test for goodness of fit
```

正如你所注意到的，我们使用参数 1.55（该参数是用最大似然法从例 10.2 中得到的估计值）对泊松分布观测到的计数进行了检验. 也可以在 R 中使用 fitdistr(x,'Poisson') 计算，该工具在 9.1 节的最后讨论过.

类似的 MATLAB 命令是 chi2gof，它是卡方检验拟合优度的特别缩写. 让我们把它应用到例 10.3 中.

```Matlab
X = [17.2 22.1 18.5 17.2 18.6 14.8 21.7 15.8 16.3 22.8 24.1 13.3...
16.2 17.5 19.0 23.9 14.8 22.2 21.7 20.7 13.5 15.8 13.1 16.1 21.9...
23.9 19.3 12.0 19.9 19.4 15.4 16.7 19.5 16.2 16.9 17.1 20.2 13.4...
19.8 17.7 19.7 18.7 17.6 15.9 15.2 17.1 15.0 18.8 21.6 11.9];
[ decision, pvalue, stat ] = chi2gof(X, 'CDF', fitdist(X,'Normal'))
```

这给了我们三条信息. 新变量 pvalue 和 decision 是检验的 P 值以及基于它的决策（如果 H_0 被否决，则 H_A 被采纳，因此为 1，表示反对正态分布的证据，否则为 0）. 此外，新对象 stat 包含所有检验的步骤——选择的区间边缘、观察和预期计数，最后是 χ^2 统计量.

10.1.3　独立性检验

许多实际应用需要检验两个因素的独立性. 如果两个特征之间存在显著的关联，就有助于理解因果关系. 例如，吸烟真的会导致肺癌吗？这些数据能证实酒后驾车会增加交通事故的概率吗？客户对其计算机的满意度取决于操作系统吗？图形用户界面（GUI）会影响软件的流行程度吗？

显然，卡方统计可以帮助我们检验

$$H_0 : \text{因子 } A \text{ 和 } B \text{ 独立的} \quad \text{与} \quad H_A : \text{因子 } A \text{ 和 } B \text{ 是相关的}$$

据了解，每个因子把整个总体 $\mathcal{P}$ 分成两个或两个以上的类别，如 $A_1, \cdots, A_k$ 和 $B_1, \cdots, B_m$，其中 $A_i \bigcap A_j = \varnothing$，$B_i \bigcap B_j = \varnothing$，对于任意 $i \neq j$，$\bigcup A_i = \bigcup B_i = \mathcal{P}$.

正如 3.2.2 节中所理解的随机变量的独立性一样，可以理解因子的独立性. 如果任意随机选择的总体单位 x 属于 A_i 和 B_j 这两个相互独立的类别，则因子 A 和因子 B 是相互独立的，换句话说，我们正在检验：

$$H_0 : P\{x \in A_i \bigcap B_j\} = P\{x \in A_i\}P\{x \in B_j\} \text{ 对所有 } i, j$$
$$\text{与} \tag{10.4}$$
$$H_A : P\{x \in A_i \bigcap B_j\} \neq P\{x \in A_i\}P\{x \in B_j\} \text{ 对某些 } i, j$$

为了检验这些假设，我们收集了一个大小为 n 的样本，并计算了落在类别 A_i 和 B_j 交集上的 n_{ij} 单位. 这些是观察计数，可以很好地排列在列联表中：

	B_1	B_2	$\cdots$	B_m	行总计
A_1	n_{11}	n_{12}	$\cdots$	n_{1m}	$n_1.$
A_2	n_{21}	n_{22}	$\cdots$	n_{2m}	$n_2.$
$\cdots$	$\cdots$	$\cdots$	$\cdots$	$\cdots$	$\cdots$
A_k	n_{k1}	n_{k2}	$\cdots$	n_{km}	$n_k.$
列总计	$n._1$	$n._2$	$\cdots$	$n._m$	$n.. = n$

[321] $n_i. = \sum_i n_{ij}$ 和 $n._j = \sum_j n_{ij}$ 对于行汇总和列汇总非常常见.

　　然后，我们在式(10.4)中估计所有概率：

$$\hat{P}\{x \in A_i \cap B_j\} = \frac{n_{ij}}{n}, \quad \hat{P}\{x \in A_i\} = \sum_{j=1}^{m} \frac{n_{ij}}{n} = \frac{n_i.}{n}, \quad \hat{P}\{x \in B_j\} = \sum_{i=1}^{k} \frac{n_{ij}}{n} = \frac{n._j}{n}$$

如果 H_0 为真，那么，我们也可以估计交集的概率为

$$\widetilde{P}\{x \in A_i \cap B_j\} = \left(\frac{n_i.}{n}\right)\left(\frac{n._j}{n}\right)$$

估计预期计数为

$$\widehat{\mathrm{Exp}}(i, j) = n\left(\frac{n_i.}{n}\right)\left(\frac{n._j}{n}\right) = \frac{(n_i.)(n._j)}{n}$$

这是预期计数 $\mathrm{Exp}(i, j) = E\{\mathrm{Obs}(i, j) | H_0\}$ 在 H_0 下被估计的情形. 在零假设 H_0 中没有足够的信息来准确地计算它们.

　　在此准备之后，我们构建通常的卡方统计量，比较整个列联表中观察到的和估计的预期计数：

$$\chi^2_{\mathrm{obs}} = \sum_{i=1}^{k} \sum_{j=1}^{m} \frac{\{\mathrm{Obs}(i, j) - \widehat{\mathrm{Exp}}(i, j)\}^2}{\widehat{\mathrm{Exp}}(i, j)} \tag{10.5}$$

该 χ^2_{obs} 现在应该与卡方表比较. 它有多少个自由度? 因为表格有 k 行和 m 列，自由度的数量难道不等于 $k \cdot m$ 吗?

　　结果是不同的：

$$d_{ij} = \mathrm{Obs}(i, j) - \widehat{\mathrm{Exp}}(i, j) = n_{ij} - \frac{(n_i.)(n._j)}{n}$$

在式(10.5)中有许多约束. 对于任意 $i = 1, \cdots, k$，我们有总和 $d_i. = \sum_j d_{ij} = n_i. - \dfrac{(n_i.)(n..)}{n} = 0$；同理，对于任意 $j = 1, \cdots, m$，我们有 $d._j = \sum_i d_{ij} = n._j - \dfrac{(n..)(n._j)}{n} = 0$. 那么，我们会因为这 $k + m$ 个约束而失去 $k + m$ 个自由度吗? 会，但是在这些约束中还隐藏着一个约束! 不管 d_{ij} 是什么，等式 $\sum_i d_i. = \sum_j d._j$ 总是成立的. 所以，如果除最后一个 $d._m$ 外，所有的 $d_i.$ 和 $d._j$ 都等于 0，那么 $d._m$ 自动等于 0，因为 $\sum_i d_i. = 0 = \sum_j d._j$.

　　因此，我们只有 $k + m - 1$ 个线性无关的约束，且总的 χ^2_{obs} 自由度为

$$自由度 = km - (k + m - 1) = (k - 1)(m - 1)$$

<table>
<tr><td rowspan="2">**卡方的独立性检验**</td><td>检验统计量

$$\chi^2_{\text{obs}} = \sum_{i=1}^{k} \sum_{j=1}^{m} \frac{\{\text{Obs}(i, j) - \widehat{\text{Exp}}(i, j)\}^2}{\widehat{\text{Exp}}(i, j)}$$</td></tr>
<tr><td>其中
$\text{Obs}(i, j) = n_{ij}$ 为观测计数,

$\widehat{\text{Exp}}(i, j) = \dfrac{(n_{i \cdot})(n_{\cdot j})}{n}$ 为估计的预期计数, χ^2_{obs} 的自由度为 $(k-1)(m-1)$</td></tr>
</table>

与本节一样,这个检验是单侧右尾的.

322

例 10.4(垃圾邮件和附件) 现代的电子邮件服务器和反垃圾邮件过滤器试图识别垃圾邮件,并将它们定向到垃圾文件夹.有各种各样的方法来检测垃圾邮件,研究仍在继续.在这方面,信息安全局试图确认电子邮件为垃圾邮件取决于它是否包含图像.以下数据收集自 $n = 1000$ 个随机电子邮件消息:

$\text{Obs}(i, j) = n_{ij}$	包含图像	不包含图像	$n_{i \cdot}$
垃圾邮件	160	240	400
非垃圾邮件	140	460	600
$n_{\cdot j}$	300	700	1000

检验 H_0:"垃圾邮件和包含图像的邮件是独立因子"与 H_A:"这些因子是相关的",计算估计的预期计数:

$$\widehat{\text{Exp}}(1, 1) = \frac{(300)(400)}{1000} = 120, \quad \widehat{\text{Exp}}(1, 2) = \frac{(700)(400)}{1000} = 280,$$

$$\widehat{\text{Exp}}(2, 1) = \frac{(300)(600)}{1000} = 180, \quad \widehat{\text{Exp}}(2, 2) = \frac{(700)(600)}{1000} = 420$$

$\widehat{\text{Exp}}(i, j) = \dfrac{(n_{i \cdot})(n_{\cdot j})}{n}$	包含图像	不包含图像	$n_{i \cdot}$
垃圾邮件	120	280	400
非垃圾邮件	180	420	600
$n_{\cdot j}$	300	700	1000

你可以始终检查所有的行总数、列总数和整个表总数对于观察到的计数和预期计数是否相同(因此,如果有错误,请在这里找到它):

$$\chi^2_{\text{obs}} = \frac{(160 - 120)^2}{120} + \frac{(240 - 280)^2}{280} + \frac{(140 - 180)^2}{180} + \frac{(460 - 420)^2}{420} = 31.75$$

在自由度为 $(2-1)(2-1) = 1$ 的表 A6 中,我们发现 $P < 0.001$. 我们有一个显著性证据表明一封带有附件的电子邮件在某种程度上与垃圾邮件有关.因此,这段信息可以用于反垃

圾邮件过滤器.　　　　　　　　　　　　　　　　　　　　　　　　　　　　　　◇

　　例 10.5(在一周中不同的日子进行网上购物)　一位网页设计师怀疑, 网络购物者通过她的网站进行购物的机会因星期几而异. 为了验证这一说法, 她在一周内收集了 3758 次点击量的数据:

观测	星期一	星期二	星期三	星期四	星期五	星期六	星期日	总计
未购物	399	261	284	263	393	531	502	2633
单次购物	119	72	97	51	143	145	150	777
多次购物	39	50	20	15	41	97	86	348
总计	557	383	401	329	577	773	738	3758

检验独立性(即购物或多次购物的概率在一周中的任何一天都是相同的), 我们计算估计的预期计数:

$$\widehat{\text{Exp}}(i, j) = \frac{(n_{i.})(n_{.j})}{n}, \quad i = 1, \cdots, 7, \quad j = 1, 2, 3$$

预期	星期一	星期二	星期三	星期四	星期五	星期六	星期日	总计
未购物	390.26	268.34	280.96	230.51	404.27	541.59	517.07	2633
单次购物	115.16	79.19	82.91	68.02	119.30	159.82	152.59	777
多次购物	51.58	35.47	37.13	30.47	53.43	71.58	68.34	348
总计	557	383	401	329	577	773	738	3758

那么, 检验统计量为

$$\chi^2_{\text{obs}} = \frac{(399 - 390.26)^2}{390.26} + \cdots + \frac{(86 - 68.34)^2}{68.34} = 60.79$$

它有 $(7-1)(3-1) = 12$ 个自由度. 从表 A6 中, 我们发现 P 值是 $P < 0.001$, 因此, 确实有显著性证据表明, 在一周内不同日子进行一次或多次购买的概率是不同的.　　　　　◇

　　R 和 MATLAB 笔记

　　χ^2 的独立性检验在 R 和 MATLAB 中是现成的. 例如, 下面是例 10.4 的快速解决方案:

```
— R —
counts = c(160,140,240,460)    # These counts are given in Example 10.4
T = matrix(counts,2,2)         # Create a contingency table T
chisq.test(T,correct=0)        # Chi-square test for independence
```

χ^2 检验的所有部分保存在数据帧 chisq.test(T,correct=0), 你可以看到他们通过键入名称得到的列表 names(chisq.test(T,correct=0)). 例如, 要获得预期计数, 输入行 chisq.test(T,correct=0)$expected.

　　选项 correct=0 要求精确地执行检验, 如例 10.4 所示. 没有这个选项, R 使用了一个稍微不同的方法, 包括连续性校正.

　　同样的命令可以应用于计数(就像我们刚才做的那样), 也可以应用于原始数据. 我们可以创建具有相同计数的数据集, 然后检验两个独立因子, 如下所示:

```
─── R ───────────
X1 = rbind(matrix("Spam",400,1),matrix("No spam",600,1))
X2 = rbind(matrix("Images",160,1),matrix("No images",240,1),
           matrix("Images",140,1),matrix("No images",460,1))
chisq.test(X1,X2,correct=0)
```

MATLAB 中有一个类似的 χ^2 检验工具：

```
─── MATLAB ───────────
X1 = [ones(400,1); zeros(600,1)];
X2 = [ones(160,1); zeros(240,1); ones(140,1); zeros(460,1)];
[ observed, statistic, pvalue ] = crosstab(X1,X2)
```

324

通过这种方式，我们定义变量 observed、statistic 和 pvalue，它们将包含观察计数、χ^2 统计量和检验的 P 值，我们可以由此确定图片的邮件和垃圾邮件的独立性。

对于 χ^2 检验没有特殊的 R 和 MATLAB 命令，其他软件语言的用户可以按照以下思路写代码：

```
X = [160 240; 140 460];                   % Matrix of observed counts
Row = sum(X')'; Col = sum(X); Tot = sum(Row);   % Row and column totals
k = length(Col); m = length(Row);         % Dimensions of the table
e = zeros(size(X));                       % Expected counts
for i=1:k; for j=1:m; e(i,j) = Row(i)*Col(j)/Tot; end; end;
chisq = (X-e).^2./e;                      % Chi-square terms
chistat = sum(sum(chisq));                % Chi-square statistic
Pvalue = 1-chi2cdf(chistat,(k-1)*(m-1))   % P-value
```

这段代码实际上可以在 MATLAB 中执行。它逐步计算预期计数、检验统计量和检验的 P 值。

10.2 非参数统计

参数统计方法通常是针对一类特殊的分布而设计的，如正态分布、泊松分布、伽马分布等。非参数统计不假定任何特定的分布。一方面，非参数方法没有那么强大，因为你对数据的假设越少，你从中发现的就越少。另一方面，由于需求较少，它们适用于更广泛的应用。这里有三个典型的例子。

例 10.6（未知分布）　我们在例 9.29 中进行的检验要求数据、电池寿命服从正态分布。当然，这个 t 检验是参数化的。然而，回顾这个例子，我们不确定这个假设是否成立。12 和 18 的数据测量样本可能太小，无法找到支持或反对正态分布的证据。我们可以在不依赖此假设的情况下检验相同的假设（$\mu_X = \mu_Y$）吗？　　　　　　　　　　　　　　　　　　　　　　　　　　　　　　　$\diamond$

例 10.7（异常值）　在例 9.37 中，当样本量足够大（$m=n=50$）时，我们可以使用中心极限定理来证明使用 Z 检验的合理性。然而，这些关于某些软件运行时间的数据偶尔会包含异常值。假设一台计算机在实验过程中意外停机，这就会增加 40 分钟的运行时间。当然，这是异常值，100 次观测中只有一次，但它对结果有影响。

实际上，如果一个观察值 Y_i 增加了 40 分钟，那么升级后 50 次运行的新平均值就变成 $\overline{Y}=7.2+40/50=8.0$。检验统计量现在是 $Z=(8.5-8.0)/0.36=1.39$，而不是 3.61，P 值是 $P=0.0823$，而不是 $P=0.0002$。在例 9.37 中，我们得出结论：有效升级的证据是压倒性的。但现在我们不那么肯定了！

325 我们需要一种对少数异常值不那么敏感的方法. ◇

例 10.8（有序数据） 一家软件公司会定期进行调查，让客户按照"非常同意，同意，中立，不同意，非常不同意"的标准尺度对自己的满意度进行排序. 然后，统计人员被要求进行比较不同产品的顾客满意度的检验.

这些数据甚至都不是数字！它们包含了重要的信息，但是我们如何在没有任何数字的情况下进行检验呢？我们能否给顾客的回答赋一个数值，比如"非常同意"=5，"同意"=4，……"非常不同意"=1？这种方法似乎需要一些数据中没有给出的附加信息. 例如，它暗示了"同意"和"非常同意"之间的区别与"同意"和"中立"之间的区别是一样的. 此外，"非常同意"和"中立"的区别与"同意"和"不同意"的区别是一样的. 我们确实有信息数据，但是这个特定的信息没有给出，所以我们不能使用它.

在统计学中我们是否有办法处理不是数字而是等级的数据，以便从最低（如"非常不同意"）到最高（如"非常同意"）排序？ ◇

例 10.8 是相当典型的. 除了满意度调查，人们可能想要分析和比较受教育水平：从高中到博士；军官军衔，从少尉到上将；象棋技巧，从菜鸟到特级大师. 此外，许多调查要求的是时间间隔，而不是精确的数量，例如，收入等级——"你的年收入低于 2 万美元吗？""在 2 万到 3 万美元之间？"等.

定义 10.1 *可以从最低到最高排序，而没有任何数值的数据称为* **有序数据**.

大多数非参数方法可以处理例 10.6～例 10.8 中描述的情况. 在这里，我们讨论一个样本和两个样本的三个非常常见的非参数测试：符号检验、符号秩检验、秩和检验.

10.2.1 符号检验

这里有一个针对总体的简单检验. 它指的是一个总体的中位数 M 和检验

$$H_0: M = m$$

相对于单边或双边的选择——$H_A: M < m$，$H_A: M > m$，或 $H_A: M \neq m$. 因此，我们正在检验是否恰好一半的人口低于 m，一半的人口高于 m.

要进行符号检验，只需计算 m 以上有多少个观察值，即

$$S_{obs} = S(X_1, \cdots, X_n) = \{i: X_i > m\} \text{ 的个数}$$

通常，假定底层分布是连续的，因此 $P\{X_i = m\} = 0$. 在这种情况下，如果 H_0 为真，m 为

326 中位数，那么每个 X_i 都可能高于 m 或低于 m，S 服从参数为 n 和 $p = 1/2$ 的二项分布. 利用小 n 的二项分布的表 A2 或大 n 的正态分布的表 A4（当然需要适当的标准化和连续性校正），我们计算 P 值，并得出结论.

右尾备择假设将由大的 S_{obs} 值支持，因此 P 值应该是 $P = P\{S \geq S_{obs}\}$. 同理，对于左尾备择假设，$P = P\{S \leq S_{obs}\}$，对于双侧检验，$P = 2\min(P\{S \leq S_{obs}\}, P\{S \geq S_{obs}\})$.

信号检验	中位数检验，$H_0: M = m$ 检验统计量 S 等于 $X_i > m$ 的个数 零分布 $S \sim \text{Binomial}(n, 1/2)$ 对于较大的 n，$S \approx \text{Normal}(n/2, \sqrt{n}/2)$（如果 X_i 的分布是连续的）

例 10.9(未经授权使用的计算机账户，续)   例 9.39 显示了一个非常显著的证据，它表明一个计算机账户被未经授权的人使用. 这个结论是基于击键之间的时间(数据集 Keystrokes),

$$0.24, \ 0.22, \ 0.26, \ 0.34, \ 0.35, \ 0.32, \ 0.33, \ 0.29, \ 0.19, \ 0.36,$$
$$0.30, \ 0.15, \ 0.17, \ 0.28, \ 0.38, \ 0.40, \ 0.37, \ 0.27(秒)$$

而账户所有者通常在击键之间间隔 0.2 秒. 我们的解决方案是基于 t 检验的, 我们必须假设数据的正态分布. 然而, 图 10.1 中的直方图并没有证实这一假设. 此外, 样本量太小, 无法进行卡方拟合优度检验(练习 10.5).

我们应用符号检验, 因为它不要求正态分布. $H_0 : M = 0.2$ 与 $H_A : M \neq 0.2$ 的检验统计量是 $S_{obs} = 15$, 因为记录的 18 次中有 15 次超过了 0.2.

然后, 由表 A2 的 $n = 18$ 和 $p = 0.5$, 我们找到 P 值:

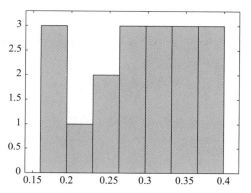

图 10.1   按键之间的时间直方图不支持或否定正态分布

$$P = 2\min(P\{S \leqslant S_{obs}\}, \ P\{S \geqslant S_{obs}\})$$
$$= 2\min(0.0038, \ 0.9993)$$
$$= 0.0076$$

(这里使用该表的提示: $P\{S \geqslant 15\} = P\{S \leqslant 3\}$, 因为 Binomial(18, 0.5) 分布是对称的.) 因此, 对任意 $\alpha > 0.0076$, 符号检验拒绝 H_0, 这是一个证据, 所使用的账户是一个未经授权的人.

这里是一个大样本版本的符号检验.

例 10.10(汽车超速了吗?)   Eric 怀疑在他去大学的路上, 汽车的速度中位数超过了限速, 即每小时 30 英里(1 英里 = 1.609 344 千米). 他和 Alyssa 展开实验, 即以每小时 30 英里的速度精确驾驶, Alyssa 计数车的数量. 最后, Alyssa 报告说有 56 辆车的车速比 Eric 快, 44 辆车的车速比 Eric 慢. 这是否证实了 Eric 的猜想?

解   这是一个单侧的右尾检验

$$H_0 : M = 30 \qquad 与 \qquad H_A : M > 30$$

因为拒绝 H_0 意味着超过 50% 的汽车超速. 符号检验统计量为 $S = 56$, 样本大小为 $n = 56 + 44 = 100$. S 的零分布是 $\mu = n/2 = 50$, $\sigma = \sqrt{n}/2 = 5$ 的近似正态分布. 由表 A4 计算 p 值(别忘了连续性校正):

$$P = P\{S \geqslant 56\} = P\left\{Z \geqslant \frac{55.5 - 50}{5}\right\} = 1 - \Phi(1.1) = 1 - 0.8643 = 0.1357$$

我们可以得出结论, Alyssa 和 Eric 并没有发现一个显著性证据表明汽车的中位数速度高于限速.

注意, 我们使用的是有序数据. 知道每辆车的准确速度对符号检验来说是不必要的.   ◇

统计学家运用符号检验, 将检验值($X_i > m$) 以上的数据标记为正, m 以下的数据标记

327

为负……这完全解释了检验的名字.

10.2.2　Wilcoxon 符号秩检验

你肯定注意到符号检验使用的信息很少. 我们所需要知道的是 m 之上和 m 之下有多少观测值. 但是, 可能未使用的信息是有用的, 不应该浪费. 检验除了考虑信号外, 还考虑幅度.

为了检验总体中位数 M, 我们再次将样本分为两部分——低于 m 和高于 m. 但现在我们比较第一个组总体低于 m 的程度, 以及第二个组总体高于 m 的程度. 这种比较是根据所谓的秩统计进行的.

定义 10.2　样本单元的**秩**是样本按递增顺序排列时的位置. 在规模为 n 的样本中, 最小观测值的秩为 1, 次小的为 2, 以此类推, 最大观测值的秩为 n. 如果两个或多个观测值相等, 则它们的秩通常由它们的平均秩代替.

$$\textbf{表示法}\ \|R_i = 第\ i\ 个观测值的秩\|$$

$R_i = r$ 意味着 X_i 是样本中第 r 小的观测值.

例 10.11　考虑一个示例

$$3,\ 7,\ 5,\ 6,\ 5,\ 4$$

最小的观测值是 $X_1 = 3$, 其秩为 1; 第二小的是 $X_6 = 4$, 它的秩为 2. 第三和第四小的是 $X_3 = X_5 = 5$, 它们秩的平均值是 3.5. 然后, $X_4 = 6$ 和 $X_2 = 7$ 的秩分别是 5 和 6. 所以, 我们有以下的秩:

$$R_1 = 1,\quad R_2 = 6,\quad R_3 = 3.5,\quad R_4 = 5,\quad R_5 = 3.5,\quad R_6 = 2 \qquad \diamond$$

H_0 的 Wilcoxon **符号秩检验**: $M = m$, 方法如下:

1. 考虑观测值与检验值之间的距离 $d_i = |X_i - m|$.

2. 对这些距离排序, 并计算它们的秩 R_i. 注意, 这些是 d_i 的秩, 不是 X_i.

3. 只取与观测值 X_i 大于 m 对应的秩, 它们的和为检验统计量 w, 即

$$W = \sum_{i:\ X_i > m} R_i$$

(见图 10.3, 以可视化距离 d_i 和它们的秩 R_i).

4. 较大的 W 值表明拒绝 H_0, 接受 $H_A : M > m$; 小值支持 $H_A : M < m$; 而且两者都支持双侧备择假设 $H_A : M \neq m$.

该检验由爱尔兰裔美国统计学家 Frank Wilcoxon(1882—1965)提出, 常被称为 Wilcoxon 检验.

为了方便起见, Wilcoxon 建议使用符号秩, 如果 $X_i > m$, 则给秩 R_i 一个 "＋" 符号; 如果 $X_i < m$, 则给一个 "－" 符号. 他的统计量 W 则等于正符号秩的和. (有些人用负秩的和, 或者它的简单变换代替. 这些统计数据是彼此的一对一函数, 因此, 每一个都可以用于 Wilcoxon 检验.)

我们假设 X 的分布是关于中位数 M 对称的, 也就是说

$$P\{X \leqslant M - a\} = P\{X \geqslant M + a\}$$

对于任意 a(图 10.2). 如果均值 $\mu = E(X)$ 存在, 它还将等于 M.

假设分布是连续的. 所以, 没有相等的观测值, 也没有需要取平均值的秩.

在这些假设下，Wilcoxon 检验统计量 W 的零分布将在本节后面得到. 对于 $n \leqslant 30$，临界值如表 A8 所示. 对于 $n \geqslant 15$，可以使用正态逼近，并进行连续性修正，因为 W 的分布是离散的.

关于接受域与拒绝域的说明： 当我们为某个检验统计量 T 构造接受域和拒绝域时，我们总是在寻找临界值 T_a，使得

$$P\{T \leqslant T_a\} = \alpha \quad \text{或} \quad P\{T \geqslant T_a\} = \alpha$$

但对于 Wilcoxon 检验，统计量 W 对于任何 n 仅取有限数量的可能值. 因此，结果可能不存在使概率 $P\{W \leqslant w\}$ 或 $P\{W \geqslant w\}$ 恰好等于 α 的值 w. 只能实现不等式 $P\{W \leqslant w\} \leqslant \alpha$ 和 $P\{W \geqslant w\} \leqslant \alpha$.

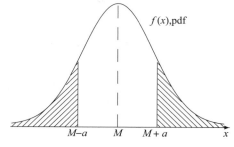

图 10.2 对称分布. 阴影区域对于任何 a 的概率都是相等的

表 A8 中的临界值使这些不等式尽可能紧密（即尽可能接近相等），但仍然要确保

$$P\{第 I 类型错误\} \leqslant \alpha$$

Wilcoxon 符号秩检验

中位数检验，$H_0: M = m$.

检验统计量 $W = \sum\limits_{i: X_i > m} R_i$，其中 R_i 为 $d_i = |X_i - m|$ 的秩.

零分布：表 A8 或递归公式 (10.6).

对 $n \geqslant 15$，$W \approx \text{Normal}\left(\dfrac{n(n+1)}{4}, \sqrt{\dfrac{n(n+1)(2n+1)}{24}} \right)$

假设：X_i 的分布是连续且对称的

例 10.12（供应和需求）   供需满足总是需要统计学家的帮助.

假设管理一个学生计算机实验室，你的职责是确保打印机内始终有纸. 在你工作的前六天，实验室消耗了

$$7，5.5，9.5，6，3.5 \text{ 和 } 9 \text{ 箱纸}$$

这是否意味着，在 5% 的显著性水平下，每日纸张消耗量的中位数超过 5 箱？可以公平地假设，每天使用的纸张数量是独立的，这 6 天就像一个简单的随机样本.

让我们检验 $H_0: M = 5$，$H_A: M > 5$. 据表 A8 进行的 $n = 6$ 和 $\alpha = 0.05$ 右尾检验，当正秩的和 $T \geqslant 19$ 时，拒绝 H_0. 为了计算 Wilcoxon 检验统计量 T，计算距离 $d_i = |X_i - 5|$，并从最小到最大排序.

i	X_i	$X_i - 5$	d_i	R_i	符号
1	7	2	2	4	$+$
2	5.5	0.5	0.5	1	$+$
3	9.5	4.5	4.5	6	$+$
4	6	1	1	2	$+$
5	3.5	-1.5	1.5	3	$-$
6	9	4	4	5	$+$

然后，计算 T 加上"正"的秩，$T = 4+1+6+2+5 = 18$. 它并不处于拒绝域，因此，在 5% 的水平上，这些数据没有提供显著性证据证明每日纸张的平均消耗量超过 5 箱. ◇

例 10.13（未经授权使用的计算机账户，续） 在例 10.9（数据集 Keystrokes）中，使用 Wilcoxon 符号秩检验来检验 $M = 0.2$ 和 $M \neq 0.2$. 我们计算距离 $d_1 = |X_1 - m| = |0.24 - 0.2| = 0.04$，$\cdots$，$d_{18} = |0.27 - 0.2| = 0.07$，并对它们进行排序，参见图 10.3 中的秩. 在这里，我们注意到第 9、12 和 13 次的观测值都低于 $m = 0.2$，而其他所有的观测值都高于 $m = 0.2$. 只计算正符号秩的和，不考虑 R_9、R_{12} 和 R_{13}，我们得到了检验统计量

$$W = \sum_{i:\ X_i > m} R_i = 162$$

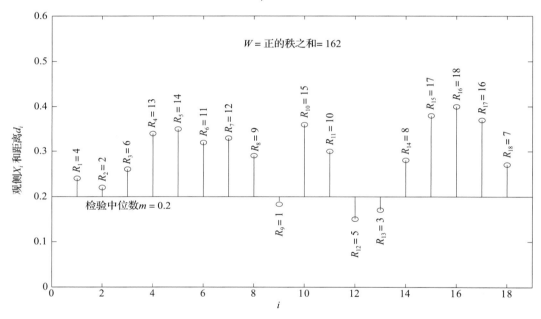

图 10.3 距离等级 $d_i = |X_i - m|$

你能在这个计算中找到捷径吗？看，所有秩的和是 $1 + \cdots + 18 = (18)(19)/2 = 171$. 从这里，我们可以推导出对应于小 X_i 的秩，所以 $W_{obs} = 171 - R_9 - R_{12} - R_{13} = 171 - 1 - 5 - 3 = 162$.

计算 P 值. 如果我们用 $n = 18$ 的表格 A8，这是一个双侧检验，因此，

$$P = 2\min(P\{W \leqslant 162\},\quad P\{S \geqslant 162\}) < 2 \cdot 0.001 = 0.002$$

对于样本大小 $n = 18$，我们也可以使用正态近似. 对于 W 的零分布，有

$$E(W \mid H_0) = \frac{(18)(19)}{4} = 85.5, \quad \mathrm{Std}(W \mid H_0) = \sqrt{\frac{(18)(19)(37)}{24}} = 23.0$$

做一个连续性校正（因为 W 是离散的），我们找到了这个双侧检验的 P 值：

$$P = 2P\left\{Z \geqslant \frac{161.5 - 85.5}{23.0}\right\} = 2(1 - \Phi(3.30)) = 2 \cdot 0.0005 = 0.001$$

Wilcoxon 检验显示有强有力的证据表明该账户由未经授权的人使用.   ◇

通常，对于单侧选择，P 值是 $P\{W \geqslant W_{obs}\}$ 或 $P\{W \leqslant W_{obs}\}$.

对比例 10.9 和例 10.13，我们可以看到，用 Wilcoxon 检验得到的证据更强. 一般来说应该是这样的. Wilcoxon 符号秩检验利用了数据中包含的更多信息，因此，它更强大，也就是说对违反 H_0 更加敏感. 换句话说，如果 H_0 不为真，Wilcoxon 检验更有利于证明这一点.

R 和 MATLAB 笔记

R 有一个内置的命令 `wilcox.test` 用于进行 Wilcoxon 符号秩检验. 例如，下面是我们如何在 R 中检验 $H_0:M=0.2$ 与 $H_A:M \neq 0.2$.

```
——— R ———————
X<-c(.24,.22,.26,.34,.35,.32,.33,.29,.19,.36,.30,.15,.17,.28,.38,
 .40,.37,.27)
wilcox.test(X, mu=0.2, alternative="two.sided")
```

对于 MATLAB 中的相同检测，使用 `signrank`. 下面的代码将返回 P 值、Wilcoxon 检验统计量 W 和从中计算出的 Z 分数.

```
——— MATLAB ———————
X=[.24,.22,.26,.34,.35,.32,.33,.29,.19,.36,.30,.15,.17,.28,.38,.40,
 .37,.27];
[ pvalue, decision, stats ] = signrank(X, 0.2)
```

如果用户的软件没有内置工具用于 Wilcoxon 符号秩检验，可以按照下面的 MATLAB 程序编写代码：

```
x = [ ]; y=[ ];                  % Split the data into X_i > m and X_i < m
for k = 1:length(X);
  if X(k)>m; x=[x X(k)];
  else y=[y X(k)]; end; end;
dx = abs(x-m); d = abs(X-m);     % Distances to the tested median
W=0; for k=1:length(x);          % Each rank is the number of distances d
  W=W+sum(d<dx(k))+1; end;       % not exceeding the given distance d_x(k)
W                                % W is the sum of positive ranks
```

332

Wilcoxon 检验统计量的零分布

在 $X_1, \cdots, X_n$ 是对称且连续分布的假设下，这里我们得到了 W 的零分布. 在这种推导中使用了高品质的思想.

准确的分布

可以递归地准确求出检验统计量 W 的零分布. 也就是说，我们从 $n=1$ 的小样本开始，然后计算 $n=2$ 时 W 的分布，$n=3$ 时 W 的分布，以此类推，类似于数学归纳法.

在大小为 n 的样本中，所有的秩都是 1 和 n 之间的不同整数. 由于分布的对称性，如果 H_0 为真，那么每个秩都可以是一个"正秩"或一个"负秩"的概率为 0.5 和 0.5.

设 $p_n(w)$ 表示样本大小为 n 时 W 的概率质量函数，则 $n=1$ 时 W 的分布为

$$p_1(0)=P\{W=0 \mid n=1\}=0.5, \quad p_1(1)=P\{W=1 \mid n=1\}=0.5$$

现在，在 H_0 下从大小 $n-1$ 过渡到大小 n. 根据对称性，距离 M 最远的观测值，其 n 的秩最高，其概率可以高于 M，也可以低于 M，分别为 0.5 和 0.5. 所以，在以下两种情况下，

正秩 W 的和等于 w:

(1) 不含秩 n 的正秩之和为 w, 秩 n 为 "负";

(2) 不含秩 n 的正秩之和等于 $w-n$, 秩 n 为 "正", 在这种情况下, 它把 n 加到和上, 使和等于 w.

这给出了计算 Wilcoxon 统计量 W 的 pmf 的递归公式:

$$p_n(w) = 0.5 p_{n-1}(w) + 0.5 p_{n-1}(w-n) \tag{10.6}$$

近似正态

对于大样本($n \geqslant 15$ 是经验法则), W 的分布近似正态. 让我们找出它的参数 $E(W)$ 和 $\mathrm{Var}(W)$.

引入 Bernoulli(0.5) 变量 Y_1, $\cdots$, Y_n, 其中 $Y_i = 1$. 如果第 i 个符号秩是正的, 则可以将检验统计量写成

$$W = \sum_{i=1}^{n} i Y_i$$

在这个和中, 负的符号秩将乘以 0, 所以只有正的秩才会被计算. 回想一下, 对于 Bernoulli(0.5), $E(Y_i) = 0.5$, $\mathrm{Var}(Y_i) = 0.25$. 利用 Y_i 的独立性, 计算

$$E(W \mid H_0) = \sum_{i=1}^{n} i E(Y_i) = \left(\sum_{i=1}^{n} i \right)(0.5) = \left(\frac{n(n+1)}{2} \right)(0.5) = \frac{n(n+1)}{4}$$

$$\mathrm{Var}(W \mid H_0) = \sum_{i=1}^{n} i^2 \mathrm{Var}(Y_i) = \left(\frac{n(n+1)(2n+1)}{6} \right) \left(\frac{1}{4} \right) = \frac{n(n+1)(2n+1)}{24}$$

应用这个正态近似, 不要忘记做一个连续性校正, 因为 W 的分布是离散的.

下面的 MATLAB 代码可以用来计算 $n=1$, $\cdots$, 15 时 W 在 H_0 下的概率质量函数:

```
N=15; S=N*(N+1)/2;                        % max value of W
p=zeros(N,S+1);                           % pmf; columns 1..S+1 for w=0..S
p(1,1)=0.5; p(1,2)=0.5;                   % pmf for n=1
for n=2:N;                                % Sample sizes until N
  for w=0:n-1;                            % Possible values of W
    p(n,w+1) = 0.5*p(n-1,w+1);
  end;
  for w=n:S;                              % Possible values of W
    p(n,w+1) = 0.5*p(n-1,w+1) + 0.5*p(n-1,w-n+1);
  end;
end;
```

统计量 W 的 pmf 的 R 代码非常相似. 然后, 取部分和 $\mathrm{F(n,w)} = \mathrm{sum(p(n,1:w))}$, 就可以得到 cdf. 表 A8 基于这些计算.

10.2.3 Mann-Whitney-Wilcoxon 秩和检验

两个样本的程序呢? 假设我们有两个总体的样本, 我们需要比较它们的中位数或者一些位置参数, 来看看它们有多大的不同.

Wilcoxon 符号秩检验可推广到如下双样本问题.

我们比较两个总体: 总体 X 和总体 Y. 针对其的累积分布函数, 检验

$$\text{对于所有的 } t, \ H_0: F_X(t) = F_Y(t)$$

假设在备择假设 H_A 下，Y 随机较大于 X，并且 $F_X(t) > F_Y(t)$，或者 Y 随机较小于 X，并且 $F_X(t) < F_Y(t)$. 例如，通过一个简单的移位就可以从另一个分布中获得一个分布的情况，如图 10.4 所示.

观测到两个独立样本 $X_1，\cdots，X_n$ 和 $Y_1，\cdots，Y_n$.

在前一节中，我们将观察值与固定的检验值 m 进行了比较. 现在我们将一个样本与另一个样本进行比较！下面是我们进行此检验的方式：

1. 将所有 X_i 和 Y_j 合并到一个样本中.

2. 在此合并样本中对观察结果进行排名. 秩 R_i 从 1 到 $n+m$，其中一些秩对应 X 变量，另一些对应 Y 变量.

3. 检验统计量 U 是所有 X 秩的和.

当 U 很小时，这意味着 X 变量在组合样本中秩较低，因此它们通常比 Y 变量小. 这意味着 Y 随机较大于 X，支持备择假设 $H_A：F_Y(t) < F_X(t)$（图 10.4）.

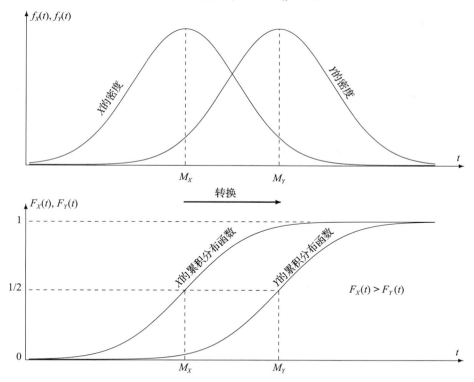

图 10.4 变量 Y 随机较大于变量 x，中位数较大，累积分布函数较小，$M_Y > M_X$，$F_Y(t) < F_X(t)$

该检验由 Frank Wilcoxon 提出，样本大小为 $n = m$，后来由其他统计学家 Henry Mann 和 Donald Whitney 推广到任意 n 和 m.

Mann-Whitney-Wilcoxon 检验统计量 U 的零分布如表 A9 所示. 对于大样本量的 n 和 m（经验法则是同时有 $n > 10$ 和 $m > 10$），U 近似正态.

> 两个总体的检验，$H_0: F_X = F_Y$.
>
> 检验统计量 $U = \sum_i R_i$，其中 R_i 为 X_i 与 Y_i 组合样本中 X_i 的秩.
>
> 零分布：表 A9 或递归公式 (10.7).
>
> 对于 $n, m \geqslant 10$，$U \approx \text{Normal}\left(\dfrac{n(n+m+1)}{2}, \sqrt{\dfrac{nm(n+m+1)}{12}}\right)$
>
> 假设：X_i 和 Y_i 的分布是连续的. 在零假设 H_0 下，有 $F_X(t) = F_Y(t)$；
> 对于所有的 t，$F_X(t) < F_Y(t)$；
> 或在备择假设 H_A 下，对于所有的 t，有 $F_X(t) > F_Y(t)$.

Mann-Whitney-Wilcoxon
双样本秩和检验

例 10.14（网上奖励） 一家互联网购物门户网站的经理们猜想，如果提供折扣或现金返还等激励措施，会有更多顾客参与在线购物. 为了验证这个假设，他们随机选择了 12 天，在随机选择的 6 天提供 5% 的折扣，但在另外 6 天不提供任何奖励. 折扣显示在连接到这个购物门户的链接上.

有了折扣，门户网站分别收到了 1200、1700、2600、1500、2400 和 2100 次点击（四舍五入到百位）. 在没有折扣的情况下，收到了 1400、900、1300、1800、700 和 1000 次点击. 这是否支持经理们的猜想？

解 设 F_X 和 F_Y 分别为无折扣和有折扣点击数的累积分布函数. 我们需要检验

$$H_0: F_X = F_Y, \quad H_A: X \text{ 随机较小于 } Y$$

但实际上，折扣可能会增加购物门户的点击率，因此 Y 应该随机较大于 X.

为了计算检验统计量，将所有的观察数据合并，且进行排序：

$$\underline{700}, \underline{900}, \underline{1000}, 1200, \underline{1300}, \underline{1400}, 1500, 1700, \underline{1800}, 2100, 2400, 2600$$

X 变量在这里加上下划线. 在合并的样本中，它们的秩是 1、2、3、5、6 和 9，它们的和是

$$U_{\text{obs}} = \sum_{i=1}^{6} R_i = \underline{26}$$

由 $n = m = 6$ 的表 A9 可知，单侧左尾的 P 值为 $p \in (0.01, 0.025]$. 虽然它暗示了一些证据，折扣有助于增加网上购物活动，但是这个证据不是压倒性的. 也就是说，我们可以得出结论：证据支持经理的说法在显著性水平 $\alpha > 0.025$ 时是显著的. ◇

例 10.15（Ping） 两个地点的往返时间（ping）在例 8.19 和数据集 Pings 中给出. 它们是按递增顺序排列的

位置 I：0.0156，0.0210，0.0215，0.0280，0.0308，0.0327，0.0335，0.0350，
　　　0.0355，0.0396，0.0419，0.0437，0.0480，0.0483，0.0543 秒

位置 II：0.0039，0.0045，0.0109，0.0167，0.0198，0.0298，0.0387，0.0467，
　　　0.0661，0.0674，0.0712，0.0787 秒

是否有证据表明 ping 中位数取决于位置？

我们对

$$H_0: F_X = F_Y \quad \text{与} \quad H_A: F_X \neq F_Y$$

应用 Mann-Whitney-Wilcoxon 检验，其中 X 和 Y 是两个位置的 ping 往返时间. 我们观察了 $n=15$ 和 $m=12$ 的样本. 其中 X-ping 的秩为 4，7，8，9，11，12，13，14，15，17，18，19，21，22，23，它们的和为

$$U_{obs} = \sum_{i=1}^{15} R_i = \underline{213}$$

（计算 Y 的秩，并从 $1+\cdots+27=(27)(28)/2=378$ 中减去它们的总和可能会更容易. ）

准备使用近似正态，计算

$$E(U \mid H_0) = \frac{n(n+m+1)}{2} = 210$$

$$\mathrm{Var}(U \mid H_0) = \frac{nm(n+m+1)}{12} = 420$$

然后（从表 A4）计算这个双侧检验的 P 值：

$$P = 2\min(P\{U \leqslant 213\}, P\{U \geqslant 213\}) = 2\min(P\{U \leqslant 213.5\}, P\{U \geqslant 212.5\})$$

$$= 2\min\left(P\left\{Z \leqslant \frac{213.5 - 210}{\sqrt{420}}\right\}, P\left\{Z \geqslant \frac{212.5 - 210}{\sqrt{420}}\right\}\right)$$

$$= 2P\left\{Z \geqslant \frac{212.5 - 210}{\sqrt{420}}\right\} = 2(1 - \Phi(0.12)) = 2(0.4522) = \underline{0.9044}$$

没有证据表明这两个位置的 ping 有不同的分布.　　　　　　　　　　　　　　　　　　　$\diamond$

例 10.16（竞争）　两家计算机制造商 A 和 B，竞争一份利润丰厚且享有盛誉的合同. 在竞争中，每个人都声称自己的计算机更快. 客户应该如何选择？

他们决定在两家公司的七台计算机上同时执行同一个程序，看哪一家更早结束. 结果，由 A 生产的两台计算机首先完成，然后是由 B 生产的三台计算机，由 A 生产的五台计算机，最后是由 B 生产的四台计算机. 实际时间未记录.

使用这些数据来检验 A 生产的计算机是否随机速度更快.

解　在缺乏数值数据的情况下，应使用非参数检验. 采用 Mann-Whitney-Wilcoxon 检验来检验

$$H_0: F_A = F_B, \quad H_A: X_A \text{ 随机较小于 } X_B$$

其中 X_A 和 X_B 是 A 和 B 生产的计算机执行程序花费的时间，F_A 和 F_B 分别是累积分布函数.

从这次比较的结果

$$A, A, B, B, B, A, A, A, A, A, B, B, B, B$$

来看，我们发现 A 的秩为 1，2，6，7，8，9 和 10. 它们的和

$$U_{obs} = \sum_{i=1}^{7} R_i = \underline{43}$$

由表 A9 可知，对于 $n_1 = n_2 = 7$ 的左尾检验，p 值在 0.1 和 0.2 之间. 没有显著性证据表明 A 生产的电脑（随机地）更快.　　　　　　　　　　　　　　　　　　　　　　　　　$\diamond$

用 R 和 MATLAB 进行 Mann-Whitney-Wilcoxon 检验

如果在其中输入两个变量而不是一个变量，则相同的 R 命令 `wilcox.test` 可以执行

Mann-Whitney-Wilcoxon 检验. 只是不要忘记关掉 paired 选项, 否则, R 将把它理解为一个配对检验.

```
—— R ——
X <- c(1200,1700,2600,1500,2400,2100)
Y <- c(1400,900,1300,1800,700,1000)
wilcox.test(X, Y, alternative="greater", paired=0)
```

在 MATLAB 中, 通用命令 ranksum(x,y) 返回用于双侧检验的 P 值. 要查看检验统计量, 请写入 [P,H,stat]= ranksum(x,y). 然后 stats 将包含检验统计量 U(MATLAB 计算组合样本中 X 秩和与 Y 秩和的较小值)和其标准化值 $Z=(U-E(U))/\text{Std}(U)$.

同样, P 将是一个双侧的 P 值, 如果在 5% 的水平下拒绝 H_0, H 将等于 1, 否则为 0.

以下代码可用于例 10.15:

```
—— MATLAB ——
x = [ 0.0156, 0.0210, 0.0215, 0.0280, 0.0308, 0.0327, 0.0335, 0.0350, ...
0.0355, 0.0396, 0.0419, 0.0437, 0.0480, 0.0483, 0.0543 ];
y = [0.0039, 0.0045, 0.0109, 0.0167, 0.0198, 0.0298, 0.0387, 0.0467, ...
0.0661, 0.0674, 0.0712, 0.0787 ];
[p,h,stats] = ranksum(x,y);
```

变量 stats 包含 Y 秩的和 165, 因为它小于 X 秩的和, 并且 $Z=0.1220$. 然后, $P=0.9029$, 与 $P=0.9044$ 略有不同, 因为我们将 Z 的值四舍五入为 0.12.

如果没有这些内置的工具, Mann-Whitney-Wilcoxon 检验统计量可以通过简单的命令被计算出来:

```
U = 0; XY = [X Y];                              % Joint sample
for k = 1:length(X); U = U + sum( XY < X(k) ) + 1;
end; U                          % Statistic U is the sum of X-ranks
```

Mann-Whitney-Wilcoxon 检验统计量的零分布

检验统计量 U 的精确分布的递推公式遵循了式(10.6)的推导过程.

如果 H_0 为真, 则 X 和 Y 的组合样本是大小为 $n+m$ 的同分布随机变量的样本. 因此, 在有序组合样本中 X 变量的 $\binom{n+m}{n}$ 分配都是等可能的. 其中, $\binom{n+m-1}{n}$ 分配的 Y 变量是组合样本中最大的观测值. 在这种情况下, 从样本中删除这个最大的观测值不会影响统计量 U, 即 X 秩的和. 其他的 $\binom{n+m-1}{n-1}$ 分配以 X 变量作为最大的观测值, 它的秩为 $n+m$, 在这种情况下, 删除它将使 X 秩的和减少 $n+m$.

现在, 让 $N_{n,m}(u)$ 是 X 变量和 Y 变量分配的数量, 结果是 $U=u$, 在零假设 H_0 下, 我们有等可能的结果, 所以 $U=u$ 的概率为

$$p_{n,m}(u) = P\{U=u\} = \frac{N_{n,m}(u)}{\binom{n+m}{n}}$$

由上一段,

$$N_{n,m}(u) = N_{n,m-1}(u) + N_{n-1,m}(u-n-m)$$

$$= \binom{n+m-1}{n} p_{n,m-1}(u) + \binom{n+m-1}{n-1} N_{n,m}(u-n-m)$$

因此，把这个方程的所有部分除以 $\binom{n+m}{n}$，我们得到

$$p_{n,m}(u) = \frac{m}{n+m} p_{n,m-1}(u) + \frac{n}{n+m} p_{n-1,m}(u-n-m) \tag{10.7}$$

这是 U 的概率质量函数的递归公式. 要开始递归，我们注意到，没有 X 变量，$p_{0,m}=0$；没有 Y 变量，$p_{n,0} = \sum_{i=1}^{n} i = n(n+1)/2$. 这些公式用于构造表 A9.

近似正态

当 $n \geq 10$ 且 $m \geq 10$ 时，统计量 U 近似为正态分布. 需要做进一步的工作来获得它的参数 $E(U)$ 和 $\mathrm{Var}(U)$. 以下为主要步骤：

我们注意到每个 X 秩等于

$$R_i = 1 + \#\{j: X_j < X_i\} + \#\{k: Y_k < X_i\}$$

（每个 # 表示对应集合中的元素数）. 因此，

$$U = \sum_{i=1}^{n} R_i = n + \binom{n}{2} + \sum_{i=1}^{n} \xi_i$$

其中 $\xi_i = \sum_{k=1}^{m} I\{Y_k < X_i\}$ 是变量 Y 小于 X_i 的个数.

在零假设 H_0 下，所有的 X_i 和 Y_k 是恒等分布的，因此 $P\{Y_k < X_i\} = 1/2$. 然后，$E(\xi_i) = m/2$，且

$$E(U) = n + \binom{n}{2} + \frac{nm}{2} = \frac{n(n+m+1)}{2}$$

对于 $\mathrm{Var}(U) = \mathrm{Var} \sum_i \xi_i = \sum_i \sum_j \mathrm{Cov}(\xi_i, \xi_j)$ 我们必须得出 $\mathrm{Var}(\xi_i) = (m^2 + 2m)/12$，$\mathrm{Cov}(\xi_i, \xi_j) = m/12$. 这并非易事，但你可以填充所有的步骤，作为一个很好但非必需的练习！如果你决定这样做，注意所有的 X_i 和 Y_k 都有相同的分布，因此，对于任意 $i \neq j$ 和 $k \neq l$，都有

$$P\{Y_k < X_i \cap Y_l < X_i\} = P\{X_i \text{ 是 } X_i, Y_k, Y_l \text{ 中最小的}\} = \frac{1}{3}$$

$$P\{Y_k < X_i \cap Y_l < X_j\} = \frac{X_i, X_j, Y_k, Y_l \text{ 的 6 个有利分配}}{X_i, X_j, Y_k, Y_l \text{ 的 4! 个分配}} = \frac{1}{4}$$

代入 $\mathrm{Var}(U)$ 并化简，得到

$$\mathrm{Var}(U) = \frac{nm(n+m+1)}{12}$$

10.3 自助法

当总体参数很难通过分析得到时，可以采用自助法（Bootstrap）通过蒙特卡罗模拟来估

计它，当计算机功能强大到可以处理大规模模拟时，自助法由于能够评估各种估计值的特性而变得非常受欢迎.

例如，考虑标准误差. 从前面的章节中，我们了解了样本均值和样本比例的标准误差，

$$s(\overline{X}) = \frac{\sigma}{\sqrt{n}}, \quad s(\hat{p}) = \sqrt{\frac{p(1-p)}{n}}$$

它们很简单. 那么，尝试推导出其他统计量的标准误差——样本中位数、样本方差、样本四分位数（Interquartile）间距等. 每一个都需要大量的工作.

如今，在现代统计学中使用了许多复杂的估计. 如何评估它们的性能，估计它们的标准误差、偏差呢？

难点是我们仅观察一次估计量 $\hat{\theta}$. 也就是说，我们有一个来自总体 $\mathcal{P}$ 的样本 $\mathcal{S} = (X_1, \cdots, X_n)$，从这个样本中我们计算出 $\hat{\theta}$. 例如，我们非常想观察许多个 $\hat{\theta}$，然后计算它们的样本方差，但是我们的条件并不充足. 从一个样本中，我们仅观察到一个 $\hat{\theta}$，这无法计算其样本方差！

10.3.1   自助分布和所有自助样本

在 20 世纪 70 年代，斯坦福大学教授，美国统计学家布拉德利·埃夫隆（Bradley Efron）提出了一种相当简单的方法. 他将其称为"**自助法**"，其源自一个习语"靠自己的靴子把自己拉起来"，意思是依靠你自己的资源而无须任何外界的帮助就能找到解决方案（一个典型的例子来自 18 世纪 R. E. Raspe 的故事集，Baron Münchausen，他用自己的头发将自己从湖中拉出来，避免了溺水身亡！）. 在我们的情况下，即使确实需要几个样本来探索估计量 $\hat{\theta}$ 的性质，我们也将设法利用已有的样本来完成.

由于自助法的发明，埃夫隆教授被授予 2018 年度国际统计学奖，据说这相当于诺贝尔奖.

首先，请注意，许多常用统计信息的构建方式与相应的总体参数相同. 我们习惯通过样本均值 $\overline{X}$ 估计总体均值 μ，通过样本方差 s^2 估计总体方差 σ^2，通过样本分位数 $\hat{q}_p$ 估计总体分位数 q_p，等等. 为了估计某个参数 θ，我们从 $\mathcal{P}$ 中收集了一个随机样本 $\mathcal{S}$，并在实质上通过与从整个总体计算 θ 相同的机制从样本中计算估计值 $\hat{\theta}$！

换句话说，有一个函数 g 可以用来从总体 $\mathcal{P}$ 中计算出一个参数 θ（图 10.5），则

$$\theta = g(\mathcal{P}), \quad \hat{\theta} = g(\mathcal{S})$$

例 10.17（总体均值和样本均值）   想象一个奇怪的计算器，它只能执行一种 g 平均运算. 给它 4 和 6，它返回它们的平均值 $g(4, 6) = 5$. 给它 3，7 和 8，它返回 $g(3, 7, 8) = 6$.

给它整个总体 $\mathcal{P}$，它返回参数 $\theta = g(\mathcal{P}) = \mu$. 给它一个样本 $\mathcal{S} = (X_1, \cdots, X_n)$，它返回估计值 $\hat{\theta} = g(X_1, \cdots, X_n) = \overline{X}$.   ◇

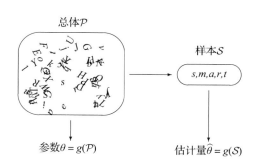

图 10.5   由适用于总体和样本的相同进程 g 计算的参数 θ 及其估计量 $\hat{\theta}$

你可以想象类似的计算方差、中位数和其他参数及其估计值的计算器. 本质上，每个估计值 $\hat{\theta}$ 都是一种评估标准，它从总体中获取参数 θ，然后将其应用于样本.

布拉德利·埃夫隆提出了更深入的设想. 假设某些估计值很难确定. 例如，我们需要样本中位数 $\eta = \mathrm{Var}(\hat{M}) = h(\mathcal{P})$ 的方差. 该机制 h 包括从总体中获取所有可能的样本，取其样本中位数 $\hat{M}$，然后计算其方差，

$$\eta = h(\mathcal{P}) = E(\hat{M} - E\hat{M})^2$$

当然，我们通常无法观察到所有可能的样本. 这就是为什么我们无法计算 $h(\mathcal{P})$，且参数 η 未知的原因. 我们如何仅根据一个样本 $\mathcal{S}$ 进行估计？

埃夫隆的自助法是对样本 $\mathcal{S}$ 应用相同的机制. 也就是说，从 $\mathcal{S}$ 中获取所有可能的样本，计算其中位数，然后计算这些样本的方差，如图 10.6 所示. 它听起来可能有些奇怪，但是，我们建议从提供样本 $\mathcal{S}$ 中创建更多样本. 毕竟，用于计算 $\eta = h(\mathcal{P})$ 的算法是完全相同的. 优点是我们知道观察到的样本 $\mathcal{S}$，因此，我们可以执行所有自助法步骤，并估计 η.

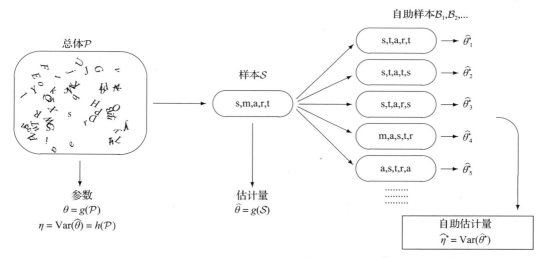

图 10.6　自助过程通过从自助样本获得的 $\hat{\theta}_i^*$ 的方差来估计 $\eta = \mathrm{Var}(\hat{M})$

从观察到的样本 $\mathcal{S}$ 中抽样是一种称为重采样的统计技术. 自助法是重采样方法之一. 从 $\mathcal{S}$ 中获得的样本称为自助样本. 每个自助样本 $\mathcal{B}_j = (X_{1j}^*, \cdots, X_{nj}^*)$ 由从 $\mathcal{S} = (X_1, \cdots, X_n)$ 中独立且等概率采样的值 X_{ij}^* 组成. 也就是说，

$$X_{ij}^* = \begin{cases} X_1 & \text{概率为 } 1/n \\ X_2 & \text{概率为 } 1/n \\ \vdots & \vdots \\ X_n & \text{概率为 } 1/n \end{cases}$$

这是复位抽样，也就是说，可以对同一观测值 X_i 进行多次抽样. 星号（＊）用于表示自助样本的内容.

定义 10.3　**自助样本**是从观察样本 $\mathcal{S}$ 中复位抽取而来的随机样本，其大小与 $\mathcal{S}$ 相同.

统计量在自助样本之间的分布称为**自助分布**.

基于自助样本计算的估计值是**自助估计值**.

例 10.18（样本中位数的方差）　假设我们观察到一个小的样本 $\mathcal{S}=(2,5,7)$，并用样本中位数 $\hat{M}=5$ 估计总体中位数 M. 我们如何估计其方差 $\text{Var}(\hat{M})$？

解　表 10.1 列出了可以从 $\mathcal{S}$ 中抽取的所有 $3^3=27$ 个等可能的自助样本. 其中，7 个样本的 $\hat{M}_i^*=2$，13 个样本的 $\hat{M}_i^*=5$，7 个样本的 $\hat{M}_i^*=7$. 因此，样本中位数的自助分布为

$$P^*(2)=7/27, \quad P^*(5)=13/27, \quad P^*(7)=7/27 \tag{10.8}$$

表 10.1　从 $\mathcal{S}$ 中抽取的所有自助样本 $\mathcal{B}_i$ 和相应的样本中位数（例 10.18）

i	$\mathcal{B}_i$	$\hat{M}_i$	i	$\mathcal{B}_i$	$\hat{M}_i$	i	$\mathcal{B}_i$	$\hat{M}_i$
1	$(2,2,2)$	2	10	$(5,2,2)$	2	19	$(7,2,2)$	2
2	$(2,2,5)$	2	11	$(5,2,5)$	5	20	$(7,2,5)$	5
3	$(2,2,7)$	2	12	$(5,2,7)$	5	21	$(7,2,7)$	7
4	$(2,5,5)$	2	13	$(5,5,2)$	5	22	$(7,5,2)$	5
5	$(2,5,5)$	5	14	$(5,5,5)$	5	23	$(7,5,5)$	5
6	$(2,5,7)$	5	15	$(5,5,7)$	5	24	$(7,5,7)$	7
7	$(2,7,2)$	2	16	$(5,7,2)$	5	25	$(7,7,2)$	7
8	$(2,7,5)$	5	17	$(5,7,5)$	5	26	$(7,7,5)$	7
9	$(2,7,7)$	7	18	$(5,7,7)$	7	27	$(7,7,7)$	7

我们使用它通过自助估计值来估计 $h(\mathcal{P})=\text{Var}(\hat{M})$

$$\widehat{\text{Var}}^*(\hat{M})=h(\mathcal{S})=\sum_x x^2 P^*(x)-\left(\sum_x x P^*(x)\right)^2$$

$$=(4)\left(\frac{7}{27}\right)+(25)\left(\frac{13}{27}\right)+(49)\left(\frac{7}{27}\right)-\left\{(2)\left(\frac{7}{27}\right)+(5)\left(\frac{13}{27}\right)+(7)\left(\frac{7}{27}\right)\right\}^2=\underline{3.303}$$

$\diamond$

下面是我们在此示例中应用自助法的摘要：

<table>
<tr><td rowspan="4">**自助法
（所有的
自助样本）**</td><td>要估计 $\hat{\theta}$ 分布的参数 η：</td></tr>
<tr><td>1. 考虑从给定样本 $\mathcal{S}$ 中复位抽取所有可能的自助样本以及从中计算出的统计量 $\hat{\theta}^*$.</td></tr>
<tr><td>2. 推导 $\hat{\theta}^*$ 的自助分布.</td></tr>
<tr><td>3. 计算该自助分布的参数，其含义与 η 相同.</td></tr>
</table>

好吧，可能有人会说，这对于大小为三个的小样本确实有效，但是更大的样本呢？对于非常小的 n，我们可以列出所有 n^n 个可能的自助样本. 但是，大小为 $n=60$ 的相当适中的样本可以产生 $60^{60} \approx 4.9 \times 10^{106}$ 个不同的自助样本，几乎是 googol 的 500 万倍大！

当然，我们不会列出一大堆自助样本，而是将讨论两种替代方法. 第一种方法是建议在不列出所有自助样本的情况下计算自助分布. 但是，这仅在相对简单的情况下可行. 第二

种方法是迄今为止最受欢迎的，它使用蒙特卡罗模拟来产生大量的自助样本. 虽然通过这种方式，我们也许无法获得所有可能的自助样本，但是对于较大的 b 来说，结果会非常接近.

自助分布

考虑例 10.18 中所有可能的自助样本的唯一原因是找到分布(10.8)，然后从中获得自助估计值 $\hat{\eta}^* = \widehat{\mathrm{Var}}(\hat{M}^*)$.

有时可以在不列出所有自助样本的情况下计算自助分布. 这里有一个例子.

例 10.19(样本中位数的偏差)　样本中位数对于估计总体中位数可能是有偏的或无偏的. 这取决于数据的基础分布. 假设我们观察到一个样本
$$\mathcal{S} = (3,\ 5,\ 8,\ 5,\ 5,\ 8,\ 5,\ 4,\ 2)$$
找到样本中中位数的偏差 $\eta = \mathrm{Bias}(\hat{M})$ 的自助估计量.

解　首先，找到样本中位数 $\hat{M}^*$ 的自助分布. 根据给定的大小为 $n=9$ 的样本，自助样本的样本中位数可以等于 2，3，4，5 或 8. 让我们计算每个值的概率.

从 $\mathcal{S}$ 中抽样时，值 $X_{ij}^* = 2$，3 和 4 的出现概率为 1/9，因为在给定样本中只有一个出现. 接下来，$X_{ij}^* = 5$ 的出现概率为 4/9，$X_{ij}^* = 8$ 的出现概率为 2/9.

现在，任意自助样本 $\mathcal{B}_i$ 中的样本中位数 $\hat{M}_i^*$ 是中心观测值或第 5 小的观测值. 因此，如果 $\mathcal{B}_i$ 的 9 个值中至少有 5 个等于 2，则它等于 2. 对于 $\mathrm{Binomial}(n=9,\ p=1/9)$ 的变量 Y，出现这种情况的概率是
$$P^*(2) = P(Y \geqslant 5) = \sum_{y=5}^{9} \binom{9}{y} \left(\frac{1}{9}\right)^y \left(\frac{8}{9}\right)^{9-y} = 0.0014$$

类似地，如果 $\mathcal{B}_i$ 的 9 个值中至少有 5 个不超过 3，则 $\hat{M}_i^* \leqslant 3$. 对于 $\mathrm{Binomial}(n=9,\ p)$ 的变量 Y，出现这种情况的概率是
$$F^*(3) = P(Y \geqslant 5) = \sum_{y=5}^{9} \binom{9}{y} \left(\frac{2}{9}\right)^y \left(\frac{7}{9}\right)^{9-y} = 0.0304$$

其中，$p = 2/9$ 是抽样到 $X_{ij}^* = 2$ 或 $X_{ij}^* = 3$ 的概率.

以类似的方式进行操作，我们得到
$$F^*(4) = \sum_{y=5}^{9} \binom{9}{y} \left(\frac{3}{9}\right)^y \left(\frac{6}{9}\right)^{9-y} = 0.1448$$
$$F^*(5) = \sum_{y=5}^{9} \binom{9}{y} \left(\frac{7}{9}\right)^y \left(\frac{2}{9}\right)^{9-y} = 0.9696$$
$$F^*(8) = 1$$

从这个累积分布函数中，我们可以找到 $\hat{M}_i^*$ 的自助概率质量函数：
$$P^*(2) = 0.0014,\quad P^*(3) = 0.0304 - 0.0014 = 0.0290,\quad P^*(4) = 0.1448 - 0.0304 = 0.1144$$
$$P^*(5) = 0.9696 - 0.1448 = 0.8248,\quad P^*(8) = 1 - 0.9696 = 0.0304$$

由此，$E(\hat{M})$ 的自助估计值是自助分布的期望值：
$$E^*(\hat{M}_i^*) = (2)(0.0014) + (3)(0.0290) + (4)(0.1144) + (5)(0.8248) + (8)(0.0304)$$
$$= 4.9146$$

最后一步! $\hat{M}$ 的偏差定义为 $h(\mathcal{P}) = \text{Bias}(\hat{M}) = E(\hat{M}) - M$. 我们估计了第一项 $E(\hat{M})$，遵循自助法的思想，我们应该用什么作为偏差的第二项 M 的估计量呢? 答案很简单. 我们已经同意用 $g(\mathcal{S})$ 来估计 $g(\mathcal{P})$，所以我们只用从原始样本 $\mathcal{S}$ 中得到的样本中位数 $g(\mathcal{S}) = \hat{M} = 5$ 来估计总体中位数 $g(\mathcal{P}) = M$.

$\text{Bias}(\hat{M}) = E(\hat{M}) - M$ (基于所有可能的自助样本) 的自助估计值为

$$\eta(\mathcal{S}) = \widehat{\text{Bias}}(\hat{M}) = E^*(\hat{M}) - \hat{M} = 4.9146 - 5 = \boxed{-0.0852} \qquad \diamond$$

尽管例 10.19 中的样本仍然很小，但是可以将所介绍的方法扩展到任何大小的样本. 手动计算在这里可能很烦琐，但是我们可以编写合适的计算机代码.

10.3.2 计算机生成的自助样本

现代统计学使用了许多复杂的估计. 最早的例子是，埃夫隆使用自助法来探索样本相关性系数、截尾均值 ⊖ 和额外误差 ⊖ 的性质，但可以肯定的是，还有更加复杂的情况. 通常，样本太大而无法列出所有自助样本，如表 10.1 所示，统计信息也将过于复杂而无法计算出它们的自助分布，如例 10.19 所示.

这就是蒙特卡罗模拟的用武之地. 我们不列出所有可能的自助样本，而是使用计算机生成大量的 (b) 的自助样本. 其余步骤遵循我们在图 10.6 中的一般流程.

自助法 **(生成的** **自助样本)**	为了估计 $\hat{\theta}$ 分布的参数 η: 1. 从给定的样本 $\mathcal{S}$ 中复位生成大量 (b) 的自助样本. 2. 从每个自助样本 $\mathcal{B}_i$ 中，以与从原始样本 $\mathcal{S}$ 中计算出 $\hat{\theta}$ 相同的方式计算统计量 $\hat{\theta}_i^*$. 3. 根据获得的 $\hat{\theta}_1^*, \cdots, \hat{\theta}_b^*$ 的值估计参数 η.

这是评估参数估计值性质的一种经典的自助方法. 你是否认为它的准确性不及基于所有自助样本的准确性? 请注意，b (生成的自助样本的数量)可能非常大. 增加 b 会使你的计算机工作量增加，但它不需要更高级的计算机代码或较大的原始样本. 当然，当 $b \to \infty$ 时，我们对 η 的估计值就如拥有一个完整的自助样本列表一样好. 通常，会生成成千上万的自助样本.

软件说明

以下 MATLAB 代码从给定的样本 $\boldsymbol{X} = (X_1, \cdots, X_n)$ 中生成 b 个自助样本.

```
—— MATLAB ——
n = length(X);              % Sample size
U = ceil(n*rand(b,n));      % A b×n matrix of random integers from 1 to n
B = X(U);                   % A matrix of bootstrap samples.
                            % The i-th bootstrap sample is in the i-th row.
```

⊖ 截尾均值是样本均值的一种形式，其中最小和最大观测值的特定部分在计算算术平均值之前被丢弃. 截尾均值对一些极端观测值不敏感，如果怀疑样本中可能存在极端离群值，则可以使用截尾均值.

⊖ 这衡量了人们在回归分析中估计预测误差的程度. 我们将在下一章研究回归.

例如，基于样本 $\boldsymbol{X} = (10, 20, 30, 40, 50)$ 和生成的随机目录的矩阵 $\boldsymbol{U}$，我们得到了自助样本的矩阵 $\boldsymbol{B}$，

$$
\boldsymbol{U} = \begin{pmatrix} 1 & 4 & 5 & 5 & 1 \\ 3 & 2 & 3 & 1 & 5 \\ 3 & 4 & 5 & 2 & 3 \\ 1 & 4 & 1 & 2 & 3 \\ 2 & 4 & 3 & 5 & 1 \\ 1 & 3 & 1 & 3 & 5 \\ 4 & 1 & 5 & 5 & 4 \\ 2 & 2 & 1 & 1 & 2 \\ 3 & 5 & 4 & 2 & 3 \\ 1 & 1 & 5 & 1 & 3 \end{pmatrix}, \quad
\boldsymbol{B} = \begin{pmatrix} \mathcal{B}_1 \\ \mathcal{B}_2 \\ \mathcal{B}_3 \\ \mathcal{B}_4 \\ \mathcal{B}_5 \\ \mathcal{B}_6 \\ \mathcal{B}_7 \\ \mathcal{B}_8 \\ \mathcal{B}_9 \\ \mathcal{B}_{10} \end{pmatrix} = \begin{pmatrix} 10 & 40 & 50 & 50 & 10 \\ 30 & 20 & 30 & 10 & 50 \\ 30 & 40 & 50 & 20 & 30 \\ 10 & 40 & 10 & 20 & 30 \\ 20 & 40 & 30 & 50 & 10 \\ 10 & 30 & 10 & 30 & 50 \\ 40 & 10 & 50 & 50 & 40 \\ 20 & 20 & 10 & 10 & 20 \\ 30 & 50 & 40 & 20 & 30 \\ 10 & 10 & 50 & 10 & 30 \end{pmatrix}
$$

如果 b 和 n 太大，以至于存储整个矩阵 $\boldsymbol{U}$ 和 $\boldsymbol{B}$ 需要过多的计算机资源，我们可以在 do 循环中一次生成自助样本，仅保留统计量 $\hat{\theta}_i$.

实际上，MATLAB 有一个特殊的命令 bootstrp，用于生成自助样本，并从中计算估计值. 例如代码

```
M = bootstrp(50000,@median,S);
```

取给定的样本 $\mathcal{S}$，从中生成 $b = 50\,000$ 个自助样本，计算每个样本的中位数，并将这些中位数存储在向量 M 中. 之后，我们可以计算 M 的各种样本统计量，如均值、标准差等，并使用它们来评估样本中位数的性质.

在 R 中，使用命令 sample 生成 b 个自助样本，并保存它们的中位数非常简单.

346

```
—— R ——————
for (k in 1:B){                  # Do-loop to produce B bootstrap samples
b <- sample( n, n, replace=1 )   # Random subsample with replacement
BootMedian[k] <- median(X[b]) }  # Compute medians of bootstrap samples
```

在这之后，sd(BootMedian) 返回 $\mathrm{Std}(\hat{M})$ 的自助估计值，即样本中位数的标准差；quantile(BootMedian,0.10) 是 $\hat{M}$ 分布的第 10 个百分位数，等等.

此外，R 具有一个用于自助推断的特殊程序包 boot. 要利用它，我们必须将感兴趣的统计量定义为样本的函数.

```
—— R ——————
median.fn <- function(X,subsample){ return(median(X[subsample])) }
# Now we invoke package "boot" and apply it to our new function median.fn
install.packages("boot"); library(boot);
boot( X, median.fn, R=10000 )
```

这将从样本 X 中生成 $b = 10\,000$ 个自助样本，计算其中位数，并使用它们来计算样本中位数的偏差和标准误差的自助估计. 其他自助统计量可以从生成的整个自助中位数 $\hat{\theta}_1^*$，$\cdots$，$\hat{\theta}_b^*$ 集合中计算. 我们获得分量 t，将其作为 boot 命令生成的对象. 例如

```
BootMed <- boot(X, median.fn, R=10000)$t
```

再次运行此代码时，你会期望得到相同的结果吗？你不应该这么做. 我们认识到该估计算法包括随机数生成，因此，我们的结果是随机的，并且它们将彼此不同. 当自助样本数 b 较大时，我们的自助估计之间的差异将很小.

例 10.20(样本中位数的偏差，续)　基于例 10.19 中的样本

$$\mathcal{S} = (3,\ 5,\ 8,\ 5,\ 5,\ 8,\ 5,\ 4,\ 2)$$

我们用样本中位数 $\hat{\theta} = 5$ 来估计总体中位数 θ. 接下来，我们研究 $\hat{\theta}$ 的性质. 这些计算机代码将估计 $\hat{\theta}$ 的偏差、标准误差、第一个四分位数和 $\hat{\theta} > 4$ 的概率.

```r
—— R ——
S  <- c(3,5,8,5,5,8,5,4,2);
b  <- 100000;
median.fn <- function(X,subsample){
       return(median(X[subsample])) }
install.packages("boot"); library(boot);
BootMed <- boot(X,median.fn,R=10000)$t
biasM <- mean(M)-median(S)
sterrM <- sd(M)
q25 <- quantile(BootMed,0.25)
prob4 <- mean(M > 4)
```

```matlab
—— MATLAB ——
S  = [3 5 8 5 5 8 5 4 2];
b  = 100000;
M  = bootstrp(b,@median,S);
biasM = mean(M)-median(S);
sterrM = std(M);
q25 = quantile(BootMed,0.25);
prob4 = mean(M > 4);
```

向量 M 包含自助统计量 $\hat{\theta}_1^*,\ \cdots,\ \hat{\theta}_b^*$. 基于 $b = 100\,000$ 个自助样本，我们获得

$$\widehat{\mathrm{Bias}}^*(\hat{\theta}) = \overline{M} - \hat{\theta} = -0.0858$$

$$s^*(\hat{\theta}) = s(M) = 0.7062$$

$$\hat{P}^*(\hat{\theta} > 4) = \frac{\#\{i:\ \hat{\theta}_i^* > 4\}}{b} = 0.8558$$

　　　　　　　　　　　　　　　　　　　　　　　　　　　　　　　　　　　　　◇

10.3.3　自助置信区间

在前面的章节中，我们学习了如何构造总体均值、比例、方差以及均值差、比例差和方差比率的置信区间. 在这些情况下，使用正态分布、t 分布、χ^2 分布和 F 分布. 这些方法要么观测数据的正态分布，要么需要足够大的样本.

但是，在许多情况下，这些条件将不成立，或者很难获得检验统计量的分布. 然后问题变成非参数的，我们可以使用自助法，为总体参数构造近似 $(1-\alpha)100\%$ 的置信区间.

自助置信区间的两种方法非常通用.

基于标准误差中自助估计的参数方法

当我们需要参数 θ 的置信区间，且其估计量 $\hat{\theta}$ 服从近似正态分布时，使用此方法.

在这种情况下，我们计算标准误差 $\sigma(\hat{\theta})$ 的自助估计值 $s^*(\hat{\theta})$，并使用它来计算 θ 的近似 $(1-\alpha)100\%$ 置信区间.

$$\begin{array}{c} \text{含参数的自助法} \\ \text{置信区间} \end{array} \quad \boxed{\hat{\theta} \pm z_{\alpha/2} s^*(\hat{\theta})} \qquad\qquad (10.9)$$

它与我们对于正态分布(9.3)的置信区间的常规公式相似，其中 $z_{\alpha/2} = q_{1-\alpha/2}$ 一如既往地表示标准正态分布的 $1-\alpha/2$ 分位数.

例 10.21(相关系数的置信区间)　例 8.20 和数据集 Antivirus 包含有关在 1 个月内

在 30 台计算机上启动防病毒软件的次数 X 和检测到的蠕虫的数量 Y 的数据:

X	30	30	30	30	30	30	30	30	30	30	30	15	15	15	10
Y	0	0	1	0	0	0	1	1	0	0	0	0	1	1	0

X	10	10	6	6	5	5	5	4	4	4	4	4	1	1	1
Y	0	2	0	4	1	2	0	2	1	0	1	0	6	3	1

348

图 8.11 上的散点图显示 X 和 Y 之间存在负相关,这意味着,在通常情况下,如果更频繁地使用防病毒软件,蠕虫的数量会减少.

接下来,计算机管理员需要 X 和 Y 之间的相关系数 ρ 为 90% 置信区间.

以下 MATLAB 代码可用于解决此问题. 这是一个详细的分步解决方案,读者可以逐行将其翻译为其他软件语言.

```
——— MATLAB ———
alpha = 0.10;
X = [30 30 30 30 30 30 30 30 30 30 30 15 15 15 10 10 10 6 6 5 5 5 4 4 4 4 4 1 1 1];
Y = [0 0 1 0 0 0 1 1 0 0 0 0 1 1 0 0 2 0 4 1 2 0 2 1 0 1 0 6 3 1];
r = corrcoef(X,Y); % correlation coefficient from the given sample
r = r(2,1); % because corrcoef returns a matrix of correlation coefficients
b = 10000; n = length(X);
U = ceil(n*rand(b,n));
BootX = X(U); BootY = Y(U); % Values X and Y of generated bootstrap samples
BootR = zeros(b,1); % Initiate the vector of bootstrap corr. coefficients
for i=1:b;
  BR = corrcoef(BootX(i,:),BootY(i,:));
  BootR(i) = BR(2,1);
end;
s = std(BootR); % Bootstrap estimator of the standard error of r
CI = [ r + s*norminv(alpha/2,0,1), r + s*norminv(1-alpha/2,0,1) ];
disp(CI) % Bootstrap confidence interval
```

作为此代码的结果,我们获得了样本相关系数 $r = -0.4533$,并且,从 b 个生成的自助样本中获得了 $b = 10\,000$ 个自助相关系数 r_1^*,$\cdots$,r_b^*.

接下来,我们注意到对于大小为 $n = 30$ 的样本,r 具有近似为正态分布. 例如,可以通过图 10.7 中自助相关系数的直方图证实这一点.

应用参数方法,我们计算了 $s^*(r) = 0.1028$,r_1^*,$\cdots$,r_b^* 的标准误差,并用其构造 90% 置信区间:

$$r \pm z_{\alpha/2} s^*(r) = -0.4533 \pm (1.645)(0.1028)$$
$$= [-0.6224, \ -0.2841]$$

这个逐步的 MATLAB 代码可以转换成其他

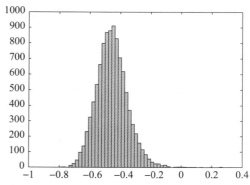

图 10.7　自助相关系数的直方图

的软件语言，包括 R. 但是，让我们使用 R 软件包 boot 来看看如何处理相关系数，该系数是两个变量 X 和 Y 而不是一个的函数.

我们将定义一个由这两个观察到的变量组成的数据帧 D，然后定义它的一个函数 correl.

```
——— R ———————
X <- c(rep(30,11),15,15,15,10,10,10,6,6,5,5,5,4,4,4,4,4,1,1,1)
Y <- c(0,0,1,0,0,0,1,1,0,0,0,0,1,1,0,0,2,0,4,1,2,0,2,1,0,1,0,6,3,1)
D <- data.frame(X,Y)
correl <- function(D,subsample){
X <- D[subsample,1]; Y <- D[subsample,2];
return( cor(X,Y) )
}
install.packages("boot"); library(boot);
BootR <- boot(data=D, statistic=correl, R=10000)$t
alpha <- 0.10; r <- cor(X,Y); s <- sd(BootR);
CI <- c( r + s*qnorm(alpha/2), r + s*qnorm(1-alpha/2) )
print(CI)
```
$\diamond$

基于自助分位数的非参数方法

式(10.9)简单地估计了统计量 $\hat{\theta}$ 分布的两个分位数 $q_{a/2}$ 和 $q_{1-a/2}$，因此

$$P\{q_{a/2} \leqslant \hat{\theta} \leqslant q_{1-a/2}\} = 1 - \alpha \tag{10.10}$$

由于 $\hat{\theta}$ 估计参数 θ，所以这将成为 θ 的近似 $(1-\alpha)100\%$ 置信区间.

如果 $\hat{\theta}$ 的分布不是正态分布，则此方法将失败. 在这种情况下，式(10.10)中的覆盖概率可能与 $1-\alpha$ 完全不同. 但是，基于 $\hat{\theta}$ 的分位数构造置信区间的想法仍然有效.

然后，从自助样本中估计 $\hat{\theta}$ 分布的分位数 $q_{a/2}$ 和 $q_{1-a/2}$. 为此，我们生成 b 个自助样本，计算每个样本的统计量 $\hat{\theta}^*$，并确定计算样本分位数的 $\hat{q}_{a/2}^*$ 和 $\hat{q}_{1-a/2}^*$. 这些分位数成为 θ 的 $(1-\alpha)100\%$ 置信区间的终点.

参数 θ 的非参数自助置信区间	$\left[\hat{q}_{a/2}^*,\ \hat{q}_{1-a/2}^*\right]$ 其中 $\hat{q}_{a/2}^*$ 和 $\hat{q}_{1-a/2}^*$ 是从自助样本估计的 $\hat{\theta}$ 分布的分位数.	(10.11)

例 10.22（中位数 CPU 时间的置信区间） 在例 8.12 中，根据以下观察到的 CPU 时间（数据集 CPU）：

70	36	43	69	82	48	34	62	35	15
59	139	46	37	42	30	55	56	36	82
38	89	54	25	35	24	22	9	56	19

估计总体中位数.

现在让我们计算中位数 CPU 时间的 95% 自助置信区间.

```
——— R ———————
alpha <- 0.05;
X <- c( 70, 36, 43, 69, 82, 48, 34, 62, 35, 15, 59, 139, 46, 37, 42,
30, 55, 56, 36, 82, 38, 89, 54, 25, 35, 24, 22, 9, 56, 19)
```

```
median.fn <- function(X,subsample){ return(median(X[subsample])) }
install.packages("boot"); library(boot);
BootMed <- boot(data=X, statistic=median.fn, R=50000)$t
print( c( quantile(BootMed,alpha/2), quantile(BootMed,1-alpha/2) ) )
```

—— MATLAB ——

```
alpha = 0.05;
X = [ 70 36 43 69 82 48 34 62 35 15 59 139 46 37 42 ...
      30 55 56 36 82 38 89 54 25 35 24 22 9 56 19]';
b = 50000; n = length(X);
U = ceil(n*rand(b,n)); BootX = X(U); BootM = zeros(b,1);
for i=1:b; BootM(i) = median(BootX(i,:)); end;
CI = [ quantile(BootM,alpha/2), quantile(BootM,1-alpha/2) ]
```

这些程序生成 $b = 50\,000$ 个自助样本, 并计算其样本中位数 $\hat{\theta}_1^*$, $\cdots$, $\hat{\theta}_b^*$ (变量 BootM). 根据这些样本中位数, 计算出 0.025 分位数和 0.975 分位数. 然后, 95% 的置信区间 CI 在这些分位数之间延伸, 从 $\hat{q}_{0.025}^*$ 到 $\hat{q}_{0.975}^*$.

该算法产生置信区间 $[35.5, 55.5]$.

顺便说一下, 自助中位数 $\hat{\theta}_1^*$, $\cdots$, $\hat{\theta}_b^*$ 的直方图 (图 10.8) 显示了一个相当非正态的分布. 我们实际上被迫使用非参数方法.   ◇

MATLAB 有一个特殊的命令 bootci, 用于构建自助置信区间. 例 10.22 中的问题只需一个命令

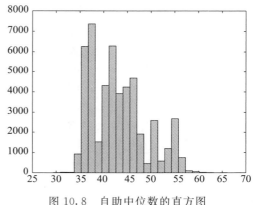

图 10.8   自助中位数的直方图

```
bootci(50000,{@median,X},'alpha',0.05,'type','percentile')
```

即可解决, 其中, 0.05 表示 α 水平, 'percentile' 请求由百分位数方法计算的置信区间. 这正是我们刚刚讨论的非参数方法. 将其替换为 'normal' 类型, 以获取基于正态分布 (10.9) 的参数自助置信区间.

351

10.4   贝叶斯推断

我们从不同的角度看待统计问题, 可以获得有趣的结果和许多新的统计方法.

不同之处在于我们对待不确定性的方式.

到目前为止, 随机样本是所有讨论的统计问题中唯一的不确定性来源. 唯一考虑的分布、期望和方差是目前为止数据以及根据数据计算出的各种统计量的分布、期望和方差. 总体参数被认为是固定的. 统计程序是基于给定这些参数的数据分布:

$$f(x \mid \theta) = f(X_1, \cdots, X_n \mid \theta)$$

这是**频率论** (Frequentist) 方法. 根据它, 所有的概率都涉及数据的随机样本和可能的长期运行频率, 无偏性、一致性、置信水平和显著性水平等概念也是如此:

- 如果在随机样本的长期运行中，估计量 $\hat{\theta}$ 的平均值为参数 θ，则估计量 $\hat{\theta}$ 是无偏的；
- 如果在随机样本的长期运行中，真实假设被拒绝的次数占比为 $(100\alpha)\%$，则检验具有显著性水平 α；
- 如果在随机样本的长期运行中，$(1-\alpha)100\%$ 获得的置信区间包含该参数，则区间具有置信水平 $1-\alpha$，如图 9.2 所示；
- 等等.

但是，还有另一种方法：贝叶斯方法. 根据它，不确定性也归因于未知参数 θ. θ 的某些值比其他值更有可能. 那么，只要我们谈到可能性，就可以定义 θ 值的整体分布. 让我们称它为先验分布. 它反映了我们在收集和使用数据之前对于参数的想法、信念和过去的经验.

例 10.23（薪资） 你认为计算机科学专业毕业生的平均起薪是多少？每年 2 万美元吗？不太可能，这太低了. 也许，每年 20 万美元？不，这对于应届毕业生来说太高了. 介于 40 000 美元和 70 000 美元之间听起来是一个合理的范围. 当然，我们可以收集有关 100 名应届毕业生的数据，计算其平均薪资，并将其用作估计值，但是在此之前，我们已经对平均薪资的水平有了自己的看法. 我们可以将其表示为某种分布，最有可能在 40 000 美元到 70 000 美元之间（图 10.9）.　　　　　　　　　　◇

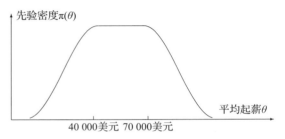

图 10.9　我们对平均起薪的先验分布

收集到的数据可能会改变我们对未知参数的最初想法. θ 的不同值的概率可能会发生改变. 那么，我们将有一个 θ 的后验分布.

这种方法的一个好处是，我们不再需要从"长期"的角度来解释我们的结果. 我们通常只收集一个样本进行分析，而不会经历样本的任何长期运行. 取而代之的是，使用贝叶斯方法，我们可以根据 θ 的后验分布来陈述结果. 例如，我们可以清楚地说明某个参数属于所获得的置信区间的后验概率，或者该假设为真的后验概率.

10.4.1　先验与后验

现在，我们有两个信息来源可用于贝叶斯推断：

1. 收集和观察到的数据
2. 参数的先验分布.

下面显示这两个部分如何通过**贝叶斯公式**组合在一起的（参见式（2.9）和图 10.10）.

在实验之前，我们对参数 θ 的了解是以**先验分布**表示的（先验 pmf 或 pdf）：
$$\pi(\theta)$$
观察到的数据样本 $\boldsymbol{X}=(X_1,\cdots,X_n)$ 具

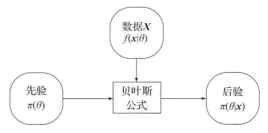

图 10.10　有关参数 θ 的两个信息源

有分布(pmf 或 pdf)

$$f(\boldsymbol{x}|\theta)=f(x_1,\cdots,x_n|\theta)$$

该分布以 θ 为条件. 即参数 θ 的不同值生成不同的数据分布, 因此, 关于 $\boldsymbol{X}$ 的条件概率通常取决于条件 θ.

观察到的数据会添加有关参数的信息. 关于 θ 的更新知识可以表示为**后验分布**.

后验分布
$$\pi(\theta|\boldsymbol{x})=\pi(\theta|\boldsymbol{X}=\boldsymbol{x})=\frac{f(\boldsymbol{x}|\theta)\pi(\theta)}{m(\boldsymbol{x})} \tag{10.12}$$

参数 θ 的后验分布现在以数据 $\boldsymbol{X}=\boldsymbol{x}$ 为条件. 自然, 条件分布 $f(\boldsymbol{x}|\theta)$ 和 $\pi(\theta|\boldsymbol{x})$ 通过贝叶斯法则(2.9)相关联.

根据贝叶斯法则, 式(10.12)的分母 $m(\boldsymbol{x})$ 表示数据 $\boldsymbol{X}$ 的无条件分布. 这是样本 $\boldsymbol{X}$ 的**边缘分布**(pmf 或 pdf). 无条件意味着在参数 θ 取不同值时它是常数. 可以通过全概率公式或下面的连续情形的公式来计算.

353

数据的边缘分布

$$\begin{array}{|l|}\hline \text{对于离散先验分布 } \pi: \\ m(\boldsymbol{x})=\sum_\theta f(x|\theta)\pi(\theta) \\ \text{对于连续先验分布 } \pi: \\ m(\boldsymbol{x})=\int_\theta f(x|\theta)\pi(\theta)\mathrm{d}\theta \\ \hline \end{array} \tag{10.13}$$

例 10.24(质量检验) 一家制造商声称在装运的货品中仅包含 5% 的次品, 但检验人员认为是 10%. 我们必须根据缺陷部件的比例 θ, 即次品的比例决定是接受还是拒绝装运.

在看到真实数据之前, 我们令 θ 的两个建议值各占一半的可能性, 即
$$\pi(0.05)=\pi(0.10)=0.5$$
随机抽样 20 个部件, 有 3 个为次品. 计算 θ 的后验分布.

解 应用贝叶斯公式(10.12). 在给定 θ 的情况下, 次品数量 X 的分布为 Binomial($n=20$, θ). 对于 $x=3$, 表 A2 给出
$$f(x|\theta=0.05)=F(3|\theta=0.05)-F(2|\theta=0.05)=0.9841-0.9245=0.0596$$
和
$$f(x|\theta=0.10)=F(3|\theta=0.10)-F(2|\theta=0.10)=0.8670-0.6769=0.1901$$
$X(x=3)$ 的边缘分布为
$$m(3)=f(x|0.05)\pi(0.05)+f(x|0.10)\pi(0.10)=(0.0596)(0.5)+(0.1901)(0.5)=0.12485$$

354

现在计算 $\theta=0.05$ 和 $\theta=0.10$ 的后验概率为
$$\pi(0.05|X=3)=\frac{f(x|0.05)\pi(0.05)}{m(3)}=\frac{(0.0596)(0.5)}{0.1248}=0.2387$$
$$\pi(0.10|X=3)=\frac{f(x|0.10)\pi(0.10)}{m(3)}=\frac{(0.1901)(0.5)}{0.1248}=0.7613$$

结论　一开始，我们在 θ 的两个建议值之间没有取舍. 然后，我们观察到相当高的次品比例，即 $3/20=15\%$. 考虑到这一点，现在 $\theta=0.10$ 的可能性大约是 $\theta=0.05$ 的三倍. ◇

$$
\begin{aligned}
\textbf{表示法} \quad && \pi(\theta) &= \text{先验分布} \\
&& \pi(\theta\,|\,\boldsymbol{x}) &= \text{后验分布} \\
&& f(x\,|\,\theta) &= \text{数据分布（模型）} \\
&& m(\boldsymbol{x}) &= \text{数据的边缘分布} \\
&& \boldsymbol{X} &= (X_1,\cdots,X_n)\,\text{数据样本} \\
&& \boldsymbol{x} &= (x_1,\cdots,x_n),\ X_1,\cdots,X_n\,\text{的观察值}
\end{aligned}
$$

共轭分布族

适当地选择 θ 的先验分布可以使得后验非常容易处理.

定义 10.4　如果后验分布与先验分布属于同一族，则先验分布族 π 与模型 $f(x\,|\,\theta)$ 共轭.

下面给出共轭族的三个经典例子.

伽马分布族与泊松模型共轭

设 $(X_1,\cdots,X_n)$ 是 $\mathrm{Poisson}(\theta)$ 分布的一个样本，其 θ 的先验分布是 $\mathrm{Gamma}(\alpha,\lambda)$.

那么，

$$
f(\boldsymbol{x}\,|\,\theta) = \prod_{i=1}^{n} f(x_i\,|\,\theta) = \prod_{i=1}^{n} \frac{\mathrm{e}^{-\theta}\theta^{x_i}}{x_i!} \sim \mathrm{e}^{-n\theta}\theta^{\sum x_i} \tag{10.14}
$$

丢弃常数系数的说明：在式（10.14）的末尾，我们丢弃了 $(x_i!)$，并得出结果与 $\mathrm{e}^{-n\theta}\theta^{\sum x_i}$ 是"成比例"的（$\sim$）. 删除不包含 θ 的项通常会简化计算. 可以在没有常数项的情况下获得后验分布的形式，如果需要，我们最终可以在最后评估归一化常数，使得 $\pi(\theta\,|\,\boldsymbol{x})$ 成为总概率为 1 的精细分布，例如，正如我们在例 4.1 中所做的那样. 特别地，边缘分布 $m(\boldsymbol{x})$ 可以被丢弃，因为它不含 θ. 但是请记住，在这种情况下，我们获得的后验分布"最高可达到一个常数系数".

θ 的伽马先验分布具有密度

$$
\pi(\theta) \sim \theta^{\alpha-1}\mathrm{e}^{-\lambda\theta}
$$

作为 θ 的函数，该先验密度具有与模型 $f(\boldsymbol{x}\,|\,\theta)$ 相同的形式，即 θ 的幂乘以指数函数. 这是共轭族背后的一般思想.

那么，给定 $\boldsymbol{X}=\boldsymbol{x}$ 的 θ 的后验分布为

$$
\begin{aligned}
\pi(\theta\,|\,\boldsymbol{x}) &\sim f(\boldsymbol{x}\,|\,\theta)\pi(\theta) \\
&\sim (\mathrm{e}^{-n\theta}\theta^{\sum x_i})(\theta^{\alpha-1}\mathrm{e}^{-\lambda\theta}) \\
&\sim \theta^{\alpha+\sum x_i-1}\mathrm{e}^{-(\lambda+n)\theta}
\end{aligned}
$$

与伽马密度的一般形式（例如，式（4.7））相比，我们看到 $\pi(\theta\,|\,\boldsymbol{x})$ 是具有新参数的伽马分布，

$$
\alpha_x = \alpha + \sum_{i=1}^{n} x_i, \quad \lambda_x = \lambda + n
$$

我们可以得出以下结论：

1. 先验分布的伽马分布族与泊松模型共轭.

2. 在观察到泊松样本 $\boldsymbol{X} = \boldsymbol{x}$ 之后，我们将 θ 的 $\Gamma(\alpha, \lambda)$ 的先验分布更新为 $\Gamma(\alpha + \sum x_i, \lambda + n)$ 的后验分布.

伽马分布家族相当丰富，它有两个参数. 通常有很好的机会找到这个大家庭中的一员，这适当地反映了我们对 θ 的了解.

例 10.25（网络中断） 每周的网络中断次数服从 Poisson(θ) 分布. 每周的中断率 θ 尚不清楚，但根据过去类似的网络经验，平均每周 4 次中断，标准差为 2.

存在具有给定平均值 $\mu = \alpha / \lambda = 4$ 和标准差 $\sigma = \sqrt{\alpha} / \lambda = 2$ 的伽马分布. 可以通过求解下面的方程组来获得其参数 α 和 λ：

$$\begin{cases} \alpha / \lambda = 4 \\ \sqrt{\alpha} / \lambda = 2 \end{cases} \Rightarrow \begin{cases} \alpha = (4/2)^2 = 4 \\ \lambda = 2^2 / 4 = 1 \end{cases}$$

因此，我们可以假设 $\Gamma(\alpha = 4, \lambda = 1)$ 的先验分布 θ. 有一个共轭先验是很方便的，因为后验也将属于伽马族.

假设本周有 $X_1 = 2$ 次中断. 鉴于此，θ 的后验分布是具有参数

$$\alpha_x = \alpha + 2 = 6, \quad \lambda_x = \lambda + 1 = 2$$

的伽马分布，如果在下周没有发生中断，则更新后的后验参数将变为

$$\alpha_x = \alpha + 2 + 0 = 6, \quad \lambda_x = \lambda + 2 = 3$$

该后验分布的中断率为平均每周 6/3＝2 次. 中断次数很少的两周将我们估计的平均中断估计值从 4 降低到 2.   ◇ | 356 |

贝塔分布族与二项式模型共轭

来自 Binomial(k, θ) 分布的样本（假设 k 是已知的）具有概率质量函数

$$f(\boldsymbol{x} \mid \theta) = \prod_{i=1}^{n} \binom{k}{x_i} \theta^{x_i} (1-\theta)^{k-x_i} \sim \theta^{\sum x_i} (1-\theta)^{nk - \sum x_i}$$

贝塔分布 (α, β) 的先验分布的密度具有相同的形式，是 θ 的函数

$$\pi(\theta) \sim \theta^{\alpha - 1} (1-\theta)^{\beta - 1}, \quad 0 < \theta < 1$$

（请参阅附录中的 A.2.2 节). 那么，θ 的后验密度是

$$\pi(\theta \mid \boldsymbol{x}) \sim f(\boldsymbol{x} \mid \theta) \pi(\theta) \sim \theta^{\alpha + \sum_{i=1}^{n} x_i - 1} (1-\theta)^{\beta + nk - \sum_{i=1}^{n} x_i - 1}$$

我们用新的参数识别出贝塔密度

$$\alpha_x = \alpha + \sum_{i=1}^{n} x_i, \quad \beta_x = \beta + nk - \sum_{i=1}^{n} x_i$$

因此，

1. 先验分布的贝塔分布族与二项式模型共轭.

2. 后验参数为 $\alpha_x = \alpha + \sum x_i$ 和 $\beta_x = \beta + nk - \sum x_i$.

正态分布族与正态模型共轭

现在考虑一个来自正态分布的样本，该样本的均值 θ 未知，方差 σ^2 已知：

$$f(\boldsymbol{x}\,|\,\theta) = \prod_{i=1}^{n} \frac{1}{\sqrt{2\pi}} \exp\left\{-\frac{(x_i-\theta)^2}{2\sigma^2}\right\} \sim \exp\left\{-\sum_{i=1}^{n} \frac{(x_i-\theta)^2}{2\sigma^2}\right\}$$

$$\sim \exp\left\{\theta\,\frac{\sum x_i}{\sigma^2} - \theta^2\,\frac{n}{2\sigma^2}\right\} = \exp\left\{\left(\theta\overline{X} - \frac{\theta^2}{2}\right)\frac{n}{\sigma^2}\right\}$$

如果 θ 的先验分布(具有先验均值 μ 和先验方差 τ^2)也是正态分布,则

$$\pi(\theta) \sim \exp\left\{-\frac{(\theta-\mu)^2}{2\tau^2}\right\} \sim \exp\left\{\left(\theta\mu - \frac{\theta^2}{2}\right)\frac{1}{\tau^2}\right\}$$

同样,它的形式类似于 $f(\boldsymbol{x}\,|\,\theta)$.

θ 的后验密度等于

$$\pi(\theta\,|\,\boldsymbol{x}) \sim f(\boldsymbol{x}\,|\,\theta)\pi(\theta) \sim \exp\left\{\theta\left(\frac{n\overline{X}}{\sigma^2} + \frac{\mu}{\tau^2}\right) - \frac{\theta^2}{2}\left(\frac{n}{\sigma^2} + \frac{1}{\tau^2}\right)\right\}$$

$$\sim \exp\left\{-\frac{(\theta-\mu_x)^2}{2\tau_x^2}\right\}$$

其中

$$\mu_x = \frac{n\overline{X}/\sigma^2 + \mu/\tau^2}{n/\sigma^2 + 1/\tau^2}, \quad \tau_x^2 = \frac{1}{n/\sigma^2 + 1/\tau^2} \tag{10.15}$$

357 此后验分布当然是参数 μ_x 和 τ_x 的正态分布.

我们可以得出以下结论:

1. 先验分布的正态分布族与均值未知的正态模型共轭;

2. 后验参数由式(10.15)给出.

我们看到,后验均值 μ_x 是先验均值 μ 和样本均值 $\overline{X}$ 的加权平均值. 在正态分布的情况下,这就是先验信息和观察到的数据的组合方式.

从大量样本中计算出后验均值,后验均值将如何表现? 随着样本量 n 的增加,我们从数据中获得了更多的信息,结果,频率论估计值将占主导地位. 根据(10.15),当 $n \to \infty$ 时,后验均值收敛为样本均值 $\overline{X}$.

当 $\tau \to \infty$ 时,后验均值也将收敛到 $\overline{X}$. 较大的 τ 意味着 θ 的先验分布存在很大的不确定性; 因此,在这种情况下,我们应该使用观察到的数据作为更可靠的信息来源.

另一方面,较大的 σ 表明在观察到的样本中存在很大的不确定性. 如果是这样,则先验分布更加可靠,正如我们在式(10.15)中见到的,对于较大的 σ,$\mu_x \approx \mu$.

本节的结果总结见表 10.2. 你可以在练习中找到更多共轭先验分布的例子.

表 10.2   三个经典的共轭族

模型 $f(x\,|\,\theta)$	先验 $\pi(\theta)$	后验 $\pi(\theta\,|\,x)$
Poisson(θ)	Gamma$(\alpha,\,\lambda)$	Gamma$(\alpha + n\overline{X},\,\lambda + n)$
Binomial$(k,\,\theta)$	Beta$(\alpha,\,\beta)$	Beta$(\alpha + n\overline{X},\,\beta + n(k-\overline{X}))$
Normal$(\theta,\,\sigma)$	Normal$(\mu,\,\tau)$	Normal $\left(\dfrac{n\overline{X}/\sigma^2 + \mu/\tau^2}{n/\sigma^2 + 1/\tau^2},\,\dfrac{1}{\sqrt{n/\sigma^2 + 1/\tau^2}}\right)$

10.4.2 贝叶斯估计

我们已经完成了贝叶斯推断中最重要的一步. 我们获得了后验分布. 关于未知参数的所有知识现在都包含在后验分布中，这就是我们将用于进一步统计分析的基础(图 10.11).

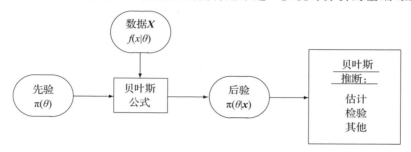

图 10.11 后验分布是贝叶斯推断的基础

要估计 θ，我们只需计算**后验平均值**，

$$\hat{\theta}_{\mathrm{B}} = E\{\theta \,|\, \boldsymbol{X} = \boldsymbol{x}\} = \begin{cases} \sum_\theta \theta \pi(\theta \,|\, \boldsymbol{x}) = \dfrac{\sum \theta f(\boldsymbol{x} \,|\, \theta) \pi(\theta)}{\sum f(\boldsymbol{x} \,|\, \theta) \pi(\theta)} & \text{若 } \theta \text{ 是离散的} \\[4mm] \displaystyle\int_\theta \pi(\theta \,|\, \boldsymbol{x}) \mathrm{d}\theta = \dfrac{\int \theta f(\boldsymbol{x} \,|\, \theta) \pi(\theta) \mathrm{d}\theta}{\int f(\boldsymbol{x} \,|\, \theta) \pi(\theta) \mathrm{d}\theta} & \text{若 } \theta \text{ 是连续的} \end{cases}$$

结果是给定数据 $\boldsymbol{X}$ 的 θ 的条件期望. 用抽象的术语来说就是，在观察样本后，**贝叶斯估计值** $\hat{\theta}_{\mathrm{B}}$ 是我们"期望"的 θ.

这个估计值的精确度有多高？在所有估计值中，$\hat{\theta}_{\mathrm{B}} = E\{\theta \,|\, \boldsymbol{x}\}$ 具有最低的平方误差**后验风险**

$$\rho(\hat{\theta}) = E\{(\hat{\theta} - \theta)^2 \,|\, \boldsymbol{X} = \boldsymbol{x}\}$$

对于贝叶斯估计值 $\hat{\theta}_{\mathrm{B}} = E\{\theta \,|\, \boldsymbol{x}\}$，后验风险等于**后验方差**，

$$\rho(\hat{\theta}) = E\{(E\{\theta \,|\, \boldsymbol{x}\} - \theta)^2 \,|\, \boldsymbol{x}\} = E\{(\theta - E\{\theta \,|\, \boldsymbol{x}\})^2 \,|\, \boldsymbol{x}\} = \mathrm{Var}\{\theta \,|\, \boldsymbol{x}\}$$

根据 θ 的后验分布来衡量 θ 围绕 $\hat{\theta}_{\mathrm{B}}$ 附近的变化性.

例 10.26（正态情况） 具有 Normal(μ, τ) 先验的 Normal(θ, σ) 分布的均值 θ 的贝叶斯估计是

$$\hat{\theta}_{\mathrm{B}} = \mu_x = \frac{n\overline{X}/\sigma^2 + \mu/\tau^2}{n/\sigma^2 + 1/\tau^2}$$

其后验风险是

$$\rho(\hat{\theta}_{\mathrm{B}}) = \tau_x^2 = \frac{1}{n/\sigma^2 + 1/\tau^2}$$

（表 10.2）. 正如我们预期的那样，随着样本量增加到无穷大，该风险降低到 0.   ◇

例 10.27（网络中断，续） 在两周的数据之后，根据例 10.25，每周的网络中断率具有参数为 $\alpha_x = 6$ 和 $\lambda_x = 3$ 的伽马后验分布.

358

每周网络中断率 θ 的贝叶斯估计值为

$$\hat{\theta}_{\mathrm{B}} = E\{\theta \mid \boldsymbol{x}\} = \frac{\alpha_x}{\lambda_x} = 2(每周网络中断)$$

其后验风险为

$$\rho(\hat{\theta}_{\mathrm{B}}) = \mathrm{Var}\{\theta \mid \boldsymbol{x}\} = \frac{\alpha_x}{\lambda_x^2} = \frac{2}{3}$$

359

$\diamond$

尽管共轭先验简化了我们的统计,但是贝叶斯推断当然也可以对其他先验使用.

例 10.28(质量检验,续) 在例 10.24 中,我们计算了次品比例 θ 的后验分布.这是一个离散的分布,

$$\pi(0.05 \mid \boldsymbol{x}) = 0.2387; \qquad \pi(0.10 \mid \boldsymbol{x}) = 0.7613$$

现在,θ 的贝叶斯估计值为

$$\hat{\theta}_{\mathrm{B}} = \sum_{\theta} \theta \pi(\theta \mid \boldsymbol{x}) = (0.05)(0.2387) + (0.10)(0.7613) = 0.0881$$

它与制造商(声称 $\theta = 0.05$)或质检员(认为 $\theta = 0.10$)不同,其值更接近检验员的估计.

$\hat{\theta}_{\mathrm{B}}$ 的后验风险为

$$\mathrm{Var}\{\theta \mid \boldsymbol{x}\} = E\{\theta^2 \mid \boldsymbol{x}\} - E^2\{\theta \mid \boldsymbol{x}\}$$
$$= (0.05)^2(0.2387) + (0.10)^2(0.7613) - (0.0881)^2 = 0.0004$$

这意味着相当低的后验标准差(0.02).

$\diamond$

10.4.3 贝叶斯可信集

置信区间在贝叶斯分析中具有完全不同的含义.由于具有 θ 的后验分布,我们不再需要根据长期样本来解释置信水平 $1 - \alpha$.取而代之的是,我们可以给出间隔 $[a, b]$ 或具有后验概率 $1 - \alpha$ 的集合 C,并声明参数 θ 属于该集合的概率为 $1 - \alpha$.在我们考虑先验和后验分布之前,这样的陈述是不可能的.此集合称为 $(1 - \alpha)100\%$ 可信集.

定义 10.5 如果 θ 属于 C 的后验概率等于 $1 - \alpha$,则集合 C 对于参数 θ 是 $(1 - \alpha)100\%$ **可信集**.即

$$P\{\theta \in C \mid \boldsymbol{X} = \boldsymbol{x}\} = \int_C \pi(\theta \mid \boldsymbol{x}) \mathrm{d}\theta = 1 - \alpha$$

这样的集合不是唯一的.回想一下,对于双侧、左尾和右尾假设检验,我们在正态曲线下截取了面积的不同部分,它们都等于 $1 - \alpha$.

为了在所有的 $(1 - \alpha)100\%$ 可信集中将集合 C 的长度最小化,我们只需要包括具有高后验密度 $\pi(\theta \mid \boldsymbol{x})$ 的所有点 θ:

$$C = \{\theta: \pi(\theta \mid \boldsymbol{x}) \geqslant c\}$$

(参见图 10.12).这样的集合称为**最大后验密度可信集**,或仅称为 **HPD 集合**.

对于 θ 的 Normal(μ_x, τ_x) 后验分

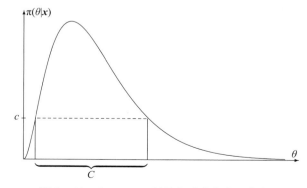

图 10.12 $(1 - \alpha)100\%$ 最大后验密度可信集

布，$(1-\alpha)100\%$ HPD 集合为

$$\mu_x \pm z_{a/2}\tau_x = [\mu_x - z_{a/2}\tau_x, \ \mu_x + z_{a/2}\tau_x]$$

例 10.29（薪资，续）　在例 10.23 美元中，我们"决定"计算机科学专业毕业生的平均起薪 θ 最有可能的范围是在 40 000 美元到 70 000 美元之间．以先验分布的形式表示这一点，我们将先验均值设为 $\mu = (40\,000 + 70\,000)/2 = 55\,000$．此外，如果我们认为该范围 $[40\,000; 70\,000]$ 具有 95% 的可能性，并且我们接受 θ 的正态先验分布，则此范围应等于

$$[40\,000; 70\,000] = \mu \pm z_{0.025/2}\tau = \mu \pm 1.96\tau$$

其中 τ 是先验标准差（图 10.13）．现在，我们可以根据此信息评估先验标准差参数 τ：

$$\tau = \frac{70\,000 - 40\,000}{2(1.96)} = 7653$$

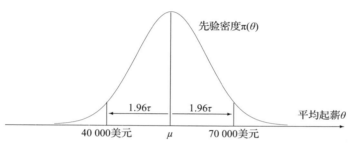

图 10.13　计算机科学毕业生平均起薪的正态分布的先验分布和 95% HPD 可信集（例 10.29）

360 ~ 361

这是使用丰富的（两参数）先验分布族的优势：我们很可能在该族中找到一个能充分反映我们的先验信念的成员．

然后，在收集任何数据之前，平均起薪 θ 的 95% HPD 可信集为

$$\mu \pm z_{0.025}\tau = [40\,000; 70\,000]$$

假设 100 名毕业生的随机抽样，平均起薪为 $\overline{X} = 48\,000$，样本标准差 $s = 12\,000$．根据表 10.2，我们确定后验均值和标准差：

$$\mu_x = \frac{n\overline{X}/\sigma^2 + \mu/\tau^2}{n/\sigma^2 + 1/\tau^2} = \frac{(100)(48\,000)/(12\,000)^2 + (55\,000)/(7653)^2}{100/(12\,000)^2 + 1/(7653)^2} = 48\,168;$$

$$\tau_x = \frac{1}{\sqrt{n/\sigma^2 + 1/\tau^2}} = \frac{1}{\sqrt{100/(12\,000)^2 + 1/(7653)^2}} = 11\,855$$

假设大小为 100 的样本准确地估计了总体标准差 σ，我们使用样本标准差 s 代替总体标准差 σ．或者，我们也可以将先验分布放在未知的 σ 上，并通过贝叶斯方法进行估计．由于观察到的样本均值小于我们的先验均值，因此，后验分布移到先验的左边（图 10.14）．

结论　看到数据后，计算机科学专业毕业生平均起薪的贝叶斯估计值为

$$\hat{\theta}_B = \mu_x = 48\,168 \text{ 美元}$$

平均起薪的 95% HPD 可信集为

$$\mu_x \pm z_{0.025}\tau_x = 48\,168 \pm (1.96)(11\,855) = 48\,168 \pm 23\,236 = [24\,932; 71\,404]$$

观察到的薪资比先验预测的低，这扩展了我们可信区间的下限．　　　　　　　　　　◇

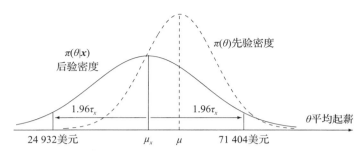

图 10.14　平均起薪的正态分布的先验和后验分布(例 10.29)

例 10.30(电话公司)　一家新的电话公司预计平均每小时可处理 1000 次呼叫. 在随机选择的 10 个工作小时运行期间内, 它总共处理了 7265 次呼叫.

它应该如何更新电话呼叫频率的初始估计? 构造 95%HPD 可信集合. 电话呼叫视为满足泊松分布. 每小时通话率具有指数先验分布.

解　我们需要电话呼叫频率 θ 的贝叶斯估计量. 1 小时内的呼叫次数服从泊松(θ)分布, 其中 θ 未知, 有

$$\text{Exponential}(\lambda) = \text{Gamma}(1, \lambda)$$

预期的先验分布, 有期望

$$E(\theta) = \frac{1}{\lambda} = 1000 \text{ 次呼叫}$$

因此, $\lambda = 0.001$. 我们观察到一个大小为 $n = 10$ 的样本, 总计

$$\sum_{i=1}^{n} X_i = n\overline{X} = 7265 \text{ 次呼叫}$$

我们知道(参见表 10.2), 这种情况下的后验分布是 Gamma(α_x, λ_x), 其中

$$\alpha_x = \alpha + n\overline{X} = 7266$$
$$\lambda_x = \lambda + n = 10.001$$

这种分布有平均值

$$\mu_x = \alpha_x / \lambda_x = 726.53$$

和标准差

$$\tau_x = \sqrt{\alpha_x} / \lambda_x = 8.52$$

θ 的贝叶斯估计量为

$$E(\theta | \boldsymbol{X}) = \mu_x = \underline{726.53 \text{ 呼叫次数 / 每小时}}$$

它与样本平均值 $\overline{X}$ 相吻合, 表明样本的信息量胜过先验信息.

对于可信集合, 我们注意到 α_x 足够大, 使得伽马分布的后验分布近似等于参数为 μ_x 和 τ_x 的正态分布. 那么 95%HPD 可信集合为

$$\mu_x \pm z_{0.05/2}\tau_x = 726.53 \pm (1.96)(8.52) = 726.53 \pm 16.70 = \underline{[709.83, 743.23]} \qquad \diamond$$

10.4.4　贝叶斯假设检验

贝叶斯假设检验非常容易解释. 我们可以计算假设 H_0 和备择假设 H_A 为真的先验概率

和后验概率，并由此决定接受还是拒绝.

如果没有参数 θ 的先验和后验分布，就不可能计算出概率. 在非贝叶斯统计中，θ 不是随机的，因此 H_0 和 H_A 要么为真（概率为 1），要么为假（概率为 0）.

对于贝叶斯检验，为了使 H_0 具有有意义的非零概率，它通常代表一个参数值集合，而不只是一个 θ_0，我们要检验

$$H_0: \theta \in \Theta_0 \quad 与 \quad H_A: \theta \in \Theta_1$$

这实际上是讲得通的，因为无论如何都不可能保持精确的等式 $\theta = \theta_0$，并且在实践中将其理解为 $\theta \approx \theta_0$.

比较 H_0 和 H_A 的后验概率，

$$P\{\Theta_0 \,|\, \boldsymbol{X} = \boldsymbol{x}\}, \quad P\{\Theta_1 \,|\, \boldsymbol{X} = \boldsymbol{x}\}$$

我们要确定 $P\{\Theta_1 \,|\, \boldsymbol{X} = \boldsymbol{x}\}$ 是否大到足以提供显著的证据，并拒绝零假设. 可以再次将它与 $1 - \alpha$ 进行比较，例如 0.90，0.95，0.99，或者根据可能性表示结果，"零假设很可能是真的".

例 10.31（电话公司，续）　让我们检验一下例 10.30 中的电话公司是否可以实际面临每小时 1000 次或更多次呼叫的呼叫频率. 我们要检验

$$H_0: \theta \geqslant 1000 \quad 与 \quad H_A: \theta < 1000$$

其中 θ 是呼叫时率.

根据 θ 的 $\mathrm{Gamma}(\alpha_x, \lambda_x)$ 的后验分布及其近似正态分布（$\mu_x = 726.53$，$\tau_x = 72.65$），

$$P\{H_0 \,|\, \boldsymbol{X} = \boldsymbol{x}\} = P\left\{\frac{\theta - \mu_x}{\tau_x} \geqslant \frac{1000 - \mu_x}{\tau_x}\right\} = 1 - \Phi(3.76) = 0.0001$$

根据补集规则，$P\{H_A \,|\, \boldsymbol{X} = \boldsymbol{x}\} = 0.9999$，这提供了拒绝 H_0 的充分证据.

我们得出的结论是，这家公司极不可能面临每小时 1000 多次呼叫的频率.　　　　　　　$\Diamond$

损失与风险

通常，人们可以在假设检验中预测第 I 类型和第 II 类型错误的后果，并分配与每种可能的错误相关联的**损失** $L(\theta, a)$. θ 是参数，a 是我们的判断，即是接受还是拒绝零假设.

然后，每个决定都有其**后验风险** $\rho(a)$，定义为根据后验分布计算的预期损失. 后验风险较低的行为是我们的**贝叶斯行为**.

364

假设第 I 类型错误导致损失

$$w_0 = \mathrm{Loss}(第 \ I \ 类型错误) = L(\Theta_0, 拒绝 \ H_0)$$

第 II 类型错误导致损失

$$w_1 = \mathrm{Loss}(第 \ II \ 类型错误) = L(\Theta_1 \ 接受 \ H_0)$$

然后，每个可能行为的后验风险计算为

$$\rho(拒绝 \ H_0) = w_0 \pi(\Theta_0 \,|\, \boldsymbol{x})$$
$$\rho(接受 \ H_0) = w_1 \pi(\Theta_1 \,|\, \boldsymbol{x})$$

现在我们可以确定贝叶斯行为. 如果 $w_0 \pi(\Theta_0 \,|\, \boldsymbol{x}) \leqslant w_1 \pi(\Theta_1 \,|\, \boldsymbol{x})$，则贝叶斯行为将接受 H_0.
如果 $w_0 \pi(\Theta_0 \,|\, \boldsymbol{x}) \geqslant w_1 \pi(\Theta_1 \,|\, \boldsymbol{x})$，则贝叶斯行为将拒绝 H_0.

例 10.32(质量检验，续) 在例 10.24 中，对于次品比例 θ，我们要检验

$$H_0: \theta = 0.05 \quad 与 \quad H_A: \theta = 0.10$$

假设第 I 类型错误的损失是第 II 类型错误的三倍. 在这种情况下，贝叶斯行为是什么？

例 10.28 给出了后验概率

$$\pi(\Theta_0 \mid \boldsymbol{X} = \boldsymbol{x}) = 0.2387, \quad \pi(\Theta_1 \mid \boldsymbol{X} = \boldsymbol{x}) = 0.7613$$

由于 $\omega_0 = 3\omega_1$，后验风险为

$$\rho(拒绝\ H_0) = w_0 \pi(\Theta_0 \mid \boldsymbol{x}) = 3w_1(0.2387) = 0.7161 w_1$$

$$\rho(接受\ H_0) = w_1 \pi(\Theta_1 \mid \boldsymbol{x}) = 0.7613 w_1$$

因此，拒绝 H_0 具有较低的后验风险，因此它是贝叶斯行为. 拒绝 H_0.   ◇

归纳总结

本章介绍了一些流行的统计推断方法.

卡方检验代表了一种基于计数的通用技术. 通过卡方统计将观察到的计数与零假设下的期望计数进行比较，我们可以检验两个因子的拟合优度和独立性. 列联表广泛用于检测类别变量之间的重要关系.

非参数统计方法不基于任何特定的数据分布. 因此，它们经常在分布未知或复杂的情况下使用. 当样本可能包含一些异常值，甚至数据不是数字时，应用也非常方便.

365

本章介绍了一个样本的符号检验和 Wilcoxon 符号秩检验，以及两个样本的 Mann-Whitney-Wilcoxon 秩和检验，以检验和比较分布及其中位数. 组合学有助于找到每个考虑检验统计量的精确零分布. 对于大样本，此分布近似为正态分布.

自助法是一种常用的现代重抽样技术，如今已广泛用于研究各种统计量的性质和评估其性能. 我们可以利用自助法背后的一个简单思想，仅使用计算机的能力来分析复杂的统计量. 本章展示了自助法在标准误差估计、参数估计偏差以及参数和非参数置信区间构造中的最基本应用.

贝叶斯推断结合了数据中包含的信息和未知参数的先验分布中包含的信息. 它是基于后验分布的，后验分布是给定数据的未知参数的条件分布.

最常用的贝叶斯参数估计是后验平均值. 它使所有估计中的平方误差后验风险最小化.

贝叶斯 $(1-\alpha)100\%$ 可信集也以概率 $1-\alpha$ 包含参数 θ，但这一次，该概率是指 θ 的分布. 解释 $(1-\alpha)100\%$ 可信集，我们可以说，给定的观测数据 θ 属于以概率 $1-\alpha$ 获得的集合.

对于贝叶斯假设检验，我们计算 H_0 和 H_A 的后验概率，并确定前者是否比后者小，使其足以表明拒绝 H_0. 我们还可以采取贝叶斯行为，将后验风险降至最低.

练习题

10.1   未经请求的(垃圾)电子邮件的数量是否服从泊松分布？以下是连续 60 天内收到的垃圾邮件数量的记录(数据集 Spam)：

12	6	4	0	13	5	1	3	10	1	29	12	4	4	22
2	2	27	7	27	9	34	10	10	2	28	7	0	9	4
32	4	5	9	1	13	10	20	5	5	0	6	9	20	28
22	10	8	11	15	1	14	0	9	9	1	9	0	7	13

选择合适的统计堆栈，并在 1% 的显著性水平下进行拟合优度检验.

10.2　应用 M/M/1 排队系统的理论，假设服务时间服从指数分布. 在 24 小时运行期间，观察到以下服务时间（以分钟为单位）（数据集 ServiceTimes）：

10.5　1.2　6.3　3.7　0.9　7.1　3.3　4.0　1.7　11.6　5.1　2.8　4.8　2.0　8.0　4.6
3.1　10.2　5.9　12.6　4.5　8.8　7.2　7.5　4.3　8.0　0.2　4.4　3.5　9.6　5.5　0.3
2.7　4.9　6.8　8.6　0.8　2.2　2.1　0.5　2.3　2.9　11.7　0.6　6.9　11.4　3.8　3.2
2.6　1.9　1.0　4.1　2.4　13.6　15.2　6.4　5.3　5.4　1.4　5.0　3.9　1.8　4.7　0.7

这些数据支持指数假设吗？

10.3　收集以下样本数据集 RandomNumbers，以验证新的随机数生成器的准确性（为方便起见，我们对它进行了排序）：

-2.434 -2.336 -2.192 -2.010 -1.967 -1.707 -1.678 -1.563 -1.476 -1.388
-1.331 -1.269 -1.229 -1.227 -1.174 -1.136 -1.127 -1.124 -1.120 -1.073
-1.052 -1.051 -1.032 -0.938 -0.884 -0.847 -0.846 -0.716 -0.644 -0.625
-0.588 -0.584 -0.496 -0.489 -0.473 -0.453 -0.427 -0.395 -0.386 -0.386
-0.373 -0.344 -0.280 -0.246 -0.239 -0.211 -0.188 -0.155 -0.149 -0.112
-0.103 -0.101 -0.033 -0.011 0.033 0.110 0.139 0.143 0.218 0.218
0.251 0.261 0.308 0.343 0.357 0.463 0.477 0.482 0.489 0.545
0.590 0.638 0.652 0.656 0.673 0.772 0.775 0.776 0.787 0.969
0.978 1.005 1.013 1.039 1.072 1.168 1.185 1.263 1.269 1.297
1.360 1.370 1.681 1.721 1.735 1.779 1.792 1.881 1.903 2.009

（a）应用 χ^2 拟合优度检验来检查该样本是否来自标准正态分布.

（b）检验此样本是否来自 Uniform(−3，3).

（c）虽然（a）和（b）中的原假设相互矛盾，但理论上是否可以同时接受它们呢？为什么说得通呢？

10.4　在例 10.3 中，我们检验了并发用户数是否服从近似正态分布. 卡方检验的结果如何取决于我们的宽度划分？对于相同的数据，使用一组不同的统计堆栈 B_1，$\cdots$，B_N 来检验正态分布的假设.

10.5　证明在例 10.9 中，样本过小，无法进行正态分布的 χ^2 拟合优度检验，该检验涉及对正态分布两个参数的估计.

10.6　两家计算机制造商 A 和 B 争夺特定市场. 他们的用户按 4 点制对计算机的质量进行评级，分别为"不满意""满意""质量良好"和"质量优秀，会推荐给其他人". 观察到以下计数：

366

计算机制造商	"不满意"	"满意"	"质量良好"	"质量优秀"
A	20	40	70	20
B	10	30	40	20

A 和 B 生产的计算机在客户满意度上有显著差异吗?

10.7　已在两所学校进行了大学预科考试. 在第一所学校中, 162 名女生和 567 名男生通过了考试, 而 69 名女生和 378 名男生没有通过. 在第二所学校中, 462 名女生和 57 名男生通过了考试, 而 693 名女生和 132 名男生没有通过.

(a) 在第一所学校中, 女生和男生的成绩是否有显著差异?

(b) 在第二所学校中, 女生和男生的成绩是否有显著差异?

(c) 两所学校在一起时, 女生和男生的成绩是否有显著差异?

对于每所学校, 构建一个列联表, 并应用卡方检验.

注: 这个数据集是一个被称为**辛普森悖论**的奇怪现象的例子. 每所学校的女生都比男生表现得好, 然而, 两所学校在一起时, 男生表现得更好.

自己检查一下, 在第一所学校, 70% 的女生和只有 60% 的男生通过了考试. 在第二所学校, 40% 的女生和只有 30% 的男生通过了考试. 但两所学校在一起时, 55% 的男生和只有 45% 的女生通过了考试. 哇!

10.8　一位计算机管理员决定在公司的所有计算机上安装新的防病毒软件. 我们向她提供了三种相互竞争的防病毒解决方案(X, Y 和 Z), 可以免费试用 30 天. 她在 50 台计算机上安装了每种解决方案, 并记录接下来 30 天内的感染情况. 她的研究结果列在下表中:

防病毒软件	X	Y	Z
计算机未受感染	36	28	32
计算机被感染一次	12	16	14
计算机被感染不止一次	2	6	4

这位计算机管理员是否有显著性证据证明这三种防病毒解决方案的质量不同?

10.9　概率与统计课程有三节——S01, S02 和 S03. 在 S01 节中的 120 名学生中, 有 40 名学生的课程成绩为 A, 50 名学生为 B, 20 名学生为 C, 2 名学生为 D, 8 名学生为 F; 在 S02 节中的 100 名学生中, 有 20 名学生的成绩为 A, 40 名学生为 B, 25 名学生为 C, 5 名学生为 D, 10 名学生为 F; 最后, 在 S03 节中的 60 名学生中, 有 20 名学生的成绩为 A, 20 名学生为 B, 15 名学生为 C, 2 名学生为 D, 3 名学生为 F. 在这三节中学生的表现有差异吗?

10.10　在以随机时间发送到打印机的 25 个任务中, 6 个任务每个打印时间不到 20 秒, 19 个任务每个打印时间超过 20 秒. 是否有证据表明该打印机的响应时间中位数超过 20 秒? 应用符号检验.

10.11 在一个计算机工厂，一些计算机部件的某些测量值的中位数应该等于 m．如果发现它小于 m 或大于 m，则重新校准该工艺流程．每天，一名质检员都会从 20 个部件的样本中进行测量．根据 5% 水平的符号检验，m 的任何一边有多少个测量值即可证明需要重新校准？（换句话说，拒绝域是什么？）

10.12 当制造计算机芯片时，其某些关键层的中位数厚度应为 45nm（纳米，1 纳米等于十亿分之一米）．对 60 个生产的芯片（数据集 Chips）的样本进行测量，测得的厚度记录为

34.9 35.9 38.9 39.4 39.9 41.3 41.5 41.7 42.0 42.1 42.5 43.5 43.7 43.9 44.2
44.4 44.6 45.3 45.7 45.9 46.0 46.2 46.4 46.6 46.8 47.2 47.6 47.7 47.8 48.8
49.1 49.2 49.4 49.5 49.8 49.9 50.0 50.2 50.5 50.7 50.9 51.0 51.3 51.4 51.5
51.6 51.8 52.0 52.5 52.6 52.8 52.9 53.1 53.7 53.8 54.3 56.8 57.1 57.8 58.9

（为方便起见，我们对它进行了排序．）

1% 水平的符号检验会得出中位数厚度不等于 45nm 的结论吗？

368

10.13 请参阅练习 10.12．验证层厚度的第一个四分位数 Q_1 不超过 43nm 也很重要．将符号检验的思想应用于第一个四分位数而不是中位数，并检验

$$H_0: Q_1 = 43 \quad 与 \quad H_A: Q_1 > 43$$

检验统计量将是超过 43nm 的测量值的数量．找到该检验统计量的零分布，计算该检验的 P 值，并陈述有关第一个四分位数的结论．

10.14 生产的计算机部件的某些测量结果的中位数不应超过 5 英寸．为了验证工艺是否符合要求，工程师们决定逐一测量 100 个部件．令所有人惊讶的是，在前 75 次测量的 63 次超过 5 英寸之后，一名工程师建议停止测量，并修复该工艺流程．她声称，无论剩下的 25 个测量值是多少，在进行全部 100 次测量后，中位数都会远远大于 5 英寸．

你同意这种说法吗？为什么？当然，如果剩下的 25 个测量对检验没有影响，那么尽早停止检验并修复工艺流程应该是一个节省资源的好决定．

10.15 老师说上一次考试成绩的中位数是 84 分．Masha 询问了她的 12 位同学，并记录他们的分数为

76，96，74，88，79，95，75，82，90，60，77，56

假设她随机选择同学，她能把这些数据当作班级中位数小于 84 的证据吗？她可以通过使用符号检验或 Wilcoxon 符号秩检验来获得更有力的证据吗？

10.16 11 名软件开发人员的起薪为

4.7，5.2，6.8，7.2，5.5，4.4，5.8，6.3，5.4，5.9，7.7 万美元

5% 水平的 Wilcoxon 符号秩检验是否提供了显著性证据，证明软件开发人员的起薪中位数超过 50 000 美元？

10.17 请参阅练习 10.12．Wilcoxon 符号秩检验是否证实中位数厚度不再等于 45nm？

10.18 请参阅练习 10.2．这些数据是否提供了服务时间中位数少于 5 分钟 40 秒的显著性证据？在 5% 的显著性水平上进行 Wilcoxon 符号秩检验．这些数据可能无法完全满

足该检验的哪些假设?

10.19　使用递归公式(10.6)计算样本量 $n=2$,$n=3$ 和 $n=4$ 时 Wilcoxon 检验统计量 W 的零分布.

10.20　Mann-Whitney-Wilcoxon 检验应用于练习 9.23 中的测验成绩,看看 Anthony 的成绩中位数是否显著高于 Eric 的成绩中位数. P 值是多少?

10.21　两家互联网服务提供商声称他们提供了该地区最快的互联网. 当地一家公司要求其正常运行的下载速度至少为 20Mb/s. 它决定通过每个网络发送 10 个相同大小的数据包,并记录它们的下载速度来进行一场公平的竞赛.

对于第一家提供商,下载速度记录为 26.7,19.0,26.5,29.1,26.2,27.6,26.8,24.2,25.7,23.0Mb/s. 对于第二家提供商,下载速度记录为 19.3,22.1,23.4,24.8,25.9,22.2,18.3,20.1,19.2,27.9Mbit/s.

(a) 根据符号检验,是否有显著性证据表明第一家提供商的下载速度中位数至少为 20Mbit/s? 那第二家提供商呢? 计算每个 P 值.

(b) 使用 Wilcoxon 符号秩检验重复(a). P 值是否表明该检验比符号检验更敏感?

(c) 在 1% 水平上,是否有显著性证据表明第一家提供商的下载速度中位数超过第二家提供商的下载速度中位数? 使用合适的检验.

这些数据也可以在数据集 Internet 上找到.

10.22　15 个电子邮件附件被分类为善意和恶意. 7 个善意附件的大小分别为 0.4,2.1,3.6,0.6,0.8,2.4 和 4.0MB. 8 个恶意附件的大小分别为 1.2,0.2,0.3,3.3,2.0,0.9,1.1 和 1.5MB. Mann-Whitney-Wilcoxon 检验是否检测到善意和恶意附件的大小分布有显著差异? (如果是这样的话,大小可以帮助对电子邮件附件进行分类,并警告可能的恶意代码.)

10.23　在大一时,埃里克的教科书价格(单位:美元)分别为 89,99,119,139,189,199 和 229. 在大四时,教科书价格为 109,159,179,209,209,219,259,279,299 和 309. 根据 Mann-Whitney-Wilcoxon 检验,这是教科书成本中位数正在上升的显著性证据吗?

10.24　两个团队(每个团队 6 个学生)参加了编程竞赛. 评审团对 A 队队员的评分分别为第 1、第 3、第 6、第 7、第 9 和第 10 名. 根据单边的 Mann-Whitney-Wilcoxon 检验,现在 A 队的队长声称全面胜过 B 队? 你同意他的结论吗? 你在检验什么假设?

10.25　请参阅练习 10.2 和数据集 ServiceTimes. 在记录了前 32 个服务时间(前两行数据)之后,服务器进行了实质性的改进. 在 10% 水平上进行 Mann-Whitney-Wilcoxon 检验,看看这项改进是否缩短中位数服务时间.

10.26　在每周的其中 5 天,娜塔莎各花费 2、2、3、3 和 5 个小时来做作业.

(a) 列出所有可能的自助样本,找到每个样本的概率.

(b) 使用你的列表查找样本中位数的自助分布.

(c) 使用这个自助分布来估计样本中位数的标准误差和偏差.

10.27　在练习 10.16 中,我们检验了软件开发人员的起薪中位数. 我们实际上可以通过样本中位数来估计这个起薪, 对于这些数据, 样本中位数 $\hat{M}=58\,000$ 美元.

(a) 可以生成多少个不同的自助样本? 查找所有可能的有序和无序样本的数量.

(b) 找到样本中位数的自助分布. 不要列出所有自助样本!

(c) 使用该分布来估计 $\hat{M}$ 的标准误差.

(d) 为总体中位数薪资 M 构建一个 88% 自助置信区间.

(e) 使用自助分布来估计 11 个随机选择的软件开发人员的起薪中位数超过 50 000 美元的概率.

练习 10.28~练习 10.30 需要使用计算机.

10.28　请参阅练习 10.15. Eric 通过样本中位数估计班级中位数成绩, 对于这些数据, 中位数是 77 和 79 之间的任何数字(Eric 取中间值 78). 生成 10 000 个自助样本, 并使用它们进行以下推断.

(a) 估计 Eric 使用的样本中位数的标准误差.

(b) 这个样本中位数是对总体中位数的有偏估计吗? 估计其偏差.

(c) 为总体中位数构建 95% 自助置信区间. 它是否可以用来检验班级中位数成绩是否为 84?

10.29　参考数据集 Chips 和练习 10.13, 其中要检验层厚度的第一个四分位数. 通过第一个样本四分位数 $\hat{Q}_1$ 估计该四分位数(如果整个样本四分位数为间隔, 则取其中间值). 使用自助法估计该估计量的标准误差和偏差.

10.30　在练习 9.23 中, Eric 和 Anthony 的成绩之间有相关性吗? 为他们的测验成绩之间的相关系数构建 80% 非参数自助置信区间(较小的样本量不允许假设样本相关系数为正态分布).

10.31　一条高速公路的一个新路段开放了, 一个月内发生了 $X=4$ 起事故. 事故数量服从 Poisson(θ), 其中 θ 是一个月内的预期事故数量. 由这条高速公路的其他路段的经验可知, θ 的先验分布为 Gamma$(5, 1)$. 求出 θ 在平方误差损失下的贝叶斯估计, 并求出其后验风险.

10.32　该数据集由来自具有未知参数 θ 的几何分布的样本 $\boldsymbol{X}=(2, 3, 5, 8, 2)$ 组成.

(a) 证明先验分布的贝塔分布族是共轭的.

(b) 以 Beta$(3, 3)$ 为先验分布, 计算 θ 的贝叶斯估计.

10.33　排队系统的服务时间(以分钟为单位)服从带有未知参数 θ 的指数分布. θ 的先验分布为 Gamma$(3, 1)$. 5 个随机任务的服务时间分别为 4, 3, 2, 5 和 5 分钟.

(a) 证明先验分布的伽马分布族是共轭的.

(b) 计算参数 θ 的贝叶斯估计及其后验风险.

(c) 计算 $\theta \geqslant 0.5$ 的后验概率, 即每两分钟至少可以服务一个任务.

(d) 如果第 Ⅰ 类型错误和第 Ⅱ 类型错误导致大致相同的损失, 则检验假设 $H_0:\theta \geqslant 0.5$ 与 $H_A:\theta < 0.5$.

10.34　互联网服务提供商研究网络并发用户数的分布. 这个数字服从正态分布, 平均值为 θ, 标准差为 4000 人. θ 的先验分布为正态分布, 均值为 14 000, 标准差为 2000.

收集有关并发用户数的数据；请参阅数据集 ConcurrentUsers 和练习 8.2.

（a）给出平均并发用户数 θ 的贝叶斯估计.

（b）构建 θ 的最高后验密度 90% 可信集，并对其进行解释.

（c）是否有显著性证据表明平均并发用户数超过 16 000?

10.35 继续练习 10.34. 另一位统计学家对练习 8.2 中有关并发用户的数据进行了非贝叶斯分析.

（a）给出平均并发用户数 θ 的非贝叶斯估计.

（b）为 θ 构建 90% 置信区间，并对其进行解释.

（c）是否有显著性证据表明平均并发用户数超过 16 000?

（d）你的结果与之前的练习有何不同?

10.36 在例 9.13 中，我们根据观察到的正态分布的测量值构造了总体均值为 μ 的置信区间. 假设在实验之前，我们认为这个均值应该以概率 0.95 在 5.0 和 6.0 之间.

（a）找到一个能完全反映你的先验信念的共轭先验分布.

372

（b）推导后验分布，求出 μ 的贝叶斯估计. 计算其后验风险.

（c）为 μ 计算一个 95% HPD 可信集，它与 95% 置信区间有什么不同? 是什么导致了这些差异?

10.37 如果一枚硬币抛 10 次得到 10 个正面，那么这枚硬币还能是均匀的吗? 通过观察一枚硬币，你以概率 0.99 相信它是均匀的(两面各有 50% 的概率). 这是你的先验概率. 你以概率 0.01 允许这枚硬币以一种或另一种方式存在偏差，这样它正面朝上的概率均匀分布在 0 和 1 之间. 然后，你将这枚硬币抛掷 10 次，每次它都正面朝上. 计算它是一枚均匀的硬币的后验概率.

10.38 观察到的是 Uniform$(0, \theta)$ 的样本.

（a）查找先验分布的一个共轭族(你可以在 A.2 节的清单里找到它).

（b）假设一个来自该族的先验分布，推导出贝叶斯估计的一种形式及其后验风险.

10.39 从 Beta$(\theta, 1)$ 中观察到样本 $X_1, \cdots, X_n$. 推导出 θ 在 Gamma(α, λ) 的先验分布下的贝叶斯估计的一般形式.

10.40 Anton 下了 5 盘棋，并且都赢了. 让我们估计一下他赢得下一场比赛的概率 θ. 假设参数 θ 是具有 Beta$(4, 1)$ 的先验分布，并且游戏结果彼此独立.

（a）计算 θ 的贝叶斯估计及其后验风险.

（b）为 θ 构建 90% HPD 可信集.

（c）有没有显著性证据表明 Anton 获胜的概率大于 0.7? 为了回答这个问题，请找到 $\theta \leqslant 0.7$ 和 $\theta > 0.7$ 的后验概率，并用它们来检验 $H_0: \theta \leqslant 0.7$ 与 $H_A: \theta > 0.7$.

373 ～ 374

请注意，θ 的标准频率论估计值是样本比例 $\hat{p} = 1$，这是相当不切实际的，因为它不会给 Anton 输的机会!

第 11 章 回 归

在第 8~10 章中,我们关注的是随机变量及其参数、期望、方差、中位数、对称性、偏斜度等的分布. 在本章中,我们研究变量之间的关系.

在现实生活中观察到的许多变量是相关的. 它们之间的关系类型通常可以用一种被称为回归的数学形式表达. 建立和测试这种关系可以使我们:

- 了解变量之间的相互作用、原因和影响;
- 根据观察到的变量预测未观察到的变量;
- 确定哪些变量对目标变量有显著影响.

11.1 最小二乘估计

回归模型将响应变量与一个或多个预测变量联系起来. 观察预测变量,我们可以通过计算可用的预测变量的条件期望来预测响应变量.

定义 11.1 **响应变量**或因变量 Y 指我们根据一个或多个预测变量预测的目标变量.

预测变量或自变量 $X^{(1)}$,$\cdots$,$X^{(k)}$ 用来预测响应变量 Y 的值和行为.

Y 对 $X^{(1)}$,$\cdots$,$X^{(k)}$ 的**回归**是一个条件期望,即

$$G(x^{(1)}, \cdots, x^{(k)}) = E\{Y \mid X^{(1)} = x^{(1)}, \cdots, X^{(k)} = x^{(k)}\}$$

它是一个关于 $x^{(1)}$,$\cdots$,$x^{(k)}$ 的函数,其形式可通过数据估计得到.

11.1.1 示例

考虑几种我们能从自变量预测出目标因变量的情况.

例 11.1(世界人口) 根据美国人口普查局的国际数据库,世界人口增长如表 11.1 和 PopulationWorld 数据集所示. 我们怎么才能用这些数据预测出 2020 年和 2030 年的世界人口呢?

表 11.1 1950 年至 2030 年的世界人口

年份	世界人口 (单位:百万)	年份	世界人口 (单位:百万)	年份	世界人口 (单位:百万)	年份	世界人口 (单位:百万)
1950	2557	1970	3708	1990	5273	2010	6835
1955	2781	1975	4084	1995	5682	2015	7226
1960	3041	1980	4447	2000	6072	2020	?
1965	3347	1985	4844	2005	6449	2030	?

图 11.1 显示人口(因变量)与年份(自变量)密切相关.

$$人口 \approx G(年份)$$

人口每年都增长,而且它的增长几乎是呈线性的. 如果我们联系因变量和自变量估算出回

归函数 G(图 11.1 中的虚线），再把函数图像延伸到 2030 年，就能预测 2030 年的人口了. 通过回归函数可直接算出 $G(2020)$ 和 $G(2030)$.

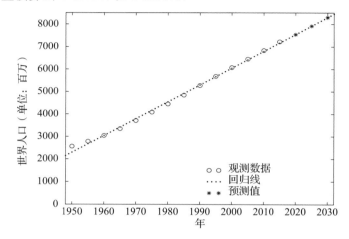

图 11.1　1950—2019 年的世界人口和往后（最远到 2030 年）的回归预测

一条拟合了 1950—2015 年观测数据的直线，预测 2020 年的人口将达到 74.5 亿，2025 年为 79.2 亿，2030 年为 82.9 亿. 它还显示，在 2025 年和 2030 年之间，约 2026 年左右，世界人口将达到历史性的 80 亿. 　　　　　　　　　　　　　　　　　　　　　　　　　◇

在这个例子中，预测的准确性如何？在 1950 年至 2019 年期间，观测到的人口增长与图 11.1 中的估计回归线非常接近. 我们有理由希望它在 2030 年之前继续沿回归线增长.

在下一个例子中，情况有所不同.

例 11.2（房价）　图 11.2 描绘了某个县的 70 套房屋销售价格以及房屋面积.

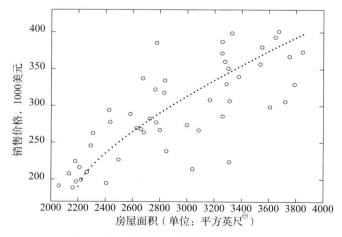

图 11.2　房屋销售价格和房屋面积

⊖　1 平方英尺＝0.0929 平方米. ——编辑注.

首先，我们看到在这两个变量之间有明确的关系，通常来说，房屋面积越大，销售价格越高. 但是，这种趋势似乎不再是线性的.

其次，这一趋势存在很大的可变性. 实际上，面积不是决定房屋销售价格的唯一因素. 面积相同的房屋仍可能有不同的销售价格.

那么，我们如何估算 3200 平方英尺房子的价格呢？我们可以估计总体趋势（图 11.2 中的虚线），并将 3200 代入得到的公式中，但是由于明显的高可变性，我们的估计将不如例 11.1 那样准确. ◇

为了在最后一个示例中改进我们的估计，我们可能会考虑其他因素：卧室和浴室的数量、后院面积、邻居的平均收入等. 如果所有增加的变量都与房屋定价相关，则我们的模型将拟合得更好，并将提供更准确的预测. 11.3 节将研究具有多个预测变量的回归模型.

377

11.1.2　最小二乘法

我们当前的目标是估计将响应变量 Y 与预测变量 $X^{(1)}$，$\cdots$，$X^{(k)}$ 联系起来的**回归函数** G. 我们首先关注通过单一预测变量 X 预测响应变量 Y 的单变量回归. 在 11.3 节中该方法将扩展到 k 个预测变量.

如图 11.3a 所示，在单变量回归中，我们观察 (x_1, y_1)，$\cdots$，(x_n, y_n) 这样的数对.

为了进行准确的预测，我们寻找能传递尽可能靠近观察值的函数 $\hat{G}(x)$. 这是通过最小化观测数据 y_1，$\cdots$，y_n 和拟合回归线 $\hat{y}_1 = \hat{G}(x_1)$，$\cdots$，$\hat{y}_n = \hat{G}(x_n)$ 上对应点之间的距离来实现的（见图 11.3b）.

最小二乘法会最小化距离的平方和.

378

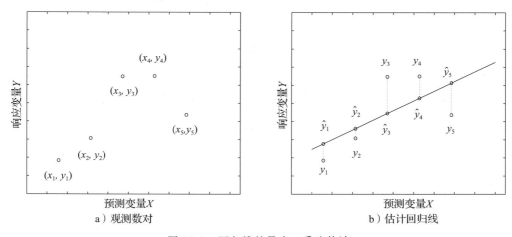

图 11.3　回归线的最小二乘法估计

定义 11.2　残差

$$e_i = y_i - \hat{y}_i$$

是观测到的响应变量 y_i 和其**拟合值** $\hat{y}_i = \hat{G}(x_i)$ 之间的差异.

最小二乘法找到了使残差平方和最小的回归函数 $\hat{G}(x)$:

$$\sum_{i=1}^{n} e_i^2 = \sum_{i=1}^{n}(y_i - \hat{y}_i)^2 \tag{11.1}$$

函数 $\hat{G}$ 通常以适当的形式出现：线性、二次、对数等. 最简单的形式是线性.

11.1.3 线性回归

线性回归模型假设条件期望

$$G(x) = E\{Y \mid X = x\} = \beta_0 + \beta_1 x$$

是 x 的线性函数. 与任何线性函数一样，它具有截距 β_0 和斜率 β_1.

截距

$$\beta_0 = G(0)$$

等于 $x = 0$ 时回归函数的值. 有时它没有物理意义. 例如，没有人会尝试预测具有 0 个随机存取存储器(RAM)的计算机的价值，也没有人会考虑 0 年的联邦储备利率. 在其他情况下，截距非常重要. 例如，根据欧姆定律($V = RI$)，理想导体上的电压与电流成正比. 非零截距($V = V_0 + RI$)表明电路不理想，且存在外部电压损失.

斜率

$$\beta_1 = G(x+1) - G(x)$$

是预测变量变动 1 时，响应变量的对应变动. 这是一个非常重要的参数，它显示了我们可以如何通过改动预测变量来影响响应变量. 例如，当生产的计算机的质量增加 Δx 时，客户满意度将增加 $\beta_1(\Delta x)$.

零斜率意味着 X 和 Y 之间不存在线性关系. 在这种情况下，当 X 发生变化时，Y 将保持不变.

线性回归的估计

让我们用**最小二乘法**来估计斜率和截距. 按照式(11.1)，我们最小化残差平方和

$$Q = \sum_{i=1}^{n}(y_i - \hat{y}_i)^2 = \sum_{i=1}^{n}(y_i - \hat{G}(x_i))^2 = \sum_{i=1}^{n}(y_i - \beta_0 - \beta_1 x_i)^2$$

我们可以通过取 Q 的偏导数，令它们等于 0，然后解出方程 β_0 和 β_1.

偏导数为

$$\frac{\partial Q}{\partial \beta_0} = -2\sum_{i=1}^{n}(y_i - \beta_0 - \beta_1 x_i)$$

$$\frac{\partial Q}{\partial \beta_1} = -2\sum_{i=1}^{n}(y_i - \beta_0 - \beta_1 x_i)x_i$$

令它们等于 0，我们得到所谓的正态方程：

$$\begin{cases} \sum_{i=1}^{n}(y_i - \beta_0 - \beta_1 x_i) = 0 \\ \sum_{i=1}^{n} x_i(y_i - \beta_0 - \beta_1 x_i) = 0 \end{cases}$$

由第一个正态方程，得

$$\beta_0 = \frac{\sum y_i - \beta_1 \sum x_i}{n} = \overline{y} - \beta_1 \overline{x} \tag{11.2}$$

将其代入第二个正态方程，我们得到

$$\sum_{i=1}^{n} x_i(y_i - \beta_0 - \beta_1 x_i) = \sum_{i=1}^{n} x_i((y_i - \overline{y}) - \beta_1(x_i - \overline{x})) = S_{xy} - \beta_1 S_{xx} = 0 \tag{11.3}$$ 〔380〕

其中平方和为

$$S_{xx} = \sum_{i=1}^{n} x_i(x_i - \overline{x}) = \sum_{i=1}^{n} (x_i - \overline{x})^2 \tag{11.4}$$

叉积的和为

$$S_{xy} = \sum_{i=1}^{n} x_i(y_i - \overline{y}) = \sum_{i=1}^{n} (x_i - \overline{x})(y_i - \overline{y}) \tag{11.5}$$

请注意，可以从式(11.4)和式(11.5)右侧的 x_i 中减去 $\overline{x}$，因为 $\sum(x_i - \overline{x}) = 0$ 且 $\sum(y_i - \overline{y}) = 0$.

最后，我们从式(11.2)和式(11.3)获得截距为 β_0，斜率为 β_1 的**最小二乘估计**.

回归估计
$$
\begin{aligned}
&b_0 = \hat{\beta}_0 = \overline{y} - b_1 \overline{x} \\
&b_1 = \hat{\beta}_1 = S_{xy}/S_{xx} \\
&\quad \text{其中} \\
&S_{xx} = \sum_{i=1}^{n} (x_i - \overline{x})^2 \\
&S_{xy} = \sum_{i=1}^{n} (x_i - \overline{x})(y_i - \overline{y})
\end{aligned}
\tag{11.6}
$$

例 11.3（世界人口）　在例 11.1 中，x_i 是年份，y_i 是该年的世界人口. 为了估算图 11.1 中的回归线，我们计算

$$\overline{x} = 1984, \quad \overline{y} = 4843$$
$$S_{xx} = (1950 - \overline{x})^2 + \cdots + (2019 - \overline{x})^2 = 27\,370$$
$$S_{xy} = (1950 - \overline{x})(2558 - \overline{y}) + \cdots + (2010 - \overline{x})(6864 - \overline{y}) = 2\,053\,529$$

得到

$$b_1 = S_{xy}/S_{xx} = 75$$
$$b_0 = \overline{y} - b_1 \overline{x} = -144\,013$$

估计的回归线为

$$\hat{G}(x) = b_0 + b_1 x = \underline{-144\,013 + 75x}$$

我们得出的结论是，世界人口平均每年增长 7500 万.

我们可以使用获得的方程来预测未来世界人口的增长. 2020 年和 2030 年的回归预测为

$$\hat{G}(2020) = b_0 + 2020 b_1 = \underline{754\,400\ 万人}$$
$$\hat{G}(2030) = b_0 + 2030 b_1 = \underline{829\,500\ 万人} \qquad\qquad \diamond$$ 〔381〕

11.1.4 回归与相关性

回顾 3.3.5 节，可知**协方差**

$$\mathrm{Cov}(X,Y)=E(X-E(X))(Y-E(Y))$$

和相关系数

$$\rho=\frac{\mathrm{Cov}(X,Y)}{(\mathrm{Std}X)(\mathrm{Std}Y)}$$

能度量变量 X 和 Y 之间线性关系的方向和强度. 从观测数据中，我们通过**样本协方差**

$$s_{xy}=\frac{\displaystyle\sum_{i=1}^{n}(x_i-\overline{x})(y_i-\overline{y})}{n-1}$$

（它对于总体协方差是无偏的）和**样本相关系数**

$$r=\frac{s_{xy}}{s_x s_y} \tag{11.7}$$

来估计 $\mathrm{Cov}(X,Y)$ 和 ρ. 其中 $s_x=\sqrt{\dfrac{\sum(x_i-\overline{x})^2}{n-1}}$ 和 $s_y=\sqrt{\dfrac{\sum(y_i-\overline{y})^2}{n-1}}$ 分别是 X 和 Y 的样本标准差.

比较式(11.3)和式(11.7)，我们可以看到估计斜率 b_1 和样本回归系数 r 成比例. 现在我们有两个新的回归斜率公式.

估计回归斜率 $\boxed{b_1=\dfrac{S_{xy}}{S_{xx}}=\dfrac{s_{xy}}{s_x^2}=r\left(\dfrac{s_y}{s_x}\right)}$

与相关系数一样，回归斜率在 X 和 Y 正相关时为正，负相关时为负. 不同之处在于 r 是无量纲的，而斜率是以每单位 X 对应每单位 Y 度量得到的. 因此，其值本身并不指示依赖性是弱还是强. 它取决于单元，也就是 X 和 Y 的数值范围. 我们将在 11.2 节中测试回归斜率的意义.

11.1.5 过拟合模型

在所有可能的直线中，最小二乘法选择一条最接近观测数据的直线. 但如图 11.3b 所示，我们仍然有一些残差 $e_i=(y_i-\hat{y}_i)$ 和一些正的残差平方和. 该直线无法解释 y_i 所有的变化.

有人可能会问，为什么我们只考虑线性模型？只要所有 x_i 不同，我们总是可以找到一个能毫无误差地穿过所有观测点的回归函数 $\hat{G}(x)$，像这样，总和 $\sum e_i^2=0$ 将真正被最小化！

试图完美地拟合数据是相当危险的习惯. 尽管我们可以对观察到的数据实现出色的拟合，但好的拟合并不永远等同于好的预测. 过拟合的模型会过于依赖给定的数据，用它来预测未观察到的响应是有问题的（见图 11.4）.

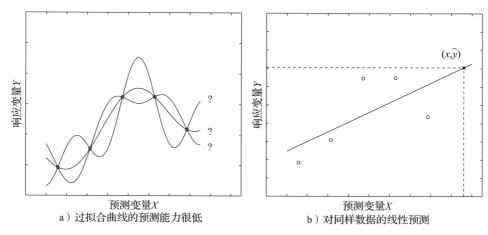

a）过拟合曲线的预测能力很低　　　　　　b）对同样数据的线性预测

图 11.4　基于回归的预测

11.2　方差分析、预测和进一步推断

在本节中，我们

- 根据观察到的数据评估所选回归模型的拟合优度；
- 估计响应方差；
- 检验回归参数的显著性；
- 建立置信度和预测区间.

11.2.1　方差分析和 R^2

方差分析（ANOVA）探索观察到的响应之间的变化. 这种变化的一部分可以用预测变量来解释. 其余的归因于"误差".

例如，图 11.2 的房屋销售价格之间存在一定变化. 为什么房屋的价格不同？价格取决于房屋面积，大房子往往更贵. 因此，在某种程度上，房价之间的变化可以通过房屋面积之间的变化来解释. 但是，面积相同房屋的价格可能仍然不同. 这些变化无法通过面积进行解释.

观察到的响应之间的总变化通过**平方总和**来衡量：

$$SS_{TOT} = \sum_{i=1}^{n} (y_i - \overline{y})^2 = (n-1)s_y^2$$

这都是 y_i 跟随样本均值的变化，与我们的回归模型无关.

总变化的一部分归因于预测变量 X 与联系预测变量和响应的回归模型. 这部分是通过**回归平方和**来衡量的：

$$SS_{REG} = \sum_{i=1}^{n} (\hat{y}_i - \overline{y})^2$$

这是可通过模型解释的变化部分. 它通常被计算为

$$SS_{REG} = \sum_{i=1}^{n} (b_0 + b_1 x_i - \overline{y})^2 = \sum_{i=1}^{n} (\overline{y} - b_1\overline{x} + b_1 x_i - \overline{y})^2$$

$$= \sum_{i=1}^{n} b_1^2 (x_i - \overline{x})^2 = b_1^2 S_{xx} \text{ 或 } (n-1) b_1^2 s_x^2$$

其余的总变化归因于"误差". 它是通过**误差平方和**来衡量的:

$$SS_{ERR} = \sum_{i=1}^{n} (y_i - \hat{y}_i)^2 = \sum_{i=1}^{n} e_i^2$$

这是模型无法解释的变化部分. 它等于最小二乘法最小化的残差平方之和. 因此, 使用此方法我们使误差平方和最小.

回归平方和与误差平方和将 SS_{TOT} 分为两部分(练习 11.6):

$$SS_{TOT} = SS_{REG} + SS_{ERR}$$

拟合优度, 即预测因子和所选回归模型的适当性可以通过模型可以解释的 SS_{TOT} 的比例来判断.

定义 11.3　R^2 或者说**判定系数**是可通过模型解释的变化的占比,

$$R^2 = \frac{SS_{REG}}{SS_{TOT}}$$

它始终在 0 和 1 之间, 较高的值通常表明拟合良好.

在单变量回归中, R^2 也等于样本相关系数的平方(练习 11.7):

$$R^2 = r^2$$

例 11.4(世界人口, 续)　继续例 11.3, 我们发现

$$SS_{TOT} = (n-1) s_y^2 = (12)(2.093 \cdot 10^6) = 1.545 \cdot 10^8$$

$$SS_{REG} = b_1^2 S_{xx} = (74.1)^2 (4550) = 1.541 \cdot 10^8$$

$$SS_{ERR} = SS_{TOT} - SS_{REG} = 4.498 \cdot 10^5$$

世界人口增长的线性模型具有非常高的 R 平方:

$$R^2 = \frac{SS_{REG}}{SS_{TOT}} = \underline{0.997} \quad \text{或} \quad \underline{99.7\%}$$

这已经是一个很好的拟合了. 尽管我们还可以通过在模型中添加非线性项来解释一部分剩余的 0.3% 的变化.　　　　　　　　　　　　　　　　　　　　　　　　　　　$\diamond$

11.2.2　测试和置信区间

估计回归线和划分总变化量的方法不依赖任何分布. 因此, 我们几乎可以将它们应用于所有数据.

为了进一步分析, 我们引入**标准回归假设**. 我们将假设观察到的响应 y_i 是均值为

$$E(Y_i) = \beta_0 + \beta_1 x_i$$

恒定方差为 σ^2 的独立的正态随机变量. 预测变量 x_i 被认为是非随机的.

因此, 回归估计 b_0 和 b_1 服从正态分布. 在估计得到方差 σ^2 之后, 可以通过 T 检验和 T 区间研究回归估计 b_0 和 b_1.

自由度和方差估计

根据标准假设, 响应 $Y_1, \cdots, Y_n$ 具有不同的均值, 但方差相同. 此方差等于从各个响应的期望值得出的平均方差. 让我们来估计它.

首先，我们通过

$$\hat{G}(x_i) = b_0 + b_1 x_i = \hat{y}_i$$

估计每个期望 $E(Y_i) = G(x_i)$.

然后，我们考虑偏差 $e_i = y_i - \hat{y}_i$，将它们平方后相加，得误差平方和

$$SS_{\text{ERR}} = \sum_{i=1}^{n} e_i^2$$

仍然需要将此和除以其自由度（这就是我们在 8.2.4 节中估算方差的方式）.

让我们计算回归方差分析中所有三个 SS 的自由度.

平方总和 $SS_{\text{TOT}} = (n-1)s_y^2$ 具有 $\text{df}_{\text{TOT}} = n-1$ 的自由度，因为它是直接根据样本方差 s_y^2 计算的.

其中，回归平方和 SS_{REG} 有 $\text{df}_{\text{REG}} = 1$ 的自由度. 回想一下（见 9.3.4 节），自由度是相应空间的维数. 回归线只是一条直线，维数为 1.

这使误差平方和的自由度为 $\text{df}_{\text{ERR}} = n-2$，因此

$$\text{df}_{\text{TOT}} = \text{df}_{\text{REG}} + \text{df}_{\text{ERR}}$$

由式（9.10）也可得出误差自由度

$$\text{df}_{\text{ERR}} = 样本容量 - \frac{估计}{位置参数的数目} = n-2$$

其中针对 2 个估计参数 β_0 和 β_1 共减去 2 个自由度.

有了这个，我们现在估计方差：

回归方差 $\boxed{s^2 = \dfrac{SS_{\text{ERR}}}{n-2}}$

它无偏估计 $\sigma^2 = \text{Var}(Y)$.

注： 请注意，通常的样本方差

$$s_y^2 = \frac{SS_{\text{TOT}}}{n-1} = \frac{\sum (y_i - \overline{y})^2}{n-1}$$

是有偏的，因为 $\overline{y}$ 不再估计 Y_i 的期望.

表示方差分析的标准方法是 ANOVA 表：

	资源	平方和	自由度	均方	F
单变量 ANOVA	模型	SS_{REG} $= \sum (\hat{y}_i - \overline{y})^2$	1	MS_{REG} $= SS_{\text{REG}}$	$\dfrac{MS_{\text{REG}}}{MS_{\text{ERR}}}$
	误差	SS_{ERR} $= \sum (y_i - \hat{y}_i)^2$	$n-2$	MS_{ERR} $= \dfrac{SS_{\text{ERR}}}{n-2}$	
	总计	SS_{TOT} $= \sum (y_i - \overline{y})^2$	$n-1$		

均方 MS_{REG} 和 MS_{ERR} 由相应的平方和除以其自由度得到. 样本回归方差等于均方误差:

$$s^2 = MS_{\text{ERR}}$$

估计的标准差 s 通常称为均方根误差或 RMSE.

F 比率

$$F = \frac{MS_{\text{REG}}}{MS_{\text{ERR}}}$$

用于测试整个回归模型的显著性.

关于回归斜率的推论

在估计回归方差 σ^2 之后, 我们可以继续对回归斜率 β_1 进行检验, 并求置信区间. 通常, 我们从 β_1 的估计量及其抽样分布开始.

斜率由

$$b_1 = \frac{S_{xy}}{S_{xx}} = \frac{\sum(x_i - \overline{x})(y_i - \overline{y})}{S_{xx}} = \frac{\sum(x_i - \overline{x})y_i}{S_{xx}}$$

估算得到 (我们可以忽略 $\overline{y}$, 因为它乘以了 $\sum(x_i - \overline{x}) = 0$).

根据标准回归假设, y_i 为正态随机变量, x_i 为非随机变量. 作为 y_i 的线性函数, 估计斜率 b_1 也是正态的, 它的期望为

$$E(b_1) = \frac{\sum(x_i - \overline{x})E(y_i)}{S_{xx}} = \frac{\sum(x_i - \overline{x})(\beta_0 + \beta_1 x_i)}{S_{xx}} = \frac{\sum(x_i - \overline{x})^2(\beta_1)}{\sum(x_i - \overline{x})^2} = \beta_1$$

(这表明 b_1 是 β_1 的无偏估计量), 方差为

$$\text{Var}(b_1) = \frac{\sum(x_i - \overline{x})^2 \text{Var}(y_i)}{S_{xx}^2} = \frac{\sum(x_i - \overline{x})^2 \sigma^2}{S_{xx}^2} = \frac{\sigma^2}{S_{xx}}$$

总结结果:

回归斜率的样本分布

b_i 服从 Normal(μ_b, σ_b),
其中
$\mu_b = E(b_1) = \beta_1$
$\sigma_b = \text{Std}(b_1) = \dfrac{\sigma}{\sqrt{S_{xx}}}$

我们用

$$s(b_1) = \frac{s}{\sqrt{S_{xx}}}$$

估计 b_1 的标准误差. 然后进行 T 区间和 T 检验.

根据一般原理, 斜率的 $\alpha(1-\alpha)100\%$ **置信区间**为

$$\text{估计值} \pm t_{a/2} \begin{pmatrix} \text{估计值} \\ \text{的估计} \\ \text{标准差} \end{pmatrix} = b_1 \pm t_{a/2} \frac{s}{\sqrt{S_{xx}}}$$

用 T 统计量

$$t = \frac{b_1 - B}{s(b_1)} = \frac{b_1 - B}{s/\sqrt{S_{xx}}}$$

检验关于回归斜率的假设 $H_0: \beta_1 = B$. P 值、接受域和拒绝域可根据附录中的表 A5 算得，其中 t 分布的自由度为 $n-2$. 这些是用于估计 σ^2 的自由度.

与往常一样，由备择假设的形式决定这是一个双边、右尾还是左尾检验.

非零斜率表明模型是显著的，同时指出预测变量 X 在响应变量 Y 的推断中具有相关性，且二者存在线性关系. 这意味着 X 的变化会导致 Y 的变化. 在没有这种关系的情况下，$E(Y) = \beta_0$ 保持不变.

要查看 X 对 Y 的预测是否显著，检验零假设

$$H_0: \beta_1 = 0 \quad \text{与} \quad H_a: \beta_1 \neq 0$$

方差分析 F 检验

方差分析 F 检验是更通用，因此也更流行的一种检验模型显著性的方法. 它比较用回归可解释与不可解释的部分. 显著模型解释相对较大的部分.

总变化的每个部分都由相应的平方和来衡量，用 SS_{REG} 衡量所解释的部分，用 SS_{ERR} 衡量无法解释的部分（误差）. 将每个 SS 除以自由度数，我们得到**均方**

$$MS_{REG} = \frac{SS_{REG}}{df_{REG}} = \frac{SS_{REG}}{1} = SS_{REG}$$

和

$$MS_{ERR} = \frac{SS_{ERR}}{df_{ERR}} = \frac{SS_{ERR}}{n-2} = s^2$$

在零假设

$$H_0: \beta_1 = 0$$

里，均方根 MS_{REG} 和 MS_{ERR} 都是独立的，它们的比率

$$F = \frac{MSR}{MSE} = \frac{SSR}{s^2}$$

服从 $df_{REG} = 1$ 和 $df_{ERR} = n-2$ 自由度（d. f.）的 **F 分布**.

正如我们在 9.5.4 节中发现的那样，此 F 分布有两个参数：分子自由度和分母自由度. 该分布在检验方差比率和模型显著性方面非常受欢迎. 表 A7 列出了在 $\alpha = 0.001$ 和 $\alpha = 0.25$ 之间最常用的显著性水平的临界值.

方差分析 F 检验始终是单边右尾检验，因为只有大的 F 统计量才能显示大部分可解释的变化和模型的整体显著性.

388

F 检验和 T 检验

现有两个用于模型显著性的检验，回归斜率 T 检验和方差分析 F 检验. 对于单变量回归，二者结果一定相等. 实际上，在 $H_0: \beta_1 = 0$ 的检验中，F 统计量等于 T 统计量的平方，因为

$$t^2 = \frac{b_1^2}{s^2/S_{xx}} = \frac{(S_{xy}/S_{xx})^2}{s^2/S_{xx}} = \frac{S_{xy}^2}{S_{xx}S_{yy}} \frac{S_{yy}}{s^2} = \frac{r^2 SS_{TOT}}{s^2} = \frac{SS_{REG}}{S^2} = F$$

所以，两个检验给出的结果是一样的.

例 11.5（独立性假设）　我们可以将引入的方法应用于例 11.1～例 11.3 吗？对于例 11.1 中的世界人口数据，残差 e_i 和 e_{i-1} 之间的样本相关系数为 0.9915，这是非常高的. 这违反了标准假设之一，我们无法再假设 y_i 的独立性.

我们的最小二乘回归线仍然正确，但是，为了进行检验并获得置信区间，我们需要更高级的时间序列方法，不仅要考虑方差，还要考虑观察到的响应之间的协方差.

没有证据表明在例 11.2 中的房价之间存在相关性. 这 70 套房屋是随机抽样的，其定价很可能彼此独立. ◇

注：请注意，我们使用残差 $e_i = y_i - \hat{y}_i$ 进行相关性研究. 实际上，根据我们的回归模型，响应 y 具有不同的期望值，所以样本均值 $\overline{y}$ 不能估计其中任何一个的总体均值. 因此，基于该均值的样本相关系数具有误导性. 另一方面，如果线性回归模型正确，则所有残差都具有相同的均值 $E(e_i) = 0$. 在总体中，y_i 与 ε_i 之间的差异是非随机的，$y_i - \varepsilon_i = G(x_i)$，因此，$y_i$ 和 y_j 之间以及 ε_i 和 ε_j 之间的总体相关系数相同.

例 11.6（计算机程序的效率）　计算机管理员需要知道传入数据的大小如何影响新计算机程序的效率. 效率将通过每小时处理的请求数来衡量. 用程序处理不同大小的数据集，她得到以下结果：

数据量 x(吉字节)	6	7	7	8	10	10	15
处理的请求数 y	40	55	50	41	17	26	16

通常，较大的数据集需要的计算机时间更多，因此计算机在 1 小时内处理的请求量就更少. 此处的响应变量是已处理请求的数量 (y)，我们尝试根据数据集 (x) 的大小对其进行预测.

（a）回归线的估计. 我们可以从计算

$$n = 7, \ \overline{x} = 9, \ \overline{y} = 35, \ S_{xx} = 56, \ S_{xy} = -232, \ S_{yy} = 1452$$

开始，并用

$$b_1 = \frac{S_{xy}}{S_{xx}} = -4.14 \quad \text{和} \quad b_0 = \overline{y} - b_1 \overline{x} = 72.3$$

估计回归斜率与截距.

然后，估算的回归线方程为

$$y = 72.3 - 4.14x$$

注意此处斜率为负. 这意味着传入数据集每增加 1GB，预期每小时处理的请求将减少 4.14 个.

（b）方差分析表和方差估计. 让我们计算方差分析的所有组成部分. 我们将

$$SS_{\text{TOT}} = S_{yy} = 1452$$

分成

$$SS_{\text{REG}} = b_1^2 S_{xx} = 961 \quad \text{和} \quad SS_{\text{ERR}} = SS_{\text{TOT}} - SS_{\text{REG}} = 491$$

同时，将 SS_{TOT} 的 $n - 1 = 6$ 自由度划分为 $df_{\text{REG}} = 1$ 和 $df_{\text{ERR}} = 5$.

填写 ANOVA 表的其余部分：

资源	平方和	自由度	均方	F
模型	961	1	961	9.79
误差	491	5	98.2	
总计	1452	6		

回归方差 σ^2 由下式估算

$$s^2 = MS_{ERR} = 98.2$$

R 平方为

$$R^2 = \frac{SS_{REG}}{SS_{TOT}} = \frac{961}{1452} = 0.662$$

也就是说，仅通过数据集的大小可解释被处理请求数 66.2% 的总体变化.

（c）关于斜率的推论. 斜率是否在统计上显著？处理的请求数是否真的取决于数据集的大小？为了检验零假设 $H_0: \beta_1 = 0$，计算 T 统计量

$$t = \frac{b_1}{\sqrt{s^2/S_{xx}}} = \frac{-4.14}{\sqrt{98.2/56}} = -3.13$$

查看 T 分布表（表 A5），在自由度为 5 时，我们发现双边检验的 P 值在 0.02 和 0.04 之间，可知该斜率是中度显著的. 准确地讲，它在任意 $\alpha \geqslant 0.04$ 的水平上均显著，在任意 $\alpha \leqslant 0.02$ 的水平上均不显著.

（d）方差分析 F 检验. F 检验有类似的结果. 根据表 A7，F 统计量 9.79 在 0.025 的水平上并不显著，但在 0.05 的水平上是显著的. ◇

390

11.2.3　预测

回归分析的主要应用之一是基于已知的或可控的预测变量 X 对响应变量 Y 进行预报、预测.

令 x_* 为预测变量 X 的值. 通过估计回归线在 x_* 处的值来计算响应 Y 的相应值：

$$\hat{y}_* = \hat{G}(x_*) = b_0 + b_1 x_*$$

这就是我们在例 11.3 中预测 2020 年和 2030 年世界人口的方式. 同任何预测一样，我们的预测值只是当前理论上的猜测，并不保证完全符合现实的人口规模.

回归预测的可靠性如何，它们与实际的真实值有多接近？为解答这些问题，我们可以

- 为期望 $u_* = E(Y|X = x_*)$ 构造 $\alpha(1-\alpha)100\%$ 的**置信区间**.
- 当 $X = x_*$ 时，为实际值 $Y = y_*$ 构造 $\alpha(1-\alpha)100\%$ 的**预测区间**.

平均响应的置信区间

期望

$$\mu_* = E(Y|X = x_*) = G(x_*) = \beta_0 + \beta_1 x_*$$

是一个人口参数，是总体子人口中所有单元的平均响应，该子人口满足独立变量 X 等于 x_*. 例如，它对应 $x_* = 2500$ 平方英尺的所有房屋的平均价格.

首先，我们通过

$$\hat{y}_* = b_0 + b_1 x_* = \overline{y} - b_1 \overline{x} + b_1 x_* = \overline{y} + b_1(x_* - \overline{x})$$

$$= \frac{1}{n}\sum y_i + \frac{\sum(x_i - \overline{x})y_i}{S_{xx}}(x_* - \overline{x}) = \sum_{i=1}^{n}\left(\frac{1}{n} + \frac{\sum(x_i - \overline{x})}{S_{xx}}(x_* - \overline{x})\right)y_i$$

来估计 μ_*. 这里的估计量依然是响应 y_i 的线性函数. 然后, 在标准回归假设下, $\hat{y}_*$ 是正态的, 它的(无偏)期望为

$$E(\hat{y}_*) = Eb_0 + Eb_1 x_* = \beta_0 + \beta_1 x_* = \mu_*$$

方差为

$$\mathrm{Var}(\hat{y}_*) = \sum\left(\frac{1}{n} + \frac{\sum(x_i - \overline{x})}{S_{xx}}(x_* - \overline{x})\right)^2 \mathrm{Var}(y_i)$$

$$= \sigma^2\left(\sum_{i=1}^{n}\frac{1}{n^2} + 2\sum_{i=1}^{n}(x_i - \overline{x})\frac{x_* - \overline{x}}{S_{xx}} + \frac{S_{xx}(x_* - \overline{x})^2}{S_{xx}^2}\right)$$

$$= \sigma^2\left(\frac{1}{n} + \frac{(x_* - \overline{x})^2}{S_{xx}}\right) \tag{11.8}$$

(因为 $\sum(x_i - \overline{x}) = 0$).

然后, 我们用 s^2 估计回归方差 σ^2, 再计算如下置信区间:

$X = x_*$ 时所有响应的
均值 $\mu_* = E(Y|X = x_*)$ 的
$(1 - \alpha)100\%$ 置信区间

$$\boxed{b_0 + b_1 x_* \pm t_{\alpha/2}s\sqrt{\frac{1}{n} + \frac{(x_* - \overline{x})^2}{S_{xx}}}}$$

各个响应的预测区间

通常, 相比所有可能响应的均值, 我们更想得到单个实际响应的预测值. 例如, 我们可能对计划购买的一所特定房屋的价格感兴趣, 而不对所有类似房屋的平均价格感兴趣.

现在, 让我们放下总体参数, 来预测随机变量的实际值.

定义 11.4 如果区间 $[a, b]$ 包含 Y 值的概率为 $(1 - \alpha)$, 即

$$P\{a \leqslant Y \leqslant b \mid X = x_*\} = 1 - \alpha$$

则它为对应预测变量 $X = x_*$ 的单个响应变量 Y 的 $(1 - \alpha)100\%$ **预测区间**. 此时, Y、a 和 b 三个量都是随机变量. 通过 $\hat{y}_*$ 预测 Y, 通过

$$\widehat{\mathrm{Std}}(Y - \hat{y}_*) = s\sqrt{1 + \frac{1}{n} + \frac{(x_* - \overline{x})^2}{S_{xx}}}$$

估计标准差

$$\mathrm{Std}(Y - \hat{y}_*) = \sqrt{\mathrm{Var}(Y) + \mathrm{Var}(\hat{y}_*)} = \sigma\sqrt{1 + \frac{1}{n} + \frac{(x_* - \overline{x})^2}{S_{xx}}} \tag{11.9}$$

并将不等式 $a \leqslant Y \leqslant b$ 的三个部分都标准化.

我们意识到 Y 的 $(1 - \alpha)100\%$ 预测区间必须满足以下等式:

$$P\left\{\frac{a - \hat{y}_*}{\widehat{\mathrm{Std}}(Y - \hat{y}_*)} \leqslant \frac{Y - \hat{y}_*}{\widehat{\mathrm{Std}}(Y - \hat{y}_*)} \leqslant \frac{b - \hat{y}_*}{\widehat{\mathrm{Std}}(Y - \hat{y}_*)}\right\} = 1 - \alpha$$

同时，适当标准化的 $Y-\hat{y}_*$ 服从 t 分布，且

$$P\left\{-t_{a/2}\leqslant\frac{Y-\hat{y}_*}{\widehat{\mathrm{Std}}\,(Y-\hat{y}_*)}\leqslant t_{a/2}\right\}=1-\alpha$$

现在通过求解关于 a 和 b 的方程式

$$\frac{a-\hat{y}_*}{\widehat{\mathrm{Std}}\,(Y-\hat{y}_*)}=-t_{a/2},\quad\frac{b-\hat{y}_*}{\widehat{\mathrm{Std}}\,(Y-\hat{y}_*)}=t_{a/2}$$

来计算预测区间.

$X=x_*$ 时单个
响应 Y 的 $(1-\alpha)100\%$
预测区间

$$b_0+b_1x_*\pm t_{a/2}s\sqrt{1+\frac{1}{n}+\frac{(x_*-\overline{x})^2}{S_{xx}}}\qquad(11.10)$$

由此可以得出一些结论.

首先，比较式(11.8)和式(11.9)中的标准差. 我们的预测对象，即响应 Y 本身对方差有影响. 这是所有响应的平均值的置信区间与单个响应的预测区间之间的区别. 预测单个值是一项更加困难的任务，因此，平均响应的预测区间总是比置信区间宽. 因为涉及更多的不确定性，预测区间的边缘也大于置信区间的边缘.

其次，我们能从大样本中获得更准确的估计和预测. 当样本大小 n（因此通常为 S_{xx}）趋于 ∞ 时，边缘置信区间收敛于 0. 另一方面，预测区间的边缘收敛于 $(t_{a/2}\sigma)$. 随着收集到的观测值越来越多，我们对 b_0 和 b_1 的估计变得越来越准确. 但是，关于单个响应 Y 的不确定性永远不会消失.

再次，当 x_* 接近 $\overline{x}$，继而 $(x_*-\overline{x})^2\approx0$ 时，回归估计和预测最准确.

随着自变量 x_* 远离 $\overline{x}$，边缘扩大. 我们可以得出：在正常和"标准"条件下进行预测是最容易的，而对异常的预测则最困难. 这也符合我们的常识.

例 11.7（预测程序效率） 假设我们需要处理涉及 $x_*=16\mathrm{GB}$ 数据的请求. 基于例 11.6 中对程序效率的回归分析，我们预测 1 小时内可处理

$$y_*=b_0+b_1x_*=72.3-4.14(16)=6$$

个请求. 对已处理请求的 95% 预测区间为

$$y_*\pm t_{0.025}s\sqrt{1+\frac{1}{n}+\frac{(x_*-\overline{x})^2}{S_{xx}}}=6\pm(2.571)\sqrt{98.2}\sqrt{1+\frac{1}{7}+\frac{(16-9)^2}{56}}$$

$$=6\pm36.2=[0;42]$$

（使用表 A5 中自由度为 5 的数据）. 我们知道请求数不可能为负或带有小数，所以对预测区间的两端进行取整处理. ◇

预测带

对于预测变量 x_* 的所有可能值，我们可以准备一个由式(11.10)得出的 $(1-\alpha)$ **预测带**示意图. 然后，对于 x_* 的每个值，我们都可以绘制一条垂直线，并在这些带之间获得 $100(1-\alpha)\%$ 的预测区间.

图 11.5 显示了例 11.7 中已处理请求数的 95% 预测带. 这是拟合回归线两侧的两条曲

线. 正如我们已经注意到的, 当 x_* 接近样本均值 $\bar{x}$ 时, 预测是最准确的. 当 x_* 远离 $\bar{x}$ 时, 预测区间会变宽.

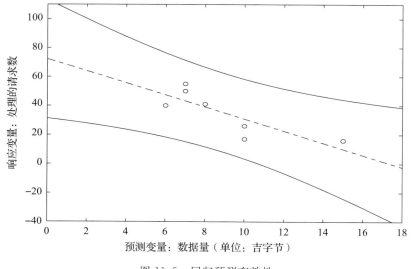

图 11.5　回归预测有效性

11.3　多元回归

在前两节中, 我们学习了如何用预测变量 X 预测响应变量 Y. 我们希望通过几个包括更多信息, 并使用多个 (而非一个) 预测变量的示例, 来增强我们的预测.

现在, 我们引入**多元线性回归**, 它将响应 Y 与多个预测变量 $X^{(1)}$, $X^{(2)}$, $\cdots$, $X^{(k)}$ 联系起来.

11.3.1　简介和示例

例 11.8(附加信息)　在例 11.2 中, 我们讨论了根据房屋面积预测房屋价格的方法. 我们认为, 由于房价之间存在较大差异, 因此该预测可能不太准确.

这种可变性的根源是什么? 为什么同等大小的房屋有不同的定价?

当然, 面积并不是房屋的唯一重要参数. 价格因设计、地理位置、房间和浴室的数量、地下室、车库、游泳池、后院的大小等的不同而有所不同. 当考虑所有这些信息时, 我们将对房屋有一个较为准确的描述, 也希望能对价格进行更准确的预测.　◇

例 11.9(美国人口和非线性项)　通过将非线性项添加到回归模型中, 通常可以减少趋势周围的可变性, 并进行更准确的分析. 在例 11.3 中, 我们基于线性模型

$$E(人口) = \beta_0 + \beta_1(年份)$$

预测了 2020—2030 年的世界人口. 在例 11.4 中, 该模型拟合得很好.

但是, 线性模型对 1790—2010 年美国人口的预测效果较差(请参见图 11.6a). 人口增长在很长一段时间内显然是非线性的.

图 11.6b 中的二次模型给出的拟合惊人得出色! 除了第二次世界大战(1939—1945 年)

期间的增长率暂时下降外，它似乎解释了一切.

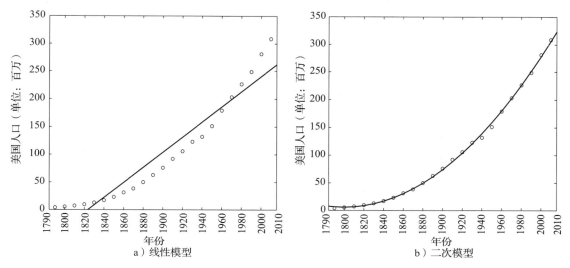

图 11.6　美国 1790—2010 年的人口总数（百万）

对于此模型，我们假设
$$E(人口) = \beta_0 + \beta_1(年份) + \beta_2(年份)^2$$
或用另一个更方便且等效的形式来表达，即
$$E(人口) = \beta_0 + \beta_1(年份 - 1800) + \beta_2(年份 - 1800)^2 \qquad \diamond$$

多元线性回归模型假设响应的条件期望
$$E\{Y \mid X^{(1)} = x^{(1)}, \cdots, X^{(k)} = x^{(k)}\} = \beta_0 + \beta_1 x^{(1)} + \cdots + \beta_k x^{(k)} \qquad (11.11)$$
是预测变量 $x^{(1)}, \cdots, x^{(k)}$ 的线性函数.

此回归模型共有一个截距，k 个斜率，因此它在 $(X^{(1)}, \cdots, X^{(k)}, Y)$ 的 $k+1$ 维空间中定义了一个 k 维回归平面.

当所有预测变量等于零时，**截距** β_0 是预期响应.

当预测变量 $x^{(j)}$ 改变 1，而其他所有预测变量保持不变时，每个**回归斜率** β_j 等同于响应变量 Y 的预期变化.

为了估计模型 (11.11) 的所有参数，我们收集了 n 个多元观测值的样本
$$\begin{cases} \boldsymbol{X}_1 &= (X_1^{(1)}, X_1^{(2)}, \cdots, X_1^{(k)}) \\ \boldsymbol{X}_2 &= (X_2^{(1)}, X_2^{(2)}, \cdots, X_2^{(k)}) \\ \vdots & \quad\vdots \qquad\qquad\qquad\quad \vdots \\ \boldsymbol{X}_n &= (X_n^{(1)}, X_n^{(2)}, \cdots, X_n^{(k)}) \end{cases}$$

本质上，我们收集了 n 个单位（例如房屋）的样本，并测量了每个单位上的所有 k 个预测变量（面积、房间数等）. 另外，我们测量响应 $Y_1, \cdots, Y_n$. 然后，我们用最小二乘法估计 β_0，$\beta_1, \cdots, \beta_k$，将其从 11.1 节的单变量情况推广到多元回归.

11.3.2 矩阵法和最小二乘估计

根据最小二乘法，我们找到使"误差"平方和

$$Q = \sum_{i=1}^{n} (y_i - \hat{y}_i)^2 = \sum_{i=1}^{n} (y_i - \beta_0 - \beta_1 x_i^{(1)} - \cdots - \beta_k x_i^{(k)})^2$$

最小化的斜率 β_1，$\cdots$，β_k 和截距 β_0。最小化 Q，我们可以再次对所有未知数取 Q 的偏导数参数，并求解所得方程组。我们可以用矩阵形式来表达它(需要线性代数的基本知识。如有需要，请参阅附录 A.5 节)。

多元线性回归的矩阵方法

我们从数据开始。观察到的是一个 $n \times 1$ 响应向量 $\boldsymbol{Y}$ 和一个 $n \times (k+1)$ 预测变量矩阵 $\boldsymbol{X}$：

$$\boldsymbol{Y} = \begin{pmatrix} Y_1 \\ \vdots \\ Y_n \end{pmatrix}, \quad \boldsymbol{X} = \begin{pmatrix} 1 & X_1 \\ \vdots & \vdots \\ 1 & X_n \end{pmatrix} = \begin{pmatrix} 1 & X_1^{(1)} & \cdots & X_1^{(k)} \\ \vdots & \vdots & \vdots & \vdots \\ 1 & X_n^{(1)} & \cdots & X_n^{(k)} \end{pmatrix}$$

用全为 1 的列来扩充预测矩阵很方便，因为现在多元回归模型(11.11)可以写成

$$E\begin{pmatrix} Y_1 \\ \vdots \\ Y_n \end{pmatrix} = \begin{pmatrix} 1 & X_1^{(1)} & \cdots & X_1^{(k)} \\ \vdots & \vdots & \vdots & \vdots \\ 1 & X_n^{(1)} & \cdots & X_n^{(k)} \end{pmatrix} \begin{pmatrix} \beta_0 \\ \beta_1 \\ \vdots \\ \beta_k \end{pmatrix}$$

或者简写为

$$E(\boldsymbol{Y}) = \boldsymbol{X}\beta$$

现在，多维参数

$$\boldsymbol{\beta} = \begin{pmatrix} \beta_0 \\ \beta_1 \\ \vdots \\ \beta_k \end{pmatrix} \in \mathbb{R}^{k+1}$$

包括截距和所有斜率。实际上，截距 β_0 也可以被视为与添加的全为 1 的列相对应的斜率。

我们的目标是通过**样本回归斜率**的一个向量

$$\boldsymbol{b} = \begin{pmatrix} b_0 \\ b_1 \\ \vdots \\ b_k \end{pmatrix}$$

来估计 β，然后计算拟合值

$$\hat{\boldsymbol{y}} = \begin{pmatrix} \hat{y}_1 \\ \vdots \\ \hat{y}_n \end{pmatrix} = \boldsymbol{X}b$$

因此，最小二乘问题简化为最小化

$$Q(b) = \sum_{i=1}^{n} (y_i - \hat{y}_i)^2 = (y - \hat{y})^{\top}(y - \hat{y}) = (y - \boldsymbol{X}b)^{\top}(y - \boldsymbol{X}b) \tag{11.12}$$

其中 T 表示转置向量.

最小二乘估计

在矩阵形式中，平方和的最小值

$$Q(b) = (\boldsymbol{y} - \boldsymbol{Xb})^{\mathrm{T}}(\boldsymbol{y} - \boldsymbol{Xb}) = \boldsymbol{b}^{\mathrm{T}}(\boldsymbol{X}^{\mathrm{T}}\boldsymbol{X})\boldsymbol{b} - 2\boldsymbol{y}^{\mathrm{T}}\boldsymbol{Xb} + \boldsymbol{y}^{\mathrm{T}}\boldsymbol{y}$$

由下式得出：

多变量回归的估计斜率　$\boxed{\boldsymbol{b} = (\boldsymbol{X}^{\mathrm{T}}\boldsymbol{X})^{-1}\boldsymbol{X}^{\mathrm{T}}\boldsymbol{y}}$

从该公式可以看出，所有估计的斜率都

- 是观测到的响应 $(y_1, \cdots, y_n)$ 的线性函数；
- 对回归斜率无偏，因为

$$E(\boldsymbol{b}) = (\boldsymbol{X}^{\mathrm{T}}\boldsymbol{X})^{-1}\boldsymbol{X}^{\mathrm{T}}E(\boldsymbol{y}) = (\boldsymbol{X}^{\mathrm{T}}\boldsymbol{X})^{-1}\boldsymbol{X}^{\mathrm{T}}\boldsymbol{X\beta} = \boldsymbol{\beta}$$

- 是正态的（如果响应变量 Y 为"正态"的）.

这是我们通过单变量情况推导的 $b = S_{xy} / S_{xx}$ 的多元模拟.

11.3.3　方差分析、检验和预测

我们可以再次将测量响应总变化的平方总和划分为回归平方和与误差平方和.

平方总和仍然是

$$SS_{\mathrm{TOT}} = \sum_{i=1}^{n}(y_i - \overline{y})^2 = (y - \overline{y})^{\mathrm{T}}(y - \overline{y})$$

它的自由度为 $\mathrm{df}_{\mathrm{TOT}} = n - 1$，其中

$$\overline{\boldsymbol{y}} = \begin{pmatrix} \overline{y} \\ \vdots \\ \overline{y} \end{pmatrix} = \overline{y}\begin{pmatrix} 1 \\ \vdots \\ 1 \end{pmatrix}$$

同样，$SS_{\mathrm{TOT}} = SS_{\mathrm{REG}} + SS_{\mathrm{ERR}}$，其中

$$SS_{\mathrm{REG}} = \sum_{i=1}^{n}(\hat{y}_i - \overline{y})^2 = (\hat{y} - \overline{y})^{\mathrm{T}}(\hat{y} - \overline{y})$$

是**回归平方和**，且

$$SS_{\mathrm{ERR}} = \sum_{i=1}^{n}(y_i - \hat{y}_i)^2 = (\boldsymbol{y} - \hat{\boldsymbol{y}})^{\mathrm{T}}(\boldsymbol{y} - \hat{\boldsymbol{y}}) = \boldsymbol{e}^{\mathrm{T}}\boldsymbol{e}$$

是**误差平方和**，它是我们用最小二乘法最小化的量.

多元回归模型(11.11)定义了拟合值所属的 k 维回归平面. 因此，回归平方和的自由度为

$$\mathrm{df}_{\mathrm{REG}} = k$$

再通过减法

$$\mathrm{df}_{\mathrm{ERR}} = \mathrm{df}_{\mathrm{TOT}} - \mathrm{df}_{\mathrm{REG}} = n - k - 1$$

得到剩下的 SS_{ERR} 的自由度. 这也是样本大小 n 减去 k 个估计斜率和 1 个估计截距.

然后我们就可以填写方差分析表了.

资源	平方和	自由度	均方	F
模型	$\begin{aligned} &SS_{REG} \\ &=(\hat{y}-\overline{y})^{T}(\hat{y}-\overline{y}) \end{aligned}$	1	$\begin{aligned} &MS_{REG} \\ &=\frac{SS_{REG}}{k} \end{aligned}$	$\frac{MS_{REG}}{MS_{ERR}}$
误差	$\begin{aligned} &SS_{ERR} \\ &=(y-\hat{y})^{T}(y-\hat{y}) \end{aligned}$	$n-k-1$	$\begin{aligned} &MS_{ERR} \\ &=\frac{SS_{ERR}}{n-k-1} \end{aligned}$	
总计	$\begin{aligned} &SS_{TOT} \\ &=(y-\overline{y})^{T}(y-\overline{y}) \end{aligned}$	$n-1$		

多元方差分析

与单变量回归一样，**判定系数**

$$R^2 = \frac{SS_{REG}}{SS_{TOT}}$$

衡量可通过回归解释的总变化的比例. 当在模型中添加新的预测变量时，我们将解释更多的 SS_{TOT}，因此，R^2 只会上升. 所以我们应计划通过增加 R^2 来促使单变量回归过渡到多元回归，继而大体获得一个更好的拟合.

检验整个模型的显著性

根据**标准多元回归假设**，进一步推论要求 Y_i 是独立正态随机变量，当所有预测变量 $X_i^{(j)}$ 都是非随机的时，它的均值为

$$E(Y_i) = \beta_0 + \beta_1 X_i^{(1)} + \cdots + \beta_k X_i^{(k)}$$

常数方差为 σ^2.

多变量回归中的**方差分析 F 检验**检验了整个模型的显著性. 只要一个斜率不为零，该模型就是显著的. 因此，我们检验

$$H_0: \beta_1 = \cdots = \beta_k = 0 \quad \text{与} \quad H_A: \text{非} \ H_0; \ \text{至少一个} \ \beta_j \neq 0$$

计算 F 统计量

$$F = \frac{MS_{REG}}{MS_{ERR}} = \frac{SS_{REG}/k}{SS_{ERR}/(n-k-1)}$$

并对照表 A7 中 k 和 $n-k-1$ 自由度的 F 分布.

这始终是单边右尾检验. 只有较大的 F 值才对应较大的 SS_{REG}，这表明拟合值 $\hat{y}_i$ 与总体均值 $\overline{y}$ 相距甚远，因此，根据预测变量，预期响应确实沿回归平面变化.

方差估计量

回归方差 $\sigma^2 = \text{Var}(Y)$ 通过均方误差

$$s^2 = MS_{ERR} = \frac{SS_{ERR}}{n-k-1}$$

来估计. 它是 σ^2 的无偏估计值，可用于进一步的推断.

检验单个斜率

对关于**单个回归斜率** β_j 的推论，我们计算所有方差 $\text{Var}(\beta_j)$. 矩阵

$$\text{VAR}(\boldsymbol{b}) = \begin{bmatrix} \text{Var}(b_1) & \text{Cov}(b_1, b_2) & \cdots & \text{Cov}(b_1, b_k) \\ \text{Cov}(b_2, b_1) & \text{Var}(b_2) & \cdots & \text{Cov}(b_2, b_k) \\ \vdots & \vdots & \vdots & \vdots \\ \text{Cov}(b_k, b_1) & \text{Cov}(b_k, b_2) & \cdots & \text{Var}(b_k) \end{bmatrix}$$

被称为向量 $\boldsymbol{b}$ 的**方差-协方差矩阵**. 它等于

$$\text{VAR}(\boldsymbol{b}) = \text{VAR}((\boldsymbol{X}^{\text{T}}\boldsymbol{X})^{-1}\boldsymbol{X}^{\text{T}}\boldsymbol{y}) = (\boldsymbol{X}^{\text{T}}\boldsymbol{X})^{-1}\boldsymbol{X}^{\text{T}}\text{VAR}(\boldsymbol{y})\boldsymbol{X}(\boldsymbol{X}^{\text{T}}\boldsymbol{X})^{-1}$$
$$= \sigma^2(\boldsymbol{X}^{\text{T}}\boldsymbol{X})^{-1}\boldsymbol{X}^{\text{T}}\boldsymbol{X}(\boldsymbol{X}^{\text{T}}\boldsymbol{X})^{-1} = \sigma^2(\boldsymbol{X}^{\text{T}}\boldsymbol{X})^{-1}$$

该 $k \times k$ 矩阵的对角元素是各单个回归斜率的方差:

$$\sigma^2(b_1) = \sigma^2(\boldsymbol{X}^{\text{T}}\boldsymbol{X})^{-1}_{11}, \quad \cdots, \quad \sigma^2(b_k) = \sigma^2(\boldsymbol{X}^{\text{T}}\boldsymbol{X})^{-1}_{kk}$$

我们通过样本方差

$$s^2(b_1) = s^2(\boldsymbol{X}^{\text{T}}\boldsymbol{X})^{-1}_{11}, \quad \cdots, \quad s^2(b_k) = S^2(\boldsymbol{X}^{\text{T}}\boldsymbol{X})^{-1}_{kk}$$

来估算它们, 现在我们准备对单个斜率进行推断. 假设

$$H_0 : \beta_j = B$$

可以用 T 统计量

$$t = \frac{b_j - B}{s(b_j)}$$

进行检验, 比较该 T 统计量与表 A5 中 $\text{df}_{\text{ERR}} = n - k - 1$ 自由度对应的 t 分布值. 此检验可以是双边的, 也可以是单边的, 具体取决于备择假设.

　　检验

$$H_0 : \beta_j = 0 \quad \text{与} \quad H_A : \beta_j \neq 0$$

会表明预测变量 $X^{(j)}$ 是否与 $\boldsymbol{Y}$ 的预测相关. 如果备择假设为真, 则预期响应

$$E(\boldsymbol{Y}) = \beta_0 + \beta_1 X^{(1)} + \cdots + \beta_j X^{(j)} + \cdots + \beta_k X^{(k)}$$

的变化取决于 $X^{(j)}$(即使所有其他预测变量保持不变).

预测

　　对于给定的预测变量的向量 $\boldsymbol{X}_* = (X_*^{(1)} = x_*^{(1)}, \cdots, X_*^{(k)} = x_*^{(k)})$, 我们通过

$$\hat{y}_* = \hat{E}\{\boldsymbol{Y} | \boldsymbol{X}_* = \boldsymbol{x}_*\} = \boldsymbol{x}_* \boldsymbol{b}$$

估计预期响应, 并根据相同的统计数据预测个体响应.

　　为得出置信区间和预测区间, 我们计算方差

$$\text{Var}(\hat{\boldsymbol{y}}_*) = \text{Var}(\boldsymbol{x}_* \boldsymbol{b}) = \boldsymbol{x}_*^{\text{T}}\text{Var}(\boldsymbol{b})\boldsymbol{x}_* = \sigma^2 \boldsymbol{x}_*^{\text{T}}(\boldsymbol{X}^{\text{T}}\boldsymbol{X})^{-1}\boldsymbol{x}_*$$

其中 $\boldsymbol{X}$ 是用于估计回归斜率 β 的预测变量矩阵.

　　通过 s^2 估计 σ^2, 我们对于 $\mu_* = E(\boldsymbol{Y})$ 得到 $(1-\alpha)100\%$ 的置信区间.

当 $X_* = x_*$ 时
响应变量均值
$$\mu_* = E(Y | X_* = x_*)$$
的 $(1-\alpha)100\%$ 置信区间

$$\boxed{\boldsymbol{x}_* \boldsymbol{b} \pm t_{\alpha/2} s \sqrt{\boldsymbol{x}_*^{\text{T}}(\boldsymbol{X}^{\text{T}}\boldsymbol{X})^{-1}\boldsymbol{x}_*}}$$

考虑到个体响应 y_* 的附加变化，我们得到 y_* 的 $(1-\alpha)100\%$ **预测区间**.

当 $X_* = x_*$ 时
响应变量 Y 的
$(1-\alpha)100\%$
预测区间

$$x_* b \pm t_{\alpha/2} s \sqrt{1 + x_*^{\mathrm{T}}(X^{\mathrm{T}}X)^{-1}x_*}$$

在这两个表达式中，$t_{\alpha/2}$ 表示自由度为 $n-k-1$ 的 t 分布.

例 11.10（数据库结构）　例 11.6 和例 11.7 中的计算机管理员尝试通过添加另一个预测变量来改进模型. 他决定，除了数据集的大小外，程序的效率还可能取决于数据库结构. 排列每个数据集用到的表格数可能格外重要. 综合所有这些信息，我们得到

数据大小（吉字节）x_1	6	7	7	8	10	10	15
表格数 x_2	4	20	20	10	10	2	1
进程需求 y	40	55	50	41	17	26	16

（a）最小二乘估计. 预测变量矩阵和响应向量为

$$X = \begin{pmatrix} 1 & 6 & 4 \\ 1 & 7 & 20 \\ 1 & 7 & 20 \\ 1 & 8 & 10 \\ 1 & 10 & 10 \\ 1 & 10 & 2 \\ 1 & 15 & 1 \end{pmatrix}, \quad Y = \begin{pmatrix} 40 \\ 55 \\ 50 \\ 41 \\ 17 \\ 26 \\ 16 \end{pmatrix}$$

然后我们计算出

$$X^{\mathrm{T}}X = \begin{pmatrix} 7 & 63 & 67 \\ 63 & 623 & 519 \\ 67 & 519 & 1021 \end{pmatrix}, \quad X^{\mathrm{T}}Y = \begin{pmatrix} 245 \\ 1973 \\ 2908 \end{pmatrix}$$

得到估计的斜率向量

$$b = (X^{\mathrm{T}}X)^{-1}(X^{\mathrm{T}}Y) = \begin{pmatrix} 52.7 \\ -2.87 \\ 0.85 \end{pmatrix}$$

因此，回归方程为

$$y = 52.7 - 2.87x_1 + 0.85x_2$$

或者

$$（请求数）= 52.7 - 2.87（数据量）+ 0.85（表格数）$$

（b）方差分析和 F 检验. 平方总和仍然是 $SS_{\mathrm{TOT}} = S_{yy} = 1452$. 这个响应的所有模型都是一样的.

确定了拟合值的向量

$$\hat{\boldsymbol{y}} = \boldsymbol{Xb} = \begin{pmatrix} 38.9 \\ 49.6 \\ 49.6 \\ 38.2 \\ 32.5 \\ 25.7 \\ 10.5 \end{pmatrix}$$

我们可以马上得出

$$SS_{\text{REG}} = (\hat{\boldsymbol{y}} - \overline{\boldsymbol{y}})^{\top}(\hat{\boldsymbol{y}} - \overline{\boldsymbol{y}}) = 1143.3, \quad SS_{\text{ERR}} = (\boldsymbol{y} - \hat{\boldsymbol{y}})^{\top}(\boldsymbol{y} - \hat{\boldsymbol{y}}) = 308.7$$

然后可以算出方差分析表

资源	平方和	自由度	均方	F
模型	1143.3	2	571.7	7.41
误差	308.7	4	77.2	
总计	1452	6		

注意该模型有 2 个自由度，因为我们现在使用两个预测变量.

R 平方现在为 $R^2 = SS_{\text{REG}}/SS_{\text{TOT}} = 0.787$，比例 11.6 的结果高 12.5%. 模型中使用的除 x_1 之外的新预测变量 x_2 解释了额外 12.5% 的长变化. 仅当添加新变量时，R 平方才会增加.

2 自由度和 4 自由度的方差分析 F 检验统计值 7.41 显示模型在 0.05 的水平上显著，但在 0.025 的水平上不显著.

回归方差 σ^2 由 $s^2 = 77.2$ 估算得到.

(c) 关于新斜率的推论. 只要证得相应的斜率 β_2 不为零，就说明新的预测变量 x_2 显著. 让我们检验 $H_0 : \beta_2 = 0$.

斜率 $\boldsymbol{b}$ 的向量具有一个估计的方差-协方差矩阵

$$\widehat{\text{VAR}}(\boldsymbol{b}) = s^2 (\boldsymbol{X}^{\top}\boldsymbol{X})^{-1} = \begin{pmatrix} 284.7 & -22.9 & -7.02 \\ -22.9 & 2.06 & 0.46 \\ -7.02 & 0.46 & 0.30 \end{pmatrix}$$

由此可得 $s(b_2) = \sqrt{0.30} = 0.55$. 则 T 统计量为

$$t = \frac{b_2}{s(b_2)} = \frac{0.85}{0.55} = 1.54$$

对于双边检验，这在高于 0.10 的任何水平上都不显著. 这表明将数据结构添加到模型中并不会改善显著性. ◇

403

11.4 建立模型

通过将越来越多的 X 变量添加到模型中，多元回归为我们提供了几乎无限的机会来改善预测. 我们在 11.1.5 节中看到，过拟合模型会导致其预测能力降低. 此外，它通常会带

来较大的方差 $\sigma^2(b_j)$，从而导致回归估计值不稳定.

那么，我们如何建立具有得当且优越的预测变量 $X^{(j)}$ 的模型，从而为我们提供良好的，准确的拟合？

这里介绍两种变量选择方法. 一种基于修正 R^2（adjusted R-square）准则，另一种基于额外平方和原理（extra sum of square principle）.

11.4.1 修正 R^2

数学上表明，只有在回归模型中添加预测变量时，判定系数 R^2 才能增加. 无论它与响应变量 Y 如何不相关，任何新的预测变量都只能增加可被解释的变化的比例.

因此，当我们将具有不同预测变量数（k）的模型进行比较时，R^2 不是一个公平的准则. 包含不相关预测变量的模型应受惩罚，以 R^2 为标准只能适得其反.

一个相对公平的拟合优度度量值是修正 R^2.

定义 11.5 修正 R^2

$$R^2_{\text{adj}} = 1 - \frac{SS_{\text{ERR}}/(n-k-1)}{SS_{\text{TOT}}/(n-1)} = 1 - \frac{SS_{\text{ERR}}/\text{df}_{\text{ERR}}}{SS_{\text{TOT}}/\text{df}_{\text{TOT}}}$$

是变量选择的一个准则. 只有在误差平方和显著降低的情况下，添加预测变量才有回报.

与

$$R^2 = \frac{SS_{\text{REG}}}{SS_{\text{TOT}}} = \frac{SS_{\text{TOT}} - SS_{\text{ERR}}}{SS_{\text{TOT}}} = 1 - \frac{SS_{\text{ERR}}}{SS_{\text{TOT}}}$$

相比，修正 R^2 将自由度纳入此公式. 当将无用的 X 变量添加到回归模型时，此修正可能会带来惩罚.

确实，想象添加一个不重要的预测变量. 估计斜率的数量 k 增加 1. 但是，如果此变量不能解释响应的任何变化，则平方和、SS_{REG} 和 SS_{ERR} 将保持不变. 然后，作为包括这样一个糟糕的预测变量的惩罚，$SS_{\text{ERR}}/(n-k-1)$ 将增加，而 R^2_{adj} 将减少.

修正 R^2 准则：选择修正 R^2 最高的模型.

11.4.2 额外平方和、部分 F 检验和变量选择

假设我们有 K 个预测变量可用于预测响应. 从理论上讲，要选择最大化修正 R^2 的子集，我们需要拟合所有 2^K 个模型，并选择具有最高修正 R^2 的模型. 这要求 K 的大小适当. 部分统计软件内置此类方案.

当预测变量的总数很大时，拟合所有模型是不可行的. 我们于是选择如下序贯模式（sequential scheme），该模式只合理地考虑所有可能性中的少部分回归模型. 在每一步中，它将比较几组预测变量

$$X(\text{Full}) = (X^{(1)}, \cdots, X^{(k)}, X^{(k+1)}, \cdots, X^{(m)})$$

及其相应全模型

$$E(Y|X=x) = \beta_0 + \beta_1 x^{(1)} + \cdots + \beta_k x^{(k)} + \beta_{k+1} x^{(k+1)} + \cdots + \beta_m x^{(m)}$$

和子集

$$X(\text{Reduced}) = (X^{(1)}, \cdots, X^{(k)})$$

及其相应的简化模型

$$E(\boldsymbol{Y} \mid \boldsymbol{X} = \boldsymbol{x}) = \beta_0 + \beta_1 x^{(1)} + \cdots + \beta_k x^{(k)}$$

如果全模型明显更好，则有理由扩大预测变量集. 如果它与简化模型一样好，则应保留较少的预测变量，以便获得较低的估计回归斜率方差、更准确地预测以及较低的修正 R^2.

定义 11.6 具有较大预测变量集的模型称为**全模型**.

仅包括预测变量的子集，我们获得**简化模型**.

两种模型所解释的变化差异是**额外平方和**

$$SS_{EX} = SS_{REG}(\text{Full}) - SS_{REG}(\text{Reduced})$$
$$= SS_{ERR}(\text{Reduced}) - SS_{ERR}(\text{Full})$$

额外平方和测量了由额外预测变量 $X^{(k+1)}$，$\cdots$，$X^{(m)}$ 解释的额外变化. 通过减法可得其自由度为

$$df_{EX} = df_{REG}(\text{Full}) - df_{REG}(\text{Reduced}) = m - k$$

可通过**部分 F 检验统计量**

$$F = \frac{SS_{EX}/df_{EX}}{MS_{ERR}(\text{Full})} = \frac{SS_{ERR}(\text{Reduced}) - SS_{ERR}(\text{Full})}{SS_{ERR}(\text{Full})} \left(\frac{n-m-1}{m-k} \right)$$

来检验额外解释差异（由 SS_{EX} 衡量）的显著性. 作为集合，在全模型中如果斜率 β_{k+1}，$\cdots$，β_m 至少有一个不为零，则 $X^{(k+1)}$，$\cdots$，$X^{(m)}$ 对响应 Y 有影响. 部分 F 检验是对

$$H_0 : \beta_{k+1} = \cdots = \beta_m = 0 \quad \text{与} \quad H_A : \text{非 } H_0$$

的检验. 如果零假设为真，则部分 F 统计量服从 F 分布，且具有

$$df_{EX} = m - k, \quad df_{ERR}(\text{Full}) = n - m - 1$$

的自由度，详见表 A7.

部分 F 检验用于在多元回归中顺序选择预测变量. 让我们看一下基于部分 F 检验的两种算法：逐步选择法和向后消元法.

逐步（正向）选择法

逐步选择算法从不包括预测变量的最简单模型

$$G(\boldsymbol{x}) = \beta_0$$

开始. 然后，预测变量按贡献的显著性大小从高到低依次进入模型.

根据此规则，第一个进入模型的预测变量 $X^{(s)}$ 具有最显著的单变量方差分析 F 统计量

$$F_1 = \frac{MS_{REG}(X^{(s)})}{MS_{ERR}(X^{(s)})}$$

在此步骤中考虑的所有 F 检验均指向同一个 F 分布，其自由度为 1 和 $n-2$. 因此，最大的 F 统计量意味着最低的 P 值和最大的斜率 β_s.

现在的模型为

$$G(\boldsymbol{x}) = \beta_0 + \beta_s x^{(s)}$$

除了 $X^{(s)}$，下一个要选择的预测变量 $X^{(t)}$ 也是贡献最大的变量. 在所有剩余的预测变量中，它应最大化部分 F 统计量

$$F_2 = \frac{SS_{ERR}(\text{Reduced}) - SS_{ERR}(\text{Full})}{MS_{ERR}(\text{Full})}$$

当已经包含第一个预测变量 $X^{(s)}$ 时，部分 F 统计量被设计用于检验斜率 β_t 的显著性. 在此步骤中，我们将"全模型" $G(\boldsymbol{x}) = \beta_0 + \beta_s x^{(s)} + \beta_t x^{(t)}$ 与"简化模型" $G(\boldsymbol{x}) = \beta_0 + \beta_s x^{(s)}$ 进行比较. 这样的部分 F 统计量也称为 **F 输入**(F-to-enter).

将这一步的所有 F 统计量与同一个自由度为 1 和 $n-3$ 的 F 分布进行比较，同样，最大 F 统计量指向最大斜率 β_t.

如果包含第二个预测变量，则模型变为

$$G(\boldsymbol{x}) = \beta_0 + \beta_s x^{(s)} + \beta_t x^{(t)}$$

根据预选的显著性水平 α，算法继续进行，直到 F 输入统计量对于所有其他预测变量均不显著为止. 最终模型将在水平 α 上具有所有显著的预测变量.

向后消元法

向后消元算法的工作方向与逐步选择法相反.

它从包含所有可能的预测变量的全模型

$$G(\boldsymbol{x}) = \beta_0 + \beta_1 x^{(1)} + \cdots + \beta_m x^{(m)}$$

开始，从最不重要的预测变量开始，依次从模型中逐个删除预测变量，直到所有余下的预测变量都在统计上是显著的.

显著性再次由部分 F 检验确定. 在此方案中，它称为 **F 删除**(F-to-remove).

要删除的第一个预测变量是最小化 F 删除统计量的变量

$$F_{-1} = \frac{SS_{\mathrm{ERR}}(\text{Reduced}) - SS_{\mathrm{ERR}}(\text{Full})}{MS_{\mathrm{ERR}}(\text{Full})}$$

再次，具有最低 F_{-1} 值的检验具有最高的 P 值，表示显著性最低.

假设斜率 β_u 最不显著. 删除预测变量 $\boldsymbol{X}^{(u)}$，模型变为

$$G(\boldsymbol{x}) = \beta_0 + \beta_1 x^{(1)} + \cdots + \beta_{u-1} x^{(u-1)} + \beta_{u+1} x^{(u+1)} + \cdots + \beta_m x^{(m)}$$

然后，我们通过比较所有 F_{-2} 统计量来选择要删除的下一个预测变量，再次比较 F_{-3}，以此类推. 当所有 F 检验都拒绝相应零假设时阶段算法终止. 这意味着在最终的结果模型中，所有剩余的斜率都是显著的.

顺序模型选择方案(逐步选择和向后消元)都涉及最多 K 个模型的拟合. 这比修正 R^2 法(考虑所有 2^K 个模型)所需的计算力低得多.

现代统计计算软件包(SAS、Splus、SPSS、JMP 等)均配有以上三种模型选择程序.

例 11.11(程序效率：选择模型) 我们如何在例 11.6、例 11.7 和例 11.10 中预测程序效率呢？我们应该单独使用数据集的大小 x_1，还是单独使用数据结构的大小 x_2，又或同时使用两个变量？

(a) 修正 R^2 准则. 对于全模型：

$$R_{\mathrm{adj}}^2 = 1 - \frac{SS_{\mathrm{ERR}}/df_{\mathrm{ERR}}}{SS_{\mathrm{TOT}}/df_{\mathrm{TOT}}} = 1 - \frac{308.7/4}{1452/6} = 0.681$$

仅具有一个预测变量 x_1 的简化模型(例 11.6)具有

$$R_{\mathrm{adj}}^2 = 1 - \frac{491/5}{1452/6} = 0.594$$

另一个只有 x_2 的简化模型具有 $R_{adj}^2 = 0.490$(练习 11.9).

我们如何解释这些 R_{adj}^2? 当我们为包括两个预测变量 x_1 和 x_2 的全模型计算 R_{adj}^2 时,要付出除以 4 自由度而不是 5 自由度的代价. 但是, 全模型可以解释总变化的很大一部分, 从而完全弥补这种损失, 并使全模型优于简化模型. 根据修正 R^2 准则, 全模型是最佳的.

(b) 部分 F 检验. 在模型中添加新变量 x_2 有多大意义? 将例 11.10 中的全模型与例 11.6 中的简化模型进行比较, 我们发现额外平方和为

$$SS_{EX} = SS_{REG}(Full) - SS_{REG}(Reduced) = 1143 - 961 = 182$$

当 x_1 已经存在于模型中时, 这就是 x_2 解释的响应总变化的额外量. 它的自由度为 1, 因为我们只添加了 1 个变量. 部分 F 检验统计量为

$$F = \frac{SS_{EX}/df_{EX}}{MS_{ERR}(Full)} = \frac{182/1}{309} = 0.59$$

从表 A7 中查看自由度为 1 和 4 的值, 我们看到该 F 统计量在 0.25 水平上并不显著. 这意味着可用第二个预测变量解释的额外变化相对较小(182), 无法自证将其纳入模型的合理性.

(c) 顺序模型选择. 哪些模型应使用逐步选择法或向后消元法?

逐步模型选择首先包括第一个预测变量 x_1. 如例 11.6 所示, 它在 5% 的水平上显著, 因此我们将其保留在模型中. 接下来, 我们再输入 x_2. 正如我们已经看到的那样, 它不能导致显著的增益 $F_2 = 0.59$, 因此, 我们没有将其保留在模型中. 结果模型仅基于数据集 x_1 的大小预测程序效率 y.

向后消元法从全模型开始, 并寻找简化模型的方法. 在两个简化模型中, 具有 x_1 的模型具有较高的回归平方和 SS_{REG}, 因此, 另一个变量 x_2 是第一个要删除的变量. 剩余变量 x_1 在 5% 的水平上显著. 因此, 我们再次得出基于 x_1 的预测 y 的简化模型.

由两种不同的模型选择标准(修正 R^2 和部分 F 检验), 我们得出了两种不同的模型. 从不同的意义上说, 它们都是最优解. 这在我们的意料之中. 　　　　　　　　　　　　　　◇

11.4.3　分类预测变量和虚拟变量

仔细选择模型是实际统计中最重要的步骤之一. 在回归中, 只有明智选择的预测子集才能提供准确的估计和良好的预测.

同时, 任何有用的信息都应纳入我们的模型中. 在本章结束时, 请注意在回归建模中使用分类(即非数字)预测变量.

通常, 响应 Y 变化的很大一部分可以通过属性而不是数字来解释. 例如

- 计算机制造商(Dell、IBM、Hewlett Packard 等);
- 操作系统(Unix、Windows、DOS 等);
- 专业(统计、计算机科学、电气工程等);
- 性别(男性、女性);
- 颜色(白色、蓝色、绿色等).

与数值预测变量不同, 属性没有特定的顺序. 例如, 用数字编码操作系统(1＝Unix, 2＝Windows, 3＝DOS), 创建新的预测变量 $X^{(k+1)}$ 并将其包含在回归模型

$$G(\boldsymbol{x}) = \beta_0 + \beta_1 x^{(1)} + \cdots + \beta_k x^{(k)} + \beta_{k+1} x^{(k+1)}$$

中是完全错误的. 如果我们这样做，它将 Windows 置于 Unix 和 DOS 之间的中间位置，并告诉你将操作系统从 Unix 更改为 Windows 与从 Windows 更改为 DOS 对响应 Y 具有完全相同的效果.

但是，计算机的性能实际上取决于操作系统、制造商、处理器的类型和其他类别变量. 那么我们如何在回归模型中使用它们？

我们需要创建所谓的**虚拟变量**. 虚拟变量是二进制的，取值为 0 或 1：

$$Z_i^{(j)} = \begin{cases} 1 & \text{若样本中的单位 } i \text{ 有类别 } j \\ 0 & \text{其他} \end{cases}$$

对于具有 C 个类的类别变量，我们创建 $C-1$ 个虚拟预测变量 $\boldsymbol{Z}^{(1)}$，…，$\boldsymbol{Z}^{(C-1)}$. 它们包含有关属性的全部信息. 来自类别 C 的采样项将以所有等于 0 的 $C-1$ 虚拟变量被标记.

例 11.12（操作系统的虚拟变量） 除了数值变量外，我们还希望将操作系统包含在回归模型中. 假设每台采样计算机都具有 Unix、Windows 或 DOS 操作系统中的一个. 为了将这些信息用于回归建模和更准确地预测，我们创建两个虚拟变量

$$Z_i^{(1)} = \begin{cases} 1 & \text{若计算机 } i \text{ 有 Unix} \\ 0 & \text{其他} \end{cases}$$

$$Z_i^{(2)} = \begin{cases} 1 & \text{若计算机 } i \text{ 有 Windows} \\ 0 & \text{其他} \end{cases}$$

连同数值预测变量 $\boldsymbol{X}^{(1)}$，…，$\boldsymbol{X}^{(k)}$ 一起，回归模型将是

$$G(\boldsymbol{x}，\boldsymbol{z}) = \beta_0 + \beta_1 x^{(1)} + \cdots + \beta_k x^{(k)} + \gamma_1 z^{(1)} + \gamma_2 z^{(2)} \qquad \diamond$$

409

拟合模型后，所有虚拟变量都作为列包含在预测变量矩阵 $\boldsymbol{X}$ 中.

通过仅创建 $C-1$ 个虚拟变量来避免奇点

请注意，如果我们犯了一个错误，并为具有 C 个类别的属性创建了 C 个虚拟变量，每个类别具有一个虚拟对象，这将导致线性关系

$$Z^{(1)} + \cdots + Z^{(C)} = 1$$

全为 1 的列已经包含在预测变量矩阵 $\boldsymbol{X}$ 中，因此，当我们计算最小二乘估计值 $\boldsymbol{b} = (\boldsymbol{X}^{\mathrm{T}}\boldsymbol{X})^{-1}\boldsymbol{X}^{\mathrm{T}}\boldsymbol{y}$ 时，这种线性关系将导致 $(\boldsymbol{X}^{\mathrm{T}}\boldsymbol{X})$ 的奇点. 因此，仅具有 $C-1$ 个虚拟变量是必要且充分的.

虚拟变量斜率的解释

虚拟预测变量 $Z^{(j)}$ 的每个斜率 γ_j 是在保持所有其他预测变量恒定时，将 $Z^{(j)}$ 增加 1 所引起的响应预期变化. 当我们将最后的类别 C 与类别 j 进行比较时，会发生这种增加.

因此，斜率 γ_j 是在将类别 C 与类别 j 进行比较时预期响应间的差异. 通过两个斜率的差 $\gamma_j - \gamma_C$ 将类别 j 与类别 C 进行比较.

为了检验分类变量的显著性，我们同时检验所有相应的斜率 γ_j. 这是通过部分 F 检验完成的.

R 笔记

对于线性回归，R 有简单命令 lm(线性模型)：

```
lm(Y ~ X1+X2+X3)
```

输入此内容后只会给出回归系数、截距和斜率. 实际上, lm 创建了中包含很多信息的整个对象.

让我们给这个对象起一个名字, 例如 reg <- lm(Y ~ X1 + X2 + X3). 然后

- summary(reg)将为我们提供有关回归系数的所有推论, 包括标准误差和显著性检验, 以及标准误差 s、方差分析 F 检验、R^2 和修正 R^2.
- anova(reg)将显示具有平方和、均方、部分 F 统计量及其对应的 p 值的方差表的完整分析.

这也可以用于变量选择, 因为当模型中所有其他变量都已存在时, summary(reg)显示 T 检验的 p 值, 以检验每个 X 变量的显著性, 而 anova(reg)用部分 F 检验来检验每个变量, 以衡量它们对在回归方程中写在它们前面的变量的贡献.

实际上, R 有几个强大的工具可用于建立回归模型. 我们可以用 step 进行前进和后退选择. 让我们使用所有自变量来定义全模型, 以及与之相反的没有变量的空模型.

410

```
—— R ——
full = lm(Y ~ X1 + X2 + X3 + X4 + X5)
null = lm(Y ~ 1)
step( null, scope=list( lower=null, upper=full ), dorection="forward" )
```

运行整个正向选择算法, 结果显示它的所有详细信息以及最终的模型.

对于向后消元法, 我们需要更改方向, 并从全模型开始:

```
step( full, scope=list( lower=null, upper=full ), direction="backward" )
```

对一个用来区分简化模型 reduced 和全模型 full 的部分 F 检验, 使用带有两个参数的方差分析 anova, 首先列出简化模型(因为我们不想看到负的额外平方和!):

```
anova(reduced, full)
```

斜率的置信区间可以通过 confint(reg)或 confint(reg,level=0.90)得到(默认置信水平为 95%).

R 将识别类别变量, 并自动创建虚拟变量, 只要它们不以数字表示. 有时, 类别预测变量的类别会用数字编码, 例如 1 = 亚拉巴马州, 2 = 阿拉斯加, 3 = 亚利桑那州等, 在这种情况下, 我们必须通过把 X 替换为 as.factor(X)来告诉 R 应将此变量视为类别变量.

MATLAB 笔记

MATLAB(MATrix LABoratory)非常适合矩阵计算, 因此, 给定响应 Y 的向量和预测变量 X 的矩阵, 所有回归分析都可以通过写矩阵公式来完成: b= inv(X'T*X)*(X*Y)为回归斜率, Yhat=X*b 为拟合值, e=Y-Yhat 为残差等. 更多相关说明, 请参见 A.5 节的最后一段.

此外, MATLAB 的统计工具箱还具有用于回归的特殊工具. 通用命令 regress(Y,X)返回带有响应 Y 和预测变量 X 的样本回归斜率. 请注意, 如果要使用截距拟合回归, 则必须将其向量包含在矩阵 X 中. 例如

—— Matlab ——
```
X0 = ones(size(Y));
regress(Y,[X0,X1,X2]);
```

将创建一个与响应向量大小相同的向量，并使用它来拟合回归模型 $Y = \beta_0 + \beta_1 X_1 + \beta_2 X_2 + \varepsilon$. 要获得所有回归斜率的 $(1-\alpha)100\%$ 置信区间，可用 [b bint]=regress(Y,[X0,X1, X2],alpha).

MATLAB 命令 regstats(Y,X) 中包含回归分析的许多组件. 你可以在选项列表中标记要获取的统计信息——均方误差 s^2、方差分析 F 统计量、R^2、修正 R^2 等.

你也可以使用 stepwise(X,Y) 为多元回归选择变量. 你可以在打开的窗口中一步步运行逐步变量选择算法，并查看每个步骤里的主要回归统计信息.

归纳总结

本章提供了估算一个或多个预测变量与响应变量之间数学关系的方法. 结果用于解释响应的行为并预测其对于任何新的预测变量集的价值.

最小二乘法可用于估计回归参数. 判定系数 R^2 显示了包括的预测变量可以解释的变化占比. 无法解释的部分被视为"误差".

方差分析（ANOVA）将总变化分为可解释的部分和无法解释的部分，并通过均方误差估计回归方差. 这样可以进行进一步的统计推断，检验斜率，构建均值响应的置信区间和单个响应的预测区间. 方差分析 F 检验可用于检验整个模型的显著性.

为了进行准确的估算和有效的预测，选择正确的预测变量子集非常重要. 序贯模型选择算法基于部分 F 检验，在每个步骤中比较全模型和简化模型.

通过创建虚拟变量，可以将分类预测变量包括在回归建模中.

练习题

假设练习 11.2～11.5，11.9，11.14～11.15 中包含单变量或多变量的标准回归假设.

11.1 传输文件所需的时间始终取决于文件的大小. 假设你传输了 30 个文件，平均大小为 126KB，标准差为 35KB. 平均传输时间为 0.04 秒，标准差为 0.01 秒. 时间和大小之间的相关系数为 0.86.

根据这些数据建立线性回归模型，并预测传输 400KB 文件所需的时间.

11.2 从 $n=75$ 的样本中获得以下统计信息：
- 预测变量 X 的平均值为 32.2，方差为 6.4；
- 响应变量 Y 的平均值为 8.4，方差为 2.8；
- X 和 Y 之间的样本协方差为 3.6.

（a）根据 X 估计预测 Y 的线性回归方程.

（b）填写方差分析表. Y 的总变化的哪一部分由变量 X 解释？

（c）为回归斜率构造一个 99% 的置信区间. 斜率显著吗？

11.3 在一个加油站，要求 180 位驾驶员记录他们的总行驶里程和每加仑行驶里程数. 结果总结在下表中.

	样本均值	标准差
总行驶里程	24 598	14 634
每加仑行驶里程数	23.8	3.4

样本相关系数 $r = -0.17$.

(a) 计算最小二乘回归线，描述每加仑行驶里程和总行驶里程的关系. 在这种情况下，获得的斜率和截距意味着什么？

(b) 使用 R^2 评估其拟合优度. 这是一个好模型吗？

(c) 你购买了一辆总行驶里程为 35 千米的二手车. 预测每加仑行驶的千米数. 给你的汽车构建一个 95% 预测区间，再给所有具有这种里程数的汽车的每加仑千米数均值构建 95% 的置信区间.

11.4　以下数据代表某些计算机公司在 11 年内以 1000 美元为单位开发新软件的投资：

年份，X	2008	2009	2010	2011	2012	2013	2014	2015	2016	2017	2018
投资，Y	17	23	31	29	33	39	39	40	41	44	47

(a) 在以 Y 为因变量的回归模型中估计 Y 的方差.

(b) 检验投资是否平均每年增加 1800 美元以上.

(c) 给出 2022 年新产品开发投资的 95% 预测区间.

(d) 解释该区间（解释 95% 的含义），并陈述该程序中使用的所有假设.

每年减去 2000 投资肯定会简化计算.

这些数据也可以在投资数据集(Investments)中获得.

11.5　在前一个问题中，市场分析师注意到投资额可能取决于公司在财务报告中是否显示利润. 用分类变量 Z 包含此额外信息.

年份，X	2008	2009	2010	2011	2012	2013	2014	2015	2016	2017	2018
财务报告，Z	否	否	是	否	是	是	是	是	否	是	是

(a) 在练习 11.4 考虑的模型中添加一个虚拟变量，估计新的多元回归模型的截距和斜率.

(b) 如果公司在 2015 年报告利润，请预测投资金额.

(c) 如果公司在 2015 年报告亏损，你的预测将如何变化？

(d) 填写多元方差分析表，并检验整个模型的显著性.

(e) 除时间趋势外，新变量 Z 是否解释了总变化的绝大部分？

11.6　对于单变量线性回归，证明

$$SS_{TOT} = SS_{REG} + SS_{ERR}$$

提示：$SS_{TOT} = \sum_{i=1}^{n} (y_i - \overline{y})^2 = \sum_{i=1}^{n} ((y_i - \hat{y}_i) + (\hat{y}_i - \overline{y}))^2$.

11.7 对于单变量线性回归，证明 R^2 是样本相关系数的平方，即
$$R^2 = r^2$$
提示：将平方的回归和写为
$$SS_{REG} = \sum_{i=1}^{n}(b_0 + b_1 x_i - \overline{y})^2$$
并用我们的导出表达式替换回归截距 b_0 和斜率 b_1.

11.8 安东想知道他为每周测验做准备所花费的时间与获得的成绩之间是否存在关联. 他保留了 10 周的记录.

事实证明，就平均而言，他每周花 3.6 个小时为测验做准备，标准差为 0.5 个小时. 他的平均评分为 82（满分为 100 分），标准差为 14. 两个变量之间的相关系数为 $r = 0.62$.

(a) 根据准备时间，找到预测测验成绩的回归线方程.

(b) 安东在本周学习了 4 个小时. 预测他的成绩.

(c) 这个线性模型可以解释大多数变化吗？它的拟合性好吗？为什么？

11.9 对于例 11.10 中的数据和数据集 Efficiency，仅基于数据库结构 x_2 拟合一个线性回归模型来预测程序效率（已处理请求的数量）. 完成方差分析表，计算 R^2 和修正 R^2. 这个简化的模型显著吗？

11.10 请参阅练习 8.5 和数据集 PopulationUSA.

(a) 拟合线性回归模型，以估计美国人口的时间趋势. 为简单起见，每年减去 1800，然后令 $x = $ 年份 -1800 作为预测变量.

(b) 填写方差分析表，并计算 R^2.

(c) 根据线性模型，你预测 2020 年和 2025 年的人口是多少？这是一个合理的预测吗？评价此线性模型的预测能力.

414 11.11 改进先前练习的模型.

(a) 添加二次分量，并拟合多元回归模型
$$E(人口) = \beta_0 + \beta_1(年份 - 1800) + \beta_2(年份 - 1800)^2$$
估计回归斜率与截距.

(b) 该模型预测 2020 年和 2025 年的人口是多少？

(c) 填写方差分析表，并计算 R^2. 与之前的练习相比，二次项可以解释多少总变化？

(d) 现在我们有两种难分上下的针对美国人口的模型. 在练习 11.10 中研究的是线性（简化）模型，在这里考虑的是二次（完整）模型. 再思考一个仅具有二次项（不包含线性项）的模型. 根据修正 R^2 准则，首选哪种模型？

(e) 你的发现是否与图 11.6 一致？请评价.

11.12 Masha 出生时重 7.5 磅（1 磅 = 0.453 592 37 千克）. 她的体重增加量如下表所示：

年龄（月）	0	2	4	6	8	10	12	14	16	18	20	22
体重（磅）	7.5	10.3	12.7	14.9	16.8	18.5	19.9	21.3	22.5	23.6	24.5	25.2

(a) 绘制 Masha 体重的时间图. 哪种回归模型更适合这些数据?

(b) 拟合二次模型 $y=\beta_0+\beta_1 x+\beta_2 x^2+\varepsilon$. 为什么 β_2 的估计值显示为负?

(c) 二次项解释了总变化的哪些额外部分? 你会将其保留在模型中吗?

(d) 使用二次模型和线性模型预测 Masha 在 24 个月时的体重. 哪个预测更合理?

(e) 通过 F 检验可以检验二次项的显著性吗? 为什么?

11.13　请参阅练习 8.6 和数据集 PopulationUSA. 线性回归模型是否能提供足够的拟合度? 估算回归参数, 绘制美国人口 10 年增量的图, 并绘制出估算的回归线. 你能从美国人口增长中推断出什么?

11.14　请参阅练习 8.7 和数据集 PopulationUSA.

(a) 用线性回归模型拟合美国人口 10 年的相对变化. 估计回归参数.

(b) 填写方差分析表, 并计算 R^2.

(c) 进行方差分析 F 检验, 并评论拟合模型的显著性.

(d) 计算回归斜率的 95% 置信区间.

(e) 计算 2010 年至 2020 年之间的人口相对变化以及 2020 年至 2030 年之间相对变化的 95% 预测区间.

(f) 构造回归残差直方图. 它是否支持我们对正态分布的假设?

415

11.15　考虑例 11.6～例 11.7 和例 11.10～例 11.11 中的程序效率研究以及数据集 Efficiency. 计算机管理员再次尝试提高预测能力. 这次, 她将考虑以下事实: 程序的前四次在操作系统 A 下工作, 然后切换到操作系统 B.

数据大小(吉字节), x_1	6	7	7	8	10	10	15
表格数, x_2	4	20	20	10	10	2	1
操作系统, x_3	A	A	A	A	B	B	B
进程需求 y	40	55	50	41	17	26	16

(a) 引入负责操作系统的虚拟变量, 并将其纳入回归分析. 估计新的回归方程.

(b) 新变量是否提高了拟合优度? 新的 R^2 为多少?

(c) 新变量是否显著?

(d) 在给定数据集的大小、表的数量和操作系统的情况下, 如果计算机管理员需要预测已处理的请求数, 那么你将向其建议的最终回归方程是什么? 使用不同的模型选择标准给出最佳回归方程.

416

附　　录

A.1　数据集

所有数据集都以 ASCII(.txt、纯文本、tab 分隔)和逗号分隔值(.csv)格式给出. 每个数据文件的第一行保留变量名. 这些数据集可以在 http://fs2.american.edu/baron/www/Book/上找到. 此外, 每个数据集至少在本书中出现一次, 通常是在首次提到它的页面上.

将数据读入 R 和 MATLAB

要开始处理这些数据集, 你可以将其保存在计算机上并读入程序, 也可以直接从网站读取. 以下是在 R 和 MATLAB 中的实现方法.

```
—— R ——————
setwd("C:\\Documents\\Data")      # 设置工作目录
read.table("datafile.txt", header=1) # 读入文本数据文件
read.csv("datafile.csv")          # 读入 csv 数据文件
```

在实践中, 你将使用实际的文件夹名而不是 "C: Documents Data", 并将 `datafile` 替换为实际的数据文件名, 如 `CPU.txt` 或 `Pings.csv`. `header` 选项告诉 R 从第一行读取变量名. 在读取 csv 文件时, 此选项不是必需的, 因为 R 默认在顶部行中获得变量名.

R 也可以直接从网站读取数据, 例如

```
read.csv(url("http://fs2.american.edu/baron/www/Book/Data/Antivir-
us.csv"))
```

要使用数据, 你应该将其保存为一个数据帧, 并使用 attach 操作, 然后就可以对数据使用所有已学的工具了. 例如

```
—— R ——————
A <- read.table("CPU.txt", header=1) # 将数据读入数据帧 A
attach(A)                            # 附加数据 A
names(A)                             # A 中变量的列表
summary(A)                           # 变量的描述性统计
head(A)                              # A 的前几行
mean(CPUtime)                        # 变量 CPUtime 的样本均值
```

在 MATLAB 中, 我们同样可以将目录设置为数据集所在的文件夹, 并将它们读入代码. 然后将每个变量表示为 `data.name`, 例如 `A.CPUtime`:

```
—— MATLAB ——————
cd 'C:\\Documents\\Data';   % 设置工作目录
A = readtable("CPU.txt");   % 读取文本数据
A = readtable("CPU.csv");   % 使用相同的函数读取 csv 数据
mean(A.CPUtime)             % 数据 A 中变量 CPUtime 的样本均值
```

数据清单

数据集	变量	页码（清单中页码为英文原书页码，与书中页边标注的页码一致）
Accounts	N	242
Antivirus	X，Y	237，238，348
Attachments	Size，Classification	370
Books	Cost，Year	370
Chips	Thickness	368，369，371
ConcurrentUsers	N	240，372
CPU	CPUtime	217，219，223，224，226，229，230，231，234，236
Eficiency	Size，Tables，OS，Requests	389，394，402，407，414，416
Incentive	Hits，Discount	335
Internet	Speed，Provider	370
Intrusions	Attempts，Firewall	240
Investments	Year，Investment，Profit	413
Keystrokes	Time	267，282，287，292，327，367
Pings	Ping，Location	235，336
PopulationUSA	Year，Population	241，395，414，414，415，415
PopulationWorld	Year，Population	376，381，385，389
RandomNumbers	U	367
ServiceTimes	Time	366，369，370
Spam	N	366
Symmetry	N，Set	241
TestScores	X	369
Weight	Age，Weight	415

A.2　分布清单

这里我们列出了离散分布和连续分布最常用的族及其主要特征.

对于所有这些分布，R 和 MATLAB 都有特定的内置函数，可以用来计算它们的累积分布函数、概率质量函数或概率密度函数、分位数，以及从给定的分布中生成随机变量. 这些函数具有类似的结构. 例如，对于一个（虚构的）分布族"fam"，R 和 MATLAB 有以下命令：

	R	MATLAB
累积分布函数(cdf)	pfam	famcdf
概率质量函数(pmf)或概率密度函数(pdf)	dfam	fampdf
分位数	qfam	faminv
随机数生成器	rfam	famrnd

在每个命令中，你将指定分布的参数，或者软件将使用标准默认参数（如果存在的话）. 使用 R 中的? 和 MATLAB 中的 help 来查看必须输入哪些参数.

随机数生成器通常可以从给定的分布中产生一个完整的向量，甚至一个独立的随机变量矩阵，用户只需指定生成的数量即可.

例 A.1（正态分布） 下面的 R 和 MATLAB 命令与正态分布相关.

R 中的 pnorm(1,2,3) 和 MATLAB 中的 normcdf(1,2,3) 返回均值为 2、标准差为 3 的正态变量 X 的累积分布函数 $F(1)=P\{X\leqslant 1\}$.

R 中的 dnorm(1,2,3) 和 MATLAB 中的 normpdf(1,2,3) 返回相同正态分布下的密度 $f(1)$.

R 中的 qnorm(0.95,2,3) 和 MATLAB 中的 normpdf(0.95,2 ,3) 从 Normal(2,3) 分布返回 0.95 分位数（或第 95 个百分位数）. 当 $x=6.9346=F^{-1}(0.95)$ 时，$F(x)=P\{X\leqslant x\}=0.95$.

R 中的 pnorm(1)、dnorm(1) 和 qnorm(0.95) 如同 normcdf(1)、normpdf(1) 和 norminv(0.95)，重复这些命令，得到标准正态分布. 例如，R 中的 qnorm(0.95) 返回 $z_{0.05}=1.645$.

R 中的 rnorm(10,2,3) 和 MATLAB 中的 normrnd(2,3,10,1) 生成一个包含 10 个独立 Normal(2,3) 随机变量的向量. 在 MATLAB 中，normrnd(2,3,10) 产生一个 10×10 的随机变量矩阵，normrnd(2,3,10,5) 返回一个 10×5 的矩阵.   ◇

A.2.1 离散族

伯努利分布

类属描述	0 或 1，成功或失败，一次伯努利试验的结果
值的范围	$x=0，1$
参数	$p\in(0，1)$，表示成功的概率
概率质量函数	$P(x)=p^{x}(1-p)^{1-x}$
期望	$\mu=p$
方差	$\sigma^{2}=p(1-p)$
关系	$n=1$ 时 Binomial$(n，p)$的特殊情况 n 个独立的 Bernoulli(p)变量的和是 Binomial$(n，p)$
R 和 MATLAB	使用 $n=1$ 的二项分布

二项分布

类属描述	n 次独立伯努利试验的成功次数
值的范围	$x=0,\ 1,\ 2,\ \cdots,\ n$
参数	$n=1,\ 2,\ 3,\ \cdots$，伯努利试验次数
	$p\in(0,\ 1)$，表示成功的概率
概率质量函数	$P(x)=\binom{n}{x}p^{x}(1-p)^{n-x}$
累积分布函数	表 A2
期望	$\mu=np$
方差	$\sigma^{2}=np(1-p)$
关系	Binomial(n，p)是 n 个独立 Bernoulli(p)变量的和
	Binomial(1，p)＝Bernoulli(p)
表	附录，表 A2
R	pbinom,dbinom,qbinom,rbinom
MATLAB	binocdf,binopdf,binoinv,binornd

几何分布

类属描述	直到第一次成功的伯努利试验次数
值的范围	$x=1,\ 2,\ 3,\ \cdots$
参数	$p\in(0,\ 1)$，表示成功的概率
概率质量函数	$P(x)=p(1-p)^{1-x}$
累积分布函数	$1-(1-p)^{x}$
期望	$\mu=\dfrac{1}{p}$
方差	$\sigma^{2}=\dfrac{1-p}{p^{2}}$
关系	当 $k=1$ 时负 Binomial(k，p)的特殊情况，n 个独立 Geometric(p)变量的和为负 Binomial(n，p)
R	pgeom,dgeom,qgeom,rgeom
MATLAB	geocdf,geopdf,geoinv,geornd
	R 和 MATLAB 使用基于 0 的几何分布，$x=0,\ 1,\ \cdots$
	要计算 $F(x)$，使用 pgeom(x-1,p) 和 geocdf(x-1,p)

420

负二项分布

类属描述	直到第 k 次成功的伯努利试验次数
值的范围	$x=k,\ k+1,\ k+2,\ \cdots$
参数	$k=1,\ 2,\ 3,\ \cdots$，表示成功的次数
	$p\in(0,\ 1)$，表示成功的概率
概率质量函数	$P(x)=\binom{x-1}{k-1}(1-p)^{x-k}p^{k}$

期望	$\mu = \dfrac{k}{p}$
方差	$\sigma^2 = \dfrac{k(1-p)}{p^2}$
关系	NBinomial(k, p)是 n 个独立 Geometric(p)变量的和 NBinomial(1, p)=Geometric(p)
R	pnbinom,dnbinom,qnbinom,rnbinom
MATLAB	nbincdf,nbinpdf,nbininv,nbinrnd
	这些命令使用基于 0 的几何分布, $x = 0$, 1, 2, $\cdots$ 要计算 $F(x)$, 使用 pnbinom(x-k,k,p)和 nbincdf(x-k,k,p)

泊松分布

类属描述	在固定时间间隔内的"罕见事件"的数量
值的范围	$x = 0$, 1, 2, $\cdots$
参数	$\lambda \in (0, \infty)$, 表示"罕见事件"出现的频率
概率质量函数	$P(x) = e^{-\lambda} \dfrac{\lambda^x}{x!}$
累积分布函数	表 A3
期望	$\mu = \lambda$
方差	$\sigma^2 = \lambda$
关系	当 $n \to \infty$, $p \to 0$, $np \to \lambda$ 时 Binomial(n, p)的极限情况
表	附录, 表 A3
R	ppois,dpois,qpois,rpois
MATLAB	poisscdf,poisspdf,poissinv,poissrnd

A.2.2 连续族

贝塔分布

类属描述	在[0, 1]中取值的随机变量; R^2 在标准回归假设下的分布
值的范围	$0 < x < 1$
参数	α, $\beta \in (0, \infty)$
密度	$f(x) = \dfrac{\Gamma(\alpha+\beta)}{\Gamma(\alpha)\Gamma(\beta)} x^{\alpha-1}(1-x)^{\beta-1}$
期望	$\mu = \alpha/(\alpha+\beta)$
方差	$\sigma^2 = \alpha\beta/(\alpha+\beta)^2(\alpha+\beta+1)$
	对于独立的 $X \sim$ Gamma(α, λ)和 $Y \sim$ Gamma(β, λ), 比率$\dfrac{X}{X+Y}$是 Beta(α, β)
关系	作为一个先验分布, 贝塔族与二项模型是共轭的 Beta(1, 1)是 Uniform(0, 1) 在大小为 n 的 Uniform(0, 1)变量样本中, 第 k 个最小的观测值是 Beta(k, $n+1-k$)
R	pbeta,dbeta,qbeta,rbeta
MATLAB	betacdf,betapdf,betainv,betarnd

卡方分布

类属描述	ν 个独立同分布的标准正态变量的平方和
值的范围	$x > 0$
参数	$\nu \in (0, \infty)$，表示自由度
密度	$f(x) = \dfrac{1}{2^{\nu/2}\,\Gamma(\nu/2)} x^{\nu/2-1} e^{-x/2}$
期望	$\mu = \nu$
方差	$\sigma^2 = 2\nu$
关系	$\alpha = \nu/2$ 和 $\lambda = 1/2$ 时 Gamma(α, λ)的特殊情况 两个独立的 x^2 变量的比除以各自的自由度，有 F 分布
R	pchisq, dchisq, qchisq, rchisq
MATLAB	chi2cdf, chi2pdf, chi2inv, chi2rnd

指数分布

类属描述	在泊松过程中，连续事件之间的时间
值的范围	$x > 0$
参数	$\lambda \in (0, \infty)$，表示事件频率，逆尺度参数
密度	$f(x) = \lambda e^{-\lambda x}$
累积分布函数	$F(x) = 1 - e^{-\lambda x}$
期望	$\mu = 1/\lambda$
方差	$\sigma^2 = 1/\lambda^2$
关系	$\alpha = 1$ 时 Gamma(α, λ)和自由度 $\nu = 2$ 的卡方分布的特殊情况. α 个独立的 Exponential(λ)变量之和是 Gamma(α, λ)
R	pexp, dexp, qexp, rexp
MATLAB	expcdf, exppdf, expinv, exprnd

MATLAB 使用尺度参数 $\sigma = 1/\lambda$，而不是频率 λ
对于 $F(x)$，使用 expcdf(x,1/lambda). R 使用频率参数 λ

422

费舍尔-斯内德克 *F* 分布

类属描述	独立均方比
值的范围	$x > 0$
参数	$\nu_1 > 0$，分子自由度 $\nu_2 > 0$，分母自由度
密度函数	$f(x) = \dfrac{\Gamma\left(\dfrac{\nu_1 + \nu_2}{2}\right)}{x\,\Gamma\left(\dfrac{\nu_1}{2}\right)\Gamma\left(\dfrac{\nu_2}{2}\right)} \sqrt{\dfrac{(\nu_1 x)^{\nu_1}\,\nu_2^{\nu_2}}{(\nu_1 x + \nu_2)^{\nu_1 + \nu_2}}}$
期望	$\dfrac{\nu_2}{\nu_2 - 2}, \quad \nu_2 > 2$
方差	$\dfrac{2\nu^2(\nu_1 + \nu_2 - 2)}{\nu_1(\nu_2 - 2)^2(\nu_2 - 4)}, \ \nu_2 > 4$
关系	对于独立的 $\chi^2(\nu_1)$ 和 $\chi^2(\nu_2)$，比率 $\dfrac{\chi^2(\nu_1)/\nu_1}{\chi^2(\nu_2)/\nu_2}$ 是 $F(v_1,\ v_2)$ 的 特殊情况：$t(\nu)$ 变量的平方是 $F(\nu)$
表	附录，表 A7
R	`pf, df, qf, rf`
MATLAB	`fcdf, fpdf, finv, frnd`

伽马分布

类属描述	在泊松过程中，第 α 次事件的时间
值的范围	$x > 0$
参数	$\alpha \in (0,\ \infty)$，表示形状参数 $\lambda \in (0,\ \infty)$，表示事件的频率，逆尺度参数
密度函数	$f(x) = \dfrac{\lambda^\alpha}{\Gamma(\alpha)} x^{\alpha - 1} e^{-\lambda x}$
期望	$\mu = \alpha/\lambda$
方差	$\sigma^2 = \alpha/\lambda^2$
关系	对于整数 α，Gamma($\alpha,\ \lambda$) 是 α 个独立的 Exponential(λ) 变量的和 Gamma(1, λ)=Exp(λ)；Gamma($\nu/2$, 1/2)=$\chi^2(\nu)$ 作为一个先验分布，伽马分布族与 Poisson(θ) 模型和 Exponential(θ) 模型是共轭的
R	`pgamma, dgamma, qgamma, rgamma`
MATLAB	`gamcdf, gampdf, gaminv, gamrnd` MATLAB 使用尺度参数 $\sigma = 1/\lambda$，而不是频率 λ 为了找到 $F(x)$，使用 `gamcdf(x,alpha,1/lambda)`，R 使用参数 λ

正态分布

类属描述	常用于误差、量度、总和、平均数等的分布
值的范围	$-\infty < x < +\infty$
参数	$\mu \in (-\infty, \infty)$，表示期望，为位置参数 $\sigma \in (0, \infty)$，表示标准差，为尺度参数
密度函数	$f(x) = \dfrac{1}{\sigma\sqrt{2\pi}} \exp\left\{ \dfrac{-(x-\mu)^2}{2\sigma^2} \right\}$
累积分布函数	$F(x) = \Phi\left(\dfrac{x-\mu}{\sigma} \right)$，使用表 A4 得到 $\Phi(z)$
期望	μ
方差	σ^2
关系	随机变量标准化和的极限情况，包括 $n\to\infty$，$k\to\infty$，$\alpha\to\infty$ 时的 Binomial(n, p)，负 Binomial(k, p) 和 Gamma(α, λ)
表	附录，表 A4
R	pnorm,dnorm,qnorm,rnorm
MATLAB	normcdf,normpdf,norminv,normrnd,或者仅仅 randn

Pareto 分布

类属描述	重尾分布，常用于模拟互联网流量，各种金融和社会学数据
值的范围	$x > \sigma$
参数	$\theta \in (0, \infty)$，形状参数 $\sigma \in (0, \infty)$，尺度参数
密度函数	$f(x) = \theta\sigma^\theta x^{-\theta-1}$
累积分布函数	$F(x) = 1 - \left(\dfrac{x}{\sigma} \right)^{-\theta}$
期望	$\theta > 1$ 时为 $\dfrac{\theta\sigma}{\theta-1}$；$\theta \leqslant 1$ 时不存在
方差	$\theta > 2$ 时为 $\dfrac{\theta\sigma^2}{(\theta-1)^2(\theta-2)}$；$\theta \leqslant 2$ 时不存在
关系	如果 X 是 Exponential(θ)，那么 $Y = \sigma e^X$ 是 Pareto(θ, σ)
R	ppareto,dpareto,qpareto,rpareto(但见下面的注 1)
MATLAB	gpcdf,gppdf,gpinv,gprnd(但见下面的注 2)

学生 t 分布

类属描述	具有估计标准差的标准化统计
值的范围	$-\infty < x < +\infty$
参数	$\nu > 0$，表示自由度的数量
密度函数	$f(x) = \dfrac{\Gamma\left(\dfrac{\nu+1}{2}\right)}{\sqrt{\nu\pi}\,\Gamma\left(\dfrac{\nu}{2}\right)}\left(1+\dfrac{x^2}{\nu}\right)^{-\frac{\nu+1}{2}}$
期望	0
方差	$\dfrac{\nu}{\nu-2}$，$\nu > 2$
关系	$\nu \to \infty$ 时收敛于标准正态分布
表	附录，表 A5
R	pt,dt,qt,rt
MATLAB	tcdf,tpdf,tinv,trnd

均匀分布

类属描述	从给定的时间间隔中"随机"选择的数字
值的范围	$a < x < b$
参数	$-\infty < a < b < +\infty$，区间的边界
密度函数	$f(x) = \dfrac{1}{b-a}$
期望	$\mu = \dfrac{a+b}{2}$
方差	$\sigma^2 = \dfrac{(b-a)^2}{12}$
关系	Uniform(0, 1)是 Beta(1, 1)
R	punif,dunif,qunif,runif
MATLAB	unifdf,unifpdf,unifinv,unifrnd, 或者仅仅 rand

注：1. 这些函数在 R 的 "actuar" 包中，可以通过键入 install.packages("actuar"); library(actuar); 来调用. 同时，这些命令是指一个基于 0 的 Pareto 分布，其中 $X > 0$ 而不是 $X > \sigma$，所以我们在使用这些工具时需要用 $x - \sigma$ 替换 x. 例如，要计算 $F(x)$，输入 ppareto(x-sigma,theta,sigma).

2. 这些命令用于广义的 Pareto 分布. 对于 Pareto(θ, σ)，使用 gpcdf (x,1/theta,sigma/theta,sigma)，gppdf (x,1/theta,sigma/theta,sigma)等.

A.3　分布表

表 A1　Vniform(0，1)随机数

	1	2	3	4	5	6	7	8	9	10
1	0.9501	0.8381	0.7948	0.4154	0.6085	0.4398	0.2974	0.7165	0.7327	0.8121
2	0.2311	0.0196	0.9568	0.3050	0.0158	0.3400	0.0492	0.5113	0.4222	0.6101
3	0.6068	0.6813	0.5226	0.8744	0.0164	0.3142	0.6932	0.7764	0.9614	0.7015
4	0.4860	0.3795	0.8801	0.0150	0.1901	0.3651	0.6501	0.4893	0.0721	0.0922
5	0.8913	0.8318	0.1730	0.7680	0.5869	0.3932	0.9830	0.1859	0.5534	0.4249
6	0.7621	0.5028	0.9797	0.9708	0.0576	0.5915	0.5527	0.7006	0.2920	0.3756
7	0.4565	0.7095	0.2714	0.9901	0.3676	0.1197	0.4001	0.9827	0.8580	0.1662
8	0.0185	0.4289	0.2523	0.7889	0.6315	0.0381	0.1988	0.8066	0.3358	0.8332
9	0.8214	0.3046	0.8757	0.4387	0.7176	0.4586	0.6252	0.7036	0.6802	0.8386
10	0.4447	0.1897	0.7373	0.4983	0.6927	0.8699	0.7334	0.4850	0.0534	0.4516
11	0.6154	0.1934	0.1365	0.2140	0.0841	0.9342	0.3759	0.1146	0.3567	0.9566
12	0.7919	0.6822	0.0118	0.6435	0.4544	0.2644	0.0099	0.6649	0.4983	0.1472
13	0.9218	0.3028	0.8939	0.3200	0.4418	0.1603	0.4199	0.3654	0.4344	0.8699
14	0.7382	0.5417	0.1991	0.9601	0.3533	0.8729	0.7537	0.1400	0.5625	0.7694
15	0.1763	0.1509	0.2987	0.7266	0.1536	0.2379	0.7939	0.5668	0.6166	0.4442
16	0.4057	0.6979	0.6614	0.4120	0.6756	0.6458	0.9200	0.8230	0.1133	0.6206
17	0.9355	0.3784	0.2844	0.7446	0.6992	0.9669	0.8447	0.6739	0.8983	0.9517
18	0.9169	0.8600	0.4692	0.2679	0.7275	0.6649	0.3678	0.9994	0.7546	0.6400
19	0.4103	0.8537	0.0648	0.4399	0.4784	0.8704	0.6208	0.9616	0.7911	0.2473
20	0.8936	0.5936	0.9883	0.9334	0.5548	0.0099	0.7313	0.0589	0.8150	0.3527
21	0.0579	0.4966	0.5828	0.6833	0.1210	0.1370	0.1939	0.3603	0.6700	0.1879
22	0.3529	0.8998	0.4235	0.2126	0.4508	0.8188	0.9048	0.5485	0.2009	0.4906
23	0.8132	0.8216	0.5155	0.8392	0.7159	0.4302	0.5692	0.2618	0.2731	0.4093
24	0.0099	0.6449	0.3340	0.6288	0.8928	0.8903	0.6318	0.5973	0.6262	0.4635
25	0.1389	0.8180	0.4329	0.1338	0.2731	0.7349	0.2344	0.0493	0.5369	0.6109
26	0.2028	0.6602	0.2259	0.2071	0.2548	0.6873	0.5488	0.5711	0.0595	0.0712
27	0.1987	0.3420	0.5798	0.6072	0.8656	0.3461	0.9316	0.7009	0.0890	0.3143
28	0.6038	0.2897	0.7604	0.6299	0.2324	0.1660	0.3352	0.9623	0.2713	0.6084
29	0.2722	0.3412	0.5298	0.3705	0.8049	0.1556	0.6555	0.7505	0.4091	0.1750
30	0.1988	0.5341	0.6405	0.5751	0.9084	0.1911	0.3919	0.7400	0.4740	0.6210
31	0.0153	0.7271	0.2091	0.4514	0.2319	0.4225	0.6273	0.4319	0.9090	0.2460
32	0.7468	0.3093	0.3798	0.0439	0.2393	0.8560	0.6991	0.6343	0.5962	0.5874
33	0.4451	0.8385	0.7833	0.0272	0.0498	0.4902	0.3972	0.8030	0.3290	0.5061
34	0.9318	0.5681	0.6808	0.3127	0.0784	0.8159	0.4136	0.0839	0.4782	0.4648
35	0.4660	0.3704	0.4611	0.0129	0.6408	0.4608	0.6552	0.9455	0.5972	0.5414
36	0.4186	0.7027	0.5678	0.3840	0.1909	0.4574	0.8376	0.9159	0.1614	0.9423
37	0.8462	0.5466	0.7942	0.6831	0.8439	0.4507	0.3716	0.6020	0.8295	0.3418
38	0.5252	0.4449	0.0592	0.0928	0.1739	0.4122	0.4253	0.2536	0.9561	0.4018
39	0.2026	0.6946	0.6029	0.0353	0.1708	0.9016	0.5947	0.8735	0.5955	0.3077
40	0.6721	0.6213	0.0503	0.6124	0.9943	0.0056	0.5657	0.5134	0.0287	0.4116

表 A2　二项分布

$$F(x) = P\{X \leqslant x\} = \sum_{k=0}^{x} \binom{n}{k} p^k (1-p)^{n-k}$$

n	x	p																		
		0.050	0.100	0.150	0.200	0.250	0.300	0.350	0.400	0.450	0.500	0.550	0.600	0.650	0.700	0.750	0.800	0.850	0.900	0.950
1	0	0.950	0.900	0.850	0.800	0.750	0.700	0.650	0.600	0.550	0.500	0.450	0.400	0.350	0.300	0.250	0.200	0.150	0.100	0.050
2	0	0.903	0.810	0.723	0.640	0.563	0.490	0.423	0.360	0.303	0.250	0.203	0.160	0.123	0.090	0.063	0.040	0.023	0.010	0.003
	1	0.998	0.990	0.978	0.960	0.938	0.910	0.878	0.840	0.798	0.750	0.698	0.640	0.578	0.510	0.438	0.360	0.278	0.190	0.098
3	0	0.857	0.729	0.614	0.512	0.422	0.343	0.275	0.216	0.166	0.125	0.091	0.064	0.043	0.027	0.016	0.008	0.003	0.001	0.000
	1	0.993	0.972	0.939	0.896	0.844	0.784	0.718	0.648	0.575	0.500	0.425	0.352	0.282	0.216	0.156	0.104	0.061	0.028	0.007
	2	1.0	0.999	0.997	0.992	0.984	0.973	0.957	0.936	0.909	0.875	0.834	0.784	0.725	0.657	0.578	0.488	0.386	0.271	0.143
4	0	0.815	0.656	0.522	0.410	0.316	0.240	0.179	0.130	0.092	0.063	0.041	0.026	0.015	0.008	0.004	0.002	0.001	0.000	0.000
	1	0.986	0.948	0.890	0.819	0.738	0.652	0.563	0.475	0.391	0.313	0.241	0.179	0.126	0.084	0.051	0.027	0.012	0.004	0.000
	2	1.0	0.996	0.988	0.973	0.949	0.916	0.874	0.821	0.759	0.688	0.609	0.525	0.437	0.348	0.262	0.181	0.110	0.052	0.014
	3	1.0	0.999	0.999	0.998	0.996	0.992	0.985	0.974	0.959	0.938	0.908	0.870	0.821	0.760	0.684	0.590	0.478	0.344	0.185
5	0	0.774	0.590	0.444	0.328	0.237	0.168	0.116	0.078	0.050	0.031	0.018	0.010	0.005	0.002	0.001	0.000	0.000	0.000	0.000
	1	0.977	0.919	0.835	0.737	0.633	0.528	0.428	0.337	0.256	0.188	0.131	0.087	0.054	0.031	0.016	0.007	0.002	0.000	0.000
	2	0.999	0.991	0.973	0.942	0.896	0.837	0.765	0.683	0.593	0.500	0.407	0.317	0.235	0.163	0.104	0.058	0.027	0.009	0.001
	3	1.0	1.0	0.998	0.993	0.984	0.969	0.946	0.913	0.869	0.813	0.744	0.663	0.572	0.472	0.367	0.263	0.165	0.081	0.023
	4	1.0	1.0	0.999	1.0	0.999	0.998	0.995	0.990	0.982	0.969	0.950	0.922	0.884	0.832	0.763	0.672	0.556	0.410	0.226
6	0	0.735	0.531	0.377	0.262	0.178	0.118	0.075	0.047	0.028	0.016	0.008	0.004	0.002	0.001	0.000	0.000	0.000	0.000	0.000
	1	0.967	0.886	0.776	0.655	0.534	0.420	0.319	0.233	0.164	0.109	0.069	0.041	0.022	0.011	0.005	0.002	0.000	0.000	0.000
	2	0.998	0.984	0.953	0.901	0.831	0.744	0.647	0.544	0.442	0.344	0.255	0.179	0.117	0.070	0.038	0.017	0.006	0.001	0.000
	3	1.0	0.999	0.994	0.983	0.962	0.930	0.883	0.821	0.745	0.656	0.558	0.456	0.353	0.256	0.169	0.099	0.047	0.016	0.002
	4	1.0	1.0	0.999	0.998	0.995	0.989	0.978	0.959	0.931	0.891	0.836	0.767	0.681	0.580	0.466	0.345	0.224	0.114	0.033
	5	1.0	1.0	1.0	1.0	0.999	0.999	0.998	0.996	0.992	0.984	0.972	0.953	0.925	0.882	0.822	0.738	0.623	0.469	0.265
7	0	0.698	0.478	0.321	0.210	0.133	0.082	0.049	0.028	0.015	0.008	0.004	0.002	0.001	0.000	0.000	0.000	0.000	0.000	0.000
	1	0.956	0.850	0.717	0.577	0.445	0.329	0.234	0.159	0.102	0.063	0.036	0.019	0.009	0.004	0.001	0.000	0.000	0.000	0.000
	2	0.996	0.974	0.926	0.852	0.756	0.647	0.532	0.420	0.316	0.227	0.153	0.096	0.056	0.029	0.013	0.005	0.001	0.000	0.000
	3	1.0	0.997	0.988	0.967	0.929	0.874	0.800	0.710	0.608	0.500	0.392	0.290	0.200	0.126	0.071	0.033	0.012	0.003	0.000
	4	1.0	1.0	0.999	0.995	0.987	0.971	0.944	0.904	0.847	0.773	0.684	0.580	0.468	0.353	0.244	0.148	0.074	0.026	0.004
	5	1.0	1.0	1.0	1.0	0.999	0.996	0.991	0.981	0.964	0.938	0.898	0.841	0.766	0.671	0.555	0.423	0.283	0.150	0.044
	6	1.0	1.0	1.0	1.0	1.0	0.999	0.998	0.998	0.996	0.992	0.985	0.972	0.951	0.918	0.867	0.790	0.679	0.522	0.302

（续）

n	x	0.050	0.100	0.150	0.200	0.250	0.300	0.350	0.400	0.450	0.500	0.550	0.600	0.650	0.700	0.750	0.800	0.850	0.900	0.950
											p									
8	0	0.663	0.430	0.272	0.168	0.100	0.058	0.032	0.017	0.008	0.004	0.002	0.001	0.000	0.000	0.000	0.000	0.000	0.000	0.000
	1	0.943	0.813	0.657	0.503	0.367	0.255	0.169	0.106	0.063	0.035	0.018	0.009	0.004	0.001	0.000	0.000	0.000	0.000	0.000
	2	0.994	0.962	0.895	0.797	0.679	0.552	0.428	0.315	0.220	0.145	0.088	0.050	0.025	0.011	0.004	0.001	0.000	0.000	0.000
	3	1.0	0.995	0.979	0.944	0.886	0.806	0.706	0.594	0.477	0.363	0.260	0.174	0.106	0.058	0.027	0.010	0.003	0.000	0.000
	4	1.0	1.0	0.997	0.990	0.973	0.942	0.894	0.826	0.740	0.637	0.523	0.406	0.294	0.194	0.114	0.056	0.021	0.005	0.000
	5	1.0	1.0	1.0	0.999	0.996	0.989	0.975	0.950	0.912	0.855	0.780	0.685	0.572	0.448	0.321	0.203	0.105	0.038	0.006
	6	1.0	1.0	1.0	1.0	1.0	0.999	0.996	0.991	0.982	0.965	0.937	0.894	0.831	0.745	0.633	0.497	0.343	0.187	0.057
	7	1.0	1.0	1.0	1.0	1.0	1.0	1.0	0.999	0.998	0.996	0.992	0.983	0.968	0.942	0.900	0.832	0.728	0.570	0.337
9	0	0.630	0.387	0.232	0.134	0.075	0.040	0.021	0.010	0.005	0.002	0.001	0.000	0.000	0.000	0.000	0.000	0.000	0.000	0.000
	1	0.929	0.775	0.599	0.436	0.300	0.196	0.121	0.071	0.039	0.020	0.009	0.004	0.001	0.000	0.000	0.000	0.000	0.000	0.000
	2	0.992	0.947	0.859	0.738	0.601	0.463	0.337	0.232	0.150	0.090	0.050	0.025	0.011	0.004	0.001	0.000	0.000	0.000	0.000
	3	0.999	0.992	0.966	0.914	0.834	0.730	0.609	0.483	0.361	0.254	0.166	0.099	0.054	0.025	0.010	0.003	0.001	0.000	0.000
	4	1.0	0.999	0.994	0.980	0.951	0.901	0.828	0.733	0.621	0.500	0.379	0.267	0.172	0.099	0.049	0.020	0.006	0.001	0.000
	5	1.0	1.0	0.999	0.997	0.990	0.975	0.946	0.901	0.834	0.746	0.639	0.517	0.391	0.270	0.166	0.086	0.034	0.008	0.001
	6	1.0	1.0	1.0	1.0	0.999	0.996	0.989	0.975	0.950	0.910	0.850	0.768	0.663	0.537	0.399	0.262	0.141	0.053	0.008
	7	1.0	1.0	1.0	1.0	1.0	1.0	0.999	0.996	0.991	0.980	0.961	0.929	0.879	0.804	0.700	0.564	0.401	0.225	0.071
	8	1.0	1.0	1.0	1.0	1.0	1.0	1.0	0.999	0.999	0.998	0.995	0.990	0.979	0.960	0.925	0.866	0.768	0.613	0.370
10	0	0.599	0.349	0.197	0.107	0.056	0.028	0.013	0.006	0.003	0.001	0.000	0.000	0.000	0.000	0.000	0.000	0.000	0.000	0.000
	1	0.914	0.736	0.544	0.376	0.244	0.149	0.086	0.046	0.023	0.011	0.005	0.002	0.001	0.000	0.000	0.000	0.000	0.000	0.000
	2	0.988	0.930	0.820	0.678	0.526	0.383	0.262	0.167	0.100	0.055	0.027	0.012	0.005	0.002	0.000	0.000	0.000	0.000	0.000
	3	0.999	0.987	0.950	0.879	0.776	0.650	0.514	0.382	0.266	0.172	0.102	0.055	0.026	0.011	0.004	0.001	0.000	0.000	0.000
	4	1.0	0.998	0.990	0.967	0.922	0.850	0.751	0.633	0.504	0.377	0.262	0.166	0.095	0.047	0.020	0.006	0.001	0.000	0.000
	5	1.0	1.0	0.999	0.994	0.980	0.953	0.905	0.834	0.738	0.623	0.496	0.367	0.249	0.150	0.078	0.033	0.010	0.002	0.000
	6	1.0	1.0	1.0	0.999	0.996	0.989	0.974	0.945	0.898	0.828	0.734	0.618	0.486	0.350	0.224	0.121	0.050	0.013	0.001
	7	1.0	1.0	1.0	1.0	1.0	0.998	0.995	0.988	0.973	0.945	0.900	0.833	0.738	0.617	0.474	0.322	0.180	0.070	0.012
	8	1.0	1.0	1.0	1.0	1.0	1.0	0.999	0.998	0.995	0.989	0.977	0.954	0.914	0.851	0.756	0.624	0.456	0.264	0.086
	9	1.0	1.0	1.0	1.0	1.0	1.0	1.0	1.0	1.0	0.999	0.997	0.994	0.987	0.972	0.944	0.893	0.803	0.651	0.401

（续）

n	x	\multicolumn{19}{c}{p}
		0.050	0.100	0.150	0.200	0.250	0.300	0.350	0.400	0.450	0.500	0.550	0.600	0.650	0.700	0.750	0.800	0.850	0.900	0.950
11	0	0.569	0.314	0.167	0.086	0.042	0.020	0.009	0.004	0.001	0.000	0.000	0.000	0.000	0.000	0.000	0.000	0.000	0.000	0.000
	1	0.898	0.697	0.492	0.322	0.197	0.113	0.061	0.030	0.014	0.006	0.002	0.001	0.000	0.000	0.000	0.000	0.000	0.000	0.000
	2	0.985	0.910	0.779	0.617	0.455	0.313	0.200	0.119	0.065	0.033	0.015	0.006	0.002	0.001	0.000	0.000	0.000	0.000	0.000
	3	0.998	0.981	0.931	0.839	0.713	0.570	0.426	0.296	0.191	0.113	0.061	0.029	0.012	0.004	0.001	0.000	0.000	0.000	0.000
	4	1.0	0.997	0.984	0.950	0.885	0.790	0.668	0.533	0.397	0.274	0.174	0.099	0.050	0.022	0.008	0.002	0.000	0.000	0.000
	5	1.0	1.0	0.997	0.988	0.966	0.922	0.851	0.753	0.633	0.500	0.367	0.247	0.149	0.078	0.034	0.012	0.003	0.000	0.000
	6	1.0	1.0	1.0	0.998	0.992	0.978	0.950	0.901	0.826	0.726	0.603	0.467	0.332	0.210	0.115	0.050	0.016	0.003	0.000
	7	1.0	1.0	1.0	1.0	0.999	0.996	0.988	0.971	0.939	0.887	0.809	0.704	0.574	0.430	0.287	0.161	0.069	0.019	0.002
	8	1.0	1.0	1.0	1.0	1.0	0.999	0.998	0.994	0.985	0.967	0.935	0.881	0.800	0.687	0.545	0.383	0.221	0.090	0.015
	9	1.0	1.0	1.0	1.0	1.0	1.0	1.0	0.999	0.998	0.994	0.986	0.970	0.939	0.887	0.803	0.678	0.508	0.303	0.102
	10	1.0	1.0	1.0	1.0	1.0	1.0	1.0	1.0	1.0	0.999	0.996	0.991	0.980	0.958	0.914	0.833	0.686	0.431	
12	0	0.540	0.282	0.142	0.069	0.032	0.014	0.006	0.002	0.001	0.000	0.000	0.000	0.000	0.000	0.000	0.000	0.000	0.000	0.000
	1	0.882	0.659	0.443	0.275	0.158	0.085	0.042	0.020	0.008	0.003	0.001	0.000	0.000	0.000	0.000	0.000	0.000	0.000	0.000
	2	0.980	0.889	0.736	0.558	0.391	0.253	0.151	0.083	0.042	0.019	0.008	0.003	0.001	0.000	0.000	0.000	0.000	0.000	0.000
	3	0.998	0.974	0.908	0.795	0.649	0.493	0.347	0.225	0.134	0.073	0.036	0.015	0.006	0.002	0.000	0.000	0.000	0.000	0.000
	4	1.0	0.996	0.976	0.927	0.842	0.724	0.583	0.438	0.304	0.194	0.112	0.057	0.026	0.009	0.003	0.001	0.000	0.000	0.000
	5	1.0	0.999	0.995	0.981	0.946	0.882	0.787	0.665	0.527	0.387	0.261	0.158	0.085	0.039	0.014	0.004	0.001	0.000	0.000
	6	1.0	1.0	0.999	0.996	0.986	0.961	0.915	0.842	0.739	0.613	0.473	0.335	0.213	0.118	0.054	0.019	0.005	0.001	0.000
	7	1.0	1.0	1.0	0.999	0.997	0.991	0.974	0.943	0.888	0.806	0.696	0.562	0.417	0.276	0.158	0.073	0.024	0.004	0.000
	8	1.0	1.0	1.0	1.0	1.0	0.998	0.994	0.985	0.964	0.927	0.866	0.775	0.653	0.507	0.351	0.205	0.092	0.026	0.002
	9	1.0	1.0	1.0	1.0	1.0	1.0	0.999	0.997	0.992	0.981	0.958	0.917	0.849	0.747	0.609	0.442	0.264	0.111	0.020
	10	1.0	1.0	1.0	1.0	1.0	1.0	1.0	1.0	0.999	0.997	0.992	0.980	0.958	0.915	0.842	0.725	0.557	0.341	0.118
	11	1.0	1.0	1.0	1.0	1.0	1.0	1.0	1.0	1.0	0.999	0.998	0.998	0.994	0.986	0.968	0.931	0.858	0.718	0.460
13	0	0.513	0.254	0.121	0.055	0.024	0.010	0.004	0.001	0.000	0.000	0.000	0.000	0.000	0.000	0.000	0.000	0.000	0.000	0.000
	1	0.865	0.621	0.398	0.234	0.127	0.064	0.030	0.013	0.005	0.002	0.001	0.000	0.000	0.000	0.000	0.000	0.000	0.000	0.000
	2	0.975	0.866	0.692	0.502	0.333	0.202	0.113	0.058	0.027	0.011	0.004	0.001	0.000	0.000	0.000	0.000	0.000	0.000	0.000
	3	0.997	0.966	0.882	0.747	0.584	0.421	0.278	0.169	0.093	0.046	0.020	0.008	0.003	0.001	0.000	0.000	0.000	0.000	0.000

（续）

n	x	0.050	0.100	0.150	0.200	0.250	0.300	0.350	0.400	0.450	0.500	0.550	0.600	0.650	0.700	0.750	0.800	0.850	0.900	0.950
	4	1.0	0.994	0.966	0.901	0.794	0.654	0.501	0.353	0.228	0.133	0.070	0.032	0.013	0.004	0.001	0.000	0.000	0.000	0.000
	5	1.0	0.999	0.992	0.970	0.920	0.835	0.716	0.574	0.427	0.291	0.179	0.098	0.046	0.018	0.006	0.001	0.000	0.000	0.000
	6	1.0	1.0	0.999	0.993	0.976	0.938	0.871	0.771	0.644	0.500	0.356	0.229	0.129	0.062	0.024	0.007	0.001	0.000	0.000
	7	1.0	1.0	1.0	0.999	0.994	0.982	0.954	0.902	0.821	0.709	0.573	0.426	0.284	0.165	0.080	0.030	0.008	0.001	0.000
	8	1.0	1.0	1.0	1.0	0.999	0.996	0.987	0.968	0.930	0.867	0.772	0.647	0.499	0.346	0.206	0.099	0.034	0.006	0.000
	9	1.0	1.0	1.0	1.0	1.0	0.999	0.997	0.992	0.980	0.954	0.907	0.831	0.722	0.579	0.416	0.253	0.118	0.034	0.003
	10	1.0	1.0	1.0	1.0	1.0	1.0	1.0	0.999	0.996	0.989	0.973	0.942	0.887	0.798	0.667	0.498	0.308	0.134	0.025
	11	1.0	1.0	1.0	1.0	1.0	1.0	1.0	1.0	0.999	0.998	0.995	0.987	0.970	0.936	0.873	0.766	0.602	0.379	0.135
	12	1.0	1.0	1.0	1.0	1.0	1.0	1.0	1.0	1.0	1.0		0.999	0.996	0.990	0.976	0.945	0.879	0.746	0.487
14	0	0.488	0.229	0.103	0.044	0.018	0.007	0.002	0.001	0.000	0.000	0.000	0.000	0.000	0.000	0.000	0.000	0.000	0.000	0.000
	1	0.847	0.585	0.357	0.198	0.101	0.047	0.021	0.008	0.003	0.001	0.000	0.000	0.000	0.000	0.000	0.000	0.000	0.000	0.000
	2	0.970	0.842	0.648	0.448	0.281	0.161	0.084	0.040	0.017	0.006	0.002	0.001	0.000	0.000	0.000	0.000	0.000	0.000	0.000
	3	0.996	0.956	0.853	0.698	0.521	0.355	0.220	0.124	0.063	0.029	0.011	0.004	0.001	0.000	0.000	0.000	0.000	0.000	0.000
	4	1.0	0.991	0.953	0.870	0.742	0.584	0.423	0.279	0.167	0.090	0.043	0.018	0.006	0.002	0.000	0.000	0.000	0.000	0.000
	5	1.0	0.999	0.988	0.956	0.888	0.781	0.641	0.486	0.337	0.212	0.119	0.058	0.024	0.008	0.002	0.000	0.000	0.000	0.000
	6	1.0	1.0	0.998	0.988	0.962	0.907	0.816	0.692	0.546	0.395	0.259	0.150	0.075	0.031	0.010	0.002	0.000	0.000	0.000
	7	1.0	1.0	1.0	0.998	0.990	0.969	0.925	0.850	0.741	0.605	0.454	0.308	0.184	0.093	0.038	0.012	0.002	0.000	0.000
	8	1.0	1.0	1.0	1.0	0.998	0.992	0.976	0.942	0.881	0.788	0.663	0.514	0.359	0.219	0.112	0.044	0.012	0.001	0.000
	9	1.0	1.0	1.0	1.0	1.0	0.998	0.994	0.982	0.957	0.910	0.833	0.721	0.577	0.416	0.258	0.130	0.047	0.009	0.000
	10	1.0	1.0	1.0	1.0	1.0	1.0	0.999	0.996	0.989	0.971	0.937	0.876	0.780	0.645	0.479	0.302	0.147	0.044	0.004
	11	1.0	1.0	1.0	1.0	1.0	1.0	1.0	0.999	0.998	0.994	0.983	0.960	0.916	0.839	0.719	0.552	0.352	0.158	0.030
	12	1.0	1.0	1.0	1.0	1.0	1.0	1.0	1.0	1.0	0.999	0.997	0.992	0.979	0.953	0.899	0.802	0.643	0.415	0.153
	13	1.0	1.0	1.0	1.0	1.0	1.0	1.0	1.0	1.0	1.0	1.0	0.999	0.998	0.993	0.982	0.956	0.897	0.771	0.512
15	0	0.463	0.206	0.087	0.035	0.013	0.005	0.002	0.000	0.000	0.000	0.000	0.000	0.000	0.000	0.000	0.000	0.000	0.000	0.000
	1	0.829	0.549	0.319	0.167	0.080	0.035	0.014	0.005	0.002	0.000	0.000	0.000	0.000	0.000	0.000	0.000	0.000	0.000	0.000
	2	0.964	0.816	0.604	0.398	0.236	0.127	0.062	0.027	0.011	0.004	0.001	0.000	0.000	0.000	0.000	0.000	0.000	0.000	0.000
	3	0.995	0.944	0.823	0.648	0.461	0.297	0.173	0.091	0.042	0.018	0.006	0.002	0.000	0.000	0.000	0.000	0.000	0.000	0.000

（续）

n	x	0.050	0.100	0.150	0.200	0.250	0.300	0.350	0.400	0.450	0.500	0.550	0.600	0.650	0.700	0.750	0.800	0.850	0.900	0.950
											p									
	4	0.999	0.987	0.938	0.836	0.686	0.515	0.352	0.217	0.120	0.059	0.025	0.009	0.003	0.001	0.000	0.000	0.000	0.000	0.000
	5	1.0	0.998	0.983	0.939	0.852	0.722	0.564	0.403	0.261	0.151	0.077	0.034	0.012	0.004	0.001	0.000	0.000	0.000	0.000
	6	1.0	1.0	0.996	0.982	0.943	0.869	0.755	0.610	0.452	0.304	0.182	0.095	0.042	0.015	0.004	0.001	0.000	0.000	0.000
	7	1.0	1.0	0.999	0.996	0.983	0.950	0.887	0.787	0.654	0.500	0.346	0.213	0.113	0.050	0.017	0.004	0.001	0.000	0.000
	8	1.0	1.0	1.0	0.999	0.996	0.985	0.958	0.905	0.818	0.696	0.548	0.390	0.245	0.131	0.057	0.018	0.004	0.000	0.000
	9	1.0	1.0	1.0	1.0	0.999	0.996	0.988	0.966	0.923	0.849	0.739	0.597	0.436	0.278	0.148	0.061	0.017	0.002	0.000
	10	1.0	1.0	1.0	1.0	1.0	0.999	0.997	0.991	0.975	0.941	0.880	0.783	0.648	0.485	0.314	0.164	0.062	0.013	0.001
	11	1.0	1.0	1.0	1.0	1.0	1.0	1.0	0.998	0.994	0.982	0.958	0.909	0.827	0.703	0.539	0.352	0.177	0.056	0.005
	12	1.0	1.0	1.0	1.0	1.0	1.0	1.0	1.0	0.999	0.996	0.989	0.973	0.938	0.873	0.764	0.602	0.396	0.184	0.036
	13	1.0	1.0	1.0	1.0	1.0	1.0	1.0	1.0	1.0	1.0	0.998	0.995	0.986	0.965	0.920	0.833	0.681	0.451	0.171
	14	1.0	1.0	1.0	1.0	1.0	1.0	1.0	1.0	1.0	1.0	1.0	1.0	0.998	0.995	0.987	0.965	0.913	0.794	0.537
16	1	0.811	0.515	0.284	0.141	0.063	0.026	0.010	0.003	0.001	0.000	0.000	0.000	0.000	0.000	0.000	0.000	0.000	0.000	0.000
	2	0.957	0.789	0.561	0.352	0.197	0.099	0.045	0.018	0.007	0.002	0.001	0.000	0.000	0.000	0.000	0.000	0.000	0.000	0.000
	3	0.993	0.932	0.790	0.598	0.405	0.246	0.134	0.065	0.028	0.011	0.003	0.001	0.000	0.000	0.000	0.000	0.000	0.000	0.000
	4	0.999	0.983	0.921	0.798	0.630	0.450	0.289	0.167	0.085	0.038	0.015	0.005	0.001	0.000	0.000	0.000	0.000	0.000	0.000
	5	1.0	0.997	0.976	0.918	0.810	0.660	0.490	0.329	0.198	0.105	0.049	0.019	0.006	0.002	0.000	0.000	0.000	0.000	0.000
	6	1.0	0.999	0.994	0.973	0.920	0.825	0.688	0.527	0.366	0.227	0.124	0.058	0.023	0.007	0.002	0.000	0.000	0.000	0.000
	7	1.0	1.0	0.999	0.993	0.973	0.926	0.841	0.716	0.563	0.402	0.256	0.142	0.067	0.026	0.007	0.001	0.000	0.000	0.000
	8	1.0	1.0	1.0	0.999	0.993	0.974	0.933	0.858	0.744	0.598	0.437	0.284	0.159	0.074	0.027	0.007	0.001	0.000	0.000
	9	1.0	1.0	1.0	1.0	0.998	0.993	0.977	0.942	0.876	0.773	0.634	0.473	0.312	0.175	0.080	0.027	0.006	0.001	0.000
	10	1.0	1.0	1.0	1.0	1.0	0.998	0.994	0.981	0.951	0.895	0.802	0.671	0.510	0.340	0.190	0.082	0.024	0.003	0.000
	11	1.0	1.0	1.0	1.0	1.0	1.0	0.999	0.995	0.985	0.962	0.915	0.833	0.711	0.550	0.370	0.202	0.079	0.017	0.001
	12	1.0	1.0	1.0	1.0	1.0	1.0	1.0	0.999	0.997	0.989	0.972	0.935	0.866	0.754	0.595	0.402	0.210	0.068	0.007
	13	1.0	1.0	1.0	1.0	1.0	1.0	1.0	1.0	0.999	0.998	0.993	0.982	0.955	0.901	0.803	0.648	0.439	0.211	0.043
	14	1.0	1.0	1.0	1.0	1.0	1.0	1.0	1.0	1.0	1.0	0.999	0.997	0.990	0.974	0.937	0.859	0.716	0.485	0.189
	15	1.0	1.0	1.0	1.0	1.0	1.0	1.0	1.0	1.0	1.0	1.0	1.0	0.999	0.997	0.990	0.972	0.926	0.815	0.560

（续）

p

n	x	0.050	0.100	0.150	0.200	0.250	0.300	0.350	0.400	0.450	0.500	0.550	0.600	0.650	0.700	0.750	0.800	0.850	0.900	0.950
18	1	0.774	0.450	0.224	0.099	0.039	0.014	0.005	0.001	0.000	0.000	0.000	0.000	0.000	0.000	0.000	0.000	0.000	0.000	0.000
	2	0.942	0.734	0.480	0.271	0.135	0.060	0.024	0.008	0.003	0.001	0.000	0.000	0.000	0.000	0.000	0.000	0.000	0.000	0.000
	3	0.989	0.902	0.720	0.501	0.306	0.165	0.078	0.033	0.012	0.004	0.001	0.000	0.000	0.000	0.000	0.000	0.000	0.000	0.000
	4	0.998	0.972	0.879	0.716	0.519	0.333	0.189	0.094	0.041	0.015	0.005	0.001	0.000	0.000	0.000	0.000	0.000	0.000	0.000
	5	1.0	0.994	0.958	0.867	0.717	0.534	0.355	0.209	0.108	0.048	0.018	0.006	0.001	0.000	0.000	0.000	0.000	0.000	0.000
	6	1.0	0.999	0.988	0.949	0.861	0.722	0.549	0.374	0.226	0.119	0.054	0.020	0.006	0.001	0.000	0.000	0.000	0.000	0.000
	7	1.0	1.0	0.997	0.984	0.943	0.859	0.728	0.563	0.391	0.240	0.128	0.058	0.021	0.006	0.001	0.000	0.000	0.000	0.000
	8	1.0	1.0	0.999	0.996	0.981	0.940	0.861	0.737	0.578	0.407	0.253	0.135	0.060	0.021	0.005	0.001	0.000	0.000	0.000
	9	1.0	1.0	1.0	0.999	0.995	0.979	0.940	0.865	0.747	0.593	0.422	0.263	0.139	0.060	0.019	0.004	0.001	0.000	0.000
	10	1.0	1.0	1.0	1.0	0.999	0.994	0.979	0.942	0.872	0.760	0.609	0.437	0.272	0.141	0.057	0.016	0.003	0.000	0.000
	11	1.0	1.0	1.0	1.0	1.0	0.999	0.994	0.980	0.946	0.881	0.774	0.626	0.451	0.278	0.139	0.051	0.012	0.001	0.000
	12	1.0	1.0	1.0	1.0	1.0	1.0	0.999	0.994	0.982	0.952	0.892	0.791	0.645	0.466	0.283	0.133	0.042	0.006	0.000
	13	1.0	1.0	1.0	1.0	1.0	1.0	1.0	0.999	0.995	0.985	0.959	0.906	0.811	0.667	0.481	0.284	0.121	0.028	0.002
	14	1.0	1.0	1.0	1.0	1.0	1.0	1.0	1.0	0.999	0.996	0.988	0.967	0.922	0.835	0.694	0.499	0.280	0.098	0.011
	15	1.0	1.0	1.0	1.0	1.0	1.0	1.0	1.0	1.0	0.999	0.997	0.992	0.976	0.940	0.865	0.729	0.520	0.266	0.058
	16	1.0	1.0	1.0	1.0	1.0	1.0	1.0	1.0	1.0	1.0	1.0	0.999	0.995	0.986	0.961	0.901	0.776	0.550	0.226
20	1	0.736	0.392	0.176	0.069	0.024	0.008	0.002	0.001	0.000	0.000	0.000	0.000	0.000	0.000	0.000	0.000	0.000	0.000	0.000
	2	0.925	0.677	0.405	0.206	0.091	0.035	0.012	0.004	0.001	0.000	0.000	0.000	0.000	0.000	0.000	0.000	0.000	0.000	0.000
	3	0.984	0.867	0.648	0.411	0.225	0.107	0.044	0.016	0.005	0.001	0.000	0.000	0.000	0.000	0.000	0.000	0.000	0.000	0.000
	4	0.997	0.957	0.830	0.630	0.415	0.238	0.118	0.051	0.019	0.006	0.002	0.000	0.000	0.000	0.000	0.000	0.000	0.000	0.000
	5	1.0	0.989	0.933	0.804	0.617	0.416	0.245	0.126	0.055	0.021	0.006	0.002	0.000	0.000	0.000	0.000	0.000	0.000	0.000
	6	1.0	0.998	0.978	0.913	0.786	0.608	0.417	0.250	0.130	0.058	0.021	0.006	0.002	0.000	0.000	0.000	0.000	0.000	0.000
	7	1.0	1.0	0.994	0.968	0.898	0.772	0.601	0.416	0.252	0.132	0.058	0.021	0.006	0.001	0.000	0.000	0.000	0.000	0.000
	8	1.0	1.0	0.999	0.990	0.959	0.887	0.762	0.596	0.414	0.252	0.131	0.057	0.020	0.005	0.001	0.000	0.000	0.000	0.000
	9	1.0	1.0	1.0	0.997	0.986	0.952	0.878	0.755	0.591	0.412	0.249	0.128	0.053	0.017	0.004	0.001	0.000	0.000	0.000
	10	1.0	1.0	1.0	0.999	0.996	0.983	0.947	0.872	0.751	0.588	0.409	0.245	0.122	0.048	0.014	0.003	0.000	0.000	0.000
	11	1.0	1.0	1.0	1.0	0.999	0.995	0.980	0.943	0.869	0.748	0.586	0.404	0.238	0.113	0.041	0.010	0.001	0.000	0.000

（续）

n	x	0.050	0.100	0.150	0.200	0.250	0.300	0.350	0.400	0.450	0.500	0.550	0.600	0.650	0.700	0.750	0.800	0.850	0.900	0.950
	12	1.0	1.0	1.0	1.0	1.0	0.999	0.994	0.979	0.942	0.868	0.748	0.584	0.399	0.228	0.102	0.032	0.006	0.000	0.000
	13	1.0	1.0	1.0	1.0	1.0	1.0	0.998	0.994	0.979	0.942	0.870	0.750	0.583	0.392	0.214	0.087	0.022	0.002	0.000
	14	1.0	1.0	1.0	1.0	1.0	1.0	1.0	0.998	0.994	0.979	0.945	0.874	0.755	0.584	0.383	0.196	0.067	0.011	0.000
	15	1.0	1.0	1.0	1.0	1.0	1.0	1.0	1.0	0.998	0.994	0.981	0.949	0.882	0.762	0.585	0.370	0.170	0.043	0.003
	16	1.0	1.0	1.0	1.0	1.0	1.0	1.0	1.0	1.0	0.999	0.995	0.984	0.956	0.893	0.775	0.589	0.352	0.133	0.016
25	2	0.873	0.537	0.254	0.098	0.032	0.009	0.002	0.000	0.000	0.000	0.000	0.000	0.000	0.000	0.000	0.000	0.000	0.000	0.000
	3	0.966	0.764	0.471	0.234	0.096	0.033	0.010	0.002	0.000	0.000	0.000	0.000	0.000	0.000	0.000	0.000	0.000	0.000	0.000
	4	0.993	0.902	0.682	0.421	0.214	0.090	0.032	0.009	0.002	0.000	0.000	0.000	0.000	0.000	0.000	0.000	0.000	0.000	0.000
	5	0.999	0.967	0.838	0.617	0.378	0.193	0.083	0.029	0.009	0.002	0.000	0.000	0.000	0.000	0.000	0.000	0.000	0.000	0.000
	6	1.0	0.991	0.930	0.780	0.561	0.341	0.173	0.074	0.026	0.007	0.002	0.000	0.000	0.000	0.000	0.000	0.000	0.000	0.000
	7	1.0	0.998	0.975	0.891	0.727	0.512	0.306	0.154	0.064	0.022	0.006	0.001	0.000	0.000	0.000	0.000	0.000	0.000	0.000
	8	1.0	1.0	0.992	0.953	0.851	0.677	0.467	0.274	0.134	0.054	0.017	0.004	0.001	0.000	0.000	0.000	0.000	0.000	0.000
	9	1.0	1.0	0.998	0.983	0.929	0.811	0.630	0.425	0.242	0.115	0.044	0.013	0.003	0.000	0.000	0.000	0.000	0.000	0.000
	10	1.0	1.0	1.0	0.994	0.970	0.902	0.771	0.586	0.384	0.212	0.096	0.034	0.009	0.002	0.000	0.000	0.000	0.000	0.000
	11	1.0	1.0	1.0	0.998	0.989	0.956	0.875	0.732	0.543	0.345	0.183	0.078	0.025	0.006	0.001	0.000	0.000	0.000	0.000
	12	1.0	1.0	1.0	1.0	0.997	0.983	0.940	0.846	0.694	0.500	0.306	0.154	0.060	0.017	0.003	0.000	0.000	0.000	0.000
	13	1.0	1.0	1.0	1.0	0.999	0.994	0.975	0.922	0.817	0.655	0.457	0.268	0.125	0.044	0.011	0.002	0.000	0.000	0.000
	14	1.0	1.0	1.0	1.0	1.0	0.998	0.991	0.966	0.904	0.788	0.616	0.414	0.229	0.098	0.030	0.006	0.000	0.000	0.000
	15	1.0	1.0	1.0	1.0	1.0	1.0	0.997	0.987	0.956	0.885	0.758	0.575	0.370	0.189	0.071	0.017	0.002	0.000	0.000
	16	1.0	1.0	1.0	1.0	1.0	1.0	0.999	0.996	0.983	0.946	0.866	0.726	0.533	0.323	0.149	0.047	0.008	0.000	0.000
	17	1.0	1.0	1.0	1.0	1.0	1.0	1.0	0.999	0.994	0.978	0.936	0.846	0.694	0.488	0.273	0.109	0.025	0.002	0.000
	18	1.0	1.0	1.0	1.0	1.0	1.0	1.0	1.0	0.998	0.993	0.974	0.926	0.827	0.659	0.439	0.220	0.070	0.009	0.000
	19	1.0	1.0	1.0	1.0	1.0	1.0	1.0	1.0	1.0	0.998	0.991	0.971	0.917	0.807	0.622	0.383	0.162	0.033	0.001
	20	1.0	1.0	1.0	1.0	1.0	1.0	1.0	1.0	1.0	1.0	0.998	0.991	0.968	0.910	0.786	0.579	0.318	0.098	0.007

p

表 A3　泊松分布

$$F(x) = P\{X \leqslant x\} = \sum_{k=0}^{x} \frac{e^{-\lambda}\lambda^k}{k!}$$

x	λ														
	0.1	0.2	0.3	0.4	0.5	0.6	0.7	0.8	0.9	1.0	1.1	1.2	1.3	1.4	1.5
0	0.905	0.819	0.741	0.670	0.607	0.549	0.497	0.449	0.407	0.368	0.333	0.301	0.273	0.247	0.223
1	0.995	0.982	0.963	0.938	0.910	0.878	0.844	0.809	0.772	0.736	0.699	0.663	0.627	0.592	0.558
2	1.00	0.999	0.996	0.992	0.986	0.977	0.966	0.953	0.937	0.920	0.900	0.879	0.857	0.833	0.809
3	1.00	1.00	1.00	0.999	0.998	0.997	0.994	0.991	0.987	0.981	0.974	0.966	0.957	0.946	0.934
4	1.00	1.00	1.00	1.00	1.00	1.00	0.999	0.999	0.998	0.996	0.995	0.992	0.989	0.986	0.981
5	1.00	1.00	1.00	1.00	1.00	1.00	1.00	1.00	1.00	0.999	0.999	0.998	0.998	0.997	0.996
6	1.00	1.00	1.00	1.00	1.00	1.00	1.00	1.00	1.00	1.00	1.00	1.00	1.00	0.999	0.999
7	1.00	1.00	1.00	1.00	1.00	1.00	1.00	1.00	1.00	1.00	1.00	1.00	1.00	1.00	1.00

x	λ														
	1.6	1.7	1.8	1.9	2.0	2.1	2.2	2.3	2.4	2.5	2.6	2.7	2.8	2.9	3.0
0	0.202	0.183	0.165	0.150	0.135	0.122	0.111	0.100	0.091	0.082	0.074	0.067	0.061	0.055	0.050
1	0.525	0.493	0.463	0.434	0.406	0.380	0.355	0.331	0.308	0.287	0.267	0.249	0.231	0.215	0.199
2	0.783	0.757	0.731	0.704	0.677	0.650	0.623	0.596	0.570	0.544	0.518	0.494	0.469	0.446	0.423
3	0.921	0.907	0.891	0.875	0.857	0.839	0.819	0.799	0.779	0.758	0.736	0.714	0.692	0.670	0.647
4	0.976	0.970	0.964	0.956	0.947	0.938	0.928	0.916	0.904	0.891	0.877	0.863	0.848	0.832	0.815
5	0.994	0.992	0.990	0.987	0.983	0.980	0.975	0.970	0.964	0.958	0.951	0.943	0.935	0.926	0.916
6	0.999	0.998	0.997	0.997	0.995	0.994	0.993	0.991	0.988	0.986	0.983	0.979	0.976	0.971	0.966
7	1.00	1.00	0.999	0.999	0.999	0.999	0.998	0.997	0.997	0.996	0.995	0.993	0.992	0.990	0.988
8	1.00	1.00	1.00	1.00	1.00	1.00	1.00	0.999	0.999	0.999	0.999	0.998	0.998	0.997	0.996
9	1.00	1.00	1.00	1.00	1.00	1.00	1.00	1.00	1.00	1.00	1.00	0.999	0.999	0.999	0.999
10	1.00	1.00	1.00	1.00	1.00	1.00	1.00	1.00	1.00	1.00	1.00	1.00	1.00	1.00	1.00

x	λ														
	3.5	4.0	4.5	5.0	5.5	6.0	6.5	7.0	7.5	8.0	8.5	9.0	9.5	10.0	10.5
0	0.030	0.018	0.011	0.007	0.004	0.002	0.002	0.001	0.001	0.000	0.000	0.000	0.000	0.000	0.000
1	0.136	0.092	0.061	0.040	0.027	0.017	0.011	0.007	0.005	0.003	0.002	0.001	0.001	0.000	0.000
2	0.321	0.238	0.174	0.125	0.088	0.062	0.043	0.030	0.020	0.014	0.009	0.006	0.004	0.003	0.002
3	0.537	0.433	0.342	0.265	0.202	0.151	0.112	0.082	0.059	0.042	0.030	0.021	0.015	0.010	0.007
4	0.725	0.629	0.532	0.440	0.358	0.285	0.224	0.173	0.132	0.100	0.074	0.055	0.040	0.029	0.021
5	0.858	0.785	0.703	0.616	0.529	0.446	0.369	0.301	0.241	0.191	0.150	0.116	0.089	0.067	0.050
6	0.935	0.889	0.831	0.762	0.686	0.606	0.527	0.450	0.378	0.313	0.256	0.207	0.165	0.130	0.102
7	0.973	0.949	0.913	0.867	0.809	0.744	0.673	0.599	0.525	0.453	0.386	0.324	0.269	0.220	0.179
8	0.990	0.979	0.960	0.932	0.894	0.847	0.792	0.729	0.662	0.593	0.523	0.456	0.392	0.333	0.279
9	0.997	0.992	0.983	0.968	0.946	0.916	0.877	0.830	0.776	0.717	0.653	0.587	0.522	0.458	0.397
10	0.999	0.997	0.993	0.986	0.975	0.957	0.933	0.901	0.862	0.816	0.763	0.706	0.645	0.583	0.521

（续）

x	λ														
	3.5	4.0	4.5	5.0	5.5	6.0	6.5	7.0	7.5	8.0	8.5	9.0	9.5	10.0	10.5
11	1.00	0.999	0.998	0.995	0.989	0.980	0.966	0.947	0.921	0.888	0.849	0.803	0.752	0.697	0.639
12	1.00	1.00	0.999	0.998	0.996	0.991	0.984	0.973	0.957	0.936	0.909	0.876	0.836	0.792	0.742
13	1.00	1.00	1.00	0.999	0.998	0.996	0.993	0.987	0.978	0.966	0.949	0.926	0.898	0.864	0.825
14	1.00	1.00	1.00	1.00	0.999	0.999	0.997	0.994	0.990	0.983	0.973	0.959	0.940	0.917	0.888
15	1.00	1.00	1.00	1.00	1.00	0.999	0.999	0.998	0.995	0.992	0.986	0.978	0.967	0.951	0.932
16	1.00	1.00	1.00	1.00	1.00	1.00	1.00	0.999	0.998	0.996	0.993	0.989	0.982	0.973	0.960
17	1.00	1.00	1.00	1.00	1.00	1.00	1.00	1.00	0.999	0.998	0.997	0.995	0.991	0.986	0.978
18	1.00	1.00	1.00	1.00	1.00	1.00	1.00	1.00	1.00	0.999	0.999	0.998	0.996	0.993	0.988
19	1.00	1.00	1.00	1.00	1.00	1.00	1.00	1.00	1.00	1.00	0.999	0.999	0.998	0.997	0.994
20	1.00	1.00	1.00	1.00	1.00	1.00	1.00	1.00	1.00	1.00	1.00	1.00	0.999	0.998	0.997

x	λ														
	11	12	13	14	15	16	17	18	19	20	22	24	26	28	30
0	0.000	0.000	0.000	0.000	0.000	0.000	0.000	0.000	0.000	0.000	0.000	0.000	0.000	0.000	0.000
1	0.000	0.000	0.000	0.000	0.000	0.000	0.000	0.000	0.000	0.000	0.000	0.000	0.000	0.000	0.000
2	0.001	0.001	0.000	0.000	0.000	0.000	0.000	0.000	0.000	0.000	0.000	0.000	0.000	0.000	0.000
3	0.005	0.002	0.001	0.000	0.000	0.000	0.000	0.000	0.000	0.000	0.000	0.000	0.000	0.000	0.000
4	0.015	0.008	0.004	0.002	0.001	0.000	0.000	0.000	0.000	0.000	0.000	0.000	0.000	0.000	0.000
5	0.038	0.020	0.011	0.006	0.003	0.001	0.001	0.000	0.000	0.000	0.000	0.000	0.000	0.000	0.000
6	0.079	0.046	0.026	0.014	0.008	0.004	0.002	0.001	0.001	0.000	0.000	0.000	0.000	0.000	0.000
7	0.143	0.090	0.054	0.032	0.018	0.010	0.005	0.003	0.002	0.001	0.000	0.000	0.000	0.000	0.000
8	0.232	0.155	0.100	0.062	0.037	0.022	0.013	0.007	0.004	0.002	0.001	0.000	0.000	0.000	0.000
9	0.341	0.242	0.166	0.109	0.070	0.043	0.026	0.015	0.009	0.005	0.002	0.000	0.000	0.000	0.000
10	0.460	0.347	0.252	0.176	0.118	0.077	0.049	0.030	0.018	0.011	0.004	0.001	0.000	0.000	0.000
11	0.579	0.462	0.353	0.260	0.185	0.127	0.085	0.055	0.035	0.021	0.008	0.003	0.001	0.000	0.000
12	0.689	0.576	0.463	0.358	0.268	0.193	0.135	0.092	0.061	0.039	0.015	0.005	0.002	0.001	0.000
13	0.781	0.682	0.573	0.464	0.363	0.275	0.201	0.143	0.098	0.066	0.028	0.011	0.004	0.001	0.000
14	0.854	0.772	0.675	0.570	0.466	0.368	0.281	0.208	0.150	0.105	0.048	0.020	0.008	0.003	0.001
15	0.907	0.844	0.764	0.669	0.568	0.467	0.371	0.287	0.215	0.157	0.077	0.034	0.014	0.005	0.002
16	0.944	0.899	0.835	0.756	0.664	0.566	0.468	0.375	0.292	0.221	0.117	0.056	0.025	0.010	0.004
17	0.968	0.937	0.890	0.827	0.749	0.659	0.564	0.469	0.378	0.297	0.169	0.087	0.041	0.018	0.007
18	0.982	0.963	0.930	0.883	0.819	0.742	0.655	0.562	0.469	0.381	0.232	0.128	0.065	0.030	0.013

（续）

x	λ														
	11	12	13	14	15	16	17	18	19	20	22	24	26	28	30
19	0.991	0.979	0.957	0.923	0.875	0.812	0.736	0.651	0.561	0.470	0.306	0.180	0.097	0.048	0.022
20	0.995	0.988	0.975	0.952	0.917	0.868	0.805	0.731	0.647	0.559	0.387	0.243	0.139	0.073	0.035
21	0.998	0.994	0.986	0.971	0.947	0.911	0.861	0.799	0.725	0.644	0.472	0.314	0.190	0.106	0.054
22	0.999	0.997	0.992	0.983	0.967	0.942	0.905	0.855	0.793	0.721	0.556	0.392	0.252	0.148	0.081
23	1.00	0.999	0.996	0.991	0.981	0.963	0.937	0.899	0.849	0.787	0.637	0.473	0.321	0.200	0.115
24	1.00	0.999	0.998	0.995	0.989	0.978	0.959	0.932	0.893	0.843	0.712	0.554	0.396	0.260	0.157
25	1.00	1.00	0.999	0.997	0.994	0.987	0.975	0.955	0.927	0.888	0.777	0.632	0.474	0.327	0.208
26	1.00	1.00	1.00	0.999	0.997	0.993	0.985	0.972	0.951	0.922	0.832	0.704	0.552	0.400	0.267
27	1.00	1.00	1.00	0.999	0.998	0.996	0.991	0.983	0.969	0.948	0.877	0.768	0.627	0.475	0.333
28	1.00	1.00	1.00	1.00	0.999	0.998	0.995	0.990	0.980	0.966	0.913	0.823	0.697	0.550	0.403
29	1.00	1.00	1.00	1.00	1.00	0.999	0.997	0.994	0.988	0.978	0.940	0.868	0.759	0.623	0.476
30	1.00	1.00	1.00	1.00	1.00	0.999	0.999	0.997	0.993	0.987	0.959	0.904	0.813	0.690	0.548
31	1.00	1.00	1.00	1.00	1.00	1.00	0.999	0.998	0.996	0.992	0.973	0.932	0.859	0.752	0.619
32	1.00	1.00	1.00	1.00	1.00	1.00	1.00	0.999	0.998	0.995	0.983	0.953	0.896	0.805	0.685
33	1.00	1.00	1.00	1.00	1.00	1.00	1.00	0.999	0.997	0.989	0.969	0.925	0.850	0.744	
34	1.00	1.00	1.00	1.00	1.00	1.00	1.00	1.00	0.999	0.999	0.994	0.979	0.947	0.888	0.797
35	1.00	1.00	1.00	1.00	1.00	1.00	1.00	1.00	1.00	0.999	0.996	0.987	0.964	0.918	0.843
36	1.00	1.00	1.00	1.00	1.00	1.00	1.00	1.00	1.00	1.00	0.998	0.992	0.976	0.941	0.880
37	1.00	1.00	1.00	1.00	1.00	1.00	1.00	1.00	1.00	1.00	0.999	0.995	0.984	0.959	0.911
38	1.00	1.00	1.00	1.00	1.00	1.00	1.00	1.00	1.00	1.00	0.999	0.997	0.990	0.972	0.935
39	1.00	1.00	1.00	1.00	1.00	1.00	1.00	1.00	1.00	1.00	1.00	0.998	0.994	0.981	0.954
40	1.00	1.00	1.00	1.00	1.00	1.00	1.00	1.00	1.00	1.00	1.00	0.999	0.996	0.988	0.968
41	1.00	1.00	1.00	1.00	1.00	1.00	1.00	1.00	1.00	1.00	1.00	0.999	0.998	0.992	0.978
42	1.00	1.00	1.00	1.00	1.00	1.00	1.00	1.00	1.00	1.00	1.00	1.00	0.999	0.995	0.985
43	1.00	1.00	1.00	1.00	1.00	1.00	1.00	1.00	1.00	1.00	1.00	1.00	0.999	0.997	0.990
44	1.00	1.00	1.00	1.00	1.00	1.00	1.00	1.00	1.00	1.00	1.00	1.00	1.00	0.998	0.994
45	1.00	1.00	1.00	1.00	1.00	1.00	1.00	1.00	1.00	1.00	1.00	1.00	1.00	0.999	0.996
46	1.00	1.00	1.00	1.00	1.00	1.00	1.00	1.00	1.00	1.00	1.00	1.00	1.00	0.999	0.998
47	1.00	1.00	1.00	1.00	1.00	1.00	1.00	1.00	1.00	1.00	1.00	1.00	1.00	1.00	0.999
48	1.00	1.00	1.00	1.00	1.00	1.00	1.00	1.00	1.00	1.00	1.00	1.00	1.00	1.00	0.999
49	1.00	1.00	1.00	1.00	1.00	1.00	1.00	1.00	1.00	1.00	1.00	1.00	1.00	1.00	0.999
50	1.00	1.00	1.00	1.00	1.00	1.00	1.00	1.00	1.00	1.00	1.00	1.00	1.00	1.00	1.00

431

表 A4   标准正态分布

$$\Phi(z) = P\{Z \leqslant z\} = \frac{1}{\sqrt{2\pi}} \int_{-\infty}^{z} e^{-x^2/2} \, dx$$

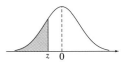

z	-0.09	-0.08	-0.07	-0.06	-0.05	-0.04	-0.03	-0.02	-0.01	-0.00
$-(3.9+)$	0.0000	0.0000	0.0000	0.0000	0.0000	0.0000	0.0000	0.0000	0.0000	0.0000
-3.8	0.0001	0.0001	0.0001	0.0001	0.0001	0.0001	0.0001	0.0001	0.0001	0.0001
-3.7	0.0001	0.0001	0.0001	0.0001	0.0001	0.0001	0.0001	0.0001	0.0001	0.0001
-3.6	0.0001	0.0001	0.0001	0.0001	0.0001	0.0001	0.0001	0.0001	0.0002	0.0002
-3.5	0.0002	0.0002	0.0002	0.0002	0.0002	0.0002	0.0002	0.0002	0.0002	0.0002
-3.4	0.0002	0.0003	0.0003	0.0003	0.0003	0.0003	0.0003	0.0003	0.0003	0.0003
-3.3	0.0003	0.0004	0.0004	0.0004	0.0004	0.0004	0.0004	0.0005	0.0005	0.0005
-3.2	0.0005	0.0005	0.0005	0.0006	0.0006	0.0006	0.0006	0.0006	0.0007	0.0007
-3.1	0.0007	0.0007	0.0008	0.0008	0.0008	0.0008	0.0009	0.0009	0.0009	0.0010
-3.0	0.0010	0.0010	0.0011	0.0011	0.0011	0.0012	0.0012	0.0013	0.0013	0.0013
-2.9	0.0014	0.0014	0.0015	0.0015	0.0016	0.0016	0.0017	0.0018	0.0018	0.0019
-2.8	0.0019	0.0020	0.0021	0.0021	0.0022	0.0023	0.0023	0.0024	0.0025	0.0026
-2.7	0.0026	0.0027	0.0028	0.0029	0.0030	0.0031	0.0032	0.0033	0.0034	0.0035
-2.6	0.0036	0.0037	0.0038	0.0039	0.0040	0.0041	0.0043	0.0044	0.0045	0.0047
-2.5	0.0048	0.0049	0.0051	0.0052	0.0054	0.0055	0.0057	0.0059	0.0060	0.0062
-2.4	0.0064	0.0066	0.0068	0.0069	0.0071	0.0073	0.0075	0.0078	0.0080	0.0082
-2.3	0.0084	0.0087	0.0089	0.0091	0.0094	0.0096	0.0099	0.0102	0.0104	0.0107
-2.2	0.0110	0.0113	0.0116	0.0119	0.0122	0.0125	0.0129	0.0132	0.0136	0.0139
-2.1	0.0143	0.0146	0.0150	0.0154	0.0158	0.0162	0.0166	0.0170	0.0174	0.0179
-2.0	0.0183	0.0188	0.0192	0.0197	0.0202	0.0207	0.0212	0.0217	0.0222	0.0228
-1.9	0.0233	0.0239	0.0244	0.0250	0.0256	0.0262	0.0268	0.0274	0.0281	0.0287
-1.8	0.0294	0.0301	0.0307	0.0314	0.0322	0.0329	0.0336	0.0344	0.0351	0.0359
-1.7	0.0367	0.0375	0.0384	0.0392	0.0401	0.0409	0.0418	0.0427	0.0436	0.0446
-1.6	0.0455	0.0465	0.0475	0.0485	0.0495	0.0505	0.0516	0.0526	0.0537	0.0548
-1.5	0.0559	0.0571	0.0582	0.0594	0.0606	0.0618	0.0630	0.0643	0.0655	0.0668
-1.4	0.0681	0.0694	0.0708	0.0721	0.0735	0.0749	0.0764	0.0778	0.0793	0.0808
-1.3	0.0823	0.0838	0.0853	0.0869	0.0885	0.0901	0.0918	0.0934	0.0951	0.0968
-1.2	0.0985	0.1003	0.1020	0.1038	0.1056	0.1075	0.1093	0.1112	0.1131	0.1151
-1.1	0.1170	0.1190	0.1210	0.1230	0.1251	0.1271	0.1292	0.1314	0.1335	0.1357
-1.0	0.1379	0.1401	0.1423	0.1446	0.1469	0.1492	0.1515	0.1539	0.1562	0.1587
-0.9	0.1611	0.1635	0.1660	0.1685	0.1711	0.1736	0.1762	0.1788	0.1814	0.1841
-0.8	0.1867	0.1894	0.1922	0.1949	0.1977	0.2005	0.2033	0.2061	0.2090	0.2119
-0.7	0.2148	0.2177	0.2206	0.2236	0.2266	0.2296	0.2327	0.2358	0.2389	0.2420
-0.6	0.2451	0.2483	0.2514	0.2546	0.2578	0.2611	0.2643	0.2676	0.2709	0.2743
-0.5	0.2776	0.2810	0.2843	0.2877	0.2912	0.2946	0.2981	0.3015	0.3050	0.3085
-0.4	0.3121	0.3156	0.3192	0.3228	0.3264	0.3300	0.3336	0.3372	0.3409	0.3446
-0.3	0.3483	0.3520	0.3557	0.3594	0.3632	0.3669	0.3707	0.3745	0.3783	0.3821
-0.2	0.3859	0.3897	0.3936	0.3974	0.4013	0.4052	0.4090	0.4129	0.4168	0.4207
-0.1	0.4247	0.4286	0.4325	0.4364	0.4404	0.4443	0.4483	0.4522	0.4562	0.4602
-0.0	0.4641	0.4681	0.4721	0.4761	0.4801	0.4840	0.4880	0.4920	0.4960	0.5000

（续）

z	0.00	0.01	0.02	0.03	0.04	0.05	0.06	0.07	0.08	0.09
0.0	0.5000	0.5040	0.5080	0.5120	0.5160	0.5199	0.5239	0.5279	0.5319	0.5359
0.1	0.5398	0.5438	0.5478	0.5517	0.5557	0.5596	0.5636	0.5675	0.5714	0.5753
0.2	0.5793	0.5832	0.5871	0.5910	0.5948	0.5987	0.6026	0.6064	0.6103	0.6141
0.3	0.6179	0.6217	0.6255	0.6293	0.6331	0.6368	0.6406	0.6443	0.6480	0.6517
0.4	0.6554	0.6591	0.6628	0.6664	0.6700	0.6736	0.6772	0.6808	0.6844	0.6879
0.5	0.6915	0.6950	0.6985	0.7019	0.7054	0.7088	0.7123	0.7157	0.7190	0.7224
0.6	0.7257	0.7291	0.7324	0.7357	0.7389	0.7422	0.7454	0.7486	0.7517	0.7549
0.7	0.7580	0.7611	0.7642	0.7673	0.7704	0.7734	0.7764	0.7794	0.7823	0.7852
0.8	0.7881	0.7910	0.7939	0.7967	0.7995	0.8023	0.8051	0.8078	0.8106	0.8133
0.9	0.8159	0.8186	0.8212	0.8238	0.8264	0.8289	0.8315	0.8340	0.8365	0.8389
1.0	0.8413	0.8438	0.8461	0.8485	0.8508	0.8531	0.8554	0.8577	0.8599	0.8621
1.1	0.8643	0.8665	0.8686	0.8708	0.8729	0.8749	0.8770	0.8790	0.8810	0.8830
1.2	0.8849	0.8869	0.8888	0.8907	0.8925	0.8944	0.8962	0.8980	0.8997	0.9015
1.3	0.9032	0.9049	0.9066	0.9082	0.9099	0.9115	0.9131	0.9147	0.9162	0.9177
1.4	0.9192	0.9207	0.9222	0.9236	0.9251	0.9265	0.9279	0.9292	0.9306	0.9319
1.5	0.9332	0.9345	0.9357	0.9370	0.9382	0.9394	0.9406	0.9418	0.9429	0.9441
1.6	0.9452	0.9463	0.9474	0.9484	0.9495	0.9505	0.9515	0.9525	0.9535	0.9545
1.7	0.9554	0.9564	0.9573	0.9582	0.9591	0.9599	0.9608	0.9616	0.9625	0.9633
1.8	0.9641	0.9649	0.9656	0.9664	0.9671	0.9678	0.9686	0.9693	0.9699	0.9706
1.9	0.9713	0.9719	0.9726	0.9732	0.9738	0.9744	0.9750	0.9756	0.9761	0.9767
2.0	0.9772	0.9778	0.9783	0.9788	0.9793	0.9798	0.9803	0.9808	0.9812	0.9817
2.1	0.9821	0.9826	0.9830	0.9834	0.9838	0.9842	0.9846	0.9850	0.9854	0.9857
2.2	0.9861	0.9864	0.9868	0.9871	0.9875	0.9878	0.9881	0.9884	0.9887	0.9890
2.3	0.9893	0.9896	0.9898	0.9901	0.9904	0.9906	0.9909	0.9911	0.9913	0.9916
2.4	0.9918	0.9920	0.9922	0.9925	0.9927	0.9929	0.9931	0.9932	0.9934	0.9936
2.5	0.9938	0.9940	0.9941	0.9943	0.9945	0.9946	0.9948	0.9949	0.9951	0.9952
2.6	0.9953	0.9955	0.9956	0.9957	0.9959	0.9960	0.9961	0.9962	0.9963	0.9964
2.7	0.9965	0.9966	0.9967	0.9968	0.9969	0.9970	0.9971	0.9972	0.9973	0.9974
2.8	0.9974	0.9975	0.9976	0.9977	0.9977	0.9978	0.9979	0.9979	0.9980	0.9981
2.9	0.9981	0.9982	0.9982	0.9983	0.9984	0.9984	0.9985	0.9985	0.9986	0.9986
3.0	0.9987	0.9987	0.9987	0.9988	0.9988	0.9989	0.9989	0.9989	0.9990	0.9990
3.1	0.9990	0.9991	0.9991	0.9991	0.9992	0.9992	0.9992	0.9992	0.9993	0.9993
3.2	0.9993	0.9993	0.9994	0.9994	0.9994	0.9994	0.9994	0.9995	0.9995	0.9995
3.3	0.9995	0.9995	0.9995	0.9996	0.9996	0.9996	0.9996	0.9996	0.9996	0.9997
3.4	0.9997	0.9997	0.9997	0.9997	0.9997	0.9997	0.9997	0.9997	0.9997	0.9998
3.5	0.9998	0.9998	0.9998	0.9998	0.9998	0.9998	0.9998	0.9998	0.9998	0.9998
3.6	0.9998	0.9998	0.9999	0.9999	0.9999	0.9999	0.9999	0.9999	0.9999	0.9999
3.7	0.9999	0.9999	0.9999	0.9999	0.9999	0.9999	0.9999	0.9999	0.9999	0.9999
3.8	0.9999	0.9999	0.9999	0.9999	0.9999	0.9999	0.9999	0.9999	0.9999	0.9999
3.9+	1.00	1.00	1.00	1.00	1.00	1.00	1.00	1.00	1.00	1.00

表 A5 学生 t 分布

t_α 为临界值，使得 $P\{t > t_\alpha\} = \alpha$

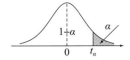

ν（自由度）	α，右尾概率									
	0.10	0.05	0.025	0.02	0.01	0.005	0.0025	0.001	0.0005	0.0001
1	3.078	6.314	12.706	15.89	31.82	63.66	127.3	318.3	636.6	3185
2	1.886	2.920	4.303	4.849	6.965	9.925	14.09	22.33	31.60	70.71
3	1.638	2.353	3.182	3.482	4.541	5.841	7.453	10.21	12.92	22.20
4	1.533	2.132	2.776	2.999	3.747	4.604	5.598	7.173	8.610	13.04
5	1.476	2.015	2.571	2.757	3.365	4.032	4.773	5.894	6.869	9.676
6	1.440	1.943	2.447	2.612	3.143	3.707	4.317	5.208	5.959	8.023
7	1.415	1.895	2.365	2.517	2.998	3.499	4.029	4.785	5.408	7.064
8	1.397	1.860	2.306	2.449	2.896	3.355	3.833	4.501	5.041	6.442
9	1.383	1.833	2.262	2.398	2.821	3.250	3.690	4.297	4.781	6.009
10	1.372	1.812	2.228	2.359	2.764	3.169	3.581	4.144	4.587	5.694
11	1.363	1.796	2.201	2.328	2.718	3.106	3.497	4.025	4.437	5.453
12	1.356	1.782	2.179	2.303	2.681	3.055	3.428	3.930	4.318	5.263
13	1.350	1.771	2.160	2.282	2.650	3.012	3.372	3.852	4.221	5.111
14	1.345	1.761	2.145	2.264	2.624	2.977	3.326	3.787	4.140	4.985
15	1.341	1.753	2.131	2.249	2.602	2.947	3.286	3.733	4.073	4.880
16	1.337	1.746	2.120	2.235	2.583	2.921	3.252	3.686	4.015	4.790
17	1.333	1.740	2.110	2.224	2.567	2.898	3.222	3.646	3.965	4.715
18	1.330	1.734	2.101	2.214	2.552	2.878	3.197	3.610	3.922	4.648
19	1.328	1.729	2.093	2.205	2.539	2.861	3.174	3.579	3.883	4.590
20	1.325	1.725	2.086	2.197	2.528	2.845	3.153	3.552	3.850	4.539
21	1.323	1.721	2.080	2.189	2.518	2.831	3.135	3.527	3.819	4.492
22	1.321	1.717	2.074	2.183	2.508	2.819	3.119	3.505	3.792	4.452
23	1.319	1.714	2.069	2.177	2.500	2.807	3.104	3.485	3.768	4.416
24	1.318	1.711	2.064	2.172	2.492	2.797	3.091	3.467	3.745	4.382
25	1.316	1.708	2.060	2.167	2.485	2.787	3.078	3.450	3.725	4.352
26	1.315	1.706	2.056	2.162	2.479	2.779	3.067	3.435	3.707	4.324
27	1.314	1.703	2.052	2.158	2.473	2.771	3.057	3.421	3.689	4.299
28	1.313	1.701	2.048	2.154	2.467	2.763	3.047	3.408	3.674	4.276
29	1.311	1.699	2.045	2.150	2.462	2.756	3.038	3.396	3.660	4.254
30	1.310	1.697	2.042	2.147	2.457	2.750	3.030	3.385	3.646	4.234
32	1.309	1.694	2.037	2.141	2.449	2.738	3.015	3.365	3.622	4.198
34	1.307	1.691	2.032	2.136	2.441	2.728	3.002	3.348	3.601	4.168

（续）

ν（自由度）	α，右尾概率									
	0.10	0.05	0.025	0.02	0.01	0.005	0.0025	0.001	0.0005	0.0001
36	1.306	1.688	2.028	2.131	2.434	2.719	2.990	3.333	3.582	4.140
38	1.304	1.686	2.024	2.127	2.429	2.712	2.980	3.319	3.566	4.115
40	1.303	1.684	2.021	2.123	2.423	2.704	2.971	3.307	3.551	4.094
45	1.301	1.679	2.014	2.115	2.412	2.690	2.952	3.281	3.520	4.049
50	1.299	1.676	2.009	2.109	2.403	2.678	2.937	3.261	3.496	4.014
55	1.297	1.673	2.004	2.104	2.396	2.668	2.925	3.245	3.476	3.985
60	1.296	1.671	2.000	2.099	2.390	2.660	2.915	3.232	3.460	3.962
70	1.294	1.667	1.994	2.093	2.381	2.648	2.899	3.211	3.435	3.926
80	1.292	1.664	1.990	2.088	2.374	2.639	2.887	3.195	3.416	3.899
90	1.291	1.662	1.987	2.084	2.368	2.632	2.878	3.183	3.402	3.878
100	1.290	1.660	1.984	2.081	2.364	2.626	2.871	3.174	3.390	3.861
200	1.286	1.653	1.972	2.067	2.345	2.601	2.838	3.131	3.340	3.789
∞	1.282	1.645	1.960	2.054	2.326	2.576	2.807	3.090	3.290	3.719

434

表 A6　卡方分布

χ_α^2 为临界值，使得 $P\{\chi^2 > \chi_\alpha^2\} = \alpha$

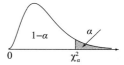

ν（自由度）	α，右尾概率												
	0.999	0.995	0.99	0.975	0.95	0.90	0.80	0.20	0.10	0.05	0.025	0.01	0.005	0.001
1	0.00	0.00	0.00	0.00	0.00	0.02	0.06	1.64	2.71	3.84	5.02	6.63	7.88	10.8
2	0.00	0.01	0.02	0.05	0.10	0.21	0.45	3.22	4.61	5.99	7.38	9.21	10.6	13.8
3	0.02	0.07	0.11	0.22	0.35	0.58	1.01	4.64	6.25	7.81	9.35	11.3	12.8	16.3
4	0.09	0.21	0.30	0.48	0.71	1.06	1.65	5.99	7.78	9.49	11.1	13.3	14.9	18.5
5	0.21	0.41	0.55	0.83	1.15	1.61	2.34	7.29	9.24	11.1	12.8	15.1	16.7	20.5
6	0.38	0.68	0.87	1.24	1.64	2.20	3.07	8.56	10.6	12.6	14.4	16.8	18.5	22.5
7	0.60	0.99	1.24	1.69	2.17	2.83	3.82	9.80	12.0	14.1	16.0	18.5	20.3	24.3
8	0.86	1.34	1.65	2.18	2.73	3.49	4.59	11.0	13.4	15.5	17.5	20.1	22.0	26.1
9	1.15	1.73	2.09	2.70	3.33	4.17	5.38	12.2	14.7	16.9	19.0	21.7	23.6	27.9
10	1.48	2.16	2.56	3.25	3.94	4.87	6.18	13.4	16.0	18.3	20.5	23.2	25.2	29.6
11	1.83	2.60	3.05	3.82	4.57	5.58	6.99	14.6	17.3	19.7	21.9	24.7	26.8	31.3
12	2.21	3.07	3.57	4.40	5.23	6.30	7.81	15.8	18.5	21.0	23.3	26.2	28.3	32.9
13	2.62	3.57	4.11	5.01	5.89	7.04	8.63	17.0	19.8	22.4	24.7	27.7	29.8	34.5
14	3.04	4.07	4.66	5.63	6.57	7.79	9.47	18.2	21.1	23.7	26.1	29.1	31.3	36.1
15	3.48	4.60	5.23	6.26	7.26	8.55	10.3	19.3	22.3	25.0	27.5	30.6	32.8	37.7

（续）

ν（自由度）	α，右尾概率													
	0.999	0.995	0.99	0.975	0.95	0.90	0.80	0.20	0.10	0.05	0.025	0.01	0.005	0.001
16	3.94	5.14	5.81	6.91	7.96	9.31	11.1	20.5	23.5	26.3	28.8	32.0	34.3	39.3
17	4.42	5.70	6.41	7.56	8.67	10.1	12.0	21.6	24.8	27.6	30.2	33.4	35.7	40.8
18	4.90	6.26	7.01	8.23	9.39	10.9	12.9	22.8	26.0	28.9	31.5	34.8	37.2	42.3
19	5.41	6.84	7.63	8.91	10.1	11.7	13.7	23.9	27.2	30.1	32.9	36.2	38.6	43.8
20	5.92	7.43	8.26	9.59	10.9	12.4	14.6	25.0	28.4	31.4	34.2	37.6	40.0	45.3
21	6.45	8.03	8.90	10.3	11.6	13.2	15.4	26.2	29.6	32.7	35.5	38.9	41.4	46.8
22	6.98	8.64	9.54	11.0	12.3	14.0	16.3	27.3	30.8	33.9	36.8	40.3	42.8	48.3
23	7.53	9.26	10.2	11.7	13.1	14.8	17.2	28.4	32.0	35.2	38.1	41.6	44.2	49.7
24	8.08	9.89	10.9	12.4	13.8	15.7	18.1	29.6	33.2	36.4	39.4	43.0	45.6	51.2
25	8.65	10.5	11.5	13.1	14.6	16.5	18.9	30.7	34.4	37.7	40.6	44.3	46.9	52.6
26	9.22	11.2	12.2	13.8	15.4	17.3	19.8	31.8	35.6	38.9	41.9	45.6	48.3	54.1
27	9.80	11.8	12.9	14.6	16.2	18.1	20.7	32.9	36.7	40.1	43.2	47.0	49.6	55.5
28	10.4	12.5	13.6	15.3	16.9	18.9	21.6	34.0	37.9	41.3	44.5	48.3	51.0	56.9
29	11.0	13.1	14.3	16.0	17.7	19.8	22.5	35.1	39.1	42.6	45.7	49.6	52.3	58.3
30	11.6	13.8	15.0	16.8	18.5	20.6	23.4	36.3	40.3	43.8	47.0	50.9	53.7	59.7
31	12.2	14.5	15.7	17.5	19.3	21.4	24.3	37.4	41.4	45.0	48.2	52.2	55.0	61.1
32	12.8	15.1	16.4	18.3	20.1	22.3	25.1	38.5	42.6	46.2	49.5	53.5	56.3	62.5
33	13.4	15.8	17.1	19.0	20.9	23.1	26.0	39.6	43.7	47.4	50.7	54.8	57.6	63.9
34	14.1	16.5	17.8	19.8	21.7	24.0	26.9	40.7	44.9	48.6	52.0	56.1	59.0	65.2
35	14.7	17.2	18.5	20.6	22.5	24.8	27.8	41.8	46.1	49.8	53.2	57.3	60.3	66.6
36	15.3	17.9	19.2	21.3	23.3	25.6	28.7	42.9	47.2	51.0	54.4	58.6	61.6	68
37	16.0	18.6	20.0	22.1	24.1	26.5	29.6	44.0	48.4	52.2	55.7	59.9	62.9	69.3
38	16.6	19.3	20.7	22.9	24.9	27.3	30.5	45.1	49.5	53.4	56.9	61.2	64.2	70.7
39	17.3	20.0	21.4	23.7	25.7	28.2	31.4	46.2	50.7	54.6	58.1	62.4	65.5	72.1
40	17.9	20.7	22.2	24.4	26.5	29.1	32.3	47.3	51.8	55.8	59.3	63.7	66.8	73.4
41	18.6	21.4	22.9	25.2	27.3	29.9	33.3	48.4	52.9	56.9	60.6	65.0	68.1	74.7
42	19.2	22.1	23.7	26.0	28.1	30.8	34.2	49.5	54.1	58.1	61.8	66.2	69.3	76.1
43	19.9	22.9	24.4	26.8	29.0	31.6	35.1	50.5	55.2	59.3	63.0	67.5	70.6	77.4
44	20.6	23.6	25.1	27.6	29.8	32.5	36.0	51.6	56.4	60.5	64.2	68.7	71.9	78.7
45	21.3	24.3	25.9	28.4	30.6	33.4	36.9	52.7	57.5	61.7	65.4	70.0	73.2	80.1
46	21.9	25.0	26.7	29.2	31.4	34.2	37.8	53.8	58.6	62.8	66.6	71.2	74.4	81.4
47	22.6	25.8	27.4	30.0	32.3	35.1	38.7	54.9	59.8	64.0	67.8	72.4	75.7	82.7
48	23.3	26.5	28.2	30.8	33.1	35.9	39.6	56.0	60.9	65.2	69.0	73.7	77.0	84.0
49	24.0	27.2	28.9	31.6	33.9	36.8	40.5	57.1	62.0	66.3	70.2	74.9	78.2	85.4
50	24.7	28.0	29.7	32.4	34.8	37.7	41.4	58.2	63.2	67.5	71.4	76.2	79.5	86.7

表 A7　F 分布

F_a 为临界值，使得 $P\{F > F_a\} = \alpha$

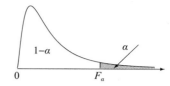

ν_2 分母自由度	α	ν_1 分子自由度									
		1	2	3	4	5	6	7	8	9	10
1	0.25	5.83	7.5	8.2	8.58	8.82	8.98	9.1	9.19	9.26	9.32
	0.1	39.9	49.5	53.6	55.8	57.2	58.2	58.9	59.4	59.9	60.2
	0.05	161	199	216	225	230	234	237	239	241	242
	0.025	648	799	864	900	922	937	948	957	963	969
	0.01	4052	4999	5403	5625	5764	5859	5928	5981	6022	6056
	0.005	16 211	19 999	21 615	22 500	23 056	23 437	23 715	23 925	24 091	24 224
	0.001	405 284	499 999	540 379	562 500	576 405	585 937	592 873	598 144	602 284	605 621
2	0.25	2.57	3	3.15	3.23	3.28	3.31	3.34	3.35	3.37	3.38
	0.1	8.53	9	9.16	9.24	9.29	9.33	9.35	9.37	9.38	9.39
	0.05	18.5	19	19.2	19.2	19.3	19.3	19.4	19.4	19.4	19.4
	0.025	38.5	39	39.2	39.2	39.3	39.3	39.4	39.4	39.4	39.4
	0.01	98.5	99	99.2	99.2	99.3	99.3	99.4	99.4	99.4	99.4
	0.005	199	199	199	199	199	199	199	199	199	199
	0.001	999	999	999	999	999	999	999	999	999	999
3	0.25	2.02	2.28	2.36	2.39	2.41	2.42	2.43	2.44	2.44	2.44
	0.1	5.54	5.46	5.39	5.34	5.31	5.28	5.27	5.25	5.24	5.23
	0.05	10.1	9.55	9.28	9.12	9.01	8.94	8.89	8.85	8.81	8.79
	0.025	17.4	16	15.4	15.1	14.9	14.7	14.6	14.5	14.5	14.4
	0.01	34.1	30.8	29.5	28.7	28.2	27.9	27.7	27.5	27.3	27.2
	0.005	55.6	49.8	47.5	46.2	45.4	44.8	44.4	44.1	43.9	43.7
	0.001	167	149	141	137	135	133	132	131	130	129
4	0.25	1.81	2	2.05	2.06	2.07	2.08	2.08	2.08	2.08	2.08
	0.1	4.54	4.32	4.19	4.11	4.05	4.01	3.98	3.95	3.94	3.92
	0.05	7.71	6.94	6.59	6.39	6.26	6.16	6.09	6.04	6	5.96
	0.025	12.2	10.6	9.98	9.6	9.36	9.2	9.07	8.98	8.9	8.84
	0.01	21.2	18	16.7	16	15.5	15.2	15	14.8	14.7	14.5
	0.005	31.3	26.3	24.3	23.2	22.5	22	21.6	21.4	21.1	21
	0.001	74.1	61.2	56.2	53.4	51.7	50.5	49.7	49	48.5	48.1

（续）

ν_2 分母自由度	α	ν_1 分子自由度									
		1	2	3	4	5	6	7	8	9	10
5	0.25	1.69	1.85	1.88	1.89	1.89	1.89	1.89	1.89	1.89	1.89
	0.1	4.06	3.78	3.62	3.52	3.45	3.4	3.37	3.34	3.32	3.3
	0.05	6.61	5.79	5.41	5.19	5.05	4.95	4.88	4.82	4.77	4.74
	0.025	10	8.43	7.76	7.39	7.15	6.98	6.85	6.76	6.68	6.62
	0.01	16.3	13.3	12.1	11.4	11	10.7	10.5	10.3	10.2	10.1
	0.005	22.8	18.3	16.5	15.6	14.9	14.5	14.2	14	13.8	13.6
	0.001	47.2	37.1	33.2	31.1	29.8	28.8	28.2	27.6	27.2	26.9
6	0.25	1.62	1.76	1.78	1.79	1.79	1.78	1.78	1.78	1.77	1.77
	0.1	3.78	3.46	3.29	3.18	3.11	3.05	3.01	2.98	2.96	2.94
	0.05	5.99	5.14	4.76	4.53	4.39	4.28	4.21	4.15	4.1	4.06
	0.025	8.81	7.26	6.6	6.23	5.99	5.82	5.7	5.6	5.52	5.46
	0.01	13.7	10.9	9.78	9.15	8.75	8.47	8.26	8.1	7.98	7.87
	0.005	18.6	14.5	12.9	12	11.5	11.1	10.8	10.6	10.4	10.3
	0.001	35.5	27	23.7	21.9	20.8	20	19.5	19	18.7	18.4
8	0.25	1.54	1.66	1.67	1.66	1.66	1.65	1.64	1.64	1.63	1.63
	0.1	3.46	3.11	2.92	2.81	2.73	2.67	2.62	2.59	2.56	2.54
	0.05	5.32	4.46	4.07	3.84	3.69	3.58	3.5	3.44	3.39	3.35
	0.025	7.57	6.06	5.42	5.05	4.82	4.65	4.53	4.43	4.36	4.3
	0.01	11.3	8.65	7.59	7.01	6.63	6.37	6.18	6.03	5.91	5.81
	0.005	14.7	11	9.6	8.81	8.3	7.95	7.69	7.5	7.34	7.21
	0.001	25.4	18.5	15.8	14.4	13.5	12.9	12.4	12	11.8	11.5
10	0.25	1.49	1.6	1.6	1.59	1.59	1.58	1.57	1.56	1.56	1.55
	0.1	3.29	2.92	2.73	2.61	2.52	2.46	2.41	2.38	2.35	2.32
	0.05	4.96	4.1	3.71	3.48	3.33	3.22	3.14	3.07	3.02	2.98
	0.025	6.94	5.46	4.83	4.47	4.24	4.07	3.95	3.85	3.78	3.72
	0.01	10	7.56	6.55	5.99	5.64	5.39	5.2	5.06	4.94	4.85
	0.005	12.8	9.43	8.08	7.34	6.87	6.54	6.3	6.12	5.97	5.85
	0.001	21	14.9	12.6	11.3	10.5	9.93	9.52	9.2	8.96	8.75

（续）

ν_2 分母自由度	α	ν_1 分子自由度									
		15	20	25	30	40	50	100	200	500	∞
1	0.25	9.49	9.58	9.63	9.67	9.71	9.74	9.8	9.82	9.84	9.85
	0.1	61.2	61.7	62.1	62.3	62.5	62.7	63	63.2	63.3	63.3
	0.05	246	248	249	250	251	252	253	254	254	254
	0.025	985	993	998	1001	1006	1008	1013	1016	1017	1018
	0.01	6157	6209	6240	6261	6287	6303	6334	6350	6360	6366
	0.005	24 630	24 836	24 960	25 044	25 148	25 211	25 337	25 401	25 439	25 464
	0.001	615 764	620 908	624 017	626 099	628 712	630 285	633 444	635 030	635 983	636 619
2	0.25	3.41	3.43	3.44	3.44	3.45	3.46	3.47	3.47	3.47	3.48
	0.1	9.42	9.44	9.45	9.46	9.47	9.47	9.48	9.49	9.49	9.49
	0.05	19.4	19.4	19.5	19.5	19.5	19.5	19.5	19.5	19.5	19.5
	0.025	39.4	39.4	39.5	39.5	39.5	39.5	39.5	39.5	39.5	39.5
	0.01	99.4	99.4	99.5	99.5	99.5	99.5	99.5	99.5	99.5	99.5
	0.005	199	199	199	199	199	199	199	199	199	199
	0.001	999	999	999	999	999	999	999	999	999	999
3	0.25	2.46	2.46	2.46	2.47	2.47	2.47	2.47	2.47	2.47	2.47
	0.1	5.2	5.18	5.17	5.17	5.16	5.15	5.14	5.14	5.14	5.13
	0.05	8.7	8.66	8.63	8.62	8.59	8.58	8.55	8.54	8.53	8.53
	0.025	14.3	14.2	14.1	14.1	14	14	14	13.9	13.9	13.9
	0.01	26.9	26.7	26.6	26.5	26.4	26.4	26.2	26.2	26.1	26.1
	0.005	43.1	42.8	42.6	42.5	42.3	42.2	42	41.9	41.9	41.8
	0.001	127	126	126	125	125	125	124	124	124	123
4	0.25	2.08	2.08	2.08	2.08	2.08	2.08	2.08	2.08	2.08	2.08
	0.1	3.87	3.84	3.83	3.82	3.8	3.8	3.78	3.77	3.76	3.76
	0.05	5.86	5.8	5.77	5.75	5.72	5.7	5.66	5.65	5.64	5.63
	0.025	8.66	8.56	8.5	8.46	8.41	8.38	8.32	8.29	8.27	8.26
	0.01	14.2	14	13.9	13.8	13.7	13.7	13.6	13.5	13.5	13.5
	0.005	20.4	20.2	20	19.9	19.8	19.7	19.5	19.4	19.4	19.3
	0.001	46.8	46.1	45.7	45.4	45.1	44.9	44.5	44.3	44.1	44.1

（续）

ν_2 分母自由度	α	ν_1 分子自由度									
		15	20	25	30	40	50	100	200	500	∞
5	0.25	1.89	1.88	1.88	1.88	1.88	1.88	1.87	1.87	1.87	1.87
	0.1	3.24	3.21	3.19	3.17	3.16	3.15	3.13	3.12	3.11	3.1
	0.05	4.62	4.56	4.52	4.5	4.46	4.44	4.41	4.39	4.37	4.36
	0.025	6.43	6.33	6.27	6.23	6.18	6.14	6.08	6.05	6.03	6.02
	0.01	9.72	9.55	9.45	9.38	9.29	9.24	9.13	9.08	9.04	9.02
	0.005	13.1	12.9	12.8	12.7	12.5	12.5	12.3	12.2	12.2	12.1
	0.001	25.9	25.4	25.1	24.9	24.6	24.4	24.1	24	23.9	23.8
6	0.25	1.76	1.76	1.75	1.75	1.75	1.75	1.74	1.74	1.74	1.74
	0.1	2.87	2.84	2.81	2.8	2.78	2.77	2.75	2.73	2.73	2.72
	0.05	3.94	3.87	3.83	3.81	3.77	3.75	3.71	3.69	3.68	3.67
	0.025	5.27	5.17	5.11	5.07	5.01	4.98	4.92	4.88	4.86	4.85
	0.01	7.56	7.4	7.3	7.23	7.14	7.09	6.99	6.93	6.9	6.88
	0.005	9.81	9.59	9.45	9.36	9.24	9.17	9.03	8.95	8.91	8.88
	0.001	17.6	17.1	16.9	16.7	16.4	16.3	16	15.9	15.8	15.7
8	0.25	1.62	1.61	1.6	1.6	1.59	1.59	1.58	1.58	1.58	1.58
	0.1	2.46	2.42	2.4	2.38	2.36	2.35	2.32	2.31	2.3	2.29
	0.05	3.22	3.15	3.11	3.08	3.04	3.02	2.97	2.95	2.94	2.93
	0.025	4.1	4	3.94	3.89	3.84	3.81	3.74	3.7	3.68	3.67
	0.01	5.52	5.36	5.26	5.2	5.12	5.07	4.96	4.91	4.88	4.86
	0.005	6.81	6.61	6.48	6.4	6.29	6.22	6.09	6.02	5.98	5.95
	0.001	10.8	10.5	10.3	10.1	9.92	9.8	9.57	9.45	9.38	9.33
10	0.25	1.53	1.52	1.52	1.51	1.51	1.5	1.49	1.49	1.49	1.48
	0.1	2.24	2.2	2.17	2.16	2.13	2.12	2.09	2.07	2.06	2.06
	0.05	2.85	2.77	2.73	2.7	2.66	2.64	2.59	2.56	2.55	2.54
	0.025	3.52	3.42	3.35	3.31	3.26	3.22	3.15	3.12	3.09	3.08
	0.01	4.56	4.41	4.31	4.25	4.17	4.12	4.01	3.96	3.93	3.91
	0.005	5.47	5.27	5.15	5.07	4.97	4.9	4.77	4.71	4.67	4.64
	0.001	8.13	7.8	7.6	7.47	7.3	7.19	6.98	6.87	6.81	6.76

（续）

ν_2 分母自由度	α	ν_1 分子自由度									
		1	2	3	4	5	6	7	8	9	10
15	0.25	1.43	1.52	1.52	1.51	1.49	1.48	1.47	1.46	1.46	1.45
	0.1	3.07	2.7	2.49	2.36	2.27	2.21	2.16	2.12	2.09	2.06
	0.05	4.54	3.68	3.29	3.06	2.9	2.79	2.71	2.64	2.59	2.54
	0.025	6.2	4.77	4.15	3.8	3.58	3.41	3.29	3.2	3.12	3.06
	0.01	8.68	6.36	5.42	4.89	4.56	4.32	4.14	4	3.89	3.8
	0.005	10.8	7.7	6.48	5.8	5.37	5.07	4.85	4.67	4.54	4.42
	0.001	16.6	11.3	9.34	8.25	7.57	7.09	6.74	6.47	6.26	6.08
20	0.25	1.4	1.49	1.48	1.47	1.45	1.44	1.43	1.42	1.41	1.4
	0.1	2.97	2.59	2.38	2.25	2.16	2.09	2.04	2	1.96	1.94
	0.05	4.35	3.49	3.1	2.87	2.71	2.6	2.51	2.45	2.39	2.35
	0.025	5.87	4.46	3.86	3.51	3.29	3.13	3.01	2.91	2.84	2.77
	0.01	8.1	5.85	4.94	4.43	4.1	3.87	3.7	3.56	3.46	3.37
	0.005	9.94	6.99	5.82	5.17	4.76	4.47	4.26	4.09	3.96	3.85
	0.001	14.8	9.95	8.1	7.1	6.46	6.02	5.69	5.44	5.24	5.08
25	0.25	1.39	1.47	1.46	1.44	1.42	1.41	1.4	1.39	1.38	1.37
	0.1	2.92	2.53	2.32	2.18	2.09	2.02	1.97	1.93	1.89	1.87
	0.05	4.24	3.39	2.99	2.76	2.6	2.49	2.4	2.34	2.28	2.24
	0.025	5.69	4.29	3.69	3.35	3.13	2.97	2.85	2.75	2.68	2.61
	0.01	7.77	5.57	4.68	4.18	3.85	3.63	3.46	3.32	3.22	3.13
	0.005	9.48	6.6	5.46	4.84	4.43	4.15	3.94	3.78	3.64	3.54
	0.001	13.9	9.22	7.45	6.49	5.89	5.46	5.15	4.91	4.71	4.56
30	0.25	1.38	1.45	1.44	1.42	1.41	1.39	1.38	1.37	1.36	1.35
	0.1	2.88	2.49	2.28	2.14	2.05	1.98	1.93	1.88	1.85	1.82
	0.05	4.17	3.32	2.92	2.69	2.53	2.42	2.33	2.27	2.21	2.16
	0.025	5.57	4.18	3.59	3.25	3.03	2.87	2.75	2.65	2.57	2.51
	0.01	7.56	5.39	4.51	4.02	3.7	3.47	3.3	3.17	3.07	2.98
	0.005	9.18	6.35	5.24	4.62	4.23	3.95	3.74	3.58	3.45	3.34
	0.001	13.3	8.77	7.05	6.12	5.53	5.12	4.82	4.58	4.39	4.24

（续）

ν_2 分母自由度	α	ν_1 分子自由度									
		1	2	3	4	5	6	7	8	9	10
40	0.25	1.36	1.44	1.42	1.4	1.39	1.37	1.36	1.35	1.34	1.33
	0.1	2.84	2.44	2.23	2.09	2	1.93	1.87	1.83	1.79	1.76
	0.05	4.08	3.23	2.84	2.61	2.45	2.34	2.25	2.18	2.12	2.08
	0.025	5.42	4.05	3.46	3.13	2.9	2.74	2.62	2.53	2.45	2.39
	0.01	7.31	5.18	4.31	3.83	3.51	3.29	3.12	2.99	2.89	2.8
	0.005	8.83	6.07	4.98	4.37	3.99	3.71	3.51	3.35	3.22	3.12
	0.001	12.6	8.25	6.59	5.7	5.13	4.73	4.44	4.21	4.02	3.87
50	0.25	1.35	1.43	1.41	1.39	1.37	1.36	1.34	1.33	1.32	1.31
	0.1	2.81	2.41	2.2	2.06	1.97	1.9	1.84	1.8	1.76	1.73
	0.05	4.03	3.18	2.79	2.56	2.4	2.29	2.2	2.13	2.07	2.03
	0.025	5.34	3.97	3.39	3.05	2.83	2.67	2.55	2.46	2.38	2.32
	0.01	7.17	5.06	4.2	3.72	3.41	3.19	3.02	2.89	2.78	2.7
	0.005	8.63	5.9	4.83	4.23	3.85	3.58	3.38	3.22	3.09	2.99
	0.001	12.2	7.96	6.34	5.46	4.9	4.51	4.22	4	3.82	3.67
100	0.25	1.34	1.41	1.39	1.37	1.35	1.33	1.32	1.3	1.29	1.28
	0.1	2.76	2.36	2.14	2	1.91	1.83	1.78	1.73	1.69	1.66
	0.05	3.94	3.09	2.7	2.46	2.31	2.19	2.1	2.03	1.97	1.93
	0.025	5.18	3.83	3.25	2.92	2.7	2.54	2.42	2.32	2.24	2.18
	0.01	6.9	4.82	3.98	3.51	3.21	2.99	2.82	2.69	2.59	2.5
	0.005	8.24	5.59	4.54	3.96	3.59	3.33	3.13	2.97	2.85	2.74
	0.001	11.5	7.41	5.86	5.02	4.48	4.11	3.83	3.61	3.44	3.3
200	0.25	1.33	1.4	1.38	1.36	1.34	1.32	1.3	1.29	1.28	1.27
	0.1	2.73	2.33	2.11	1.97	1.88	1.8	1.75	1.7	1.66	1.63
	0.05	3.89	3.04	2.65	2.42	2.26	2.14	2.06	1.98	1.93	1.88
	0.025	5.1	3.76	3.18	2.85	2.63	2.47	2.35	2.26	2.18	2.11
	0.01	6.76	4.71	3.88	3.41	3.11	2.89	2.73	2.6	2.5	2.41
	0.005	8.06	5.44	4.41	3.84	3.47	3.21	3.01	2.86	2.73	2.63
	0.001	11.2	7.15	5.63	4.81	4.29	3.92	3.65	3.43	3.26	3.12
∞	0.25	1.32	1.39	1.37	1.35	1.33	1.31	1.29	1.28	1.27	1.25
	0.1	2.71	2.3	2.08	1.94	1.85	1.77	1.72	1.67	1.63	1.6
	0.05	3.84	3	2.6	2.37	2.21	2.1	2.01	1.94	1.88	1.83
	0.025	5.02	3.69	3.12	2.79	2.57	2.41	2.29	2.19	2.11	2.05
	0.01	6.63	4.61	3.78	3.32	3.02	2.8	2.64	2.51	2.41	2.32
	0.005	7.88	5.3	4.28	3.72	3.35	3.09	2.9	2.74	2.62	2.52
	0.001	10.8	6.91	5.42	4.62	4.1	3.74	3.47	3.27	3.1	2.96

（续）

ν_2 分母自由度	α	ν_1 分子自由度									
		15	20	25	30	40	50	100	200	500	∞
15	0.25	1.43	1.41	1.4	1.4	1.39	1.38	1.37	1.37	1.36	1.36
	0.1	1.97	1.92	1.89	1.87	1.85	1.83	1.79	1.77	1.76	1.76
	0.05	2.4	2.33	2.28	2.25	2.2	2.18	2.12	2.1	2.08	2.07
	0.025	2.86	2.76	2.69	2.64	2.59	2.55	2.47	2.44	2.41	2.4
	0.01	3.52	3.37	3.28	3.21	3.13	3.08	2.98	2.92	2.89	2.87
	0.005	4.07	3.88	3.77	3.69	3.58	3.52	3.39	3.33	3.29	3.26
	0.001	5.54	5.25	5.07	4.95	4.8	4.7	4.51	4.41	4.35	4.31
20	0.25	1.37	1.36	1.35	1.34	1.33	1.32	1.31	1.3	1.3	1.29
	0.1	1.84	1.79	1.76	1.74	1.71	1.69	1.65	1.63	1.62	1.61
	0.05	2.2	2.12	2.07	2.04	1.99	1.97	1.91	1.88	1.86	1.84
	0.025	2.57	2.46	2.4	2.35	2.29	2.25	2.17	2.13	2.1	2.09
	0.01	3.09	2.94	2.84	2.78	2.69	2.64	2.54	2.48	2.44	2.42
	0.005	3.5	3.32	3.2	3.12	3.02	2.96	2.83	2.76	2.72	2.69
	0.001	4.56	4.29	4.12	4	3.86	3.77	3.58	3.48	3.42	3.38
25	0.25	1.34	1.33	1.31	1.31	1.29	1.29	1.27	1.26	1.26	1.25
	0.1	1.77	1.72	1.68	1.66	1.63	1.61	1.56	1.54	1.53	1.52
	0.05	2.09	2.01	1.96	1.92	1.87	1.84	1.78	1.75	1.73	1.71
	0.025	2.41	2.3	2.23	2.18	2.12	2.08	2	1.95	1.92	1.91
	0.01	2.85	2.7	2.6	2.54	2.45	2.4	2.29	2.23	2.19	2.17
	0.005	3.2	3.01	2.9	2.82	2.72	2.65	2.52	2.45	2.41	2.38
	0.001	4.06	3.79	3.63	3.52	3.37	3.28	3.09	2.99	2.93	2.89
30	0.25	1.32	1.3	1.29	1.28	1.27	1.26	1.25	1.24	1.23	1.23
	0.1	1.72	1.67	1.63	1.61	1.57	1.55	1.51	1.48	1.47	1.46
	0.05	2.01	1.93	1.88	1.84	1.79	1.76	1.7	1.66	1.64	1.62
	0.025	2.31	2.2	2.12	2.07	2.01	1.97	1.88	1.84	1.81	1.79
	0.01	2.7	2.55	2.45	2.39	2.3	2.25	2.13	2.07	2.03	2.01
	0.005	3.01	2.82	2.71	2.63	2.52	2.46	2.32	2.25	2.21	2.18
	0.001	3.75	3.49	3.33	3.22	3.07	2.98	2.79	2.69	2.63	2.59

（续）

ν_2 分母自由度	α	ν_1 分子自由度									
		15	20	25	30	40	50	100	200	500	∞
40	0.25	1.3	1.28	1.26	1.25	1.24	1.23	1.21	1.2	1.19	1.19
	0.1	1.66	1.61	1.57	1.54	1.51	1.48	1.43	1.41	1.39	1.38
	0.05	1.92	1.84	1.78	1.74	1.69	1.66	1.59	1.55	1.53	1.51
	0.025	2.18	2.07	1.99	1.94	1.88	1.83	1.74	1.69	1.66	1.64
	0.01	2.52	2.37	2.27	2.2	2.11	2.06	1.94	1.87	1.83	1.8
	0.005	2.78	2.6	2.48	2.4	2.3	2.23	2.09	2.01	1.96	1.93
	0.001	3.4	3.14	2.98	2.87	2.73	2.64	2.44	2.34	2.28	2.23
50	0.25	1.28	1.26	1.25	1.23	1.22	1.21	1.19	1.18	1.17	1.16
	0.1	1.63	1.57	1.53	1.5	1.46	1.44	1.39	1.36	1.34	1.33
	0.05	1.87	1.78	1.73	1.69	1.63	1.6	1.52	1.48	1.46	1.44
	0.025	2.11	1.99	1.92	1.87	1.8	1.75	1.66	1.6	1.57	1.55
	0.01	2.42	2.27	2.17	2.1	2.01	1.95	1.82	1.76	1.71	1.68
	0.005	2.65	2.47	2.35	2.27	2.16	2.1	1.95	1.87	1.82	1.79
	0.001	3.2	2.95	2.79	2.68	2.53	2.44	2.25	2.14	2.07	2.03
100	0.25	1.25	1.23	1.21	1.2	1.18	1.17	1.14	1.13	1.12	1.11
	0.1	1.56	1.49	1.45	1.42	1.38	1.35	1.29	1.26	1.23	1.21
	0.05	1.77	1.68	1.62	1.57	1.52	1.48	1.39	1.34	1.31	1.28
	0.025	1.97	1.85	1.77	1.71	1.64	1.59	1.48	1.42	1.38	1.35
	0.01	2.22	2.07	1.97	1.89	1.8	1.74	1.6	1.52	1.47	1.43
	0.005	2.41	2.23	2.11	2.02	1.91	1.84	1.68	1.59	1.53	1.49
	0.001	2.84	2.59	2.43	2.32	2.17	2.08	1.87	1.75	1.67	1.62
200	0.25	1.23	1.21	1.19	1.18	1.16	1.15	1.12	1.1	1.09	1.07
	0.1	1.52	1.46	1.41	1.38	1.34	1.31	1.24	1.2	1.17	1.14
	0.05	1.72	1.62	1.56	1.52	1.46	1.41	1.32	1.26	1.22	1.19
	0.025	1.9	1.78	1.7	1.64	1.56	1.51	1.39	1.32	1.27	1.23
	0.01	2.13	1.97	1.87	1.79	1.69	1.63	1.48	1.39	1.33	1.28
	0.005	2.3	2.11	1.99	1.91	1.79	1.71	1.54	1.44	1.37	1.31
	0.001	2.67	2.42	2.26	2.15	2	1.9	1.68	1.55	1.46	1.39
∞	0.25	1.22	1.19	1.17	1.16	1.14	1.13	1.09	1.07	1.04	
	0.1	1.49	1.42	1.38	1.34	1.3	1.26	1.18	1.13	1.08	
	0.05	1.67	1.57	1.51	1.46	1.39	1.35	1.24	1.17	1.11	
	0.025	1.83	1.71	1.63	1.57	1.48	1.43	1.3	1.21	1.13	未定义
	0.01	2.04	1.88	1.77	1.7	1.59	1.52	1.36	1.25	1.15	
	0.005	2.19	2	1.88	1.79	1.67	1.59	1.4	1.28	1.17	
	0.001	2.51	2.27	2.1	1.99	1.84	1.73	1.49	1.34	1.21	

表 A8　Wilcoxon 符号秩检验的临界值

对于左尾检验，表中给出最大的整数 w，使得 $P\{W \leqslant w \mid H_0\} \leqslant \alpha$；对于右尾检验，表中给出最小的整数 w，使得 $P\{W \geqslant w \mid H_0\} \leqslant \alpha$. 缺失的表项意味着这样的整数在 W 的可能值中不存在.

n	α，左尾检验的左尾概率							α，右尾检验的右尾概率						
	0.001	0.005	0.010	0.025	0.050	0.100	0.200	0.200	0.100	0.050	0.025	0.010	0.005	0.001
1	—	—	—	—	—	—	—	—	—	—	—	—	—	—
2	—	—	—	—	—	—	—	—	—	—	—	—	—	—
3	—	—	—	—	—	—	0	6						
4	—	—	—	—	—	0	2	8	10					
5	—	—	—	—	0	2	3	12	13	15				
6	—	—	—	0	2	3	5	16	18	19	21			
7	—	—	0	2	3	5	8	20	23	25	26	28		
8	—	0	1	3	5	8	11	25	28	31	33	35	36	—
9	—	1	3	5	8	10	14	31	35	37	40	42	44	—
10	0	3	5	8	10	14	18	37	41	45	47	50	52	55
11	1	5	7	10	13	17	22	44	49	53	56	59	61	65
12	2	7	9	13	17	21	27	51	57	61	65	69	71	76
13	4	9	12	17	21	26	32	59	65	70	74	79	82	87
14	6	12	15	21	25	31	38	67	74	80	84	90	93	99
15	8	15	19	25	30	36	44	76	84	90	95	101	105	112
16	11	19	23	29	35	42	50	86	94	101	107	113	117	125
17	14	23	27	34	41	48	57	96	105	112	119	126	130	139
18	18	27	32	40	47	55	65	106	116	124	131	139	144	153
19	21	32	37	46	53	62	73	117	128	137	144	153	158	169
20	26	37	43	52	60	69	81	129	141	150	158	167	173	184
21	30	42	49	58	67	77	90	141	154	164	173	182	189	201
22	35	48	55	65	75	86	99	154	167	178	188	198	205	218
23	40	54	62	73	83	94	109	167	182	193	203	214	222	236
24	45	61	69	81	91	104	119	181	196	209	219	231	239	255
25	51	68	76	89	100	113	130	195	212	225	236	249	257	274
26	58	75	84	98	110	124	141	210	227	241	253	267	276	293
27	64	83	92	107	119	134	153	225	244	259	271	286	295	314
28	71	91	101	116	130	145	165	241	261	276	290	305	315	335
29	79	100	110	126	140	157	177	258	278	295	309	325	335	356
30	86	109	120	137	151	169	190	275	296	314	328	345	356	379

表 A9 Mann-Whitney-Wilcoxon 秩和检验的临界值

对于左尾检验，表中给出最大的整数 u，使得 $P\{U \leqslant u \mid H_0\} \leqslant \alpha$；对于右尾检验，表中给出最小的整数 u，使得 $P\{U \geqslant u \mid H_0\} \leqslant \alpha$. 缺失的表项意味着这样的整数在 U 的可能值中不存在.

n_1 n_2	α，左尾检验的左尾概率 H_A：X 随机地比 Y 小							α，右尾检验的右尾概率 H_A：X 随机地比 Y 大						
	0.001	0.005	0.010	0.025	0.050	0.100	0.200	0.200	0.100	0.050	0.025	0.010	0.005	0.001
3 2	—	—	—	—	—	6	7	11	12	—	—	—	—	—
3 3	—	—	—	—	6	7	8	13	14	15	—	—	—	—
3 4	—	—	—	—	6	7	9	15	17	18	—	—	—	—
3 5	—	—	—	6	7	8	10	17	19	20	21	—	—	—
3 6	—	—	—	7	8	9	11	19	21	22	23	—	—	—
3 7	—	—	6	7	8	10	12	21	23	25	26	27	—	—
3 8	—	—	6	8	9	11	13	23	25	27	28	30	—	—
3 9	—	6	7	8	10	11	14	25	28	29	31	32	33	—
3 10	—	6	7	9	10	12	15	27	30	32	33	35	36	—
3 11	—	6	7	9	11	13	16	29	32	34	36	38	39	—
3 12	—	7	8	10	11	14	17	31	34	37	38	40	41	—
4 2	—	—	—	—	—	10	11	17	18	—	—	—	—	—
4 3	—	—	—	—	10	11	13	19	21	22	—	—	—	—
4 4	—	—	—	10	11	13	14	22	23	25	26	—	—	—
4 5	—	—	10	11	12	14	15	25	26	28	29	30	—	—
4 6	—	10	11	12	13	15	17	27	29	31	32	33	34	—
4 7	—	10	11	13	14	16	18	30	32	34	35	37	38	—
4 8	—	11	12	14	15	17	20	32	35	37	38	40	41	—
4 9	—	11	13	14	16	19	21	35	37	40	42	43	45	—
4 10	10	12	13	15	17	20	23	37	40	43	45	47	48	50
4 11	10	12	14	16	18	21	24	40	43	46	48	50	52	54
4 12	10	13	15	17	19	22	26	42	46	49	51	53	55	58
5 2	—	—	—	—	15	16	17	23	24	25	—	—	—	—
5 3	—	—	—	15	16	17	19	26	28	29	30	—	—	—
5 4	—	—	15	16	17	19	20	30	31	33	34	35	—	—
5 5	—	15	16	17	19	20	22	33	35	36	38	39	40	—
5 6	—	16	17	18	20	22	24	36	38	40	42	43	44	—
5 7	—	16	18	20	21	23	26	39	42	44	45	47	49	—
5 8	15	17	19	21	23	25	28	42	45	47	49	51	53	55
5 9	16	18	20	22	24	27	30	45	48	51	53	55	57	59
5 10	16	19	21	23	26	28	32	48	52	54	57	59	61	64
5 11	17	20	22	24	27	30	34	51	55	58	61	63	65	68
5 12	17	21	23	26	28	32	36	54	58	62	64	67	69	73

（续）

n_1	n_2	\multicolumn{7}{c}{α，左尾检验的左尾概率 H_A：X 随机地比 Y 小}	\multicolumn{7}{c}{α，右尾检验的右尾概率 H_A：X 随机地比 Y 大}
		0.001	0.005	0.010	0.025	0.050	0.100	0.200	0.200	0.100	0.050	0.025	0.010	0.005	0.001
6	2	—	—	—	—	21	22	23	31	32	33	—	—	—	—
6	3	—	—	—	22	23	24	26	34	36	37	38	—	—	—
6	4	—	21	22	23	24	26	28	38	40	42	43	44	45	—
6	5	—	22	23	24	26	28	30	42	44	46	48	49	50	—
6	6	—	23	24	26	28	30	33	45	48	50	52	54	55	—
6	7	21	24	25	27	29	32	35	49	52	55	57	59	60	63
6	8	22	25	27	29	31	34	37	53	56	59	61	63	65	68
6	9	23	26	28	31	33	36	40	56	60	63	65	68	70	73
6	10	24	27	29	32	35	38	42	60	64	67	70	73	75	78
6	11	25	28	30	34	37	40	44	64	68	71	74	78	80	83
6	12	25	30	32	35	38	42	47	67	72	76	79	82	84	89
7	2	—	—	—	—	28	29	31	39	41	42	—	—	—	—
7	3	—	—	28	29	30	32	34	43	45	47	48	49	—	—
7	4	—	28	29	31	32	34	36	48	50	52	53	55	56	—
7	5	—	29	31	33	34	36	39	52	55	57	58	60	62	—
7	6	28	31	32	34	36	39	42	56	59	62	64	66	67	70
7	7	29	32	34	36	39	41	45	60	64	66	69	71	73	76
7	8	30	34	35	38	41	44	48	64	68	71	74	77	78	82
7	9	31	35	37	40	43	46	50	69	73	76	79	82	84	88
7	10	33	37	39	42	45	49	53	73	77	81	84	87	89	93
7	11	34	38	40	44	47	51	56	77	82	86	89	93	95	99
7	12	35	40	42	46	49	54	59	81	86	91	94	98	100	105
8	2	—	—	—	36	37	38	40	48	50	51	52	—	—	—
8	3	—	—	36	38	39	41	43	53	55	57	58	60	—	—
8	4	—	37	38	40	41	43	46	58	61	63	64	66	67	—
8	5	36	38	40	42	44	46	49	63	66	68	70	72	74	76
8	6	37	40	42	44	46	49	52	68	71	74	76	78	80	83
8	7	38	42	43	46	49	52	56	72	76	79	82	85	86	90
8	8	40	43	45	49	51	55	59	77	81	85	87	91	93	96
8	9	41	45	47	51	54	58	62	82	86	90	93	97	99	103
8	10	42	47	49	53	56	60	65	87	92	96	99	103	105	110
8	11	44	49	51	55	59	63	69	91	97	101	105	109	111	116
8	12	45	51	53	58	62	66	72	96	102	106	110	115	117	123
9	2	—	—	—	45	46	47	49	59	61	62	63	—	—	—
9	3	—	45	46	47	49	50	53	64	67	68	70	71	72	—

441

（续）

n_1	n_2	α，左尾检验的左尾概率 H_A：X 随机地比 Y 小							α，右尾检验的右尾概率 H_A：X 随机地比 Y 大						
		0.001	0.005	0.010	0.025	0.050	0.100	0.200	0.200	0.100	0.050	0.025	0.010	0.005	0.001
9	4	—	46	48	49	51	54	56	70	72	75	77	78	80	—
9	5	46	48	50	52	54	57	60	75	78	81	83	85	87	89
9	6	47	50	52	55	57	60	64	80	84	87	89	92	94	97
9	7	48	52	54	57	60	63	67	86	90	93	96	99	101	105
9	8	50	54	56	60	63	67	71	91	95	99	102	106	108	112
9	9	52	56	59	62	66	70	75	96	101	105	109	112	115	119
9	10	53	58	61	65	69	73	78	102	107	111	115	119	122	127
9	11	55	61	63	68	72	76	82	107	113	117	121	126	128	134
9	12	57	63	66	71	75	80	86	112	118	123	127	132	135	141
10	2	—	—	—	55	56	58	60	70	72	74	75	—	—	—
10	3	—	55	56	58	59	61	64	76	79	81	82	84	85	—
10	4	55	57	58	60	62	65	68	82	85	88	90	92	93	95
10	5	56	59	61	63	66	68	72	88	92	94	97	99	101	104
10	6	58	61	63	66	69	72	76	94	98	101	104	107	109	112
10	7	60	64	66	69	72	76	80	100	104	108	111	114	116	120
10	8	61	66	68	72	75	79	84	106	111	115	118	122	124	129
10	9	63	68	71	75	79	83	88	112	117	121	125	129	132	137
10	10	65	71	74	78	82	87	93	117	123	128	132	136	139	145
10	11	67	73	77	81	86	91	97	123	129	134	139	143	147	153
10	12	69	76	79	84	89	94	101	129	136	141	146	151	154	161
11	2	—	—	—	66	67	69	71	83	85	87	88	—	—	—
11	3	—	66	67	69	71	73	76	89	92	94	96	98	99	—
11	4	66	68	70	72	74	77	80	96	99	102	104	106	108	110
11	5	68	71	73	75	78	81	85	102	106	109	112	114	116	119
11	6	70	73	75	79	82	85	89	109	113	116	119	123	125	128
11	7	72	76	78	82	85	89	94	115	120	124	127	131	133	137
11	8	74	79	81	85	89	93	99	121	127	131	135	139	141	146
11	9	76	82	84	89	93	97	103	128	134	138	142	147	149	155
11	10	78	84	88	92	97	102	108	134	140	145	150	154	158	164
11	11	81	87	91	96	100	106	112	141	147	153	157	162	166	172
11	12	83	90	94	99	104	110	117	147	154	160	165	170	174	181
12	2	—	—	—	79	80	82	84	96	98	100	101	—	—	—
12	3	—	79	80	82	83	86	89	103	106	109	110	112	113	—
12	4	78	81	83	85	87	90	94	110	114	117	119	121	123	126
12	5	80	84	86	89	91	95	99	117	121	125	127	130	132	136

（续）

n_1 n_2	α，左尾检验的左尾概率 H_A：X 随机地比 Y 小							α，右尾检验的右尾概率 H_A：X 随机地比 Y 大						
	0.001	0.005	0.010	0.025	0.050	0.100	0.200	0.200	0.100	0.050	0.025	0.010	0.005	0.001
12 6	82	87	89	92	95	99	104	124	129	133	136	139	141	146
12 7	85	90	92	96	99	104	109	131	136	141	144	148	150	155
12 8	87	93	95	100	104	108	114	138	144	148	152	157	159	165
12 9	90	96	99	104	108	113	119	145	151	156	160	165	168	174
12 10	92	99	102	107	112	117	124	152	159	164	169	174	177	184
12 11	95	102	106	111	116	122	129	159	166	172	177	182	186	193
12 12	98	105	109	115	120	127	134	166	173	180	185	191	195	202

A.4 微积分回顾

这部分简单总结了阅读本书需要的微积分知识.

A.4.1 反函数

对于所有存在 $f(x)$ 和 $g(y)$ 的 x 和 y，如果

$$g(f(x))=x,\quad f(g(y))=y$$

那么函数 g 就是函数的**反函数**.

表示法 ‖反函数　　　$g=f^{-1}$‖

（不要把反函数 $f^{-1}(x)$ 和 $1/f(x)$ 搞混了. 它们是不同的函数！）

为求反函数，解下列方程

$$f(x)=y$$

解 $g(y)$ 则为 f 的反函数.

例如，为求 $f(x)=3+1/x$ 的反函数，解下列方程

$$3+1/x=y\Rightarrow 1/x=y-3\Rightarrow x=\frac{1}{y-3}$$

f 的反函数是 $g(y)=1/(y-3)$.

A.4.2 极限和连续性

如果在 x 趋于 x_0 时，$f(x)$ 趋于 L，那么函数 $f(x)$ 在 $x=0$ 处一个**极限** L. 更严格地说，对于任意 ε，存在这样的 δ，它使得当 x 是 δ 接近 x_0 时 $f(x)$ 是 ε 接近 L，即

$$\text{若 } |x-x_0|<\delta，\text{则 } |f(x)-L|<\varepsilon$$

如果在 x 趋于 $+\infty$ 时，$f(x)$ 趋于 L，那么函数 $f(x)$ 在 $+\infty$ 处有一个**极限** L. 更严格地说，对于任意 ε，存在这样的 N，当 x 大于 N 时，$f(x)$ 是 ε 接近 L，也就是说，

$$\text{若 } x>N，\text{则 } |f(x)-L|<\varepsilon$$

同样，如果对于任意 ε，存在这样的 N，它使得当 x 小于 $-N$ 时，$f(x)$ 是 ε 接近 L，那么 $f(x)$ 在 $-\infty$ 处有一个**极限** L，也就是说，

$$\text{若 } x<-N，\text{则 } |f(x)-L|<\varepsilon$$

$$\text{表示法} \quad \left\| \begin{array}{l} \lim_{x \to x_0} f(x) = L \text{ 或 } f(x) \to L, \quad x \to x_0 \\ \lim_{x \to \infty} f(x) = L \text{ 或 } f(x) \to L, \quad x \to \infty \\ \lim_{x \to -\infty} f(x) = L \text{ 或 } f(x) \to L, \quad x \to -\infty \end{array} \right\|$$

如果

$$\lim_{x \to x_0} f(x) = f(x_0)$$

那么函数 f 在点 x_0 处是**连续**的.

如果函数 f 在每一点上都是连续的，那么它就是**连续函数**.

A.4.3 序列和级数

序列是以正整数为参数的函数：

$$f(n), \text{ 其中 } n = 1, 2, 3, \cdots$$

如果

$$\lim_{n \to \infty} f(n) = L$$

那么序列 $f(n)$**收敛**于 L.

如果对于任意 M 存在对应的 N，使得当 $n > N$ 时，$f(n) > M$，则序列 $f(n)$**发散**到无穷.

级数是部分和的序列：

$$f(n) = \sum_{k=1}^{n} a_k = a_1 + a_2 + \cdots + a_n$$

几何级数由

$$a_n = Cr^n$$

定义，其中 r 是级数的**比值**. 一般而言，

$$\sum_{k=m}^{n} Cr^n = f(n) - f(m-1) = C \frac{r^m - r^{n+1}}{1-r}$$

对 $m = 0$，有

$$\sum_{k=0}^{n} Cr^n = C \frac{1 - r^{n+1}}{1-r}$$

当且仅当 $|r| < 1$ 时，几何级数收敛. 在这种情况下，

$$\lim_{n \to \infty} \sum_{k=m}^{\infty} Cr^n = \frac{Cr^m}{1-r}, \quad \sum_{k=0}^{\infty} Cr^n = \frac{C}{1-r}$$

如果 $r \geq 1$，几何级数发散到无穷.

A.4.4 导数、最小值和最大值

函数 f 在 x 点处的**导数**是极限

$$f'(x) = \lim_{y \to x} \frac{f(y) - f(x)}{y - x}$$

假设这个极限存在. 求导叫作**微分**. 一个有导数的函数叫作**可微函数**.

表示法 $\left\| f'(x) \text{ 或 } \dfrac{\mathrm{d}}{\mathrm{d}x} f(x) \right\|$

对多元函数求导，**偏导数**表示为

$$\frac{\partial}{\partial x_1} f(x_1, x_2, \cdots), \qquad \frac{\partial}{\partial x_2} f(x_1, x_2, \cdots), \cdots$$

最重要的导数有

导数

对任意函数 f 和 g，及任意常数 C，有
$$(x^m)' = m x^{m-1}$$
$$(\mathrm{e}^x)' = \mathrm{e}^x$$
$$(\ln x)' = 1/x$$
$$C' = 0$$
$$(f+g)'(x) = f'(x) + g'(x)$$
$$(Cf)'(x) = C f'(x)$$
$$(f(x)g(x))' = f'(x)g(x) + f(x)g'(x)$$
$$\left(\frac{f(x)}{g(x)}\right)' = \frac{f'(x)g(x) - f(x)g'(x)}{g^2(x)}$$

对如下复合函数求导：

$$f(x) = g(h(x))$$

我们使用链式法则：

链式法则 $\qquad \dfrac{\mathrm{d}}{\mathrm{d}x} g(h(x)) = g'(h(x)) h'(x)$

例如

$$\frac{\mathrm{d}}{\mathrm{d}x} \ln^3(x) = 3\ln^2(x)\,\frac{1}{x}$$

从几何意义上讲，导数 $f'(x)$ 等于切线在 x 点处的斜率，见图 A.1.

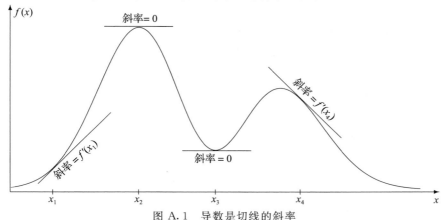

图 A.1　导数是切线的斜率

计算极大值和极小值

在可微函数达到极小值或极大值的点上，切线总是平坦的；见图 A.1 上的点 x_2 和点 x_3. 水平线的斜率是 0，因此，在这些点上

$$f'(x) = 0$$

为了找出函数在哪里有最大值或最小值，我们考虑

- 方程 $f'(x) = 0$ 的解；
- 不存在 $f'(x)$ 的点 x；
- 端点.

函数的最大值和最小值只能在这些点上得到.

A.4.5   积分

积分是一种与微分相反的行为.

函数 $F(x)$ 是函数 $f(x)$ 的**不定积分**，如果

$$F'(x) = f(x)$$

定义不定积分后要加上常数 C，因为当我们求导数时，$C' = 0$.

$$\textbf{表示法}\ \left\| F(x) = \int f(x)\mathrm{d}x \right\|$$

函数 $f(x)$ 从点 a 到点 b 的**积分**（**定积分**）是不定积分的差，

$$\int_a^b f(x)\mathrm{d}x = F(b) - F(a)$$

反常积分

$$\int_a^\infty f(x)\mathrm{d}x, \quad \int_{-\infty}^b f(x)\mathrm{d}x, \quad \int_{-\infty}^\infty f(x)\mathrm{d}x$$

被定义为极限. 例如，

$$\int_a^\infty f(x)\mathrm{d}x = \lim_{b \to \infty} \int_a^b f(x)\mathrm{d}x$$

最重要的积分有

不定积分

对任意函数 f 和 g，及任意常数 C，有

$$\int x^m \mathrm{d}x = \frac{x^{m+1}}{m+1}\ ,\ m \neq -1$$

$$\int x^{-1} \mathrm{d}x = \ln(x)$$

$$\int \mathrm{e}^x \mathrm{d}x = \mathrm{e}^x$$

$$\int (f(x) + g(x))\mathrm{d}x = \int f(x)\mathrm{d}x + \int g(x)\mathrm{d}x$$

$$\int Cf(x)\mathrm{d}x = C \int f(x)\mathrm{d}x$$

例如，求定积分 $\int_0^2 x^3 \mathrm{d}x$ 的值，我们找到不定积分 $F(x)=x^4/4$，计算 $F(2)-F(0)=4-0=4$.
这个解的标准写法是

$$\int_0^2 x^3 \mathrm{d}x = \frac{x^4}{4}\bigg|_{x=0}^{x=2} = \frac{2^4}{4} - \frac{0^4}{4} = 4$$

两个重要的积分技巧是换元积分法和分部积分法.

换元积分法

当我们可以用一个新的变量(y)来表示函数的一部分时，积分通常会简化. 然后用 y 重新计算积分限 a 和 b，$\mathrm{d}x$ 进行以下替换：

$$\mathrm{d}x = \frac{\mathrm{d}y}{\mathrm{d}y/\mathrm{d}x} \quad \text{或} \quad \mathrm{d}x = \frac{\mathrm{d}x}{\mathrm{d}y}\mathrm{d}y$$

看哪个更容易找到. 注意，$\mathrm{d}x/\mathrm{d}y$ 是反函数 $x(y)$ 的导数.

换元积分法 $\boxed{\displaystyle\int f(x)\mathrm{d}x = \int f(x(y))\,\frac{\mathrm{d}x}{\mathrm{d}y}\mathrm{d}y}$

例如

$$\int_{-1}^2 \mathrm{e}^{3x}\mathrm{d}x = \int_{-3}^6 \mathrm{e}^y \left(\frac{1}{3}\right)\mathrm{d}y = \frac{1}{3}\mathrm{e}^y\bigg|_{y=-3}^{y=6} = \frac{\mathrm{e}^6 - \mathrm{e}^{-3}}{3} = 134.5$$

代入 $y=3x$，重新计算积分限，求出反函数 $x=y/3$ 及其导数 $\mathrm{d}x/\mathrm{d}y=1/3$.

在下一个例子中，我们代入 $y=x^2$. 这次换元的导数是 $\mathrm{d}y/\mathrm{d}x=2x$：

$$\int_0^2 x\mathrm{e}^{x^2}\mathrm{d}x = \int_0^4 x\mathrm{e}^y \frac{\mathrm{d}y}{2x} = \frac{1}{2}\int_0^4 \mathrm{e}^y\mathrm{d}y = \frac{1}{2}\mathrm{e}^y\bigg\|_{y=0}^{y=4} = \frac{\mathrm{e}^4 - 1}{2} = 26.8$$

分部积分法

这种技巧通常有助于积分两个函数的乘积. 对其中一部分求积分，另一部分求微分：

分部积分法 $\boxed{\displaystyle\int f'(x)g(x)\mathrm{d}x = f(x)g(x) - \int f(x)g'(x)\mathrm{d}x}$

只有当函数(fg')比初始函数($f'g$)积分更简单时才使用这种方法.

在下面的例子中，我们假设 $f'(x)=\mathrm{e}^x$ 为一部分，$g(x)=x$ 为另一部分. 对 $f'(x)$ 求积分，其不定积分是 $f(x)=\mathrm{e}^x$. 对另一部分 $g(x)$ 求微分，$g'(x)=x'=1$. 积分简化了，我们可以求出它的值：

$$\int x\mathrm{e}^x\mathrm{d}x = x\mathrm{e}^x - \int (1)(\mathrm{e}^x)\mathrm{d}x = x\mathrm{e}^x - \mathrm{e}^x$$

计算面积

正函数 $f(x)$ 图像下方，区间$[a,b]$上方的面积是一个积分值，即从 a 到 b 的面积 $=$ $\int_a^b f(x)\mathrm{d}x$.

这里 a 和 b 可以是有限的，也可以是无限的；见图 A.2.

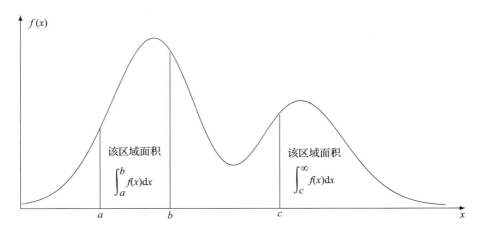

图 A.2　积分是 $f(x)$ 图像下的面积

伽马函数和阶乘

伽马函数定义为

$$\Gamma(t) = \int_0^\infty x^{t-1} e^{-x} dx, \quad t > 0$$

通过分部积分法，我们得到了伽马函数的两个重要性质，

$$\Gamma(t+1) = t\Gamma(t), \quad 对任意 t > 0$$

$$\Gamma(t+1) = t! = 1 \cdot 2 \cdots t, \quad t \ 为整数$$

A.5　矩阵与线性系统

矩阵是用行和列表示数字的矩形图表，例如

$$\boldsymbol{A} = \begin{pmatrix} A_{11} & A_{12} & \cdots & A_{1c} \\ A_{21} & A_{22} & \cdots & A_{2c} \\ \cdots & \cdots & \cdots & \cdots \\ A_{r1} & A_{r2} & \cdots & A_{rc} \end{pmatrix}$$

其中 r 是行数，c 是列数. 矩阵 $\boldsymbol{A}$ 的每个元素记作 A_{ij}，其中 $i \in [1, r]$ 是行号，$j \in [1, c]$ 是列号. 它被称为 "$r \times c$ 矩阵".

用一行乘以一列

一行只能乘以相同长度的一列. A 行和 B 列的乘积是一个数，计算为

$$(A_1, \cdots, A_n) \begin{pmatrix} B_1 \\ \vdots \\ B_n \end{pmatrix} = \sum_{i=1}^n A_i B_i$$

例 A.2　（测度转换）　例如，要将 3 小时 25 分 45 秒转换成秒，可以使用公式

$$[3 \ 25 \ 45] \begin{pmatrix} 3600 \\ 60 \\ 1 \end{pmatrix} = 12345 (秒) \qquad \diamond$$

矩阵乘法

只有当矩阵 A 的列数等于矩阵 B 的行数时，矩阵 A 才能乘以矩阵 B.

如果 A 是一个 $k \times m$ 矩阵，B 是一个 $m \times n$ 矩阵，那么它们的乘积 $AB = C$ 是一个 $k \times n$ 矩阵. C 的每个元素被计算为

$$C_{ij} = \sum_{s=1}^{m} A_{is} B_{sj} = (A \text{ 的第 } i \text{ 行})(B \text{ 的第 } j \text{ 列})$$

AB 的每个元素都是 A 的对应行与 B 的对应列的乘积.

例 A. 3 下面两个矩阵的乘积计算方式为

$$\begin{bmatrix} 2 & 6 \\ 1 & 3 \end{bmatrix} \begin{bmatrix} 9 & -3 \\ -3 & 1 \end{bmatrix} = \begin{bmatrix} 2 \times 9 + 6 \times (-3), & 2 \times (-3) + 6 \times 1 \\ 1 \times 9 + 3 \times (-3), & 1 \times (-3) + 3 \times 1 \end{bmatrix} = \begin{bmatrix} 0 & 0 \\ 0 & 0 \end{bmatrix}$$

$\diamond$

在最后一个例子中，最终"意外"得到了一个零矩阵. 这只是一个巧合. 然而，我们可以注意到，矩阵并不总是遵循算术的一般规则. 尤其要注意的是，两个非零矩阵的乘积是可以等于一个零矩阵的.

矩阵也不遵循交换律，也就是说，通常 $AB \neq BA$.

转置

转置是将整个矩阵按照主对角线进行映射.

表示法 ‖A^{T} ＝转置矩阵 A‖

行变成列，列变成行. 也就是说，

$$A_{ij}^{\mathrm{T}} = A_{ji}$$

例如，

$$\begin{bmatrix} 1 & 2 & 3 \\ 7 & 8 & 9 \end{bmatrix}^{\mathrm{T}} = \begin{pmatrix} 1 & 7 \\ 2 & 8 \\ 3 & 9 \end{pmatrix}$$

矩阵的转置乘积是

$$\boxed{(AB)^{\mathrm{T}} = B^{\mathrm{T}} A^{\mathrm{T}}}$$

解方程组

在第 6 章和第 7 章中，我们经常解 n 个含 n 个未知数的线性方程组，并求出稳态分布. 有几种方法可以做到这一点.

求解这类方程组的一种方法是**消元法**. 用一个方程中的其他变量表示一个变量，然后将其代入未使用的方程中. 你会得到一个由 $n-1$ 个方程和 $n-1$ 个未知数组成的方程组. 按照同样的方式处理，我们减少未知数的数量，直到得到一个方程和一个未知数. 找出这个未知数，再回过头来反推所有其他的未知数.

例 A.4（线性方程组） 解方程组

$$\begin{cases} 2x & + & 2y & + & 5z & = & 12 \\ & & 3y & - & z & = & 0 \\ 4x & - & 7y & - & z & = & 2 \end{cases}$$

我们可以打乱顺序，先从简单的开始.

由第二个方程，我们可以看到

$$z = 3y$$

用 $3y$ 代替将其他方程中的 z ，得到

$$\begin{cases} 2x & + & 17y & = & 12 \\ 4x & - & 10y & = & 2 \end{cases}$$

我们只差一个方程和一个未知数. 接下来，用第一个方程表示 x ，

$$x = \frac{12 - 17y}{2} = 6 - 8.5y$$

并代入最后一个方程，

$$4(6 - 8.5y) - 10y = 2$$

化简得 $44y = 22$ ，因此 $y = 0.5$. 现在，用这一结果反推其他变量，

$$x = 6 - 8.5y = 6 - (8.5)(0.5) = 1.75; \quad z = 3y = 1.5$$

得到答案 $x = 1.75$, $y = 0.5$, $z = 1.5$.

我们可以通过把结果代入初始方程组来检验答案，

$$\begin{cases} 2(1.75) & + & 2(0.5) & + & 5(1.5) & = & 12 \\ & & 3(0.5) & - & 1.5 & = & 0 \\ 4(1.75) & - & 7(0.5) & - & 1.5 & = & 2 \end{cases} \qquad \diamond$$

451 我们还可以通过将整个方程乘以适当的系数、加减来消除变量. 下面是一个例子.

例 A.5（另一种方法） 下面是例 A.4 更简短的解. 将第一个方程左右两边乘以 2 ，

$$4x + 4y + 10z = 24$$

然后减去第三个方程，

$$11y + 11z = 22, \text{ 或 } y + z = 2$$

这样我们就消去了 x. 将 $y + z = 2$ 和 $3y - z = 0$ 相加，得 $4y = 2$ ，同样有 $y = 0.5$. 其他变量 x 和 z 现可通过 y 求得，如例 A.4 所示. $\qquad \diamond$

这个例子中的方程组可以写成矩阵形式：

$$\begin{bmatrix} x & y & z \end{bmatrix} \begin{bmatrix} 2 & 0 & 4 \\ 2 & 3 & -7 \\ 5 & -1 & -1 \end{bmatrix} = (12 \quad 0 \quad 2)$$

或者等价地，

$$\begin{pmatrix} 2 & 2 & 5 \\ 0 & 3 & -1 \\ 4 & -7 & -1 \end{pmatrix} \begin{pmatrix} x \\ y \\ z \end{pmatrix} = (12 \quad 0 \quad 2)$$

逆矩阵

矩阵 B 是 A 的**逆矩阵**，如果

$$AB = BA = I = \begin{pmatrix} 1 & 0 & 0 & \cdots & 0 \\ 0 & 1 & 0 & \cdots & 0 \\ 0 & 0 & 1 & \cdots & 0 \\ \cdots & \cdots & \cdots & \cdots & \cdots \\ 0 & 0 & 0 & \cdots & 1 \end{pmatrix}$$

其中，I 是单位矩阵. 单位矩阵对角线上的值为 1，其余值为 0. 矩阵 A 和 B 的行数和列数必须相同.

表示法 $\| A^{-1} = A \text{ 的逆矩阵} \|$

矩阵乘积的逆矩阵可以计算为

$$\boxed{(AB)^{-1} = B^{-1}A^{-1}}$$

为了手动求出逆矩阵 A^{-1}，把矩阵 A 和 I 写在一起. 通过用常系数乘以 A 的行，行与行之间相加、交换来将矩阵 A 转换为单位矩阵 I. 同样的运算过程会将矩阵 I 转换为 A^{-1}.

$$(A \,|\, I) \to (I \,|\, A^{-1})$$

例 A.6　例 A.4 中的线性方程组由如下矩阵给出：

452

$$A = \begin{pmatrix} 2 & 2 & 5 \\ 0 & 3 & -1 \\ 4 & -7 & -1 \end{pmatrix}$$

重复这个例子中的行运算，我们可以得到逆矩阵 A^{-1}：

$$\left(\begin{array}{ccc|ccc} 2 & 2 & 5 & 1 & 0 & 0 \\ 0 & 3 & -1 & 0 & 1 & 0 \\ 4 & -7 & -1 & 0 & 0 & 1 \end{array}\right) \longrightarrow \left(\begin{array}{ccc|ccc} 4 & 4 & 10 & 2 & 0 & 0 \\ 0 & 3 & -1 & 0 & 1 & 0 \\ 4 & -7 & -1 & 0 & 0 & 1 \end{array}\right) \longrightarrow$$

$$\left(\begin{array}{ccc|ccc} 0 & 11 & 11 & 2 & 0 & -1 \\ 0 & 3 & -1 & 0 & 1 & 0 \\ 4 & -7 & -1 & 0 & 0 & 1 \end{array}\right) \longrightarrow \left(\begin{array}{ccc|ccc} 0 & 1 & 1 & 2/11 & 0 & -1/11 \\ 0 & 3 & -1 & 0 & 1 & 0 \\ 4 & -7 & -1 & 0 & 0 & 1 \end{array}\right) \longrightarrow$$

$$\left(\begin{array}{ccc|ccc} 0 & 4 & 0 & 2/11 & 1 & -1/11 \\ 0 & 3 & -1 & 0 & 1 & 0 \\ 4 & -7 & -1 & 0 & 0 & 1 \end{array}\right) \longrightarrow \left(\begin{array}{ccc|ccc} 0 & 1 & 0 & 1/22 & 1/4 & -1/44 \\ 0 & 3 & -1 & 0 & 1 & 0 \\ 4 & -10 & 0 & 0 & -1 & 1 \end{array}\right) \longrightarrow$$

$$\left(\begin{array}{ccc|ccc} 0 & 1 & 0 & 1/22 & 1/4 & -1/44 \\ 0 & 0 & -1 & -3/22 & 1/4 & 3/44 \\ 4 & 0 & 0 & 10/22 & 3/2 & 34/44 \end{array}\right) \longrightarrow \left(\begin{array}{ccc|ccc} 1 & 0 & 0 & 5/44 & 3/8 & -17/88 \\ 0 & 1 & 0 & 1/22 & 1/4 & -1/44 \\ 0 & 0 & 1 & 3/22 & -1/4 & -3/44 \end{array}\right)$$

逆矩阵找到了：

$$\boldsymbol{A} - \boldsymbol{I} = \begin{pmatrix} 5/44 & 3/8 & 17/88 \\ 1/22 & 1/4 & -1/44 \\ 3/22 & -1/4 & -3/44 \end{pmatrix}$$

你可以通过运算 $\boldsymbol{A}^{-1}\boldsymbol{A}$ 或 $\boldsymbol{A}\boldsymbol{A}^{-1}$ 来验证结果.　　　　　　　　　　　　　　◇

对于 2×2 矩阵，其逆矩阵的表达式为

$$\begin{bmatrix} a & b \\ c & d \end{bmatrix}^{-1} = \frac{1}{ad-bc} \begin{bmatrix} d & -b \\ -c & a \end{bmatrix}$$

R 中的矩阵运算

```
x <- c(1,8,0,3,3,-3,5,0,-1)   # 定义一个 1×9 的向量并将其⋯
A <- matrix(x,3,3)            # ⋯一列一列转变成 3×3 矩阵
t(A)                          # 转置矩阵
B <- solve(A)                 # 逆矩阵
A + B                         # 加
A %*% B                       # 矩阵乘法
C <- A * B                    # 元素乘以元素, C_ij = A_ij B_ij
diag(n)                       # n×n 单位矩阵
matrix(rep(0,m*n),m,n)        # m×n 零矩阵
cbind(A,B)                    # 并排连接矩阵（作为列）
rbind(A,B)                    # 将下面的矩阵连接起来（作为行）
A[2:3,]                       # 子矩阵：A 的 2~3 行和所有列

# 矩阵的幂的计算是 R 中 'expm' 包的一部分.
install.packages("expm")
library(expm)
A %^% 3                       # 计算 A^3 = A·A·A
solve(A %^% 3)                # 结果是 A^{-3} = (A^3)^{-1}
```

以上 R 代码中，`C <- A * B` 注释为 `# 元素乘以元素, $C_{ij} = A_{ij}B_{ij}$`；`A %^% 3` 注释为 `# 计算 $\boldsymbol{A}^3 = \boldsymbol{A}\cdot\boldsymbol{A}\cdot\boldsymbol{A}$`；`solve(A %^% 3)` 注释为 `# 结果是 $\boldsymbol{A}^{-3} = (\boldsymbol{A}^3)^{-1}$`.

453

MATLAB 中的矩阵运算

```
A = [1 3 5; 8 3 0; 0 -3 -1];   % 键入矩阵
B = [ 3 9 8
      0 0 2                    % 定义矩阵的另一种方式
      9 2 1 ];
A+B                            % 加
A*B                            % 矩阵乘法
C=A.*B                         % 元素乘以元素, C_ij = A_ij B_ij
A^n                            % 矩阵的幂, A^n = A·...·A
                                          n↑
A'                             % 转置矩阵
A(2:3,:)                       # 子矩阵：A 的 2~3 行和所有列
inv(A)  }
A^(-1)  }                      % 逆矩阵
eye(n)                         % n×n 单位矩阵
zeros(m,n)                     % m×n 零矩阵
[ A B ]                        % 并排连接矩阵（作为列）
[ A
  B ]                          % 将下面的矩阵连接起来（作为行）
rand(m,n)                      % 均匀分布 (0,1) 的随机数矩阵
randn(m,n)                     % 正态分布 (0,1) 的随机数矩阵
```

454

A.6　部分习题答案

第 2 章

2.1　1/15　**2.3**　0.45　**2.5**　0.72　**2.7**　0.66　**2.8**　0.9508　**2.9**　0.1792

2.12　0.9744　**2.13**　0.992　**2.15**　0.1364　**2.16**　(a) 0.049　(b) 0.510

2.18　0.0847　**2.20**　0.005 34　**2.21**　0.8854

2.24　(a) 5/21 或 0.238　(b) 10/41 或 0.244　**2.25**　0.2　**2.29**　0.1694

第 3 章

3.1　(a) $P(0)=0.42$, $P(1)=0.46$, $P(2)=0.12$　(b) 图 A.3

3.2　$E(Y)=200$ 美元, $\mathrm{Var}(Y)=110\,000$ 平方美元

3.3　$E(X)=0.6$, $\mathrm{Var}(X)=0.24$　**3.4**　$E(X)=3.5$, $\mathrm{Var}(X)=2.9167$

3.7　$E(Y)=1.6$, $\mathrm{Var}(Y)=1.12$　**3.9**　概率不超过 1/16　**3.10**　0.28

3.11　(a) 联合概率质量函数见下表.(b) 它们是独立的.(c) $P_X(1)=11/36$, $P_X(2)=9/36$, $P_X(3)=7/36$, $P_X(4)=5/36$, $P_X(5)=3/36$, $P_X(6)=1/36$.(d) $P\{Y=5\,|\,X=2\}=2/9$

3.12　(a) 相关.(b) 相关　**3.15**　(a) 0.48.(b) 相关　**3.17**　第 3 种

3.18　(a) E(利润)$=6$, Var(利润)$=684$.(b) E(利润)$=6$, Var(利润)$=387$.(c) E(利润)$=6$, Var(利润)$=864$.风险最小的投资组合是(b);风险最大的投资组合是(c)

3.20　(a) 0.0596　(b) 0.9860　**3.21**　0.2447　**3.22**　0.0070

3.23　(a) 0.0055　(b) 0.003 14　**3.24**　(a) 0.0328,(b) 0.4096

3.26　(a) 0.3704　(b) 0.0579　**3.28**　(a) 0.945　(b) 0.061

3.30　0.0923　**3.31**　0.0166　**3.33**　(a) 0.968　(b) 0.018　**3.38**　0.827.

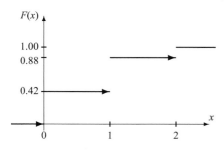

图 A.3　练习 3.1 的累积分布函数

练习 3.11 的联合概率质量函数

$P(x, y)$		y					
		1	2	3	4	5	6
x	1	1/36	1/18	1/18	1/18	1/18	1/18
	2	0	1/36	1/18	1/18	1/18	1/18
	3	0	0	1/36	1/18	1/18	1/18
	4	0	0	0	1/36	1/18	1/18
	5	0	0	0	0	1/36	1/18
	6	0	0	0	0	0	1/36

第 4 章

4.1　3; 1　$1/x^3$; 0.125　**4.3**　4/3; 31/48 或 0.6458

4.4　(a) 0.2　(b) 0.75　(c) $3\frac{1}{3}$ 或 3.3333　**4.7**　0.875　**4.8**　0.264　**4.10**　0.4764

4.14　(a) 4 和 0.2　(b) 0.353　**4.15**　(a) 0.062　(b) 0.655

4.16　(a) 0.8944　(b) 0.8944　(c) 0.1056　(d) 0.7888　(e) 1.0　(f) 0.0　(g) 0.84

4.18　(a) 0.9772　(c) 0.6138　(e) 0.9985　(g) -1.19

4.20　(a) 0.1336　(b) 0.1340　**4.22**　(a) 0.0968　(b) 571 美元

4.24　0.2033　**4.30**　0.1151　**4.31**　0.567　**4.33**　(a) 0.00（几乎为 0）　(b) 38

4.35　(a) 0.75　(b) 0.4

第 5 章

由于使用了蒙特卡罗模拟，本章中的一些答案可能与你的不同. 使用（＊）标记的答案需要大量的模拟才会准确.

5.1　$X=U^{2/3}=0.01$　**5.3**　$X=2\sqrt{U}$　1　**5.5**　$X=(9U-1)^{1/3}=1.8371$

5.7　(d) $n=38\,416$ 是充分的　(e) 0.1847；0.000 001 54＊；0.0108

5.10　(a) 73 天＊　(b) 0.0012　(c) 2.98 台计算机

5.11　(a) 0.24　(b) 142 棵树＊　(c) 185＊　(d) 0.98　(e) 0.13＊　是　**5.17**　$p=\dfrac{1}{(b-a)c}$

第 6 章

6.1　(a) $\mathrm{P}=\begin{pmatrix}1/2 & 1/2 & 0 \\ 0 & 1/2 & 1/2 \\ 0 & 1/2 & 1/2\end{pmatrix}$　(b) 非正则的.　(c) 0.125

6.3　(a) $P=\begin{bmatrix}0.6 & 0.4 \\ 0.2 & 0.8\end{bmatrix}$　(b) 0.28　**6.4**　(a) $P=\begin{bmatrix}0.6 & 0.4 \\ 0.3 & 0.7\end{bmatrix}$　(b) 0.52　(c) 4/7 或 0.5714

6.5　0.333　**6.9**　(a) 0.0579　(b) 0

6.11　(a) 0.05 分种或 3 秒　(b) $E(X)=120$ 次任务；$\mathrm{Std}(X)=\sqrt{108}$ 或 10.39 次任务

6.13　$E(T)=12$ 秒；$\mathrm{Var}(T)=120$ 平方秒

6.15　(a) 0.75 秒　(b) $E(T)=5$ 秒；$\mathrm{Std}(T)=4.6$ 秒　**6.18**　0.0162

6.19　(a) 1/16 分钟或 3.75 秒　(b) 否　**6.20**　0.8843

6.22　(a) 0.735　(b) 7500 美元；3354 美元 10 美分

6.23　(a) 0.0028　(b) $E(W_3)=3/5$，$\mathrm{Var}(W_3)=3/25$　由于使用了蒙特卡罗模拟，本章剩下的答案可能略有不同　**6.26**　5102，4082，816　是

6.28　样本路径如图 A.4 所示.

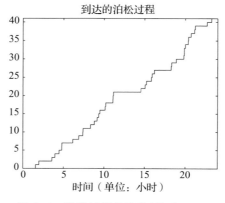

图 A.4　泊松过程的轨迹（练习 6.28）

第 7 章

7.1 $$\boldsymbol{P}=\begin{bmatrix} 35/36 & 1/36 & 0 & 0 & \cdots \\ 35/432 & 386/432 & 11/432 & 0 & \cdots \\ 0 & 35/432 & 386/432 & 11/432 & \cdots \\ 0 & 0 & 35/432 & 386/432 & \cdots \\ \cdots & \cdots & \cdots & \cdots & \cdots \end{bmatrix}$$

7.2　$\pi_0=0.5070$，$\pi_1=0.4225$，$\pi_2=0.0704$　**7.3**　2/75 或 0.026 67

7.5　$\pi_0=49/334=0.1467$，$\pi_1=105/334=0.3144$，$\pi_2=180/334=0.5389$

7.8　(a) 2/27 或 0.074　(b) 6 秒.

7.9　(a) 任务的预期打印时间为 12：03：20.（b）时间的 0.064 或 6.4%

7.10　(a) 4 分钟　(b) 1/3　**7.11**　(a) 4 和 3.2　(b) 0.8　(c) 0.262

7.12　(a) 7.5 分钟　(b) 0.64　(c) 0.6

7.14　(a) 3/7 或 0.4286　(b) 时间的 0.7 或 70%　(c) 30/7 或 4.2857 分钟

7.15　(a) $\pi_0=29/89$，$\pi_1=60/89$　(b) 0.0026

7.18　(a) $\boldsymbol{P}=\begin{pmatrix} 0.8750 & 0.1250 & 0 \\ 0.0875 & 0.8000 & 0.1125 \\ 0.0088 & 0.1588 & 0.8325 \end{pmatrix}$.　(b) 0.3089，0.4135，0.2777　(c) 27.77%　(d) 27.77%　(e) 174.38 美元

7.20　(a) 0.4286，0.3429，0.1371，0.0549，0.0219，0.0088，0.0035，0.0014，0.0006，0.0002，0.0001　$E(X)=0.9517$　(b) 2.3792 分钟　(c) 0.3792 分钟，0.1517 个客户　(d*) 0.9525 个客户；2.3813 分钟，0.3813 分钟，0.1525 个客户

7.22　(a) M/M/∞　(b) 30　(c) 0.046　由于使用了蒙特卡罗模拟，本章剩下的答案可能略有不同

7.24　8.85 秒　**7.26**　(a) 0.085 分钟　(b) 3.42 分钟　(c) 0.04 次任务　(d) 2.64 分钟　(e) 2.15 次任务　(f) 0.91.　(g) 0.76　(h) 89.1，86.2，74.2 和 51.4 次任务　(i) 392 分钟，385 分钟，352 分钟，266 分钟　(j) 1.31 次任务　(k) 0.002%.

第 8 章

8.1　(a) 图 A.5　(b) 五点总结为(37，43，50，56，60)和(21，35，39，46，53). 箱线图在图 A.5 中

	2	1
7 8	3	2 2 3 5 6 6 7 8 9 9
3 3 7 9	4	3 4 5 5 6 8 9
0 0 4 6 6 8 9	5	3 3
0	6	

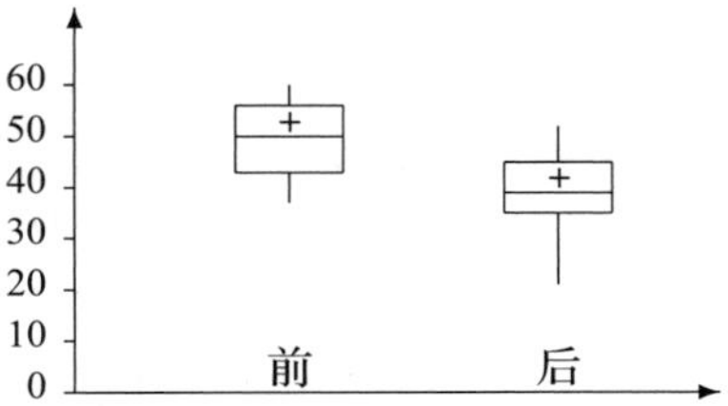

图 A.5　练习 8.1 的茎叶图和平行箱线图

8.2 (a) 17.95，9.97，3.16 (b) 0.447 (c) (11.9，15.8，17.55，19.9，24.1) 箱线图
在图 A.6 中 (d) $\widehat{IQR}=4.1$ 无异常值 (e) 不支持. 直方图在图 A.6 中

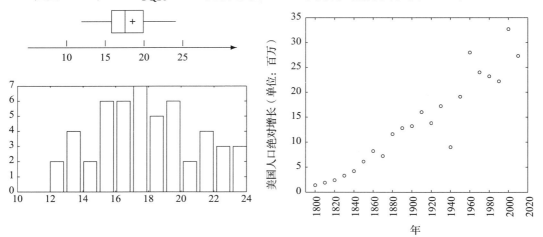

图 A.6 练习 8.2 的箱线图和直方图；练习 8.6 的时间图

8.4 0.993

8.6 (a) 13.85 mln，13.00 mln，87.60 mln^2 (b) 图 A.6

8.8 (a) 左偏，对称，右偏（图 A.7） (b) 集(1)：14.97，15.5 集(2)：20.83，21.0
集(3)：41.3，39.5 支持.

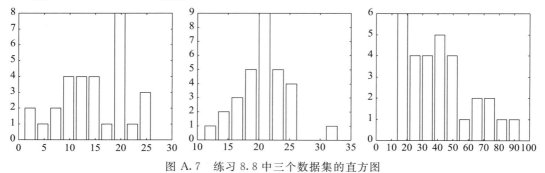

图 A.7 练习 8.8 中三个数据集的直方图

第 9 章

9.1 (a) 0.625 (b) 0.625 (c) 0.171.

9.4 矩量法估计量是 $\hat{\theta}=2$. 最大似然估计是 $\hat{\theta}=2.1766$.

9.7 (a) [36.19，39.21]. (b) 是的，有足够的证据.

9.9 (a) 50±33.7 或 [16.3；83.7] (b) 在这个重要性水平上，数据并没有提供显著性证
据来反驳所有初级计算机工程师的平均薪资为 8 万美元的假设 (c) [11.6；89.4]

9.10 (a) [0.073；0.167]. (b) 没有 没有 9.11 没有明显的证据. P 值是 0.1587

9.17 3.25％，3.12％和 4.50％

9.18　(a)［4.25，15.35］　(b) 每次检验的 p 值在 0.0005 和 0.001 之间. 有显著的减少

9.20　P 值在 0.02 和 0.05 之间. 在任何水平 $\alpha \geqslant 0.05$ 上, 有显著的证据表明 $\sigma \neq 5$

9.22　(a)有明显的证据表明, $\sigma_X^2 = \sigma_Y^2 (P = 0.0026)$, 因此该方法在例 9.21 是正确的选择.

第 10 章

练习 10.1 和 10.4 中的 p 值可能会根据箱子的选择略有不同.

10.1　不, 有显著的证据表明这个分布不是泊松分布. $P < 0.001$.

10.4　证明了. $P > 0.2$.

10.6　无显著差异. $P > 0.2$.　　10.7　(a) 是的, $P \in (0.001，0.005)$. (b) 是的, $P \in (0.005，0.01)$. (c) 是的, $P < 0.001$.

10.9　不, $P \in (0.1，0.2)$.

10.11　拒绝域为［0，5］$\cup$［15，20］. 在 m 的同一侧有 15 个或 15 个以上的测量值, 可以重新校准.

10.13　零分布为 Binomial(60，0.75); $P = 0.1492$; 没有显著的证据表明第一个四分位数超过 43 纳米.

10.16　是的, 在 5% 的水平上有显著的证据; $P = 0.01$.

10.18　是的, 在 5% 的水平上, 有显著的证据表明中位服务时间小于 5 分 40 秒. 对称分布的假设可能不完全满足.

10.21　(a) 对第一个供应商, 所有 $\alpha > 0.011$ 有显著的证据; $P = 0.011$. 对第二个供应商, 没有显著的证据; $P = 0.172$. (b) 对第一个供应商, 有显著的证据; $P \in (0.001，0.005)$. 对第二供应商, 所有 $\alpha \geqslant 0.05$ 有显著的证据; $P \in (0.025，0.05)$. 是的, Wilcoxon 检验似乎更敏感. (c)没有; $P \in (0.01，0.025)$.

10.23　在任何 $\alpha \geqslant 0.05$, 有显著的证据表明, 教科书的平均成本上升; $P \in (0.025，0.05)$.

10.25　是的, 平均服务时间显著减少; $P = 0.0869$.　　10.27　(a)已订购样本 352 716 个, 未订购样本 285 311 670 611 个. (b) pmf 给出了 $\hat{M}^*$ 的自动分布, $P(44) = 0.0002$, $P(47) = 0.0070$, $P(52) = 0.0440$, $P(53) = 0.1215$, $P(54) = 0.2059$, $P(58) = 0.2428$, $P(59) = 0.2059$, $P(63) = 0.1215$, $P(68) = 0.0440$, $P(72) = 0.0070$, $P(77) = 0.0002$. (c) 4.1885. (d)［53，63］.(e) 0.9928. 练习 10.29 和 10.30 的答案可能会因生成的自助样本而略有不同.

10.29　1.070，0.107.　　10.30　［-0.9900　　-0.9564］

10.31　4.5，2.25　　10.33　(b) 0.4，0.02.(c) 0.22.(d) 拒绝假设 H_0.

10.34　(a) 17.661 (数千个并发用户). (b)［16，765.7，18，556.5］. 根据观测数据和假设的先验分布, 平均并发用户数在 16 765.7 和 18 556.5 之间有 90% 的后验概率. (c) 是的. 练习 10.36 的答案可能因题目(a)所提供的选择不同而略有不同.

10.36　(a) 例如, 正态分布(5.5，0.255). (b) 正态分布(5.575，0.245); 贝叶斯估计量是 5.575; 它的后验风险是 0.060. (c)［5.095，6.055］. (d) 正态分布(5.575，0.245); 贝叶斯估计量是 5.575; 它的后验风险是 0.060.

10.38　(a) Pareto(α, σ). (b) $\dfrac{(n+\alpha)\sigma}{n+\alpha-1}$;　$\dfrac{(n+\alpha)\sigma^2}{(n+\alpha-1)^2(n+\alpha-2)}$.　　10.40　(a) 0.9, 0.0082.

　　　　(b) $[0.7743, 1]$. (c) 是的.

第 11 章

11.2　(a) $y=-9.71+0.56x$. (b) $SS_{REG}=149.85$, 自由度为 1, $SS_{ERR}=57.35$, 自由度为 73, $SS_{TOT}=207.2$, 自由度为 74; 72.32% 被解释. (c) $[0.455, 0.670]$. 基于此区间, 斜率显著, p 值小于 0.01.

11.4　(a) 7.39. (b) 有显著证据表明, 投资平均每年增加 1800 美元以上; $P<0.005$. (c) $[50.40; 67.02]$.

11.5　(a) $b_0=13.36$ (若 $x=$ 年 -2000), $b_1=2.36$, $b_2=4.09$. (b) 52 804.7 美元. (c) 减少 4 092.6 美元. (d) $SS_{TOT}=841.6$, 自由度为 10, $SS_{REG}=808.0$, 自由度为 2, $SS_{ERR}=33.6$, 自由度为 8; $R^2=0.96$. 模型显著性: $F=96.14$, 在 0.001 水平上显著. (e) 新变量解释了总变化的 3.9%. 它在 0.025 水平显著, 但在 0.01 水平不显著

11.10　(a) 人口 $=-32.1+1.36$ (年 -1800). (b) $SS_{TOT}=203\,711$, 自由度为 22; $SS_{REG}=187\,277$, 自由度为 1; $SS_{ERR}=16\,434$, 自由度为 21; $R^2=0.919$; $MS_{REG}=187\,277$, $MS_{ERR}=783$; $F=239$. (c) 260.4×10^6, 267.2×10^6. 这是一个明显的低估, 因为美国人口已经超过 3 亿. 线性回归模型不能产生准确的预测, 因为人口增长不是线性的

11.11　(a) $b_0=5.87$, $b_1=0.0057$, $b_2=0.0068$. 估计的回归方程为人口 $=5.87+0.0057$ (年 -1800) $+0.0068$ (年 -1800). (b) 2015 年是 320.2×10^6, 2020 年是 335.0×10^6. (c) $SS_{TOT}=203\,711$, 自由度为 22; $SS_{REG}=203\,528$, 自由度为 2; $SS_{ERR}=183$, 自由度为 20; $MS_{REG}=101\,764$, $MS_{ERR}=9.14$; $F=11\,135$. $R^2=0.999$. 二次项解释了总变化的 7.9%. (d) 线性模型修正 R^2 为 0.9154, 全模型为 0.9990, 仅含二次项的简化模型为 0.9991. 根据修正的 R^2 准则, 最后这个模型是最好的. (e) 是的, 图 11.6 显示, 二次项模型与美国人口数据相当吻合.

11.12　(a) 图 A.8 的时间图显示了一条非线性的微凹曲线. 二次项模型似乎是合适的. (b) $y=7.716+1.312x-0.024x^2$. 斜率为负的 b_2 表明, 随着年龄的增长, 生长速度在减慢. (c) 3.25%. 是的. (d) 25.53 磅, 28.41 磅. 二次项预测更合理. (e) 不. 违反了独立的假设.

11.14　(a) $\hat{y}=0.376-0.001\,45x$, 其中 $x=$ 年 -1800. $b_0=0.376$, $b_1=-0.001\,45$. (b) $SS_{TOT}=0.215$, 自由度为 21. $SS_{REG}=0.185$, 自由度为 1; $SS_{ERR}=0.030$, 自由度为 20. $MS_{REG}=0.185$; $MS_{ERR}=0.0015$; $F=123.9$. $R^2=0.86$. 线性模型解释了 86% 的总变化. (c) $F=123.9$, p 值 <0.001. 斜率在 0.1% 的水平上是显著的. 美国人口的相对变化在时间上有显著差异. (d) $[-0.001\,72, -0.001\,18]$. (e) $[-0.031, 0.146]$, $[-0.046, 0.132]$. (f) 见图 A.9 的直方图. 其倾斜的形状并不完全支持正态分布的假设.

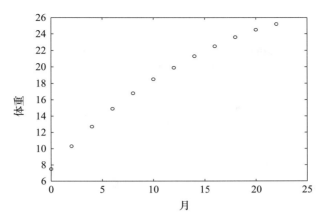

图 A.8　练习 11.12 的时间图

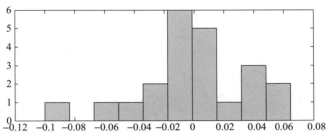

图 A.9　练习 11.14 的回归残差直方图

索　引

索引中的页码为英文原书页码，与书中页边标注的页码一致.

概 率 与 优 化 推 荐 阅 读

最优化模型：线性代数模型、凸优化模型及应用

中文版：978-7-111-70405-8

凸优化：算法与复杂性

中文版：978-7-111-68351-3

凸优化教程(原书第2版)

中文版：978-7-111-65989-1

概率与计算：算法与数据分析中的随机化和概率技术（原书第2版）

中文版：978-7-111-64411-8

数学基础推荐阅读

数学分析（原书第2版·典藏版）

ISBN：978-7-111-70616-8

数学分析（英文版·原书第2版·典藏版）

ISBN：978-7-111-70610-6

复分析（英文版·原书第3版·典藏版）

ISBN：978-7-111-70102-6

复分析（原书第3版·典藏版）

ISBN：978-7-111-70336-5

实分析（英文版·原书第4版）

ISBN：978-7-111-64665-5

泛函分析（原书第2版·典藏版）

ISBN：978-7-111-65107-9